PHYSIK

Band 1

Gymnasium
Hessen

Schroedel

PHYSIK

Band 1

Gymnasium
Hessen

In diesem Werk wurden Teile aus folgenden Titeln übernommen:

978-3-507-86770-3, DORN•BADER Physik Gymnasium 5/6
herausgegeben von H.-W. Oberholz

978-3-507-86261-6, DORN•BADER Physik Gymnasium 6
978-3-507-86285-2, DORN•BADER Physik Gymnasium 1
978-3-507-86287-6, DORN•BADER Physik Gymnasium 2
herausgegeben von Prof. Dr. F. Bader, H.-W. Oberholz

Herausgegeben von
Prof. Dr. Franz Bader, Heinz-Werner Oberholz

Begründet von
Prof. Dr. Franz Bader, Prof. Friedrich Dorn †

Bearbeitet von
Dietmar Fries
Stefanie Grabert
Christoph Hoffmann
Heinz-Werner Oberholz
Werner Wegner
Klaus Wieder

Druck A[1] / Jahr 2013
Alle Drucke der Serie A sind im Unterricht parallel verwendbar.

Redaktion: Dr. Imke Goertz
Herstellung: Ralf Flunkert
Grafiken: Franz Josef Domke, Robert Fontner-Forget, Liselotte Lüddecke, Bernhard A. Peter, Werner Wildermuth
Umschlaggestaltung: elbe-drei, Hamburg
Typografie, Layout und Satz: Jesse Konzept & Text, Hannover
Druck und Bindung: westermann druck GmbH, Braunschweig

ISBN 978-3-507-86750-5

Inhaltsverzeichnis

Haus der Naturwissenschaften

Erweiterung der Sinne

Die mit „■“ gekennzeichneten Seiten beinhalten ergänzende Vertiefungen, Themen und Projekte.

Energie in Umwelt und Technik

Elektrizität im Alltag

Technik im Dienst des Menschen

Wettererscheinungen und Klima

Zukunftssichere Energieversorgung – Physik in der Verantwortung

Dein erstes Physikbuch

„Wenn du eine ausführliche Antwort haben willst, dann hole Papier und Bleistift", sagt Ingas Opa immer, wenn sie mit einer Frage zu ihm geht. Meistens muss sie bei der Suche nach der ausführlichen und verständlichen Antwort auch noch ein Lexikon oder ein bestimmtes Buch aus dem Bücherschrank holen.

So ein idealer Opa steht nicht allen und meist auch nur selten zur Verfügung.
Aus diesem Grund ist es hilfreich, wenn du früh lernst, Antworten auf deine Fragen selbst zu suchen.

Dieses Physikbuch ist dafür geschrieben, dir ausführliche und verständliche Erklärungen zu liefern. Es ist also vorteilhaft, wenn du dich in deinem Physikbuch gut zurecht findest.

Im **Inhaltsverzeichnis** dieses Buches findest du die Themen für all das, was du am Ende deines Physikunterrichts der nächsten zwei Jahre von Physik verstehen sollst und wo du im Alltag die Physik wiederfindest.
Physikbücher enthalten ganz hinten auch ein **Stichwortverzeichnis** – das ist ein alphabetisches Verzeichnis der Wörter, die man benutzt, wenn man über die behandelten Themen redet. Dort findest du zu jedem Wort eine oder mehrere Seitenzahlen. Sie sagen dir, wo du das Wort im Buch wiederfindest.

Physikbücher sagen nicht nur *wie etwas ist*, sondern auch, *woher man weiß, wie es ist* und *wie man es sich erarbeitet.* Wie Ingas Opa gibt dieses Physikbuch meistens ausführliche und gründliche Erklärungen.

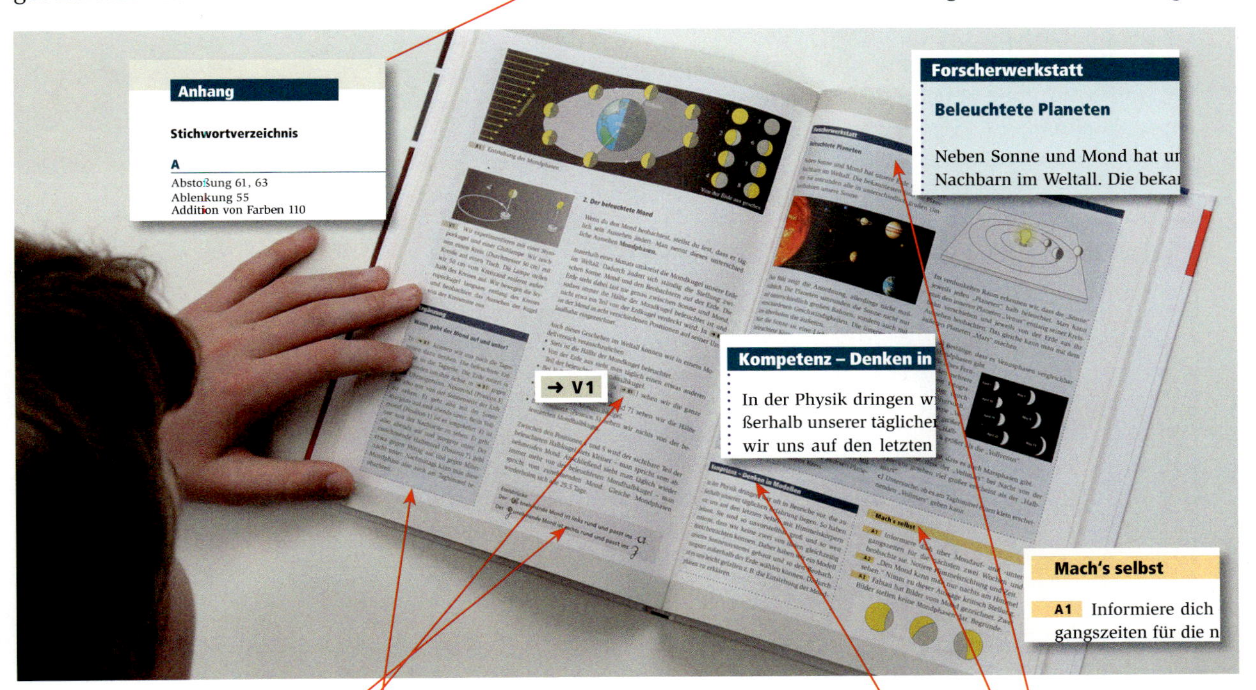

Der Text auf einer Seite ist meistens in eine Hauptspalte und eine Nebenspalte aufgeteilt.

- ➜ In der **breiten Hauptspalte** findest du die Hauptgedanken zu einem Thema: Was wollen wir wissen? Welche Überlegungen müssen wir anstellen? Welche Ergebnisse finden wir durch Experimente?

- ➜ Ein Pfeil ➜ in der Hauptspalte lenkt dich zu Experimenten in der **schmalen Nebenspalte.** Sie sind für das Verständnis von Physik unentbehrlich. Dort findest du auch erläuternde und unterstützende Bilder und Tabellen.

Aufgaben findest du unter den **Mach's selbst** Kästen in der rechten Außenspalte.

In blau gerahmten Kästen findest du zusammengefasst, was du an Können **(Kompetenz)** erworben hast.

Für zusätzliche Physikstunden findest du **Vertiefungen,** Lesetexte mit interessanten **Informationen und Projekte** für eigenes Experimentieren. Zudem findest du **Ergänzungen** und **Forscherwerkstätten** mit weiteren Experimenten und Hinweisen zum Unterrichtsthema.

Vorwort

Liebe Schülerin, lieber Schüler,

im neuen Fach Physik lernst du an einfachen Beispielen, wie das „Haus der Naturwissenschaften“ gebaut ist. Du erfährst, wie wir die Gesetzmäßigkeiten der Lichtausbreitung ausnutzen, um unsere Sinne zu erweitern. Hier entwickelst du ein Verständnis für Energie und wie man mit ihr verantwortlich umgehen kann. Vielleicht willst du mehr über die Bedeutung des Magnetismus oder der Elektrizität für unseren Alltag erfahren oder ganz einfach die täglichen Wettererscheinungen verstehen.

1. Schritt:

Was geschieht um uns herum?
Wir beobachten.

Was lässt sich an hellen Körpern beobachten?
Wie kommt es zu Farberscheinungen?
Wie verläuft das Licht, wenn es auf einen Spiegel trifft?
Wie entsteht ein Bild bei der Lochkamera?
Kennst du optische Täuschungen?
Wo liegt dein Spiegelbild, auf oder hinter dem Spiegel?
Wo und wann gibt es beim Rasensprengen einen Regenbogen?

2. Schritt:

Warum ist das so?
Wir stellen Fragen an die Natur.

Warum gibt es die Mondphasen?
Warum regnet es häufiger bei einem „Tief“ als bei einem „Hoch“?
Warum gelangt Licht auch in Zimmer auf der Nordseite?
Warum steht ein Lochkamerabild auf dem Kopf?
Wie entsteht das Spiegelbild? Warum ist dort links und rechts vertauscht?
Warum stehen wir immer zwischen Regenbogen und Sonne?

3. Schritt:

Wie groß, wie stark, wie viel?
Wir messen und nutzen die Mathematik.

Wie kann man die Temperatur messen?
Wie misst man das Volumen?
Und wie das Gewicht eines Körpers?
Wie kann man den Salzgehalt von Wasser ermitteln?
Wie konstruiert man ein Spiegelbild?
Wie misst man die Helligkeit am Schreibtisch?

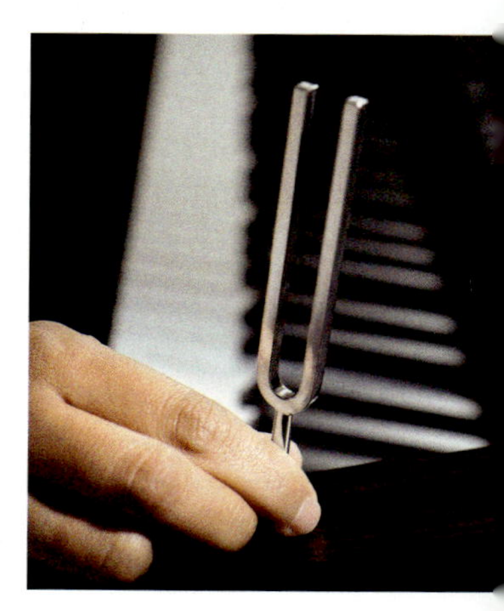

Wir möchten deine Neugier wecken, damit du dich selbstständig in der Natur umsiehst. Um deine eigenen Erfahrungen einzuordnen und die Natur besser zu verstehen, hilft es dir, wenn du dich bei deinen Untersuchungen an einer Leitlinie orientierst. Diese Leitlinie ermöglicht dir ein strukturiertes Vorgehen und unterstützt dich in allen Bereichen der Physik – aber auch in anderen Naturwissenschaften wie der Biologie und der Chemie. Diese Vorgehensweise erleichtert dir nicht nur den Physikunterricht: Was du hier lernst, wird dich dein Leben lang begleiten. Die Schule will dir nicht nur heutiges Wissen vermitteln, sie möchte dir Kompetenzen mit auf den Weg geben, mit denen du dir eigenständig neues Wissen aneignen und es – insbesondere in unserem naturwissenschaftlich-technisch geprägten Leben – sinnvoll und verantwortungsbewusst anwenden kannst. Im Folgenden stellen wir einige Beispiele zu möglichen Schritten dieser Leitlinie vor.
Wir wünschen dir viel Freude mit deinem neuen Physikbuch!

4. Schritt:
Ist das immer so?
Wir suchen Naturgesetze.
Muss der Stromkreis immer geschlossen sein?
Ziehen sich zwei Magnete immer an?
Welches Gesetz befolgt das Licht beim Schattenwurf, welches am Spiegel?
Welche Gesetze gelten für Licht, das schräg auf Wasser fällt?

5. Schritt:
Wie erforscht man die Natur?
Wir planen Experimente.
Wie messen wir die Geschwindigkeit eines Fahrzeugs?
Was brauchen wir dazu? Wie zuverlässig ist unser Ergebnis?
Wie muss eine Oberfläche sein, damit sie viel Energie von der Sonne aufnimmt?
Wie schafft die Natur es, dass Fische im Winter überleben können?

6. Schritt:
Wozu Physik?
Wir nutzen Physik für unser Leben.
Wie schützt man sich vor schädlichem UV-Licht?
Wie vermeidet man Energieverschwendung?
Wozu braucht man im Stromkreis eine Sicherung?
Was ist ein Vakuum und wieso hilft es in der Küche?
Wie half der Magnetismus bei der Entdeckung der Welt?

Haus der Naturwissenschaften

Das kannst du in diesem Kapitel erreichen:

- Du wirst erkennen, warum es für Physikerinnen und Physiker wichtig ist zu experimentieren.
- Du wirst das Volumen von regelmäßig und unregelmäßig geformten Körpern bestimmen können.
- Du wirst die Masse eines Körpers messen können.
- Du wirst ein Versuchsprotokoll schreiben können.
- Du wirst verstehen, wie ein Flüssigkeitsthermometer funktioniert und wie man es richtig benutzt.

Physik ist vielfältig

A1 Die Bilder zeigen Situationen aus dem Sachunterricht der Grundschule. Was meinst du: Welche Situationen haben mit Physik zu tun?

A2 Hast du Fragen, auf die dir der Physikunterricht Antworten geben könnte? Notiere sie.

A3 Opa holt Julius vom Kindergarten ab.
Julius: „Bist du mit dem Auto da?“
Opa: „Ja, warum?“
Julius: „Wegen der Eisbären.“
Worüber wurde wohl heute im Kindergarten gesprochen?

A4 Schätze, wie lang, breit, dick und schwer dein Physikbuch ist. Miss anschließend nach.

A5 Suche nach Thermometern in eurem Haushalt. Erkunde, wozu sie benötigt werden. Zeichne eins davon in dein Heft.

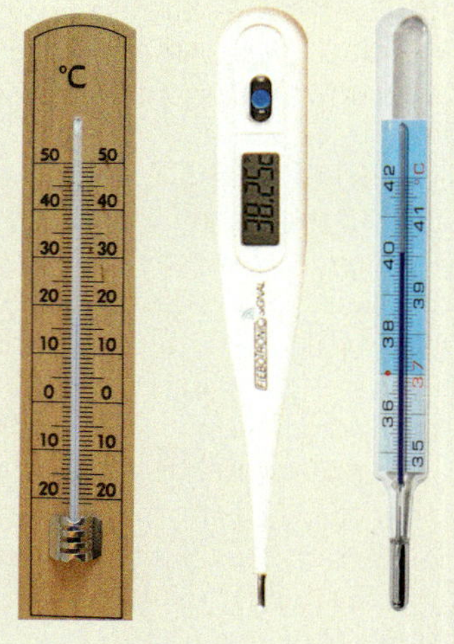

A6 Welche Messgeräte habt ihr zu Hause? Was wird mit ihnen gemessen? Beschreibe einen Messvorgang genauer.

A7 Wie sähe ein ganz normaler Tag aus, bei dem du ständig zweifeln müsstest, ob ein Messgerät den richtigen Wert anzeigt? Schreibe dazu eine Geschichte.

B1 Der Regenbogen ist ein eindrucksvolles Naturschauspiel.

Liebe Schülerin, lieber Schüler,

in deinem Stundenplan steht ein neues Fach, die Physik. Was machen wir dort? Vielleicht hast du schon einmal gehört, dass die Physik eine *Natur*wissenschaft ist. Beschäftigt sich die Physik also mit der Natur? Ja, aber in der Physik versteht man unter Natur mehr als nur Tiere und Pflanzen.

Möglicherweise hast du dich schon einmal gefragt, warum ein Vogel sich im Winter aufplustert, wie ein Regenbogen entsteht oder wieso ein Kompass die Himmelsrichtung anzeigen kann. Auf diese Fragen und noch viele mehr erhältst du im Physikunterricht eine Antwort.

Oft fragt man sich: „Wie funktioniert das?“ Dabei geht es um Geräte, die uns das Leben erleichtern, angefangen vom Thermometer oder der Lupe bis zum Fernseher oder dem Auto. Wenn du etwas über Physik lernst, kannst du verstehen, wie diese Dinge funktionieren.

Auch vieles, was als Nachricht um die Welt geht und worüber Politiker streiten, hat mit Physik zu tun. Die Physik hilft dir zum Beispiel zu verstehen, was man tun müsste, um die Eisbären vor dem Aussterben zu retten.

Du siehst, dass die Physikerinnen und Physiker sich mit vielfältigen Fragestellungen beschäftigen.
Viel könnten wir noch über die Physik erzählen. Aber mit der Physik ist es ähnlich wie mit der Musik: Man muss sie betreiben, dann weiß man, was sie bedeutet. Fangen wir doch einfach an!

B2 Ein Kompass zeigt uns die Himmelsrichtung.

B3 Vögel plustern sich im Winter auf.

B1 Vor dem Sprung ins Becken duscht Daniel kalt.

V1 Anna hält ihre linke Hand zunächst in heißes Wasser, ihre rechte in kaltes. Dann taucht sie beide Hände gleichzeitig in lauwarmes Wasser und beschreibt ihre Empfindung.

B2 Wassertemperatur im Schwimmbad

1. In der Physik wird experimentiert

Sicher hast du schon gehört, dass in der Physik experimentiert wird. Du treibst aber auch schon Physik, wenn du *genau beobachtest und beschreibst,* was um dich herum vorgeht.

Selbst ganz alltäglichen Vorgängen kann man sich physikalisch nähern. Im Schwimmbad geht Daniel vor dem Sprung ins Becken unter die kalte Dusche → **B1**. Er hat beobachtet: „Wenn ich vorher warm dusche, erscheint mir das Wasser im Becken kühl. Dagegen kommt es mir warm vor, wenn ich vorher kalt geduscht habe." Ihm fällt ein, dass er einen ähnlichen Vorgang auch in der Schule beobachtet hat. Er beschreibt: „Trete ich im Winter vom warmen Klassenraum in den Flur, so empfinde ich ihn als kühl. Kehre ich aber vom kalten Pausenhof in denselben Flur zurück, so erscheint mir dieser warm."

Anna kennt solche Situationen, in denen das Gefühl für heiß und kalt – der Temperatursinn – täuscht. Sie vermutet, dass dieses Gefühl eher ein Gefühl für heißer und kälter ist. Um herauszufinden, ob ihre Vermutung richtig ist, führt Anna ein Experiment durch.

Zunächst hält sie in → **V1** ihre rechte Hand für einige Zeit in kaltes, die linke in heißes Wasser. Dann taucht sie beide Hände kurz in das mittlere Gefäß mit lauwarmem Wasser. Mit ihrer rechten Hand empfindet sie dieses Wasser viel wärmer als mit der linken Hand, die noch an das heiße Wasser gewöhnt ist.
Annas Vermutung wurde also bestätigt.

Anna und Daniel sind wie richtige Physiker vorgegangen: Daniel hat **beobachtet** und **beschrieben,** wie ihn der Temperatursinn täuschen kann. Anna vermutet, dass der Temperatursinn vor allem Temperaturunterschiede mitteilt und **bestätigt** ihre Vermutung mit einem **Experiment.**

Merksatz

Naturforschung fängt mit genauem Beobachten und Beschreiben eines Vorgangs an. Vermutungen werden durch Experimente überprüft.

2. In der Physik wird gemessen

Im Schwimmbad guckt jeder zuerst, welche **Temperatur** der Bademeister an die Tafel geschrieben hat → **B2**. Heute hat er notiert: 23 °C. Man liest es „dreiundzwanzig Grad Celsius".
Wie ermittelt der Bademeister diesen Wert? Anna und Daniel haben nachgewiesen, dass es nicht genügt, die Hand ins Badewasser zu halten, um zu prüfen, ob das Wasser warm oder kalt ist. Der Bademeister macht es deshalb auch anders: Er benutzt ein **Thermometer.**

Um sich zu überzeugen, dass man die Temperatur mit einem Thermometer unabhängig von der eigenen Empfindung messen kann, wiederholt Daniel Annas Versuch mit zwei Thermometern → V2. In den beiden äußeren Gefäßen mit kaltem und warmem Wasser zeigen die Thermometer verschiedene Temperaturen an. Für das lauwarme Wasser im mittleren Glas zeigen sie die gleiche Temperatur an.

Mit Thermometern können wir die Temperatur messen und exakt angeben. Thermometer haben mehrere Vorteile:

- Statt der groben Stufeneinteilung kalt – lau – heiß lassen sich an der Thermometerskala Zahlenwerte ablesen.
- Die Messung ist objektiv. Das heißt, dass das Ergebnis von der Empfindung einer Person unabhängig ist.
- Man kann mit Thermometern auch sehr hohe und tiefe Temperaturen messen, die für uns gar nicht mehr erträglich wären.

Du kennst sicher auch folgende Situationen, in denen man ein Thermometer benutzt:
Bei Fieber kann man sich nicht auf sein Körperempfinden verlassen, oft friert oder schwitzt man abwechselnd. Für den Arzt ist es aber wichtig, eine genaue und zuverlässige Information zu bekommen. Man misst die Körpertemperatur daher mit einem Fieberthermometer.
Babys dürfen nicht zu heiß oder kalt gebadet werden, damit sie sich nicht verbrennen oder erkälten. Die Temperatur des Badewassers misst man mit einem Badethermometer.

Da man die Temperatur messen kann, nennt man sie eine **Messgröße.** Die Temperaturangabe (z. B. 23 °C) besteht aus einer Zahl (23) und einer Maßeinheit (°C).

Auch in anderen Bereichen der Physik werden Messgeräte benutzt: Mit einem Lineal beispielsweise misst man die Länge eines Gegenstandes, mit einem Tachometer die Geschwindigkeit eines Fahrrades. Auch die Länge und die Geschwindigkeit sind also Messgrößen.

Merksatz

Die Messgröße Temperatur beschreibt objektiv, wie kalt oder heiß etwas ist. Man misst sie mit einem Thermometer.
Andere Messgrößen misst man mit dafür vorgesehenen Messgeräten.

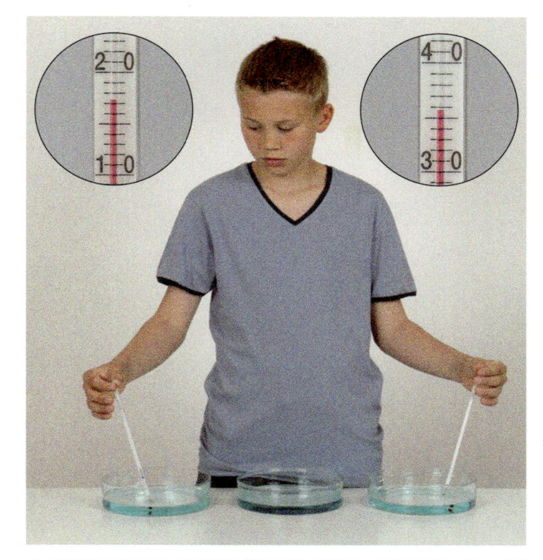

V2 Annas Versuch abgewandelt: Daniel nimmt anstelle der Hände zwei Thermometer. Erst wird die Temperatur von kaltem und warmem Wasser in den äußeren Gläsern getrennt gemessen, die Thermometer zeigen verschiedene Temperaturen an.
Dann wird die Temperatur des lauwarmen Wassers im mittleren Glas mit beiden Thermometern gleichzeitig gemessen. Die Anzeige des einen Thermometers steigt, die Anzeige des anderen sinkt. Beide stellen sich auf den gleichen Skalenstrich ein.

Mach's selbst

A1 Nenne weitere Situationen, in denen es vorteilhaft ist, wenn man die Temperatur genau und zuverlässig feststellen kann.

A2 Stelle deine Eltern auf die Probe:
Du brauchst vier Schüsseln. Fülle in Schüssel 1 sehr warmes Wasser, in Schüssel 2 kaltes Wasser und in Schüssel 3 und 4 lauwarmes Wasser derselben Temperatur.
Deine Eltern halten zunächst eine Hand in Schüssel 1, die andere in Schüssel 2. Nach einiger Zeit halten sie die Hände in Schüssel 3 und 4.
Erkläre ihnen das überraschende Ergebnis.

B1 Anna wiegt die benötigte Menge Mehl mit einer Küchenwaage ab.

1. Die Küche – auch ein Physiklabor

Für Daniels Geburtstagsfeier möchten Anna und Daniel Waffeln backen. Im Rezept steht, dass 300 g Mehl, 200 g Butter und 100 g Zucker verrührt werden sollen. Anna wiegt die benötigten Mengen mit einer Küchenwaage ab → B1. Sie verrührt alles und fügt zwei Teelöffel Backpulver, 1 Päckchen Vanillezucker und 6 Eier hinzu. Nun sollen noch 300 ml Milch untergerührt werden. Daniel benutzt einen Messbecher, um die benötigte Menge Milch abzumessen.

Anna fällt auf: „Beim Backen haben wir mehrere Messgeräte benutzt: die Waage, den Messbecher und den Teelöffel. Auch beim Backen haben wir also Physik getrieben."

2. Das Volumen

Anna und Daniel haben die benötigte Menge Milch mit einem Messbecher abgemessen. Das hat funktioniert, weil die Milch eine Flüssigkeit ist, die sich im Messbecher verteilt und eine ebene Oberfläche bildet. Dort kann man an der Skala ablesen, wie viel Raum die Milch im Messbecher einnimmt. In → B2 sind es 300 Milliliter. Man sagt, das **Volumen** der Milchmenge im Messbecher beträgt 300 Milliliter. Man schreibt kurz: $V = 300$ ml.

B2 Das Volumen der Milchmenge im Messbecher beträgt 300 Milliliter.

Mit einem Messbecher kann man das Volumen einer bestimmten Flüssigkeitsmenge messen. Wie aber kann man vorgehen, wenn man das Volumen eines festen Gegenstandes bestimmen möchte?

Eine Methode dafür kennst du schon aus dem Mathematikunterricht: Wenn der Gegenstand quaderförmig ist, misst du seine Länge, Breite und Höhe und kannst das Volumen anschließend ausrechnen, indem du Länge, Breite und Höhe miteinander multiplizierst.

Kompetenz – Körper: Eine Vokabel der Physik

Bei einem Holzquader handelt es sich um eine bestimmte abgegrenzte Menge eines Materials. Dies gilt auch für die Menge Milch im Messbecher, einen Stein oder den menschlichen Körper. Für all das benutzt man in der Physik den Oberbegriff **Körper.**
Auch wenn es dir im Augenblick noch sehr ungewohnt ist, die Milchmenge im Messbecher oder einen Stein Körper zu nennen, wirst du sehen, dass sich die Bezeichnung bewährt.
In Zukunft können wir nämlich mithilfe der Fachsprache einfacher formulieren. Eine bestimmte Menge Milch, ein Stein oder ein Quader haben ein Volumen. Viel kürzer klingt: Körper haben ein Volumen.

Ist dir schon aufgefallen, dass das Volumen der Milch in Millilitern angegeben wird, das Volumen des Quaders aber in Kubikzentimetern? Welche Einheit man benutzt, ist nicht festgelegt.

Für feste Körper benutzt man meistens Kubikmeter (m^3), Kubikdezimeter (dm^3) oder Kubikzentimeter (cm^3). Es gilt:

$1\ m^3 = 1000\ dm^3$ und $1\ dm^3 = 1000\ cm^3$.

Für Flüssigkeiten benutzt man meistens Liter (l) und Milliliter (ml). Es gilt:

$1\ l = 1000\ ml$.

Man kann die Einheiten ineinander umrechnen:

$1\ l = 1\ dm^3$ und $1\ ml = 1\ cm^3$.

Wie kann man nun vorgehen, wenn man das Volumen eines unregelmäßig geformten Körpers bestimmen möchte?

Daniel misst das Volumen eines Steins, indem er den Stein in einen teilweise mit Wasser gefüllten Messzylinder legt.
Je größer der Stein, desto höher steigt der Wasserspiegel → V1.

Anna misst das Volumen desselben Steins mit einer anderen Methode → V2. Sie füllt ein Überlaufgefäß mit Wasser und wartet, bis kein Wasser mehr aus dem Überlauf fließt. Nun taucht sie den Stein ins Wasser.
Je größer der Stein, desto mehr Wasser läuft über.

Mit den Methoden von Anna und Daniel kann man z. B. auch das Volumen einer Kugel oder eines zylinderförmigen Körpers messen.

Merksatz

In der Physik nennt man Gegenstände oder eine bestimmte Menge Flüssigkeit Körper.
Das Volumen V ist eine Eigenschaft eines Körpers. Es gibt an, welchen Raum der Körper einnimmt. Die Maßeinheit ist $1\ m^3$.

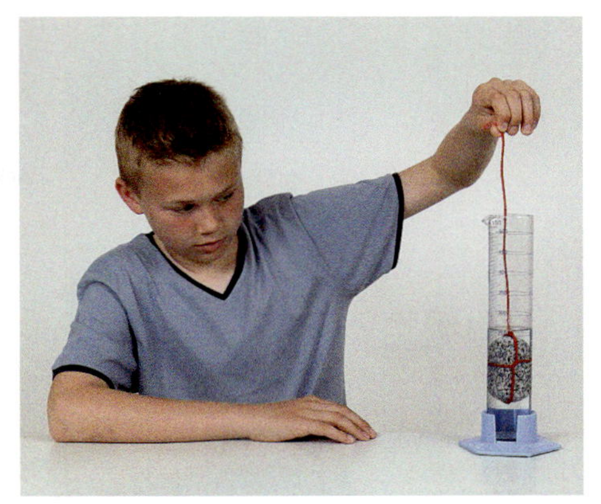

V1 Daniel legt den Stein in einen mit 200 ml Wasser gefüllten Messzylinder. Der Wasserspiegel steigt und Daniel liest nun ein Volumen von 280 ml ab. Das Volumen des Steins ist die Differenz der beiden Messwerte, also 80 ml.

V2 Anna taucht den Stein an einem Faden in das bis zum Rand des Überlaufs mit Wasser gefüllte Gefäß. Das überlaufende Wasser fängt sie mit einem Becherglas auf. Das Volumen des Steins ist genau so groß wie das Volumen der Wassermenge im Becherglas, also 80 ml.

Mach's selbst

A1 Nenne Situationen, in denen das Volumen eines Körpers bestimmt wird.

A2 Erkundige dich zu Hause, wie man in der Praxis 300 ml Milch abmisst.

A3 Begründe, warum zum Abmessen einer beim Backen benötigten Menge Backpulver der Messbecher ungeeignet ist. Wie macht man es wirklich?

A4 Plane ein Experiment zur Messung des Volumens deines Körpers mithilfe einer Badewanne. Führe das Experiment anschließend auch durch.

A5 Vergleiche Daniels und Annas Methode zur Volumenbestimmung. Nenne Vor- und Nachteile.

A6 Suche zu Hause einen kleinen Quader. Berechne sein Volumen aus Länge, Breite und Höhe. Bestimme anschließend mit Annas oder Daniels Methode das Volumen. Vergleiche die beiden Ergebnisse.

B1 Das Urkilogramm

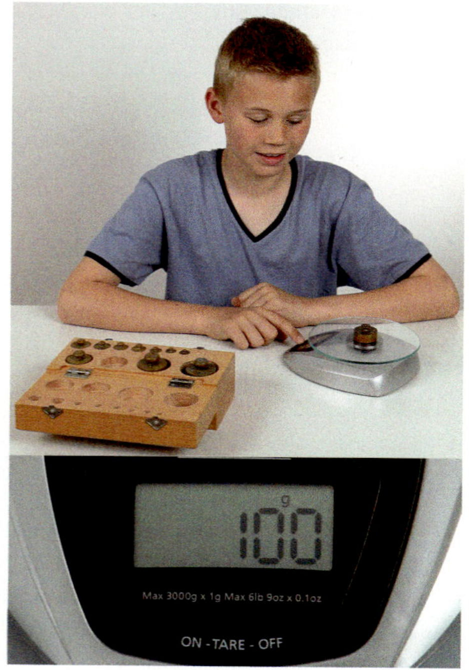

V1 Daniel überprüft die elektronische Waage mit einem Wägesatz.

Mach's selbst

A1 Man gab dem Urkilogramm so genau wie möglich die Masse von 1 l Wasser (bei 4 °C). Prüfe diesen Zusammenhang – wenn möglich – zu Hause nach.

A2 Nenne Situationen, in denen man die Masse eines Körpers kennen möchte.

A3 Recherchiere im Internet: Welche Masse haben ein Blauwal, ein Elefant, eine Maus, die Erde, der schwerste Mensch, ...?

3. Die Masse

Anna und Daniel haben beim Waffelnbacken 300 g Mehl, 200 g Butter und 100 g Zucker mit einer Waage abgemessen. Eine Waage kennst du auch schon in der Form einer Personenwaage. Die Messgröße, die die Waage anzeigt, nennen wir Masse (m). Liest man z. B. 29 kg ab (1 kg = 1000 g), so schreibt man kurz:

m = 29 kg.

Im Alltag sagt man: Man misst mit einer Waage das Gewicht.

Anna und Daniel haben die Massen ihrer Backzutaten in der Einheit Gramm angegeben. Das ist eine Einheit für die Masse, die weltweit verwendet wird. In früheren Zeiten benutzte man in verschiedenen Ländern unterschiedliche Einheiten. Manchmal unterschieden sie sich sogar von Stadt zu Stadt. Das war sehr schwierig, wenn man Handel miteinander treiben wollte. Darum einigte sich das „internationale Büro für Maße und Gewichte" (BIPM) im Jahr 1889 auf das Kilogramm als gemeinsame Einheit. Man stellte einen Metallzylinder her – das **Urkilogramm** (→ B1). Es wird seitdem in der Nähe von Paris aufbewahrt. Noch heute muss sich jede geeichte Waage an ihm messen lassen.

Neben der Einheit Kilogramm (kg) benutzen wir für größere Massen auch die Tonne (t), für kleinere Massen das Gramm (g) oder das Milligramm (mg). Aus dem Mathematikunterricht weißt du schon, wie man die Einheiten umrechnet:

1 t = 1000 kg,
1 kg = 1000 g,
1 g = 1000 mg.

Bei vielen Waagen, die wir im Alltag benutzen, können wir nicht erkennen, wie sie funktionieren. Früher benutzte man Balkenwaagen, deren Funktionsweise leichter zu verstehen ist → Interessantes.
Zu einer Balkenwaage gehört auch ein Wägesatz. Er besteht aus einer Reihe von Körpern bekannter Masse. Mit einem Wägesatz, der aus einem 10 g-, einem 20 g-, noch einem 20 g-, einem 50 g- und einem 100 g-Wägestück besteht, kann man alle Massen von 10 g bis 200 g in 10 g-Schritten messen.

Daniel überprüft mit dem Wägesatz aus der Physiksammlung die elektronische Küchenwaage → V1. Er legt dazu die Wägestücke nacheinander auf die Waage und prüft, ob die Waage die auf den Wägestücken angegebenen Massen richtig anzeigt.

Merksatz
Die Masse m ist eine Eigenschaft eines Körpers. Die Einheit der Masse ist das Kilogramm (kg).

Interessantes

Die Balkenwaage

Die Händler auf mittelalterlichen Märkten hatten natürlich noch keine elektronischen Waagen. Sie benutzten oft eine Balkenwaage. Sie besteht aus einem drehbaren waagerechten Balken, an dem zwei Waagschalen hängen. Man benötigt außerdem eine Reihe von Wägestücken, deren Masse bekannt ist, den so genannten Wägesatz.

Sicherlich habt ihr auch in eurer Physiksammlung eine Balkenwaage. Anna erklärt, wie man die Waage benutzt: „In die eine Schale legst du den Körper mit unbekannter Masse. Dann legst du so lange Wägestücke in die andere Schale, bis die beiden Schalen gleich hoch sind. Der Körper hat dieselbe Masse wie alle benutzten Wägestücke zusammen."

Bestimmt weißt du, dass alles auf dem Mond leichter ist. Ein Astronaut, der dort eine 100 g-Tafel Schokolade auf die Balkenwaage legt, misst mit dem Wägesatz auch 100 g. Kein Wunder: Schokolade und Wägestück sind im gleichen Maße leichter geworden.

Die Masse ist also eine Eigenschaft, die vom Ort unabhängig ist.

Eine moderne elektronische Waage vergleicht nicht die unbekannte Masse mit der bekannten Masse der Wägestücke. Sie misst mit einer Feder, wie schwer ein Körper ist. Legt man die Tafel Schokolade auf dem Mond auf eine solche Waage, so wird ein kleinerer Wert als 100 g angezeigt.

Praktikum

Volumen und Masse messen

Ihr habt Methoden zur Messung von Volumen und Masse kennen gelernt. Probiert diese Methoden nun selbst aus.

Arbeitsaufträge:

1 Wählt einige Körper aus Holz, Eisen, Styropor oder anderen Materialien.

2 Überlegt euch, was ihr benötigt, um das Volumen und die Masse der Körper zu messen. Lasst euch das Material von eurem Lehrer geben.

3 Messt das Volumen und die Masse der Körper. Schreibt auf, wie ihr vorgegangen seid.

4 Stellt eure Messergebnisse in einer Tabelle zusammen.

5 Haben zwei Körper mit gleichem Volumen auch immer dieselbe Masse? Überlegt und begründet eure Antwort.

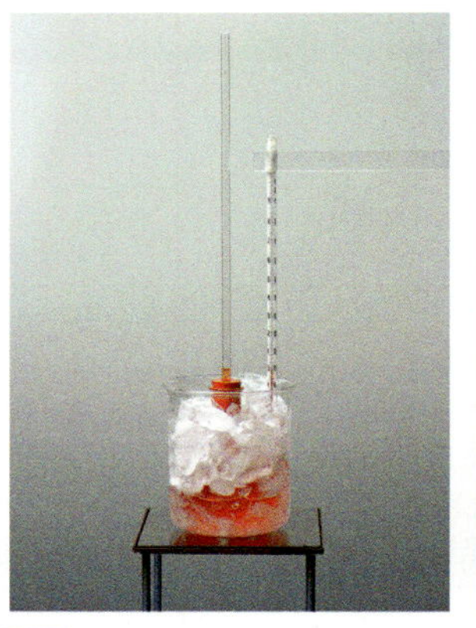
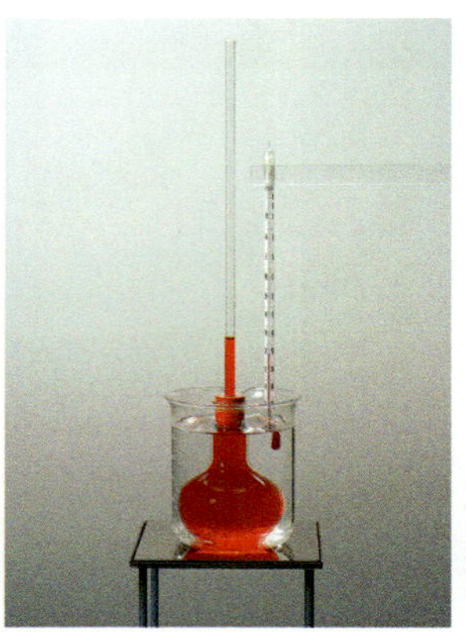
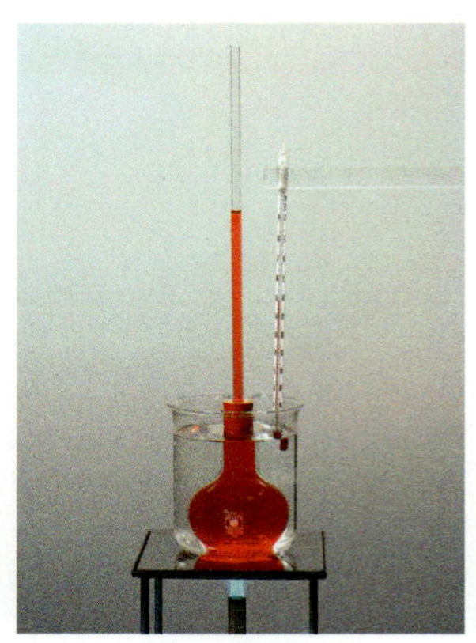
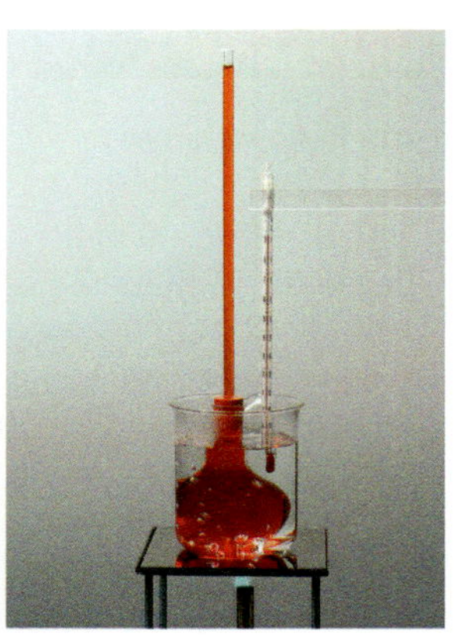

B1 **a)** Im Becherglas ist schmelzendes Eis. **b)** Das Wasser hat Zimmertemperatur. **c)** Mit der Flamme wird das Wasser langsam erhitzt. **d)** Das Wasser im Becherglas siedet.

V1 Der Glaskolben **→ B1** ist mit rot gefärbtem Öl gefüllt und oben mit einem durchbohrten Gummistopfen verschlossen. Ein dünnes Glasrohr ist hindurch gesteckt. Öl, das im Kolben keinen Platz mehr hat, steigt in diesem Glasrohr hoch.
Zusammen mit einem Flüssigkeitsthermometer wird der Glaskolben in ein Becherglas mit Wasser verschiedener Temperatur gebracht.

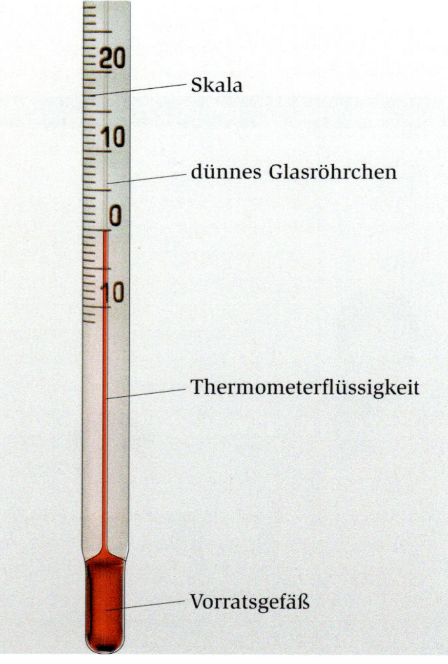

B2 Ein Flüssigkeitsthermometer besteht aus einem Vorratsgefäß, einem dünnen Glasröhrchen, der Thermometerflüssigkeit und einer Skala.

1. Wie ein Flüssigkeitsthermometer funktioniert

Anna und Daniel untersuchen ein Flüssigkeitsthermometer genauer. Daniel beschreibt: „Flüssigkeitsthermometer erkennst du an dem Vorratsgefäß und dem sehr dünnen Glasröhrchen mit Flüssigkeitsfaden. Hinter dem Röhrchen befindet sich eine Celsiusskala“ **→ B2**. Anna beobachtet: „Wenn ich das Thermometer in siedendes Wasser halte, dann steigt der Flüssigkeitsfaden. Man sagt: Das siedende Wasser hat eine hohe Temperatur.“ Daniel schließt daraus: „Bei Erwärmung wird das Volumen der Thermometerflüssigkeit größer.“ Anna stellt fest: „Im Alltag beobachtet man das nicht: Wenn man heißes Wasser in einem Glas abkühlen lässt, sinkt der Wasserspiegel nicht merklich. Beim Thermometer ist das geschickt gemacht: Da das Röhrchen sehr dünn ist, kann man auch kleine Volumenänderungen beobachten.“
Anna und Daniel wollen ausprobieren, ob ein Thermometer auch mit Wasser als Thermometerflüssigkeit funktioniert: Aus einem Glaskolben, einem Stopfen, einem Glasröhrchen und gefärbtem Wasser bauen sie das Modell eines Flüssigkeitsthermometers und probieren aus, was bei Erwärmung passiert **→ V1**. Daniel stellt fest: „Auch das Volumen des Wassers in unserem Modellthermometer hat sich bei Erwärmung vergrößert.“
Weitere Versuche haben gezeigt: Auch mit anderen Flüssigkeiten kann man ein Modellthermometer bauen.

Eine bestimmte Flüssigkeitsmenge hat bei hoher Temperatur ein größeres Volumen als bei niedriger Temperatur. Aus dem Platzbedarf einer Flüssigkeitsmenge können wir daher auf ihre Temperatur schließen.

Merksatz

Das Volumen einer Flüssigkeitsmenge hängt von seiner Temperatur ab. Je größer das Volumen einer bestimmten Flüssigkeitsmenge ist, desto höher ist ihre Temperatur.

2. Wie kommt das Thermometer zur Skala?

Man kann in → V1 einen Papierstreifen neben dem Röhrchen des Modell-Thermometers anbringen und dort die mit dem „richtigen" Thermometer gemessenen Temperaturen aufschreiben. So bekommt man eine Skala – durch Vergleich mit der Anzeige eines schon „fertigen" Thermometers!

Daniel ist nicht zufrieden: „Ein Thermometer, das richtige Temperaturwerte anzeigt, kann man so nur herstellen, wenn man schon ein ‚richtiges' Thermometer hat." „Das stimmt". pflichtet ihm Anna bei, „es muss ein „Ur-Thermometer" gegeben haben. Wie ist dieses zu seiner Skala gekommen?"

In → B1a zeigt das Modell-Thermometer die Temperatur von schmelzendem Eis an. Die markierte Steighöhe findet man mit diesem Thermometer in jedem Gefäß mit Eis-Wasser-Gemisch. Ähnliches gilt in → B1d für siedendes Wasser: Wo immer man das Modell-Thermometer in siedendes Wasser hält, steigt die Flüssigkeitssäule bis zur gleichen Marke.

Nach Experimenten mit „Thermometern ohne Skala" hat der schwedische Naturforscher Anders CELSIUS (um 1740) Thermometer mit Alkohol und mit Quecksilber gebaut.

Heute verwendet man folgende Festlegungen:
- 0 °C ist die Temperatur des schmelzenden Eises.
- 100 °C ist die Temperatur des siedenden Wassers.

Diese beiden Temperaturpunkte nennt man **Fixpunkte**, da sie sich nicht verändern, also fest sind. Streng genommen muss man hinzufügen: „Auf Meereshöhe". Auf Bergen (bei geringerem Luftdruck) siedet Wasser schon bei niedrigeren Temperaturen.

Von CELSIUS stammt außerdem der Vorschlag, den Abstand zwischen den beiden Fixpunkten in hundert gleiche Teile einzuteilen. Jeder dieser Teile entspricht einem **Grad Celsius (1 °C)**. Das Wort „Grad" kommt aus dem lateinischen und meint „Schritt". Der Buchstabe „C" für Celsius wird zu Ehren des Erfinders angefügt.

Merksatz

Schmelzendes Eis und siedendes Wasser liefern die Fixpunkte 0 °C und 100 °C für die Celsius-Skala.
Der Abstand zwischen beiden Punkten ist gleichmäßig in 100 Grad geteilt.

Die Skala lässt sich auch über die Fixpunkte hinaus verlängern – mit gleichen Abständen zwischen zwei Gradstrichen. So kann die Celsius-Skala auch „Temperaturen unter null" messen.

Sonnenoberfläche	ca. +6000 °C
Glühlampendraht	ca. +2000 °C
siedendes Wasser	+100 °C
höchste Temp. in Wüsten	+60 °C
Körpertemperatur des Menschen	+37 °C
empfohlene Wohnraumtemperatur	ca.+20 °C
Eis-Wasser-Gemisch	0 °C
Gefrierschrank	−6 °C... − 18 °C
tiefste Temperatur der Antarktis	−94 °C
tiefste Temperatur im Labor	−273 °C

T1 Einige Temperaturen

Mach's selbst

A1 Notiere zu den Thermometern in eurem Haushalt jeweils den Messbereich (kleinste ablesbare Temperatur, größte ablesbare Temperatur).

A2 → T1 zeigt verschiedene Temperaturen. Welche könntest du durch eigene Messungen überprüfen? Antworte mit Begründung. Ergänze weitere typische Temperaturangaben.

A3 Immer, wenn Lukas an dem Reklamethermometer vorbeikommt, hat er den Eindruck, dass es etwa 2 °C zu wenig anzeigt. Was könnte im Laufe der Jahre passiert sein? Schreibe eine begründete Vermutung auf.

A4 Leonie wählt schmelzendes Eis und die Körpertemperatur eines gesunden Menschen als Fixpunkte. Sie teilt die Skala zwischen den beiden Punkten in eine 100-Grad-Leonie-Skala. Sie misst die Lufttemperatur ihres Zimmers: 50 °L. Zeichne die Leonie-Skala neben eine Celsius-Skala.

A5 **a)** Ein Thermometer steigt von −6 °C auf +9 °C. Berechne den Temperaturanstieg in Grad Celsius.
b) Ein Thermometer zeigt −15 °C und steigt um 27 Grad Celsius. Berechne die neue Temperatur.

Protokoll: Herstellen einer Celsius-Skala

Ziel: Wir wollen nach der Idee von Anders Celsius ein Thermometer mit einer Skala versehen.

Materialien: Vorratsgefäß mit Steigrohr ohne Skala, Pappkarton, Draht, Bechergläser, Gasbrenner, Eiswürfel

Vorbereitung: Zuerst haben wir einen Pappstreifen mit Draht an dem dünnen Steigrohr befestigt, auf dem wir später die Skala aufzeichnen können.
In das erste Becherglas haben wir kleine Eiswürfel gelegt und gewartet, bis sich geschmolzenes Wasser bildete. Im zweiten Becherglas haben wir Wasser erhitzt, bis es siedete.

Durchführung: Zuerst haben wir das Thermometer mit dem Vorratsgefäß zwischen die schmelzenden Eiswürfel gesteckt. Später haben wir es in das siedende Wasser gehalten.

Beobachtung: Zwischen den schmelzenden Eiswürfeln hat sich die Thermometerflüssigkeit in das Vorratsgefäß zurückgezogen, die Flüssigkeitssäule im Steigrohr ist gesunken. Als sich die Höhe nicht mehr geändert hat, haben wir sie auf der Pappskala markiert.
Als das Vorratsgefäß im siedenden Wasser steckte, ist die Flüssigkeitssäule erst schnell, dann langsamer gestiegen. Dort, wo sie zur Ruhe gekommen ist, haben wir wieder eine Markierung auf der Pappskala gemalt.

Auswertung: An die untere Marke haben wir 0 °C geschrieben, an die obere 100 °C. Den Abstand zwischen den Marken für 0 °C und 100 °C haben wir in 10 gleiche Teile unterteilt und daneben geschrieben: 10 °C, 20 °C, 30 °C usw. Dann haben wir jeden kleinen Abstand noch einmal halbiert, so dass wir auch 5 °C, 15 °C usw. ablesen können.
Um auch im Winter draußen messen zu können, haben wir die Skala in gleichen Abständen nach unten mit Minus-Graden fortgesetzt: −10 °C, −20 °C. Auch über 100 °C hinaus haben wir die Skala bis zum Ende des Steigrohrs verlängert: 110 °C, 120 °C.
Während der Arbeit an der Skala befand sich das Thermometer in der Raumluft. Die Flüssigkeitssäule ist gesunken und dort stehen geblieben, wo später der Skalenstrich für 20 °C entstanden ist.

Ergebnis: Nach Festlegung der Fixpunkte 0 °C und 100 °C haben wir aus einem Vorratsgefäß mit Steigrohr ein Celsius-Thermometer gemacht.
Nach Einteilung der Skala in 100 Grade konnten wir die Temperatur im Physikraum ablesen.

Kompetenz – Protokoll eines Versuches

Bei Versuchen, die wir im Physikunterricht durchführen, schreiben wir möglichst genau auf …

- *… was wir vorhaben*
  Wir beginnen mit dem vorgegebenen oder selbst gewählten Ziel.
- *… womit wir experimentieren*
  Wir fertigen eine Liste der Geräte und Materialien an, die man braucht, um den Versuch durchzuführen.
- *… wie wir vorgehen*
  Wir schreiben auf, was zur Vorbereitung des Versuchs gehört und wie wir uns die Durchführung denken. Dazu gehört auch die Beschreibung eines Versuchsaufbaus, oft ergänzt durch eine Zeichnung.
- *… was wir beobachten*
  Wir schauen genau hin und schreiben alle Einzelheiten auf, die wir für wichtig halten und von denen wir denken, dass sie bei jeder Wiederholung des Versuchs wieder auftreten.
- *… wie wir die Beobachtungen auswerten*
  Erkennen wir Zusammenhänge zwischen unserem Ziel und unseren Beobachtungen, können wir diese auswerten, so wie beim Thermometerversuch durch das Zeichnen einer Skala zwischen den beiden Marken am Steigrohr.
- *… welche Ergebnisse wir erzielt haben*
  Wir fassen das Wichtigste in einem Ergebnis zusammen und kontrollieren, ob wir die am Anfang formulierte Aufgabenstellung erfüllt haben.

Jeder, der unser Protokoll liest, soll alles genauso nachmachen können, wie wir es durchgeführt haben.
Genauso gehen auch Forscher bei ihrer Arbeit vor. So können sie ihre Ergebnisse vergleichen und gemeinsam ihr Wissen über die Natur erweitern. Darauf kommt es in der Physik und den anderen Naturwissenschaften an.

3. Thermometer richtig benutzen!

Flüssigkeitsthermometer waren die ersten Thermometer, die den Forschern objektive Messungen möglich machten. Heute gibt es viele verschiedenartige Thermometer. Alle Menschen können damit ihr Leben bei verschiedenen Temperaturen im Alltag komfortabler gestalten.

Anna und Daniel probieren verschiedene Thermometer aus, die sie im Haushalt finden → B1 und entdecken dabei Folgendes: Alle Thermometer haben eine „empfindliche“ Stelle. Wenn man dort anfasst oder gar mit den Fingern reibt, ändert sich die Temperaturanzeige. Beim Flüssigkeitsthermometer ist diese Stelle das kleine Vorratsgefäß, beim Bratenthermometer ist es die Spitze des Spießes, den man in den Braten sticht. Wir sprechen von einem **Messfühler** des Thermometers. Man braucht gar nicht das ganze Thermometer in die heiße Umgebung zu bringen, der Messfühler alleine reicht.

Anna und Daniel beobachten bei allen Thermometern, dass es einige Zeit dauert, bis das Ansteigen der Anzeige aufhört. Und wenn sie die Thermometer auf den Tisch legen, dauert es wieder einige Minuten, bis die Anzeige auf die Zimmertemperatur zurückgegangen ist.

Aus Annas und Daniels Beobachtungen kann man Regeln für das Messen von Temperaturen ableiten:

- Der Messfühler muss einen guten Kontakt zum Messobjekt haben. Rundherum muss die zu messende Temperatur gleich sein.
- Bringt man den Messfühler in eine andere Umgebung, muss man warten, bis die Anzeige sich nicht mehr ändert.

Merksatz

Ein Thermometer zeigt die Temperatur in der Umgebung seines Messfühlers an.

Beim Fieberthermometer kennt Daniel eine Besonderheit. Der Flüssigkeitsfaden kriecht nach der Messung nicht wieder zurück ins Vorratsgefäß, die Anzeige bleibt unverändert stehen. Vor einer neuen Messung muss man den Flüssigkeitsfaden richtig „herunterschlagen“.

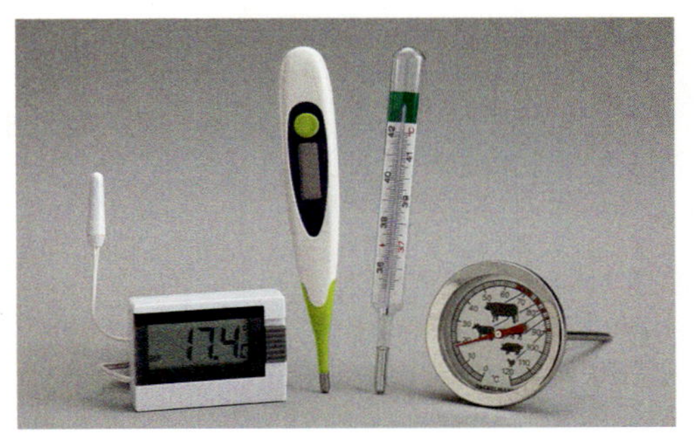

B1 Thermometer, die es auch im Haushalt gibt: **a)** Digitales Thermometer zur Kontrolle der Zimmertemperatur, **b)** zum Fiebermessen mit Digitalanzeige, **c)** ohne Digitalanzeige, **d)** Bratenthermometer.

Kompetenz – Messgeräte benutzen

Für den Alltag reicht der Besitz eines Thermometers. Wenn man weiß, wie man es richtig benutzt, kann es nützlich sein.
Das gilt auch für andere Messgeräte, die du schon kennen gelernt hast:
Dein *Lineal* hat eine Zentimeterskala und ist damit ein Längenmaßstab. Deine *Uhr* misst die Zeit in Stunden, Minuten und Sekunden. Mit einem *Messbecher* kannst du das Volumen einer bestimmten Menge Flüssigkeit in Kubikzentimetern (oder Millilitern) abmessen. Mit einer *Waage* misst du die Masse eines Körpers in Kilogramm.
Wenn du eine Länge mit 12,5 cm angibst und dein Freund will diese Messung mit seinem Lineal kontrollieren, dann geht das nur, wenn 1 cm auf seinem Lineal genau so lang ist wie auf deinem Lineal.
Diese Voraussetzung ist in der Forschung für alle Messgeräte sehr wichtig: Beim Experimentieren möchte man messen und die Ergebnisse mit Kolleginnen und Kollegen in aller Welt austauschen.

Mach's selbst

A1 Befrage deine Eltern und formuliere dann wichtige „Regeln für das Fiebermessen“.

A2 Ein Radiosprecher sagt: „Über die Nacht gab es einen Temperatursturz.“ Übersetze dies in die Sprache der Physik.

A3 Es gibt moderne Fieberthermometer, mit denen berührungslos gemessen wird. Bei solchen Thermometern gelten für die richtige Benutzung andere Regeln. Tragt in der Gruppe zusammen, was ihr darüber wisst.

A4 Miss von mittags bis abends einmal in der Stunde die Außentemperatur. Trage die Messwerte in eine Tabelle ein, die du in deinem Heft anlegst. Welches ist die höchste gemessene Temperatur, welches die kleinste?

Das ist wichtig

1. Experimentieren
Wir beobachten, dass sich die Thermometerflüssigkeit beim Erwärmen ausdehnt. Wir vermuten, dass sich auch Wasser beim Erwärmen ausdehnt. Ein *Experiment* bestätigt diese Vermutung.

2. Messen
Heiß und kalt kann jeder *fühlen*. Diese Empfindung ist *subjektiv*, d.h. abhängig von der Person und der Situation. Mit Thermometern kann man *objektiv* die Temperatur von Gegenständen *messen* und exakt mit einer Zahl und einer Maßeinheit angeben. Man nennt die Temperatur daher eine Messgröße. Andere Messgrößen sind z.B. das Volumen und die Masse.

3. Körper und deren Eigenschaften
Um einfacher formulieren zu können, nennen wir in der Physik Gegenstände oder eine bestimmte Menge Flüssigkeit Körper. Volumen, Masse und Temperatur sind messbare Eigenschaften von Körpern.

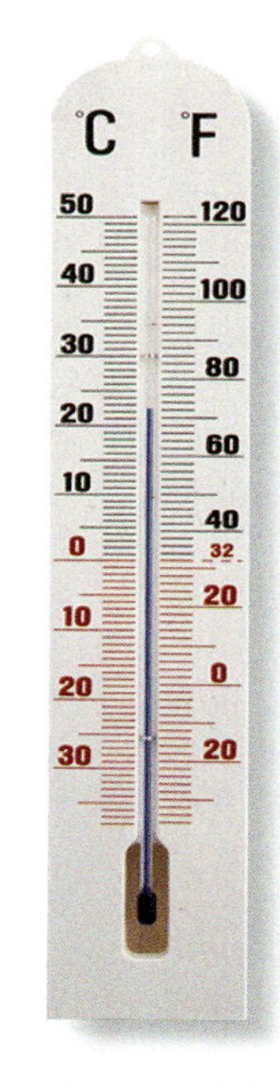

4. Temperatur und Thermometer
Die Temperatur können wir mit Thermometern messen. Da ein Thermometer immer die Temperatur seiner unmittelbaren Umgebung anzeigt, muss es vor dem Ablesen lange genug in engem Kontakt mit dem zu messenden Körper sein.

5. Die Temperatur-Skala
Die bei uns übliche Celsius-Skala verwendet die Temperatur des schmelzenden Eises und die Temperatur des siedenden Wassers als Fixpunkte. Sie werden mit 0 °C bzw. 100 °C bezeichnet. Der Abstand zwischen den beiden Punkten ist in 100 gleiche Teile unterteilt.

Darauf kommt es an

Erkenntnisgewinnung
Du hast gelernt, einfache Experimente zu *planen, durchzuführen* und *auszuwerten*. Du weißt z.B., wie du ein Thermometer mit einer Skala versehen kannst.

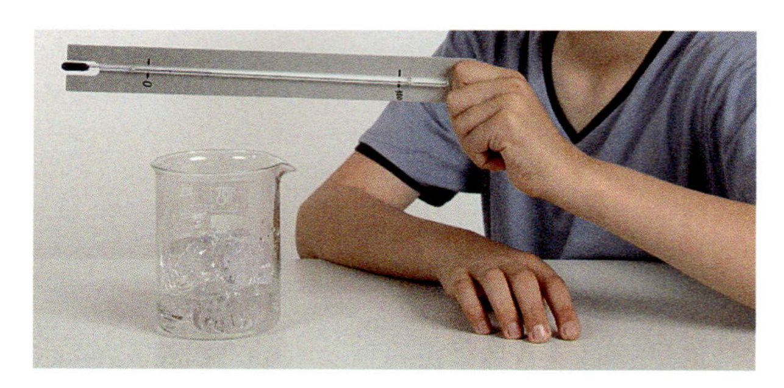

Kommunikation
Wenn Physikerinnen und Physiker experimentieren, protokollieren sie, was sie vorhaben, womit sie experimentieren, wie sie vorgehen, was sie beobachten, wie sie ihre Beobachtungen auswerten und welche Ergebnisse sie erzielt haben. Genauso dokumentierst du deine Experimente, damit deine Mitschüler nachvollziehen können, was du gemacht hast.

Bewertung
Temperaturen misst du mit einem Thermometer und gibst sie mit einer Zahl und einer Maßeinheit an, z.B. 20 °C. Diese wissenschaftliche Vorgehensweise kannst du bewerten: Die Maßeinheit Grad Celsius bedeutet für jeden dasselbe. So können Messergebnisse weltweit ausgetauscht werden.

Nutzung fachlicher Konzepte
Du unterscheidest beim Experimentieren zwischen Beobachtung und Deutung. Du *beobachtest* z.B., dass die Temperaturempfindung deiner Hand davon abhängt, in welcher Umgebung sich die Hand zuvor befand. Du *deutest* diese Beobachtung, indem du sagst, dass der Temperatursinn vor allem Temperaturunterschiede mitteilt.

Kennst du dich aus?

A1 Nenne Vor- und Nachteile von Thermometern gegenüber der Körperempfindung.

A2 Daniel sagt, der Fixpunkt 100 °C genüge, um die Temperaturskala festzulegen. Anna dagegen fragt, warum nicht auch z.B. 20 °C einen eigenen Fixpunkt brauche. Antworte beiden.

A3 Bei einem Thermometer ist die Skala gegenüber dem Steigröhrchen verrutscht.
Beschreibe, wie man vorgehen kann, um das Thermometer zu reparieren.
Beschreibe auch eine Möglichkeit, bei der ein intaktes Thermometer nicht benötigt wird.

A4 Recherchiere im Internet zum Begriff „Urmeter". Halte einen kleinen Vortrag darüber.

A5 Zähle die Teile eines Versuchsprotokolls auf. Zu welchem Teil gehören die Messergebnisse?

A6 Suche im Internet Informationen zu Anders CELSIUS.

A7 Nimm ein Badethermometer

Das kannst du schon

Beobachten und beschreiben
Du beobachtest, indem du ganz genau betrachtest. Nur so kannst du auch genau beschreiben.

Experimentieren
Du kannst Experimente planen, durchführen und auswerten.

Vermutung aufstellen, mit Versuch bestätigen
Du vermutest, dass sich Wasser bei Erwärmung ausdehnt und bestätigst die Vermutung mit einem Experiment.

Mit Modellen arbeiten
Du kannst aus einem Glaskolben, einem Stopfen, einem Glasrohr und gefärbtem Wasser ein Modellthermometer bauen.

Aufbau technischer Geräte beschreiben
Du kannst beschreiben, aus welchen Teilen ein Flüssigkeitsthermometer besteht.

Funktionsweise technischer Geräte erklären
Du kannst erklären, warum der Flüssigkeitsfaden in einem Flüssigkeitsthermometer bei Erwärmung länger und bei Abkühlung kürzer wird.

Messgeräte benutzen
Du verwendest geeignete Messgeräte, um die Messgrößen Temperatur, Volumen und Masse objektiv zu ermitteln.

Versuchsprotokolle schreiben
Du schreibst zu deinen Versuchen ein Protokoll und gliederst dieses übersichtlich z. B. in die Hauptteile: Ziel – Material – Vorbereitung – Durchführung – Beobachtung – Auswertung – Ergebnis.

Vermuten, beobachten, beschreiben und bestätigen

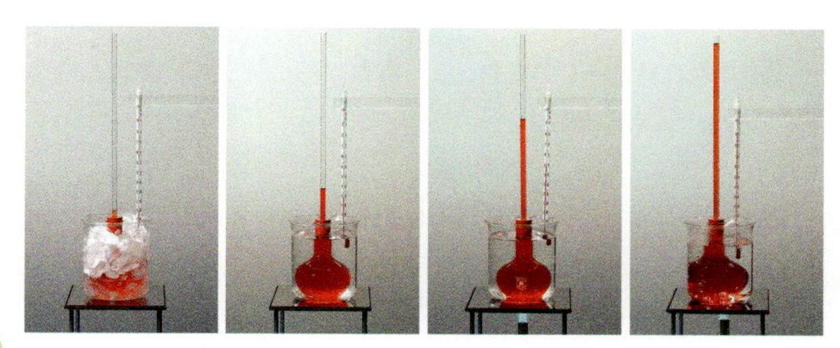
Ein Modellexperiment

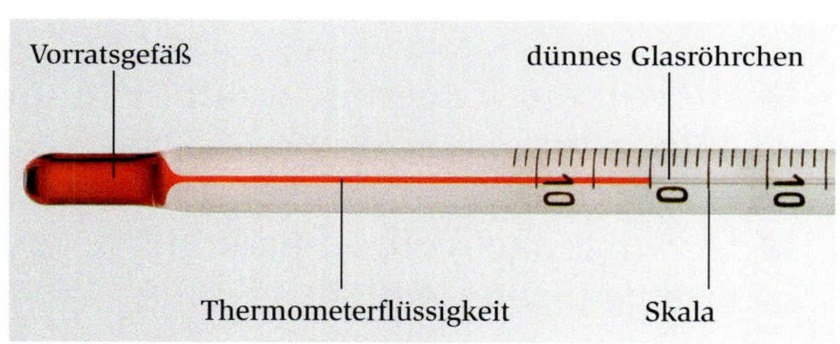

Das Flüssigkeitsthermometer

Durchführung: Zuerst haben wir das Thermometer mit dem Vorratsgefäß zwischen die schmelzenden Eiswürfel gesteckt. Später haben wir es in das siedende Wasser gehalten.
Beobachtung: Zwischen den schmelzenden Eiswürfeln hat sich die Thermometerflüssigkeit in das Vorratsgefäß zurückgezogen, die Flüssigkeitssäule im Steigrohr ist gesunken. Als sich die Höhe nicht mehr geändert hat, haben wir sie auf der Pappskala markiert.

Ein Versuchsprotokoll

oder ein Zimmerthermometer. Dann fülle heißes Wasser in eine Tasse und miss in Abständen von einer Minute, welche Temperatur das Wasser in der Tasse hat.
Protokolliere dein Experiment. Deine Messwerte schreibst du am besten in einer Tabelle auf.

A8 Bestimme Temperatur, Volumen und Masse eines frisch gekochten Frühstückseis. Beschreibe, wie du vorgegangen bist.

A9 Gib an, welches der rechts abgebildeten Thermometer für die genaue Messung der Körpertemperatur am besten geeignet ist. Begründe deine Wahl.

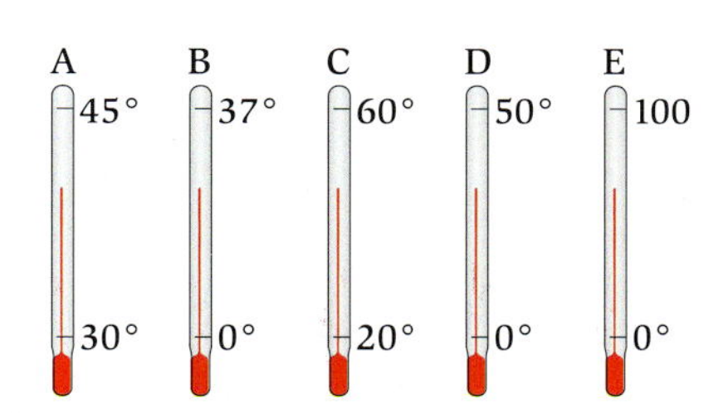

Erweiterung der Sinne

Das kannst du in diesem Kapitel erreichen:

- Du wirst erkennen, dass man ohne Licht nichts sieht.
- Du wirst lernen, wie sich Licht von der Lichtquelle weg ausbreitet.
- Du wirst entdecken, wie Licht und Schatten zusammenhängen und du wirst Bilder einer Lochkamera untersuchen.
- Du wirst verstehen, wie der Mond im Laufe des Monats sein Aussehen verändert.
- Du wirst im Experiment mit Licht und Spiegeln Gesetzmäßigkeiten entdecken.
- Du wirst nachvollziehen können, warum Sonnenlicht farbige Lichter enthält.

Wir sehen mit den Augen

Die Scheinwerfer des Autos leuchten die Straße aus.
Die Heckleuchten machen den nachfolgenden Verkehrsteilnehmer auf das Auto aufmerksam. Am beleuchteten Nummernschild erkennt die Polizei den Fahrzeughalter.
Die leuchtende Ampel ist rechtzeitig zu sehen.

A1 „Zum Sehen braucht man Licht“, diesen Merksatz findet man in jedem Physikbuch.
a) Nennt Beispiele anhand des Bildes oben auf dieser Buchseite.
b) Überlegt euch einen Versuch, der den Merksatz bestätigt.

A2 Ob wie früher mit Gas, oder wie seit 150 Jahren elektrisch, Straßenbeleuchtung kostet Geld. So kam ein Bürgermeister auf die Idee, die Straßenbeleuchtung um Mitternacht abzuschalten und ließ es so bekannt geben. In der Stadt begann eine heftige Diskussion. Entwickelt eine Spielszene mit Pro und Contra.

A3 Um eine Lampe zu sehen, müssen wir den Kopf in Richtung der Lampe drehen.
a) Stelle eine Vermutung auf, warum dies so ist.
b) Beobachte eine Glühlampe durch einen Schlauch.

Stelle eine Vermutung auf, wie sich das Licht der Lampe ausbreitet.

A4 Das Licht einer Taschenlampe trifft schräg auf verschiedene Objekte: Spiegel, Glasplatte, Milchglas, Holz, Papier (verschiedene Farben, glatt bzw. rau), ... Eine gewölbte weiße Pappe steht der Taschenlampe gegenüber. Notiert, was ihr auf der Pappe beobachtet.

A5 Die Straßenverkehrsordnung schreibt für Fahrräder eine bestimmte Anzahl von Lampen und Reflektoren vor.

Nennt alle vorgeschriebenen Lampen und Reflektoren und notiert jeweils ihren Zweck.

Lichtquellen und Lichtempfänger

1. Lichtquellen

Die Polizei oder die Feuerwehr sind in der Nacht schon von weitem zu erkennen. Ihr blaues Blinklicht fällt sofort auf. Es ist hell und besonders auffällig. „Hinter einem blauen Glas befindet sich eine helle Lampe die automatisch ein- und ausgeschaltet wird.“, sagt Lukas. Sein Vater erklärt ihm, dass das so nicht stimmt. Vielmehr befindet sich hinter dem blauen Glas eine helle Lampe, die ständig leuchtet. Ein gekrümmter Spiegel verdeckt die Lampe zum Teil → B1. Der Spiegel wird von einem Elektromotor um die Lampe herum gedreht. Dadurch wird das Licht immer in eine andere Richtung gelenkt. Nur wenn das Licht vom Spiegel kurzzeitig in unser Auge trifft, registrieren wir das blaue Licht.

B1 Blaulicht

Gegenstände, die Licht erzeugen, heißen **Lichtquellen.** Wir erkennen sie, wenn ihr Licht in unser Auge trifft → V1. Manchmal erkennt man Lichtquellen auch daran, dass sie andere Gegenstände beleuchten. Die Kerzenflamme, die Lampe oder auch die Sonne erhellen sogar die kompletten Wände eines Zimmers. Man sagt: Lichtquellen erzeugen Licht und senden es aus.

In → V1 haben wir mit vielen Lichtquellen experimentiert. Sie erzeugen das Licht auf unterschiedliche Arten. Die Kerze verbrennt dabei Wachs. Auch ein Kaminfeuer erzeugt Licht durch Verbrennung. In der Taschenlampe und in der Glühlampe der Stehleuchte wird das Licht mithilfe von Elektrizität erzeugt. Dabei wird die Glühlampe sehr heiß, wie du vielleicht schon einmal schmerzhaft festgestellt hast. Wie die Kerze ist also auch die Glühlampe ein Beispiel für eine *heiße* Lichtquelle. Damit meint man, dass sie Licht erzeugt und darüber hinaus auch noch ihre Umgebung aufheizt.

Unsere wichtigste Lichtquelle ist die Sonne. Sie beleuchtet aus weiter Ferne die Erde und heizt die Erdoberfläche dabei auch auf. Auch die Sonne ist eine heiße Lichtquelle – wie ein riesiger weiß glühender Ofen. Sie benötigt zur Lichterzeugung weder Elektrizität noch Kerzenwachs oder Holz. Vielmehr wird in ihrem Inneren Wasserstoff zu Helium verwandelt.

Unter den in → V1 untersuchten Lichtquellen befinden sich zwei modernere Exemplare. Der Laserpointer und die Leuchtdiode erzeugen ihr Licht mithilfe von Elektrizität, aber im Gegensatz zur Glühlampe entstehen dabei keine hohen Temperaturen. Wir nennen sie deshalb im Gegensatz zu den oben beschriebenen Lichtquellen *kalte* Lichtquellen. Heiße Lichtquellen heizen vor allem ihre Umgebung auf, während kalte Lichtquellen vergleichsweise mehr Licht erzeugen. Ersetzt du die Glühlampe deiner Taschenlampe durch eine solche Lampe, so hält die Batterie länger. Auch für die Raumbeleuchtung setzen sich solche Lampen immer mehr durch.

V1 **a)** Wir experimentieren mit den abgebildeten Gegenständen. Sie alle erzeugen Licht. Das erkennen wir allerdings nicht bei allen diesen Gegenständen sofort. Bei der Taschenlampe erkennen wir es erst, wenn wir sie direkt von vorne anschauen – nur dann trifft ihr Licht in unser Auge. Dagegen erkennen wir von allen Seiten, dass die Kerzenflamme und die Glühlampe Licht aussenden. Verdunkeln wir den Raum, so erkennen wir auch die eingeschaltete Taschenlampe von allen Seiten sofort, nämlich an einem hellen Fleck an der Wand.
b) (Lehrerversuch) Der Lehrer schaltet einen Laserpointer ein. Wir bemerken zunächst überhaupt nicht, dass er eingeschaltet ist. Lediglich an der Wand erkennen wir einen kleinen roten Fleck.

Achtung: Es ist gefährlich, wenn Laserlicht ins Auge trifft. Deshalb dürfen nur Lehrerinnen und Lehrer Versuche mit dem Laserpointer durchführen.

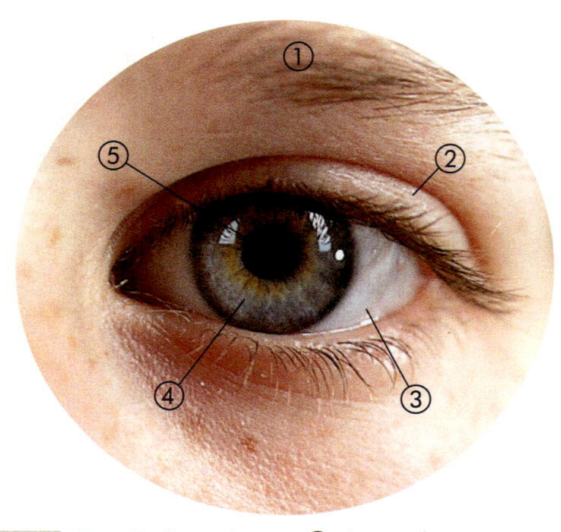

B1 Das äußere Auge: ① Augenbraue, ② Augenlid mit Wimpern, ③ Lederhaut, ④ Iris, ⑤ Pupille

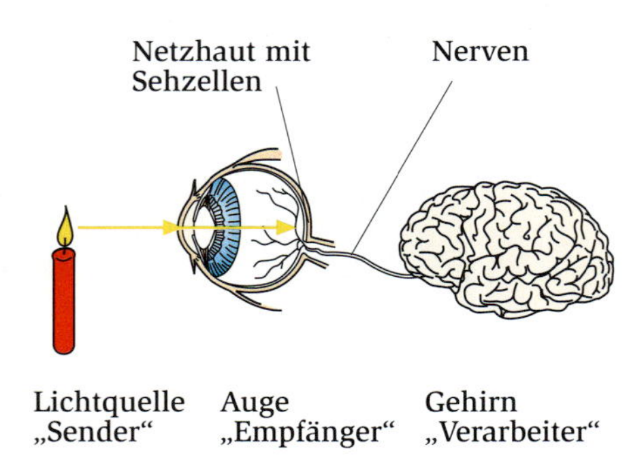

B2 Das Auge als Lichtempfänger

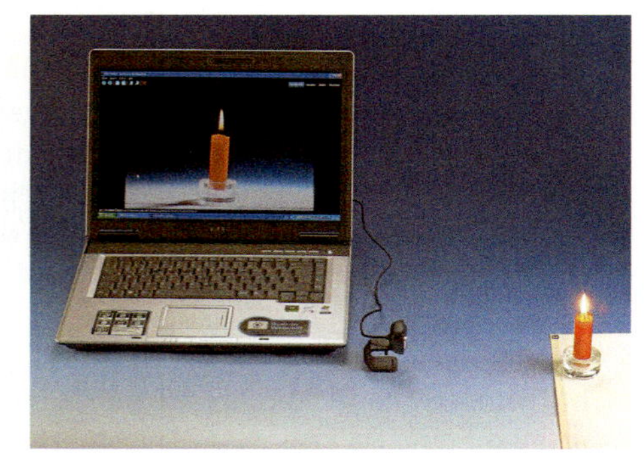

V1 Der leuchtende Gegenstand ist die Kerzenflamme, die Kamera übernimmt die Funktion des Auges, und der Computer ersetzt das Gehirn.
Wir halten eine Hand zwischen Lampe und Kamera. Wir sehen die Flamme nicht mehr auf dem Computerschirm. Wir sehen nur dann das Bild der Flamme, wenn Licht von ihr in die Kamera trifft.

2. Lichtempfänger

Bei all unseren Versuchen hast du natürlich mit offenen Augen beobachtet. Schließt du sie, so bemerkst du nicht, dass irgendwo eine Lichtquelle eingeschaltet ist. Das Auge ist also der menschliche **Lichtempfänger.** Betrachtest du dein Auge **→ B1** im Spiegel, so erkennst du seine äußeren Bestandteile. Die schwarz erscheinende Pupille ist die Eintrittsöffnung für das Licht. Wir können Licht nur dann wahrnehmen, wenn es von vorne kommend in die Pupille eintritt. Betrachten wir den Sehvorgang genauer:

Trifft Licht einer Kerzenflamme in unser Auge, so meldet es den Lichtempfang über die Nerven an das Gehirn **→ B2**. Das Gehirn übernimmt dann die Entscheidung, wie der Körper auf das Licht reagieren soll.
Zum Sehen benötigt man also drei Bestandteile. Die Lichtquelle *sendet* das Licht aus, das Auge *empfängt* es und das Gehirn *verarbeitet* die Information.

Unser Auge ist, wie das der Tiere, ein *natürlicher* Lichtempfänger. Es gibt aber auch *künstliche* Lichtempfänger. Der Fotoapparat oder eine Webkamera sind hierfür Beispiele. In **→ V1** experimentieren wir mit einer Webkamera. Wir können in diesem Versuch den Sehvorgang in einem Modellversuch nachbauen:
Die Kerzenflamme ist die Lichtquelle. Ihr Licht trifft die Webkamera. Die von ihr aufgefangenen Informationen werden durch das Kabel zum Computer übertragen. Der Computer übernimmt die Rolle des Gehirns und erzeugt ein Bild. In der Kamera trifft das Licht auf einen Chip, der Millionen von einzelnen Empfangspunkten (Pixel) besitzt. Jeder Empfangspunkt gibt seine Information an den Computer weiter. Unser Auge muss also ähnlich aufgebaut sein.

Wir erkennen in **→ V1**, dass nur dann ein Bild auf dem Computerbildschirm entsteht, wenn Licht von der Lichtquelle zum Lichtempfänger gesendet wird.
Wir sehen auf dem Bildschirm nicht nur das Bild der Flamme, sondern auch das Bild der Kerze. Warum auch sie zu sehen ist, untersuchen wir im nächsten Kapitel genauer.
Licht breitet sich also stets vom Sender zum Empfänger aus. Lichtquellen sind dabei der aktive Partner, Lichtempfänger der passive. Die umgangssprachliche Redewendung „wir werfen einen Blick in die Runde" ist also physikalisch falsch. Wir müssen richtigerweise sagen: „Wir öffnen unsere Augen, drehen den Kopf und empfangen Licht aus allen Richtungen."

Merksatz

Sonne, Glühlampe und Leuchtdiode sind Beispiele für Lichtquellen. Das Auge und die Webkamera sind Beispiele für Lichtempfänger.
Licht breitet sich stets vom Sender zum Empfänger aus.

3. Licht kann gefährlich sein

Wir haben bereits darauf hingewiesen, dass der Umgang mit dem Laserpointer gefährlich sein kann. Trifft nämlich zu viel Licht gebündelt auf eine Stelle ins Auge, so können dort Schäden entstehen. Deshalb ist das Experimentieren mit dem Laserpointer für Schüler verboten.
Aber auch das Licht gewöhnlicher Lichtquellen kann dem Auge schaden. So weißt du aus Erfahrung, dass zu helle Lampen blenden und deine Augen schmerzen. In diesem Fall trifft sehr viel Licht gleichmäßig verteilt auf das gesamte Auge. Trägt man an wolkenlosen hellen Tagen eine Sonnenbrille, so ist dies für die Augen viel angenehmer.

Betrachten wir → B3 genau. Es zeigt einen Skifahrer. Er trägt eine Sonnenbrille zum Schutz der Augen vor der sehr großen Helligkeit über den weißen Schneeflächen. Zunächst reibt er sich sein Gesicht, besonders die Lippen, mit einer dicken Schicht Salbe ein. Auch unsere Haut ist ein Lichtempfänger. Sie reagiert besonders empfindlich auf UV-Strahlung, die die Sonne mit dem Licht abstrahlt.

UV-Strahlung reizt die Haut. Bei schwacher Dosierung führt sie zur Bräunung, bei starker Bestrahlung zu Sonnenbrand, es werden die oberen Hautschichten geschädigt. Beim starken Sonnenbrand sterben die äußeren Hautzellen ab und die oberen Hautschichten lösen sich ab → B4.

Die Natur hat einen Selbstschutz vor Sonnenbrand entwickelt, die Bräunung der Haut. Deshalb ist die noch nicht gebräunte Haut im Frühling besonders stark gefährdet. Aufgetragene Sonnencreme schwächt die UV-Strahlung ab. Damit sind längere Aufenthalte bei Sonnenschein möglich, ohne dass die Haut durch einen Sonnenbrand geschädigt wird.
In → B5 sind die wichtigsten Schutzmaßnahmen vor Licht und UV-Strahlung zusammengestellt.

B3 Ein Bergsteiger schützt sich vor gefährlicher Sonnenstrahlung.

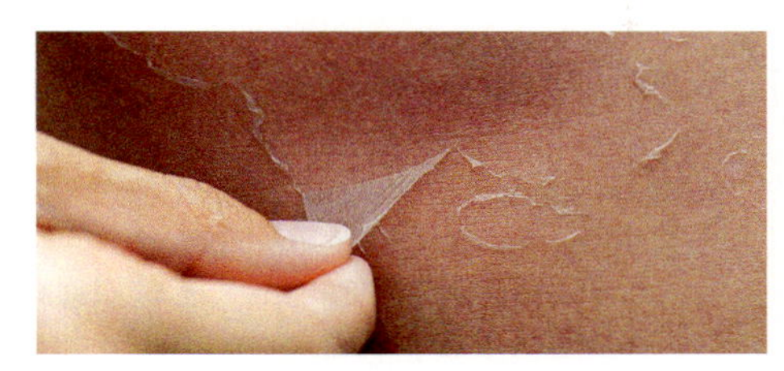

B4 Sonnenbrand durch UV-Strahlung

Schutz der Augen:
- Trage eine Sonnenbrille bei sehr großer Helligkeit.
- Benutze eine Sonnenbrille mit UV-Schutz.

Schutz der Haut:
- Vermeide unnötige Sonnenbestrahlung.
- Schütze dich durch Kleidung vor der gefährlichen UV-Strahlung.
- Gewöhne die nicht gebräunte Haut durch kurze Sonnenbäder an die UV-Strahlung.
- Reibe die Haut mit Sonnencreme ein.

B5 Schutz vor starker Sonne

Projekt

Wir bauen einen Reaktionstester

Als Radfahrer musst du schnell reagieren können, wenn z.B. plötzlich ein spielendes Kind hinter einem parkenden Auto auf die Fahrbahn läuft. Mit einem Reaktionstester kannst du deine Reaktion messen.

Bauteile: elektronische Stoppuhr mit Stromversorgung, Fotodiode, Taschenlampe, Verbindungskabel.

Die Fotodiode ist ein besonderer Lichtempfänger. Sie funktioniert wie ein Schalter. Trifft Licht auf sie, schließt sie den Stromkreis – ohne Licht unterbricht sie ihn.

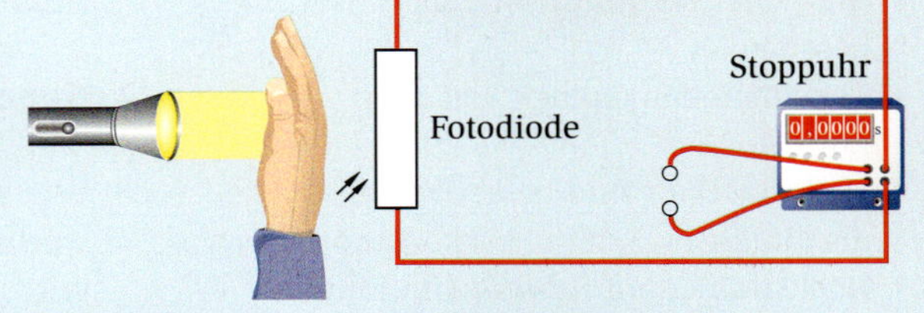

Baue den Versuch, wie im Bild dargestellt, auf.

Dein Freund startet die Stoppuhr. Sobald du das siehst, versuchst du sofort mit deiner Hand den Lichtstrom zwischen Taschenlampe und Fotodiode zu unterbrechen. Die Uhr zeigt deine Reaktionszeit an.

Wahrnehmung beleuchteter Gegenstände

B1 Nur die richtige Kleidung ist gut zu erkennen.

B2 Das beleuchtete Stofftier ist gut sichtbar → V1.

V1 Im verdunkelten Klassenraum erkennen wir trotz geöffneter Augen nichts von unserer Umgebung. Jetzt schaltet jemand eine Taschenlampe ein und beleuchtet damit ein Stofftier. Das Stofftier → B2 ist von jedem Platz aus gut zu sehen. Aber auch den Boden, die Wände und unsere Mitschüler können wir jetzt erkennen.

Kompetenz – Physik hilft bewerten

Physik hilft zu bewerten, was die Sicherheit im Straßenverkehr bei Dunkelheit besonders gut erhöhen kann.

Selbst sehen:

- Fußgänger sollten auf dunklen Wegen eine Taschenlampe verwenden.
- Radfahrer müssen einen Scheinwerfer einschalten.
- Autofahrer müssen zwei Scheinwerfer einschalten, die so eingestellt sind, dass sie die Fahrbahn gut ausleuchten und Entgegenkommende nicht blenden.

Gesehen werden:

- Mit heller Kleidung wirst du besser gesehen.
- Leuchtstreifen streuen viel Licht zurück.
- Helle Taschen sind besser zu sehen als dunkle.
- Rückstrahler am Fahrrad (rot hinten, weiß vorn, gelb in den Speichen und in den Pedalen) streuen das Licht gezielt zum Autofahrer zurück.
- Durch die eingeschaltete Fahrradbeleuchtung wirst du selbst früher gesehen.

Bei Dunkelheit auf der Straße zu gehen ist besonders gefährlich. → B1 zeigt uns, dass die richtige Kleidung Autofahrer auf Fußgänger aufmerksam machen kann. Insbesondere der helle Reflektorstreifen wirkt so hell wie eine Lampe – er ist aber keine Lichtquelle.

1. Wir sehen nicht nur Lichtquellen

Das beleuchtete Stofftier in → V1 ist von jedem Platz aus sichtbar. Marie überlegt: Das Stofftier selbst ist keine Lichtquelle, sonst bräuchten wir die Taschenlampe nicht. Weil es aber von allen Positionen aus sichtbar ist, gelangt also Licht vom Stofftier in alle Richtungen.
Damit ist für Marie der Vorgang klar: Die Taschenlampe erzeugt das Licht, von dort gelangt es zum Stofftier und von dort geht es in alle Richtungen. Man sagt: Das Licht wird am Stofftier **gestreut.**

Merksatz

Wir sehen einen Gegenstand,
- wenn er selbst Licht erzeugt, das in unser Auge gelangt,
- wenn er beleuchtet wird und Licht in unser Auge streut.

Weil das Licht am Stofftier gestreut wird, werden auch die Wände etwas heller → V1. Licht gelangt also auch von der Lampe über das Stofftier zur Wand und erst dann in unser Auge.

2. Gegenstände streuen das Licht unterschiedlich

Wir sehen die Personen in → B1 deshalb, weil das Scheinwerferlicht des Autos an der Kleidung der Fußgänger gestreut wird. Der helle Mantel erscheint deshalb so hell, weil von ihm mehr Licht in unser Auge gestreut wird. Die Person links erscheint schwarz, weil sie kein Licht streut. Der weiße Leitpfahl am linken Rand erscheint dagegen hell, er streut viel Licht. Noch mehr Licht streuen die Leuchtstreifen.

Mit dem jetzt Erlernten können wir Sicherheitsregeln im Straßenverkehr verstehen und bewerten → Kompetenz.

3. Wir machen den Lichtweg sichtbar

Mit einer Lampe erzeugen wir auf der Wand einen hellen Fleck. Das von der Wand gestreute Licht trifft unser Auge. Auf welchem Weg gelangte aber das Licht von der Lampe zur Wand? Wir sehen ja vom Lichtweg nichts.
In → V2 wird der Lichtweg sichtbar. Am Kreidestaub wird ein Teil des Lichts gestreut und gelangt von dort in unser Auge. Die beleuchteten Staubteilchen verraten uns den Lichtweg. Sie zeigen auch, dass das Licht der Taschenlampe einen breiten Weg einnimmt – es bildet ein **Lichtbündel.** Lichtbündel sind stets geradlinig begrenzt. Schmale Lichtbündel (wie beim Laser) nennen wir auch **Lichtstrahlen.**

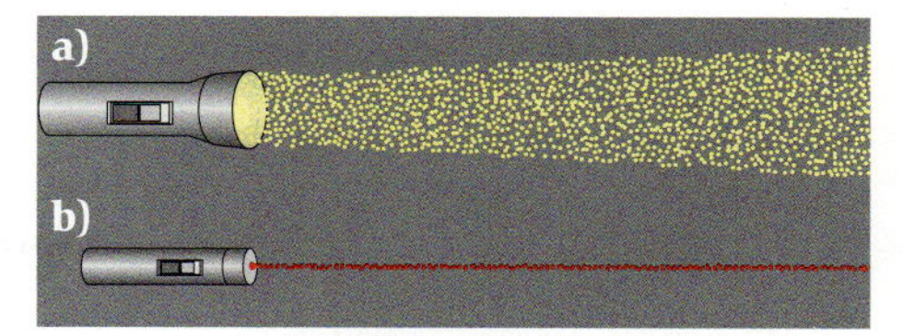

V2 Im verdunkelten Raum wird eine Wand mit **a)** einer Lampe, **b)** einem Laser beschienen. Wird Kreidestaub zwischen Lichtquelle und Wand gestreut, so wird eine Lichtspur sichtbar.

Merksatz

Licht breitet sich zwischen Sender und Empfänger geradlinig aus.

4. Durchsichtige Gegenstände und Spiegel

Spiegel streuen das Licht nicht nach allen Richtungen wie etwa ein Stofftier. Stattdessen wird das Lichtbündel vom Spiegel in eine ganz bestimmte Richtung gelenkt → V3a. Man sagt dazu: Der Spiegel reflektiert das Licht.
An einer Glasscheibe → V3b wird das Licht kaum gestreut und auch nur ein wenig reflektiert. Es geht stattdessen nur wenig geschwächt hindurch. Beleuchtete Gegenstände oder Lichtquellen, die sich hinter einer Glasscheibe befinden, sind also nach wie vor sichtbar. Man sagt: Glas ist **durchsichtig.**

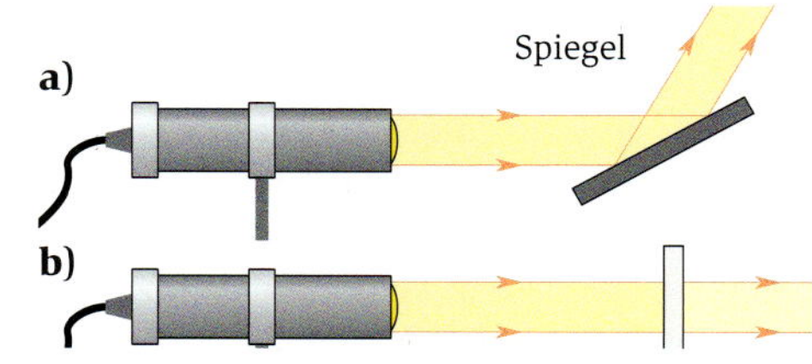

V3 **a)** Ein Lichtbündel trifft auf einen Spiegel. Es wird in eine bestimmte Richtung abgelenkt. **b)** Durch Glas geht das Lichtbündel hindurch.

In → V4 untersuchen wir die Reflexion am Spiegel genauer. Stets wird das Licht in eine bestimmte Richtung reflektiert – je nach Neigung des Spiegels eine andere. Trifft es senkrecht auf den Spiegel, wird es zur Lampe zurückgeworfen.

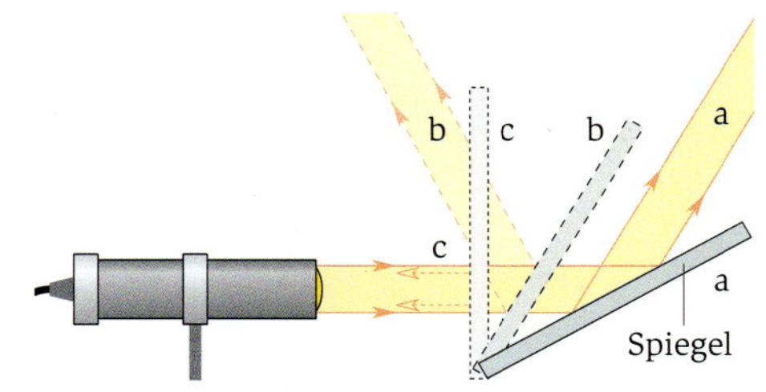

V4 Ein Lichtbündel trifft auf einen Spiegel. Die Neigung des Spiegels wird dabei verändert.

Betrachten wir in → B3 eine Discokugel, die von einem Scheinwerfer beleuchtet wird. Wir erkennen an den Wänden des Raumes gleichzeitig an mehreren Stellen Lichtflecke. Widerspricht dies der Reflexion am Spiegel?
Wir betrachten die Discokugel genauer. Das Lichtbündel des Scheinwerfers trifft auf viele kleine Spiegel, jeder Spiegel reflektiert das Licht in eine bestimmte Richtung – abhängig vom Neigungswinkel. Die Discokugel als Ganzes reflektiert dann ein Lichtbündel gleichzeitig in verschiedene Richtungen.

B3 Eine Discokugel

Mach's selbst

A1 Du richtest im Dunkeln deine Taschenlampe gegen den Himmel. Erkläre: Ist es neblig, so erkennst du auch von der Seite, dass sie eingeschaltet ist.

A2 Lege schwarzes Papier und Alufolie dicht unter eine Glühlampe. Schalte nach einiger Zeit die Lampe aus und prüfe die Temperaturen mit den Händen. Erkläre.

A3 Informiere dich bei Fachleuten, was einen Spiegel von einer einfachen Glasplatte unterscheidet. Fasse deine Rechercheergebnisse schriftlich zusammen.

Vertiefung

Messung der Beleuchtungsstärke

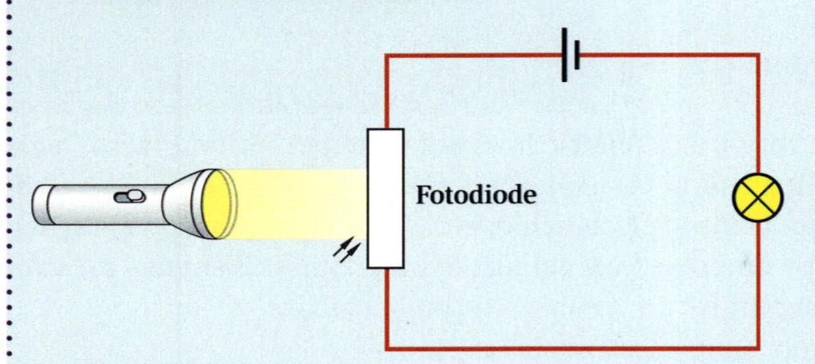

Wir bauen einen Stromkreis mit einer Batterie, einer Fotodiode und einem Glühlämpchen. Das Lämpchen leuchtet nur, wenn wir die Fotodiode mit einer Lampe bestrahlen. Die Fotodiode ist also ein Schalter, der bei Licht den Stromkreis schließt und ohne Licht den Stromkreis unterbricht.

Mit diesem Wissen haben Techniker einen Helligkeitsmesser gebaut. Unter der gewölbten weißen Fläche befindet sich eine Fotodiode. Je mehr Licht auftrifft, desto besser leitet die Fotodiode den Strom: Ist es in einem Raum dunkel, so lässt die Fotodiode nur einen schwachen Strom zu. Ist es hell, dann ist der Strom stark.

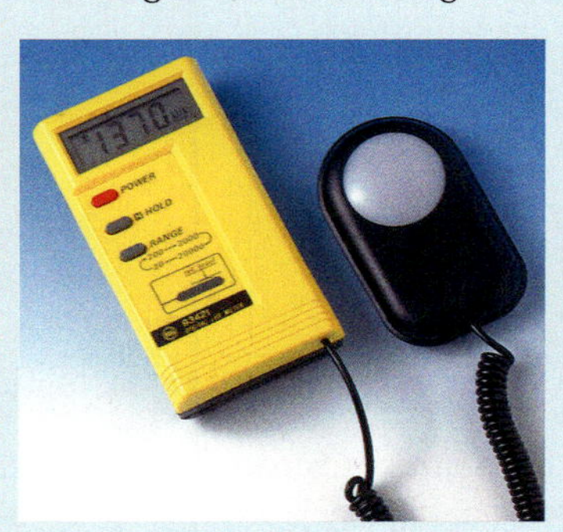

Das Messgerät misst die Beleuchtungsstärke in lx (Lux). Man nennt das Messgerät daher auch **Luxmeter.**

A. Beleuchtungsstärken am Arbeitsplatz

Wie wir bereits wissen, ist zum Sehen Licht notwendig. Insbesondere sind wir von beleuchteten Gegenständen umgeben. Je nach Tätigkeit ist also eine bestimmte Beleuchtungsstärke am Arbeitsplatz erforderlich. Zum Beispiel ist es wichtig, bei der Arbeit ohne Anstrengung gut sehen zu können.

Die Berufsgenossenschaften haben zum Schutz der Arbeitnehmer Richtwerte für den Arbeitsplatz herausgegeben. Diese Werte sollten bei den entsprechenden Tätigkeiten am Arbeitsplatz nicht unterschritten werden.

Einige Beispiele:
- Schreiben und Lesen im Büro: 500 lx
- Fürs Kassieren im Geschäft: 500 lx
- Fürs Untersuchen beim Arzt: 1000 lx

Im Umgebungsbereich dieser Tätigkeiten genügt eine Beleuchtungsstärke von minimal 300 lx.

B. Beleuchtung in der Schule

Für Klassenräume in Schulen wird als Empfehlung eine Mindestbeleuchtungsstärke von 300 lx angegeben.

Projekt

Beleuchtungsstärke in unserer Schule

Ihr bildet mehrere Teams. Jedes Team erhält ein Luxmeter und wählt eine Protokollführerin oder einen Protokollführer. Nach den Messungen entwirft jedes Team ein Plakat mit den Versuchen und den Messergebnissen.
Eine Empfehlung für das Einschalten der Beleuchtung im Raum sollte ebenfalls nicht fehlen. Die Messaufträge lauten:

Team A

Besucht mehrere Klassenräume in unterschiedlichen Fluren eurer Schule. Messt dort die Beleuchtungsstärke auf den Tischen an verschiedenen Stellen im Klassenraum.

Team B

Messt die Beleuchtungsstärke in verschiedenen Fluren und Treppenhäusern eurer Schule. Messt jeweils bei ein- und bei ausgeschalteter Beleuchtung.

Team C

Messt die Beleuchtungsstärke im Lehrerzimmer und im Sekretariat eurer Schule. Führt die Messung an verschiedenen Arbeitsplätzen des Raumes durch.

Forscherwerkstatt

Wie hell sind Lampen?

Licht ist Voraussetzung zum Sehen. So ist es nicht verwunderlich, dass es einige Firmen gibt, die immer weiter versuchen, verbesserte Lampen herzustellen.

Unterschiedliche Lampen beleuchten einen Raum verschieden gut. Dies erkennen wir bereits mit unseren Augen. Die Empfindung für hell und dunkel hängt von der beurteilenden Person ab, sie ist subjektiv. Messen wir dagegen die Beleuchtungsstärke mit einem Luxmeter, so können wir die durch eine Lampe erzielte Beleuchtungsstärke unabhängig von der messenden Person vergleichen – also objektiv.

Arbeitsaufträge:

1 Vergleicht die Beleuchtungsstärken verschiedener Glühlämpchen in gleicher Entfernung.

2 Untersucht, wie die Beleuchtungsstärke auf einer Wand von der Entfernung zum Glühlämpchen abhängt.
- Verdunkelt dazu den Raum.
- Messt die Beleuchtungsstärken in Abständen von 20 cm, 40 cm, 60 cm, … .
- Fasst die Ergebnisse in einer Tabelle zusammen.
- Erstellt als Versuchergebnis ein Plakat mit einem Diagramm als Versuchsergebnis.

3 Wiederholt Versuch 2 diesmal mit dem Lichtbündel einer Taschenlampe.

4 Vergleicht die Ergebnisse von Versuch 2 und 3. Begründet den Unterschied.

Kompetenz – Diagramm lesen

Dichter Nebel führt immer wieder zu schweren Verkehrsunfällen. Oft sieht der nachfolgende Autofahrer das vor ihm fahrende Fahrzeug zu spät, um noch rechtzeitig bremsen zu können. Der Nebel verschluckt das Licht der Heckleuchten des Autos. Nebelschlussleuchten sind besonders helle Lampen. Sie sind aus größerer Entfernung noch zu erkennen. Damit kann man sich vor Auffahrunfällen bei Nebel schützen.

Wir wollen im Folgenden untersuchen, wie Licht von einem durchsichtigen Gegenstand verschluckt wird. Wir experimentieren mit einem Stapel Kunststofffolien. Bestrahlen wir sie mit Licht, so wird ein Teil an der Oberfläche reflektiert und beim Durchgang wird ein Teil verschluckt. In der folgenden Versuchsreihe wollen wir dies genauer untersuchen.

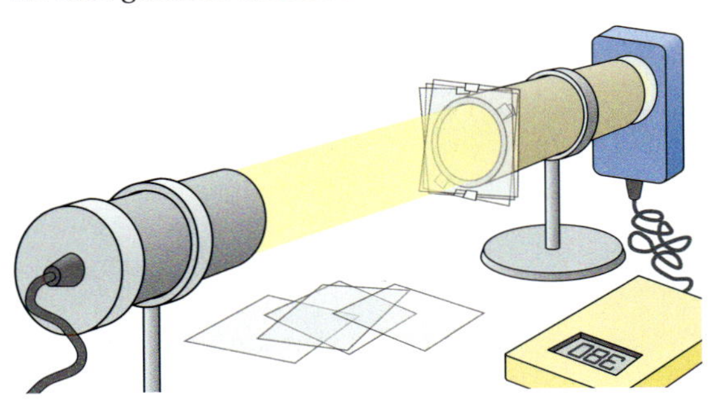

Wir zerschneiden eine Overheadfolie in kleine Quadrate. Eine dieser kleinen Folien legen wir auf die Papprröhre und messen die Beleuchtungsstärke unter dieser Folie. Dann legen wir immer mehr Folien darüber und messen jeweils die Beleuchtungsstärke. Wir tragen die Messwerte in eine Tabelle ein und stellen sie anschließend in einem Diagramm dar.

Aus dem Diagramm lesen wir ab:
- Je mehr Folien das Licht durchdringt, desto geringer wird die Beleuchtungsstärke.
- Die Kurve wird immer flacher, d. h. die Abnahme der Beleuchtungsstärke wird mit zunehmender Zahl der Folien immer geringer.
- Etwa immer durch Auflegen von 6 weiteren Folien hat sich die Beleuchtungsstärke jeweils halbiert.

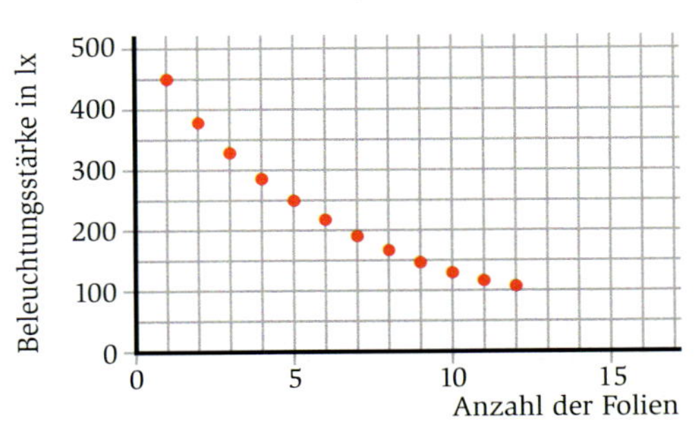

„Wo viel Licht ist, ist auch viel Schatten“ (J.W. GOETHE)

Der Mond sieht jeden Tag etwas anders aus. Seine Form in diesem Foto heißt „Mondsichel“.
An manchen Tagen sieht man auch den vollen Mond. Die Sterne dagegen erscheinen uns stets gleich als helle Lichtpunkte.

A1 Sonne und Mond sind zwei Himmelskörper. Nenne Gemeinsamkeiten und Unterschiede.

A2 In einem Kinderbuch ist die folgende Zeichnung zu sehen.

Erkennst du einen Fehler? Begründe deine Antwort.

A3 Erzeuge mithilfe einer Lampe und einer Wand Schattenbilder. (z. B. einen Hund, einen Hasen usw.)
a) Untersuche, wie du die Größe des Schattenbildes verändern kannst.
b) Verwende als Lampe eine Kerze, eine Taschenlampe und eine Leuchtstoffröhre. Beschreibe und vergleiche die Schattenbilder, die mit den verschiedenen Lampen entstehen.

A4 Das Portrait-Studio:

Erzeugt, wie im Bild dargestellt, in Partnerarbeit gegenseitig Portraits eurer Mitschüler. Stellt sie anschließend als Bildergalerie aus.

A5 Du stehst in einer Kurve im Dunkeln vor einer Hauswand. Ein Auto nähert sich. Auf der Hauswand ist dein Schatten zu sehen. Beschreibe, wie sich dein Schatten während der Vorbeifahrt des Autos verändert.

A6 „Niemand kann über seinen Schatten springen.“, sagt ein Sprichwort. Was sagst du dazu?

1. Die beleuchtete Erdkugel

„Die Erde ist eine Kugel", sagt Anna, „das weiß doch jedes Kind." Aber wirklich gesehen hat sie das noch nicht. Erst 1968 zur Vorbereitung der Mondlandung sind Astronauten zum ersten Mal so weit von der Erde weggeflogen, dass sie die Erde vollständig im Weltall gesehen haben.

B1 Foto der Erde aus dem Weltall

In ihrer Weltraumsonde haben sie den Mond umrundet und dabei das obige Foto **→ B1** aufgenommen. Das Foto zeigt am unteren Rand etwas Mondlandschaft und darüber schwebend die Erde im Weltall. Wir erkennen Ozeane, Kontinente und auch Wolken. Bis auf die Wolken hat das Bild damit Ähnlichkeit mit dem Globus, den du aus der Erdkunde kennst. Beim Globus sehen wir immer die halbe Kugel. Das Foto zeigt weniger als die halbe Erdkugel. Warum sehen wir nur einen Teil?

Wir können leider nicht in den Weltraum hinausfliegen, um uns vom tatsächlichen Anblick zu überzeugen. Wir versuchen es durch Überlegungen auf der Erde.

Wir haben bereits gelernt, dass wir Gegenstände nur dann sehen können, wenn sie selbst leuchten oder aber beleuchtet werden. Wäre die Erde selbst eine kugelförmige Lichtquelle, wie etwa eine Glühlampe, dann wäre sie auch als Kugel auf dem Foto zu erkennen – das ist aber nicht der Fall. Also ist die Erde eine *beleuchtete* Kugel.
Offensichtlich beleuchtet die Sonne die Erde so, dass sie im Weltall so aussieht wie auf dem Foto. Gelingt es uns, das im Unterricht nachzustellen?

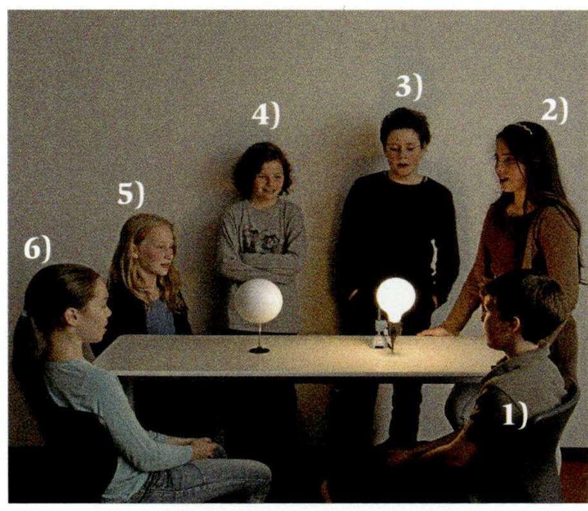

V1 Wir experimentieren mit einer Glühlampe ohne Schirm und einer Styropor®-Kugel auf einem Stiel. Im verdunkelten Klassenraum beleuchtet die Glühlampe die Kugel. Genau die Hälfte der Kugel ist beleuchtet, die andere Hälfte bleibt unbeleuchtet und damit auch (fast) unsichtbar. Wir wechseln unsere Position gegenüber der Lampe und der Styropor®-Kugel.

→ V1 kann als Modellversuch für den Weltraumflug angesehen werden. Die leuchtende Glühlampe übernimmt die Rolle der Sonne, die Styroporkugel die Rolle der Erdkugel – und du selbst spielst Astronaut. Du „fliegst" um die „Erde". Dabei beobachtest du stets einen etwas anderen Teil der beleuchteten „Erde". Du „fotografierst" sie von unterschiedlichen Positionen aus.

Der Versuch zeigt uns folgende Ergebnisse:
- Stets ist die Hälfte der Erdkugel beleuchtet. Auf der beleuchteten Seite ist es Tag, auf der anderen ist es Nacht.
- Wie viel der Astronaut von der beleuchteten Hälfte sieht, hängt von seiner Position ab **→ B2**.
- Die Linie zwischen A und B gibt die Grenze von Tag und Nacht auf der Erde an. Es fällt auf, dass A und B stets gegenüberliegende Punkte auf der Kugel sind.

Damit können wir erklären, wie **→ B1** entstanden ist. Die Sonne hat die Erdkugel von oben beleuchtet. Die Astronauten hatten also damit einen ähnlichen Anblick wie wir aus Position 3 unseres Modellversuchs **→ V1**.

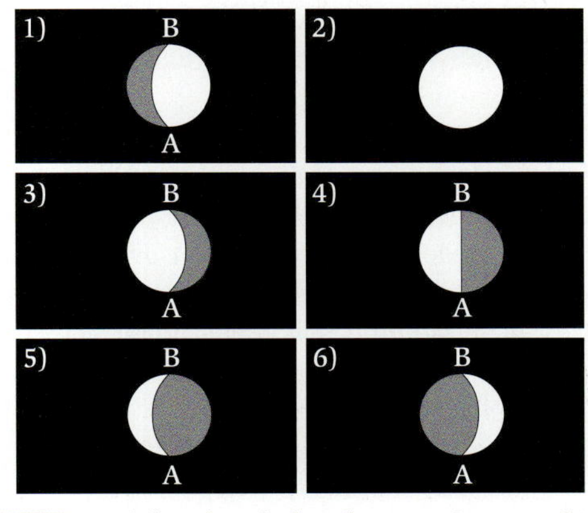

B2 Ansicht der beleuchteten Styropor®-Kugel aus verschiedenen Positionen

Der beleuchtete Mond

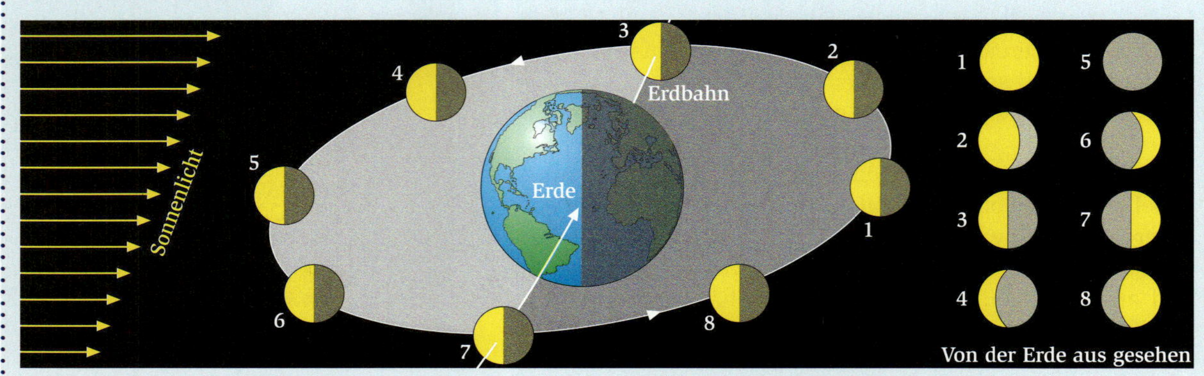

B1 Entstehung der Mondphasen

A. Die Mondphasen

Innerhalb eines Monats umkreist die Mondkugel unsere Erde im Weltall. Dadurch ändert sich ständig die Stellung zwischen Sonne, Mond und den Beobachtern auf der Erde. Die Erde steht dabei fast nie genau zwischen Sonne und Mond, sodass immer die Hälfte der Mondkugel beleuchtet ist und nicht etwa ein Teil von der Erdkugel verdeckt wird. In → B1 ist der Mond in acht verschiedenen Positionen auf seiner Umlaufbahn eingezeichnet.

Wenn du den Mond beobachtest, stellst du fest, dass er täglich sein Aussehen ändert. Man nennt dieses unterschiedliche Aussehen **Mondphasen.**

- Stets ist die Hälfte der Mondkugel beleuchtet.
- Von der Erde aus sieht man täglich einen etwas anderen Teil der beleuchteten Mondhalbkugel.
- Bei Vollmond (Position 1 in → B1) sehen wir die ganze beleuchtete Mondhalbkugel.
- Bei Halbmond (Positionen 3 und 7) sehen wir die Hälfte der beleuchteten Mondhalbkugel.
- Bei Neumond (Position 5) sehen wir nichts von der beleuchteten Mondhalbkugel.

Zwischen den Positionen 1 und 5 wird der sichtbare Teil der beleuchteten Halbkugel stets kleiner – man spricht vom abnehmenden Mond. Anschließend sieht man täglich wieder immer mehr von der beleuchteten Mondhalbkugel – man spricht vom zunehmenden Mond. Gleiche Mondphasen wiederholen sich alle 29,5 Tage.

Eselsbrücke:
Der 𝒜bnehmende Mond ist links rund und passt ins 𝒜.
Der 𝒵unehmende Mond ist rechts rund und passt ins 𝒵.

B. Mondauf- und Monduntergangszeiten

In → B1 können wir uns noch die Tageszeiten dazu denken. Die beleuchtete Erdhälfte ist die Tagseite. Die Erde rotiert in 24 Stunden um ihre Achse, in → B1 gegen den Uhrzeigersinn.

Neumond (Position 5) ist also nur von der Sonnenseite der Erde zu sehen. Er geht folglich mit der Sonne morgens auf und abends unter.

Beim Vollmond (Position 1) ist es umgekehrt. Er ist nur von der Nachtseite zu sehen. Er geht also abends auf und morgens unter.

Der zunehmende Halbmond (Position 7) geht etwa gegen Mittag auf und gegen Mitternacht unter. Nachmittags kann man diese Mondphase also auch am Taghimmel beobachten.

V1 In einem Modellversuch überprüfen wir unsere Vorstellung. Dazu experimentieren wir mit einer Styroporkugel und einer Glühlampe. Wir zeichnen einen Kreis (Durchmesser 50 cm) mit Kreide auf einen Tisch. Die Lampe stellen wir 50 cm vom Kreisrand entfernt außerhalb des Kreises auf.
Jetzt bewegen wir die Styroporkugel langsam entlang des Kreises und beobachten das Aussehen der Kugel von der Kreismitte aus.

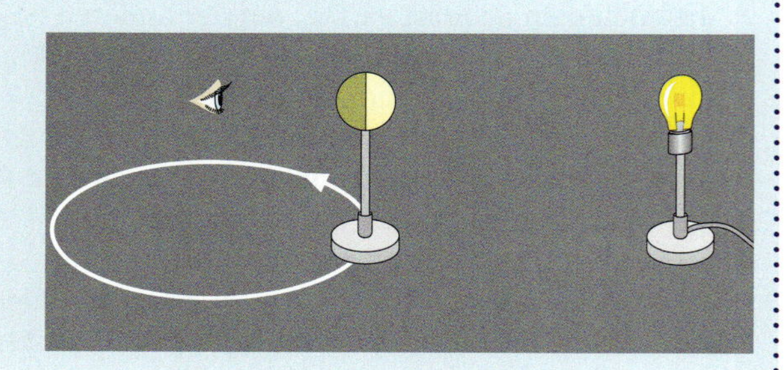

Forscherwerkstatt

Beleuchtete Planeten

Neben Sonne und Mond hat unsere Erde noch weitere Nachbarn im Weltall. Die bekanntesten sind die Planeten. Sie umrunden alle in unterschiedlich großen Umlaufbahnen unsere Sonne.

Das Bild zeigt die Anordnung, allerdings nicht maßstäblich. Die Planeten umrunden die Sonne nicht nur auf unterschiedlich großen Bahnen, sondern auch mit verschiedenen Geschwindigkeiten. Die inneren Planeten überholen die äußeren.
Nur die Sonne ist eine Lichtquelle, alle Planeten sind beleuchtete Körper. Also sind die Planeten von der Erde aus nur teilweise sichtbar, ähnlich wie der Mond.

In einem Modellversuch können wir untersuchen, welche Beleuchtungsphasen die Planeten zeigen. Wir benötigen die Sonne (eine Glühlampe), zwei weiße Styroporkugeln mit Stiel für je einen Planeten, der innerhalb (Venus oder Merkur) und außerhalb der Erdbahn läuft (Mars, Jupiter, Saturn, Uranus oder Neptun), und eine blaue Kugel für die Erde.
Zudem zeichnen wir drei Kreise z. B. mit den Radien 30 cm, 50 cm und 70 cm um einen gemeinsamen Mittelpunkt (Glühlampe). Die Erde und die anderen Planeten stellen wir auf den jeweiligen Kreis.

Im verdunkelten Raum erkennen wir, dass die „Sonne" jeweils jeden „Planeten" halb beleuchtet. Man kann nun den inneren Planeten „Venus" entlang seiner Kreisbahn verschieben und jeweils von der Erde aus ihr Aussehen beobachten. Das gleiche kann man mit dem äußeren Planeten „Mars" machen.

1 **a)** Bestätige, dass es Venusphasen vergleichbar zu den Mondphasen gibt.
b) Mithilfe eines Fernrohrs wurden mehrere Venusphasen fotografiert: Bestätige durch den Modellversuch, dass die schmale „Venussichel" viel größer erscheint als die „Halbvenus" bzw. noch größer als die „Vollvenus".

2 **a)** Bestätige, dass es auch Marsphasen gibt.
b) Begründe, dass der „Vollmars" bei Nacht von der Erde aus gesehen viel größer erscheint als der „Halbmars".
c) Untersuche, ob es am Taghimmel einen klein erscheinenden „Vollmars" geben kann.

Kompetenz – Denken in Modellen

In der Physik dringen wir oft in Bereiche vor, die außerhalb unserer täglichen Erfahrung liegen. So haben wir uns auf den letzten Seiten mit Himmelskörpern befasst. Sie sind so unvorstellbar groß und so weit entfernt, dass wir keine zwei von ihnen gleichzeitig direkt betrachten können. Daher haben wir ein Modell unseres Sonnensystems gebaut und so den Beobachtungsort außerhalb der Erde wählen können. Dadurch ist es uns leicht gefallen z. B. die Entstehung der Mondphasen zu erklären.

Mach's selbst

A1 Informiere dich über Mondauf- und Monduntergangszeiten für die nächsten zwei Wochen und beobachte sie. Notiere Himmelsrichtung und Zeit.

A2 „Den Mond kann man nur nachts am Himmel sehen." Nimm zu dieser Aussage kritisch Stellung.

A3 Fabian hat Bilder vom Mond gezeichnet. Zwei Bilder stellen keine Mondphasen dar. Begründe.

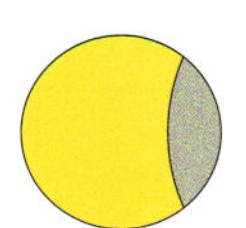 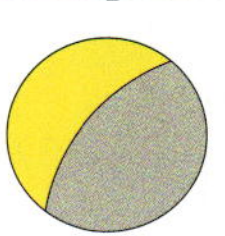 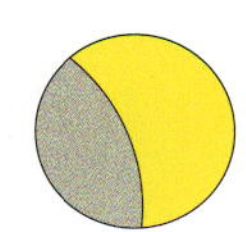

B1 Schattenspiele

B2 Der Schatten einer Lichtquelle

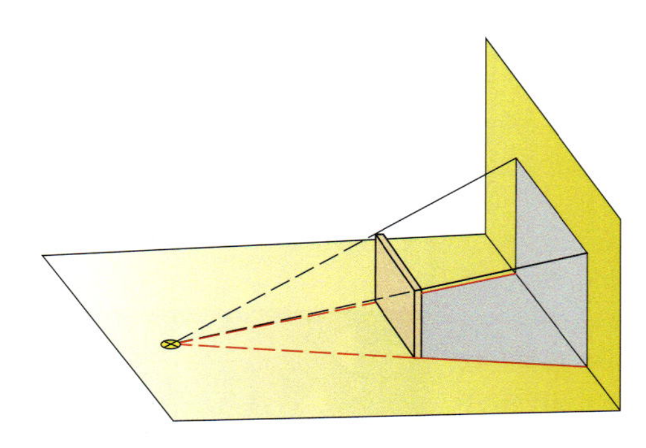

V1 Wir verdunkeln den Raum und stellen eine Kerze oder eine kleine Glühlampe auf. Sie beleuchtet einen Holzklotz. Hinter dem Holzklotz steht eine Wand oder ein Pappkarton. Auf dem Tisch und an der Wand erkennen wir einen Schatten → B2.
Wir legen ein Blatt Papier unter den Klotz und zeichnen den Schattenrand auf. Wir markieren die Umrisse des Klotzes und den Punkt, auf dem die Lichtquelle steht.

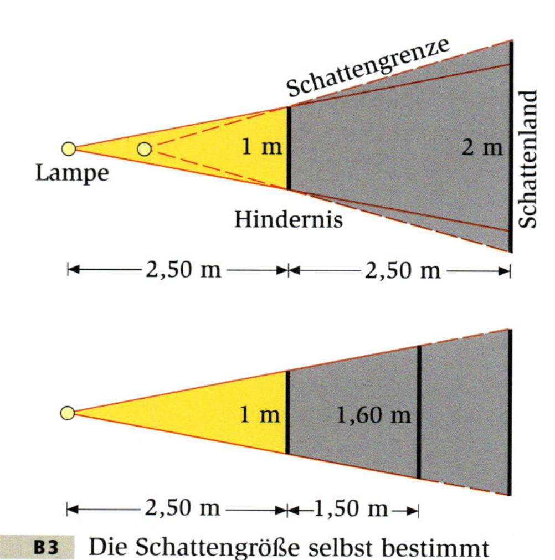

B3 Die Schattengröße selbst bestimmt

1. Der Schatten einer Lichtquelle

Ein Künstler zaubert mit Schrott zwei wartende Personen an die Wand → B1. Wie lässt sich ein solches Schattenbild erklären? „Ganz einfach", sagt Lukas, „Schatten ist überall dort, wo kein Licht hingelangt. Und hinter die Schrottteile kommt kein Licht." Wir werden sehen, dass Schattenbilder tatsächlich so entstehen. Dennoch ist es verwunderlich, dass wir so ein Schattenbild erkennen. Von diesem Bild kommt ja gerade kein Licht in unser Auge! Es gehört zu den faszinierenden Eigenschaften unseres Gehirns, dass es uns diesmal die nicht beleuchtete Fläche als Bildeindruck meldet.

→ V1 zeigt uns: Der Schatten auf dem Tisch ist geradlinig begrenzt (rote Linie). Verlängern wir die Schattenränder nach „hinten", so kreuzen sie sich dort, wo unsere Lichtquelle stand. Lukas wundert sich überhaupt nicht. Wir haben jetzt dünne Lichtbündel eingezeichnet, die gerade noch am Hindernis vorbeilaufen.
Von der Lichtquelle ausgehend kann kein Licht hinter das undurchsichtige Hindernis gelangen. Dieser lichtfreie Raum wird **Schattenraum** genannt. Die Begrenzungsbündel an den oberen Ecken des Hindernisses verlaufen frei durch den Raum. Wir denken sie uns entlang aller Begrenzungen des Hindernisses. Auf der Wand entsteht dann ein vergrößertes **Schattenbild** des Hindernisses.

So bestimmst du die Größe des Schattenbildes → B3:
- Zeichne ein verkleinertes Bild der tatsächlichen Abstände und Größenverhältnisse auf ein Blatt Papier.
- Zeichne die beiden Schattengrenzen ausgehend von der Lampe am Hindernis vorbei. Der Zwischenraum an der Wand gibt dir dann die Größe des Schattenbildes wieder.

Du erkennst sofort in → B3: Je näher die Lampe an das Hindernis heranrückt, desto größer wird das Schattenbild. Es wird auch größer, wenn die Wand weiter vom Hindernis wegrückt.

2. Zwei Lichtquellen erzeugen mehr Licht

„Interessant werden Schattenbilder erst, wenn es mehr als eine Lichtquelle gibt. Bei einem Fußballturnier habe ich gesehen, dass jeder Spieler vier Schatten hat. Mehr Lampen machen also mehr Schatten“, sagt Lukas. Jana erwidert ganz verwundert: „Mehr Lampen bedeuten doch mehr Licht und nicht mehr Dunkelheit!“
Ohne Zweifel ist Janas Aussage richtig. Wie ist aber Lukas Beobachtung auf dem Fußballplatz zu verstehen?
Das Ergebnis von ➜ V2 liefert die Erklärung. In den Bereich (b) gelangt kein Licht. Diesen Raum nennt man **Kernschatten.** In die Bereiche (a) und (c) gelangt nur jeweils Licht einer Lampe, der Raum heißt **Halbschatten.** Im restlichen Raum können wir Licht von beiden Lampen empfangen.

Neben dem Kernschatten gibt es jetzt noch zwei Halbschattenbereiche. Erzeugen zwei Lampen also doch mehr Schatten als eine? Hat Lukas also Recht? Tatsache ist, dass der Kernschattenbereich kleiner ist als mit nur einer Lampe. Die Halbschattenbereiche (a) und (c) erhalten jeweils genauso viel Licht, als wenn nur eine Lampe eingeschaltet wäre. Der übrige Raum wird durch die zweite Lampe noch heller. Also bleibt es dabei:
Mehr Lampen erzeugen mehr Helligkeit – auch wenn sich die Anzahl der verschiedenen Helligkeitsbereiche erhöht.

„Der Fußballspieler hat aber vier verschiedene Schatten“, Lukas lässt nicht locker. Jana hat auch hier eine gute Idee. Sie zieht in ➜ V2 die beiden Lampen einfach weiter auseinander ohne ihren Abstand vom Hindernis zu verändern. Dadurch wandern die Halbschatten auch weiter nach außen; der Kernschatten wird immer kleiner, bis schließlich nur noch ein kleines Dreieck direkt hinter dem Hindernis übrig bleibt. Das Hindernis hat dann tatsächlich zwei Halbschatten. „Und bei vier Lampen in jeder Ecke des Spielfeldes erzeugt jeder Spieler dann vier verschiedene ‚Viertelschatten‘“, ruft Lukas. Damit hat er Recht, denn von drei Lampen gelangt jeweils Licht in den Schattenraum der vierten Lampe auf dem Fußballrasen.

B4 Jeder Fußballspieler hat vier Schatten.

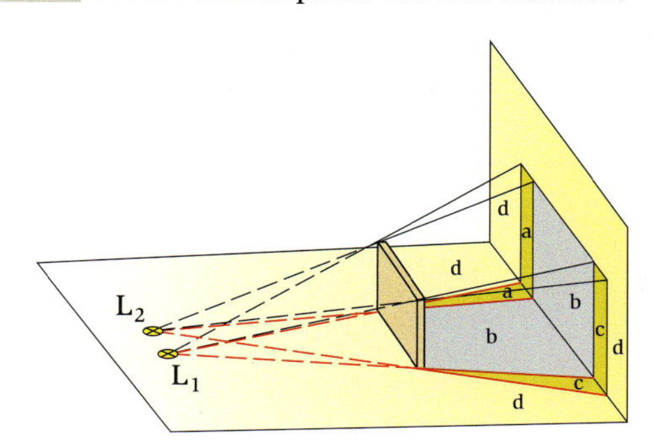

V2 Wir erweitern ➜ V1 um eine zweite kleine Lampe L_2.
Nur L_1 leuchtet:
In die Bereiche (a) und (b) gelangt kein Licht. Sie sind beide dunkel.
L_2 wird zusätzlich eingeschaltet:
Bereich (a) wird heller durch L_2,
Bereich (b) bleibt dunkel wie vorher,
Bereich (c) bleibt so hell wie vorher;
(a) und (c) sind etwa gleich hell,
Bereich (d) wird heller als vorher.
Amelie stellt sich hinter das Hindernis in Bereich (c). Sie sieht von dort aus nur L_1. Für sie ändert sich nichts, wenn wir L_2 ausschalten. Steht sie im Bereich (b), so sieht sie keine der Lampen. In (a) sieht sie sie dagegen nur L_2.

Mach's selbst

A1 **a)** Übertrage das verkleinerte Bild in dein Heft und zeichne die verschiedenen Schattenräume ein.
b) Setze in die Mitte zwischen die beiden Lampen eine weitere und zeichne die Schattenräume ein. Finde Namen für die Bereiche mit unterschiedlichen Helligkeitsstufen.

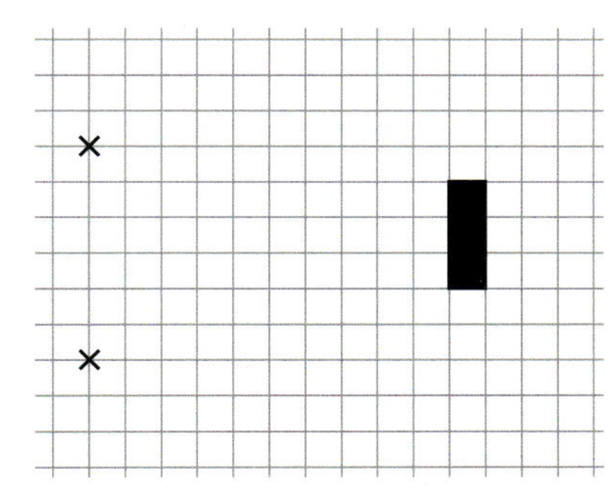

A2 Du gehst im Dunkeln unter einer Laterne hindurch. Beschreibe, wie sich dein Schatten ändert.

A3 Ein Pfahl ist 2 m hoch. 3 m entfernt hängt in 6 m Höhe eine Lampe. Bestimme die Länge des Schattens, den der Pfahl auf den waagerechten Boden wirft.
(Zeichne im Verkleinerungsmaßstab 1 : 100.)

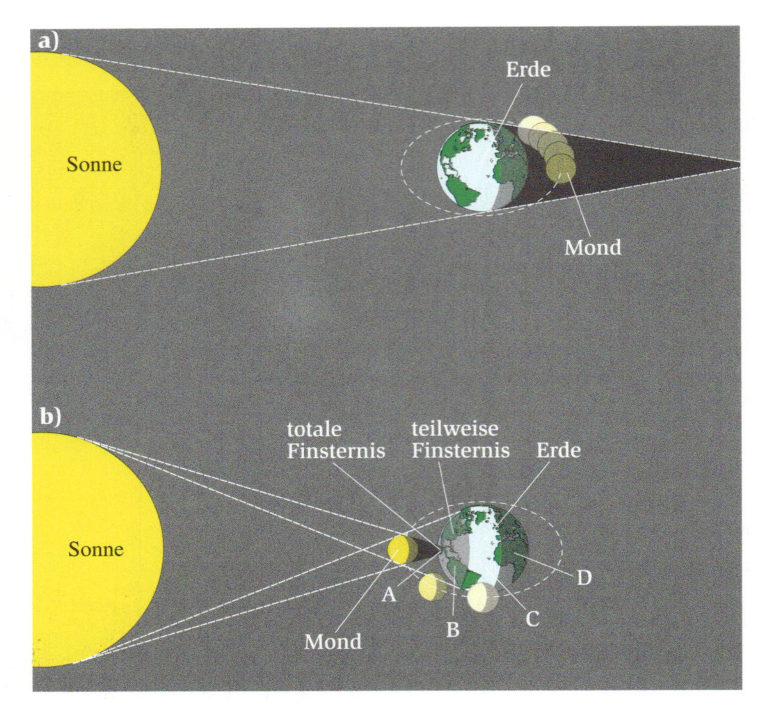

B1 a) Mondfinsternis b) Sonnenfinsternis

Der Kernschatten der Erdkugel ist kegelförmig. In ihn fällt kein Sonnenlicht. Durchläuft der Mond diesen Kernschattenbereich, dann wird er nicht beleuchtet. Man spricht von einer **totalen Mondfinsternis.**

Wandert der Mond nur teilweise durch den Kernschatten, so beobachtet man von der Erde aus eine **partielle** (teilweise) **Mondfinsternis.**

Der Kernschatten der Mondkugel ist ebenfalls kegelförmig. Er ist umgeben von einem Halbschatten. Ein Beobachter auf der Erde, der sich im Kernschatten befindet, empfängt kein Licht von der Sonne. Er beobachtet eine **totale Sonnenfinsternis.**

Steht der Beobachter im Bereich des Halbschattens, so erlebt er eine **partielle Sonnenfinsternis.**

B2 Fotos einer Mondfinsternis

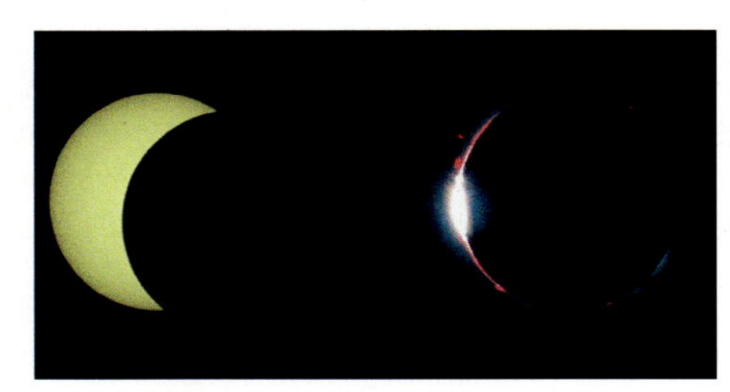
B3 Fotos einer Sonnenfinsternis

Mach's selbst

A1 In → B1b befindet sich ein Beobachter in Punkt C, ein anderer in Punkt D. Beschreibe für sie die jeweils beobachtete Sonnenfinsternis.

A2 Sonnenfinsternisse sind stets tagsüber zu beobachten. Wie ist es mit den Mondfinsternissen? (Begründe deine Antwort.)

3. Licht und Schatten im Weltraum

Das Licht der Sonne ist wichtig für unser Leben auf der Erde. Im Weltraum beleuchtet es eine Hälfte des Mondes. Wir beobachten dann die Mondphasen. Aber auch die Schattenräume, die es hinter der Erde und hinter dem Mond erzeugt, spielen eine große Rolle.
Der Mond umrundet die Erde in etwa einem Monat. Die Sonne umkreist die Erde während eines Jahres. Mondbahn und Erdbahn sind gegeneinander geneigt, sodass bei Vollmond bzw. bei Neumond die drei Himmelskörper fast nie auf einer Linie stehen. Bei Vollmond ist es zweimal im Jahr möglich. Dann fällt der Erdschatten auf den Mond. Es kommt zu einer **Mondfinsternis** → B1a. Die Fotos in → B2 zeigen eine *partielle* (teilweise) Mondfinsternis.

Stehen bei Neumond Sonne, Mond und Erde genau auf einer Linie, so kann man von der Erde aus eine **Sonnenfinsternis** beobachten. Die Spitze des Kernschattenkegels des Mondes überstreicht dann einen schmalen Streifen auf der Erdoberfläche. Ein Beobachter im Ort A erlebt dann eine *totale* Sonnenfinsternis → B1b. (Von Deutschland aus war die letzte Sonnenfinsternis 1999 zu sehen. Die nächste wird von Deutschland aus erst wieder im Jahr 2135 beobachtbar sein.) Ein Beobachter B in → B1b erlebt diese Finsternis als *partielle* Finsternis. Diese ist von einem größeren Teil der Erdoberfläche sichtbar und deshalb alle paar Jahre von uns aus beobachtbar. Die Fotos in → B3 zeigen das Aussehen der Sonne bei einer partiellen und bei einer totalen Sonnenfinsternis.

Projekt

A. Himmelsrichtung ohne Kompass

„Im Osten geht die Sonne auf.
Im Süden steigt sie hoch hinauf.
Im Westen will sie untergehen.
Im Norden ist sie nie zu sehen."

Du brauchst:
1 Stativstange (ca. 50 cm) mit Fuß, Stift oder Kreide, 1 Seil

Wer kennt nicht diesen Spruch?

Der Spruch beschreibt die scheinbare, tägliche Bewegung der Sonne am Himmel. Diese lässt sich auch auf dem Boden verfolgen.

Wir stellen dazu einen Stab (z.B. eine Stativstange) vertikal auf einer horizontalen Ebene (Terrasse oder Schulhof) auf.

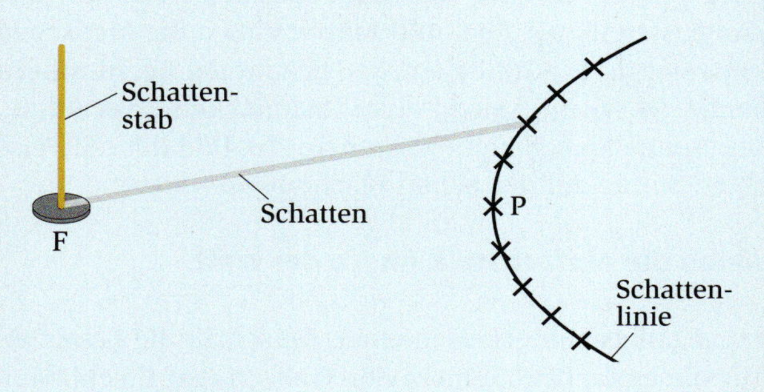

Wir beobachten den Schatten des Stabes bei Sonnenschein. Bereits nach wenigen Minuten erkennen wir, dass sich die Richtung und die Länge des Schattens verändern. Der Schatten ist dann besonders kurz, wenn die Sonne ihren höchsten Bahnpunkt erreicht hat. In diesem Augenblick steht sie genau im Süden.

Arbeitsaufträge:

1 Markiere auf dem Boden etwa alle 10 Minuten die Spitze des Schattens. Das musst du nur zwischen 11.30 Uhr und 13.30 Uhr tun (bei Sommerzeit eine Stunde später).

2 Verbinde die Punkte durch eine gekrümmte Linie (Schattenlinie).

3 Ermittle mit einem Seil die kürzeste Entfernung zwischen dem Punkt F und der Schattenlinie. Markiere die Stelle mit P.

Die Linie PF gibt nun exakt die Nord-Süd-Richtung an. Die Senkrechte dazu ist die West-Ost-Richtung. Ganz ohne Kompass ist es uns gelungen, die vier Himmelsrichtungen zu markieren.

B. Sonnenuhr

Du brauchst:
1 Bierdeckel (Durchmesser 10 cm), 1 Schaschlikspieß aus Holz, gekürzt auf ca. 7 cm Länge

Nimm an, dass der Schattenstab an einem Tag im Sommer genau auf dem Nordpol steht. Dort scheint die Sonne dann an diesem Tag 24 Stunden.
Weil sich die Erde an einem Tag einmal komplett um ihre eigene Achse dreht, wandert der Schatten einmal vollständig um den Stab herum. Würden wir den Schatten nach jeder Stunde aufzeichnen, so erhielten wir auf dem Boden ein Zifferblatt mit 24 Zahlen.

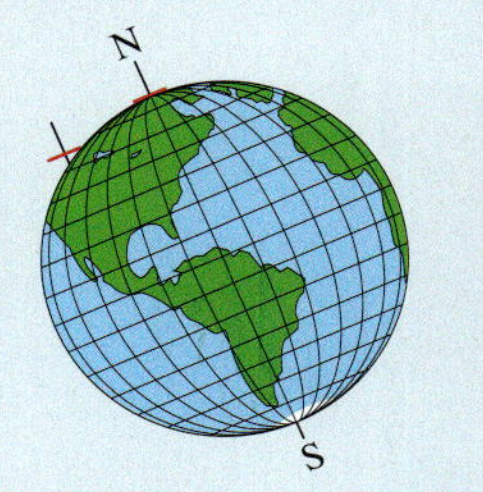

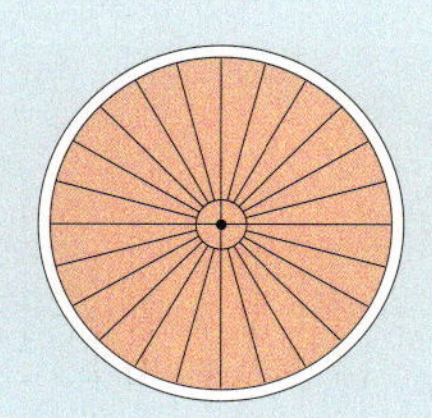

Arbeitsaufträge:

1 Zeichne zwei Zifferblätter jeweils auf eine Schablone (gleiche Größe wie der Bierdeckel).

2 Beschrifte das eine Zifferblatt im Uhrzeigersinn, das andere im Gegenuhrzeigersinn.

3 Markiere auf beiden Schablonen 12.30 Uhr.

4 Klebe die beiden Schablonen auf die beiden Seiten des Bierdeckels. (Die beiden 12.30 Uhr-Markierungen müssen an der gleichen Stelle liegen.)

5 Markiere den Schaschlikspieß im Abstand von 3,9 cm vom stumpfen Ende.

6 Stecke nun den Schaschlikspieß durch die Mitte des Bierdeckels bis zur Markierung (von der Seite mit dem Zifferblatt im Gegenuhrzeigersinn).

7 Drehe die Sonnenuhr so, dass die beiden 12.30 Uhr-Markierungen unten liegen und richte die nach oben weisende Spitze nach Norden aus.

Die Bierdeckelsonnenuhr zeigt das ganze Jahr über die Uhrzeit fast genau an. (In HE liegt das Zifferblatt jetzt parallel zum Zifferblatt auf dem Nordpol.)
Im Winterhalbjahr fällt dabei der Schatten auf die Unterseite, im Sommerhalbjahr auf die Oberseite des Bierdeckels.

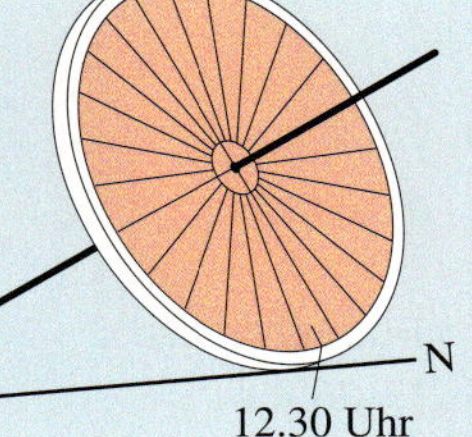

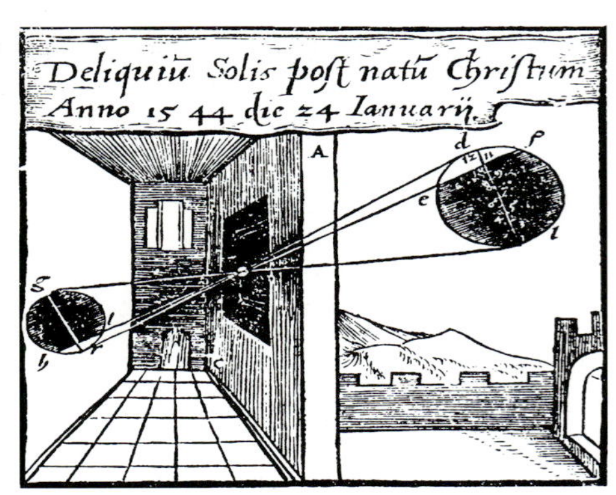

B1 Historische Lochkamera zur Beobachtung einer Sonnenfinsternis

B2 Auf dem durchscheinenden Kunststoffdeckel erscheint ein Bild der Lampe.

V1 Wir entfernen das Objektiv von einem Fotoapparat und stellen stattdessen eine runde Lochblende vor das Kameragehäuse.

B3 Das Bild links wurde mit einem Objektiv aufgenommen, das Bild rechts mithilfe einer Lochblende.

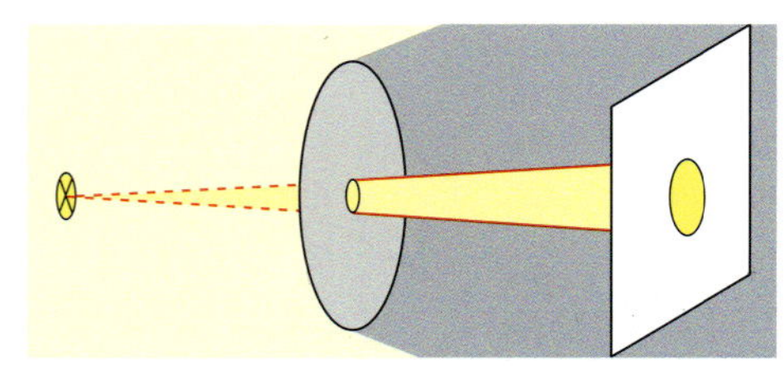

V2 Im verdunkelten Raum wird eine kleine Lampe vor eine Lochblende gestellt.

Will man eine Sonnenfinsternis beobachten, so darf man nicht ohne eine geeignete Brille zur Sonne schauen, das Licht ist viel zu hell. Schon nach wenigen Sekunden wäre das Auge geschädigt. Bereits vor über 400 Jahren haben die Menschen Sonnenfinsternisse mithilfe einer so genannten **Lochkamera** beobachtet. → B1 zeigt sie in einer historischen Darstellung. Statt zur Sonne zu schauen, kann man das Bild der teilweise bedeckten Sonne auf der hellen Fläche beobachten.

1. Wir bauen die einfachste Kamera der Welt

Sarah und Lukas entdecken in einer Zeitschrift die Bauanleitung für die einfachste Kamera der Welt. In den Blechboden einer leeren Chipsdose stoßen sie mit einem Nagel ein Loch. In ihrem Zimmer bei heruntergelassenem Rollladen schalten sie Sarahs Leuchtglobus ein – und wirklich, auf dem durchscheinenden, milchigen Deckel aus Kunststoff erscheint ein Bild der Lampe → B2. Lukas und Sarah sind begeistert. Nicht nur dass man Einzelheiten auf dem Bild erkennt, es ist auch farbig. Ihnen fällt auf, dass auf dem Bild der Globus auf dem Kopf steht und dass auch die Seiten vertauscht sind. In einem Versuch → V1 überzeugen wir uns, dass tatsächlich eine einfache Lochblende das teure Objektiv eines Fotoapparates ersetzen kann. Das Ergebnis → B3 überzeugt uns vollständig. Das Bild der Lochblende ist lediglich etwas dunkler und unschärfer.

2. Wie entsteht das Bild in der Lochkamera?

Sarah und Lukas fragen sich, wie ein kleines Loch im Blechboden ein Bild erzeugen kann. Der Leuchtglobus ist zu kompliziert, deshalb betrachten sie zunächst eine einfache Lampe. Nach → V2 platzt es aus Lukas heraus: „Das Lämpchen beleuchtet vor der Blende den ganzen Raum. Hinter der Blende bleibt dann nur noch ein Lichtbündel. Das ist wie beim Schatten. Der Lichtfleck auf dem Schirm hat dann die Form der Lochblende.“

Als Nächstes betrachten wir einen etwas komplizierteren Gegenstand. Die drei farbigen Lämpchen in → V3 bilden ein einfaches Muster – ein „L“. Sarah erkennt: „Der Lichtfleck zum roten Lämpchen ist oben auf dem Schirm, die beiden anderen Lichtflecke sind unten und haben ihre Seiten vertauscht. Das liegt daran, dass sich die drei Lichtbündel in der Lochblende kreuzen müssen.“ Nach kurzem Nachdenken ergänzt Lukas: „Du hast recht. Die Lichtbündel kreuzen sich. Deswegen werden die Seiten vertauscht. Das rote Licht stört dabei das grüne nicht. Der grüne Fleck bleibt unverändert, auch wenn man das rote Licht ausschaltet.“

Damit verstehen wir jetzt, wie das Bild eines Gegenstandes in der Lochkamera zustande kommt:

Wir stellen uns dazu einfach vor, dass von jedem Punkt des beobachteten Gegenstandes Licht in die Lochkamera gelangt. Jeder Punkt erzeugt dann einen Lichtfleck in der Form der Lochblende. Alle diese Lichtflecke überlappen sich dann auf dem Schirm und setzen sich zu einem Muster zusammen, das dem beobachteten Gegenstand gleicht → B4.

Merksatz

Die Lochkamera erzeugt Bilder. Die Bilder sind farbig, höhen- und seitenverkehrt. Die Lochkamera erzeugt aus jedem Gegenstandspunkt einen Lichtfleck auf dem Schirm. Diese Lichtflecke setzen sich zum Bild zusammen.

Wie kann nun der Fotoapparat das Bild eines Gegenstandes speichern?
Er muss dazu von jedem Gegenstandspunkt Position im Muster, seine Farbe und Helligkeit registrieren. Dies geschieht anstelle des Schirms auf einem Chip. Er ist rechteckig → B5, nur einige Millimeter breit und hoch und besteht aus Millionen von einzelnen Punkten (*Pixel* genannt). Jedes Pixel, das von Licht getroffen wird, registriert Farbe und Helligkeit. Über Leiterbahnen werden diese Informationen zusammen mit seiner Position weitergeleitet. So kann dann später ein Computer daraus das Bild rekonstruieren.

Unser Auge ist ja wie ein Fotoapparat ebenfalls ein Lichtempfänger. Damit müsste unser Auge doch auch all diese Informationen weiterleiten. Ähnlich wie der Chip im Fotoapparat ist auch unser Auge aufgebaut. Auf der Netzhaut sitzen Empfänger für Licht. Sie sind nicht künstlich hergestellt, funktionieren aber ähnlich. In → B6 erkennen wir die natürlichen Pixel. Es sind viele Millionen Sehzellen, die dicht nebeneinander angeordnet sind und vom Licht des Gegenstandes getroffen werden. Jede dieser Zellen leitet über Nervenbahnen die Informationen über das Bild des Gegenstandes zum Gehirn weiter. Dieses verarbeitet dann diese Informationen von Position, Farbe und Helligkeit zu dem von uns empfundenen Bild.

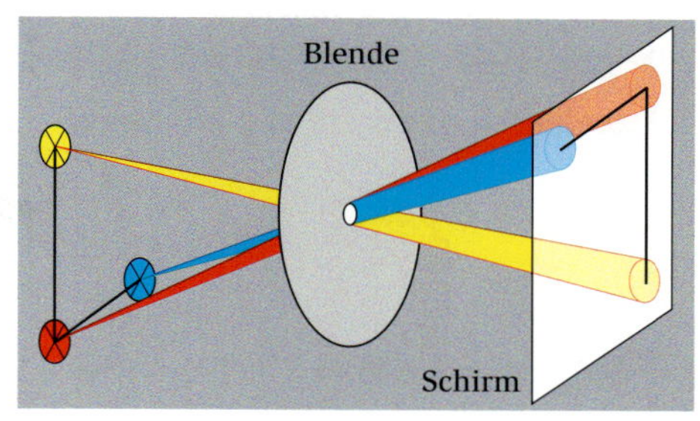

V3 Drei verschieden farbige Lämpchen hinter einer Pappscheibe bilden ein „L“. Sie werden vor eine Lochblende gestellt. Auf dem Schirm entstehen drei Lichtflecke jeweils in der Form der Lochblende. Verdeckt man die rote Lampe, so bleiben die beiden anderen Flecke unverändert.

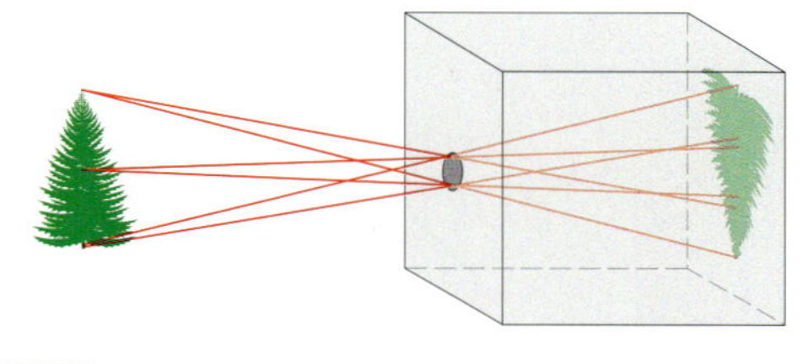

B4 Bildentstehung in der Lochkamera

B5 Der Chip im Fotoapparat auf einer Leiterplatte

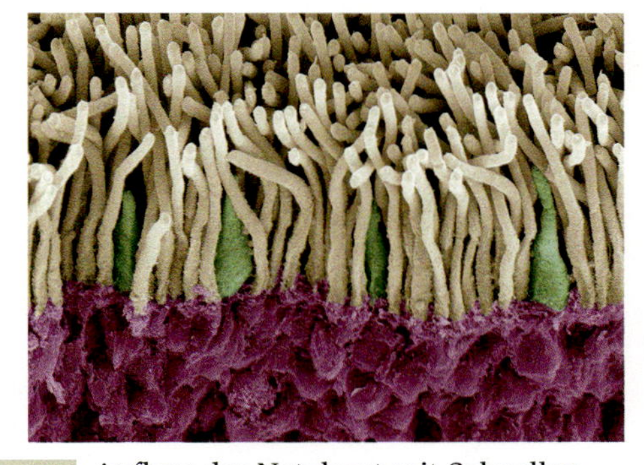

B6 Aufbau der Netzhaut mit Sehzellen

Projekt

Bau einer verbesserten Lochkamera

Bauanleitung:
Forme aus schwarzer Pappe eine Röhre, die du in die leere Chipsdose schieben kannst. Schneide ein kreisförmiges Stück Pergamentpapier und klebe es über das eine Ende der Röhre (siehe Zeichnung). Ersatzweise kannst du auch den Deckel der Chipsdose etwas kleiner schneiden, sodass er in die schwarze Röhre passt. Falls der Deckel nicht milchig ist, beklebe ihn mit Pergamentpapier. Schiebe das nun verschlossene Ende der Röhre in die Chipsdose. Der Beobachtungsschirm ist nun im Innern der dunklen Pappe und wird nicht seitlich beleuchtet. Mit dieser verbesserten Lochkamera können wir auch nicht selbst leuchtende Gegenstände in heller Umgebung besser beobachten.

3. Wir experimentieren mit der Lochkamera

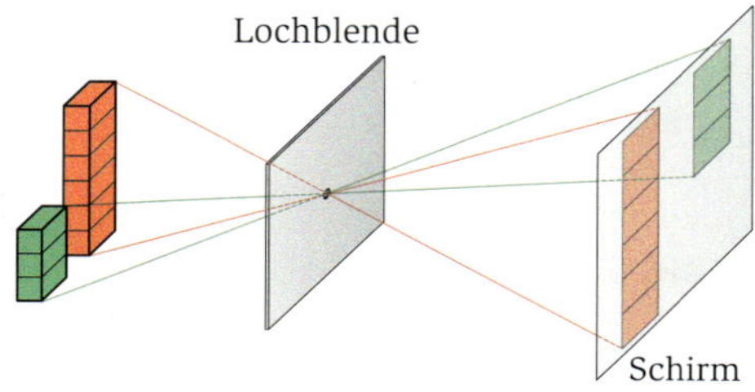

V1 Zwei Türme unterschiedlicher Höhe stehen im gleichen Abstand vor der Lochkamera.

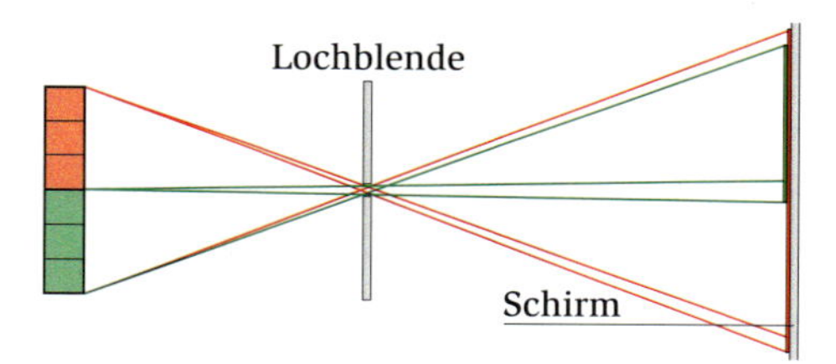

B1 Lichtbündel erklären die Bildgröße.

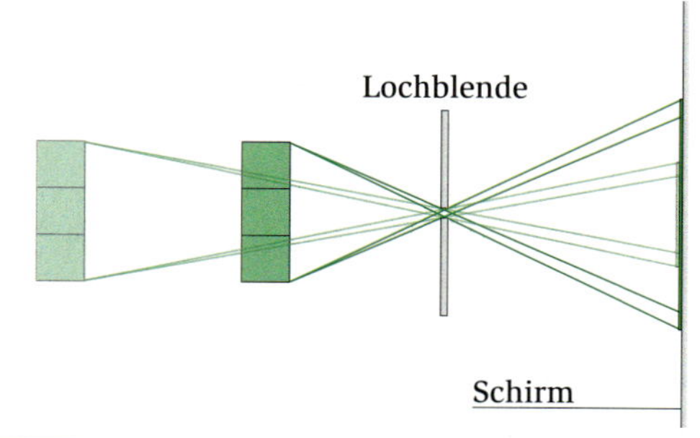

V2 Wir entfernen den Turm immer weiter von der Lochblende, die Bildgröße nimmt dabei ab.

Mit unserer verbesserten Lochkamera beobachten wir Bäume, Häuser, vorbeifahrende Autos und Menschen. Stets erkennen wir auf dem Schirm die höhen- und seitenverkehrten Bilder. Wir stellen auch fest, dass die Bilder auf dem Schirm unterschiedlich groß sind. Wir wollen jetzt wissenschaftlich vorgehen und die Größe der Lochkamerabilder untersuchen. Dazu überlegen wir uns, wovon die Bildgröße abhängen könnte.
Wir stellen folgende Vermutungen auf:

1. Die Bildgröße hängt von der Größe des Gegenstandes ab.
2. Die Bildgröße hängt von dem Abstand des Gegenstandes von der Lochblende ab.
3. Die Bildgröße hängt davon ab, wie weit der Beobachtungsschirm von der Lochblende entfernt ist.
4. Die Bildgröße hängt von der Größe oder der Form der Blendenöffnung ab.

In → V1 wollen wir Vermutung 1 untersuchen. Wir stellen dazu unterschiedlich große Türme vor der Lochkamera auf. Wir achten dabei darauf, dass die Türme gleich weit von der Lochblende entfernt sind und dass wir den Abstand des Beobachtungsschirms von der Lochblende nicht verändern; selbstverständlich auch nicht die Form der Lochblende. Unser Ergebnis ist nicht überraschend: Je größer der Gegenstand, desto größer ist sein Lochkamerabild – unter sonst gleichen Bedingungen.
Die Erklärung dazu liefert → B1. Wir können die Bildgröße mithilfe von Lichtbündeln zeichnen.

In → V2 untersuchen wir Vermutung 2. Dazu entfernen wir einen Gegenstand immer weiter von der Lochkamera und messen jeweils die Bildgröße.

Wir stellen fest: Je weiter der Gegenstand unter sonst gleichen Bedingungen von der Lochkamera entfernt ist, desto kleiner ist der Lochkamerabild. Auch hier lässt sich dies mithilfe der Lichtbündel leicht erklären.
Vermutung 3 überprüfen wir, indem wir den Abstand zwischen Turm und Lochblende gleich lassen, aber den Abstand Schirm – Lochblende vergrößern. Dazu ziehen wir die innere Pappröhre langsam aus der Chipsdose heraus. Wir stellen fest: Je weiter der Schirm von der Lochblende entfernt ist, desto größer wird das Bild. Auch dieses Ergebnis kann man mithilfe von Lichtbündeln leicht erklären → Aufgabe 2.

Mir einer Schere vergrößern wir das Loch im Blechboden ein wenig. Das Bild wird zwar heller, kaum größer – allerdings deutlich unschärfer. Mit → B2 finden wir die Erklärung. Eine größere Lochblende erzeugt größere Lichtflecke. Sie überlappen sich stärker. Verschiedene Gegenstandspunkte haben keine getrennten Bildflecke mehr, wir sehen das Bild unscharf. Dies macht es schwieriger, die Bildgröße zu bestimmen. Die Mitte der Bildflecke verändert sich aber durch die größere Blendenöffnung nicht. Wir können also feststellen, dass die Bildgröße von der Größe der Blendenöffnung kaum abhängt.

Merksatz

Die Größe des Lochkamerabildes hängt von der Größe des Gegenstandes, seiner Entfernung zur Lochkamera und vom Abstand Lochblende – Schirm ab. Die Größe der Lochblende hat kaum Einfluss auf die Bildgröße.

Hat jemand seine Brille vergessen, so sieht er unscharf. Folgender Trick hilft: Er nimmt sich ein Stück Papier und sticht mit einer Nadel ein Loch hinein. Nun hält er diese Lochblende zwischen Lesetext und Auge. Wie in der Lochkamera verkleinert sie die Lichtflecke auf der Netzhaut. Es kommt zu weniger Überlagerungen der Lichtflecke, das Bild (hier der Lesetext) erscheint schärfer auf der Netzhaut. Man kann den Text auch ohne Brille lesen.

Kompetenz – Physikalisch experimentieren

Bei der Untersuchung der Bildgröße in der Lochkamera sind wir wissenschaftlich vorgegangen. Wir sind in mehreren Schritten vorgegangen:

1. **Schritt:** Wir haben überlegt, von welchen Bedingungen die Bildgröße abhängen könnte.
2. **Schritt:** Wir haben uns dann überlegt, wie wir unsere Vermutungen experimentell überprüfen können.
3. **Schritt:** Wir haben eine Bedingung nach der anderen überprüft. Dabei haben wir stets darauf geachtet, dass wir die anderen Bedingungen nicht auch verändert haben.
4. **Schritt:** Wir haben nach jeder Untersuchung das Ergebnis in einer Merkregel formuliert.

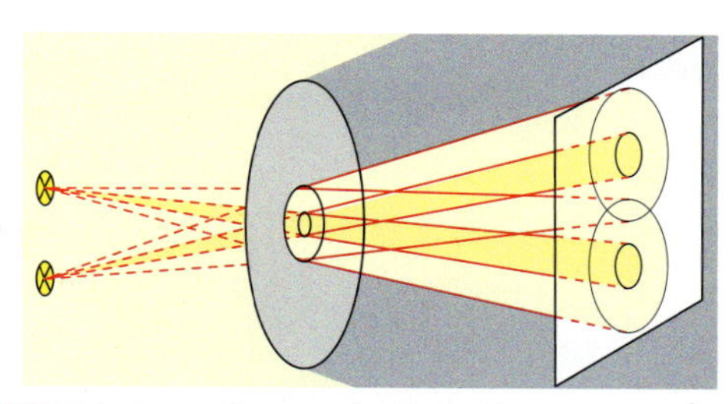

B2 Bei größerer Blendenöffnung vergrößern sich die Lichtflecke auf dem Schirm.

Mach's selbst

A1 Das Loch im Blechboden der Lochkamera soll nun dreieckig statt rund sein. Erkläre:
a) Das Bild einer punktförmigen Lichtquelle verändert sich.
b) Das Bild eines ausgedehnten Gegenstandes bleibt unverändert.

A2 Wir haben durch Experimente gefunden, dass die Bildgröße zunimmt, wenn man den Abstand Lochblende – Schirm vergrößert. Fertige dazu eine Zeichnung an, die dies mithilfe von Lichtbündeln verdeutlicht.

A3 Ergänze die folgenden Je … desto … Sätze:
Je größer der Gegenstand, desto …
Je kleiner der Abstand Lochblende – Schirm, desto …
Je kleiner der Abstand Gegenstand – Lochblende, desto …

A4 Bohre mit einem Bleistift drei Löcher in ein Blatt Papier. Halte nun das Blatt parallel über eine Tischplatte in einem Raum mit eingeschalteten Leuchtstofflampen an der Decke. Beschreibe die Beobachtung auf der Tischplatte und erkläre sie.

A5 Das Foto wurde während eines besonderen Ereignisses aufgenommen. Erläutere.

Lichtwege an Grenzflächen

Das Aquarium bietet viele interessante Eindrücke. Die farbigen Fische schwimmen zwischen den Unterwasserpflanzen hin und her. Je nachdem, wo sich der Fisch im Aquarium aufhält, sieht man eventuell auch sein Spiegelbild. Den schräg hinein getauchten Holzstab sieht man mehrfach. Diese und weitere optische Täuschungen werden wir in diesem Kapitel genauer untersuchen.

A1 Das Aquarium im Bild oben zeigt unterschiedliche optische Täuschungen.
a) Versuche die Anzahl der Pflanzen im Aquarium zu ermitteln und beschreibe den Anblick des eingetauchten Holzstabes.
b) Beschreibe die unterschiedlichen Lichtwege, die das Licht vom Holzstab bis zu deinem Auge nimmt.

A2 Experimentiere mit zwei Spiegeln. Stelle an den Punkt der 2-Euro-Münze eine Flasche oder einen anderen Gegenstand.

a) Beschreibe die Spiegelbilder, während du den Winkel zwischen den Spiegeln änderst.
b) Trenne die Spiegel und stelle sie parallel so auf, dass der Gegenstand zwischen den Spiegeln steht. Wie viele Spiegelbilder kannst du insgesamt sehen?

A3 Das Foto zeigt ein kleines Waschbecken mit Spiegeln. Beschreibe die abgebildete Szene: Welches ist das Originalwaschbecken? Wo befinden sich die Spiegel? Nenne Unterschiede, die du bei den Spiegelbildern erkennst.

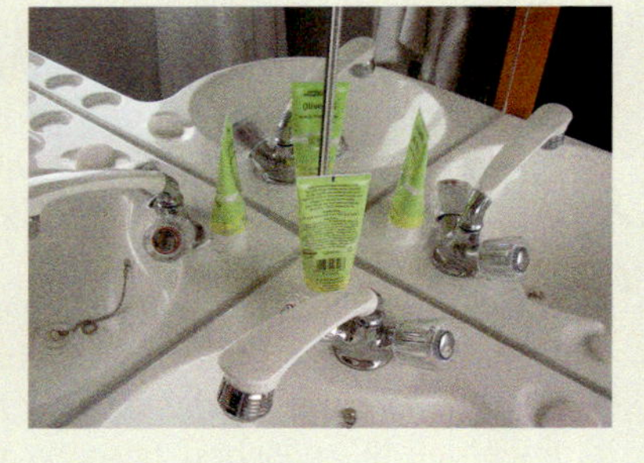

A4 Lege eine Münze in eine flache Schüssel. Schaue von der Seite schräg in die Schüssel. Senke den Kopf so tief, dass du die Münze gerade nicht mehr sehen kannst (sie wird dann von der Schüssel verdeckt). Fülle jetzt langsam Wasser in die Schüssel, ohne dabei den Kopf zu bewegen. Notiere die Beobachtung und suche mit deinem Nachbarn zusammen nach einer möglichen Erklärung.

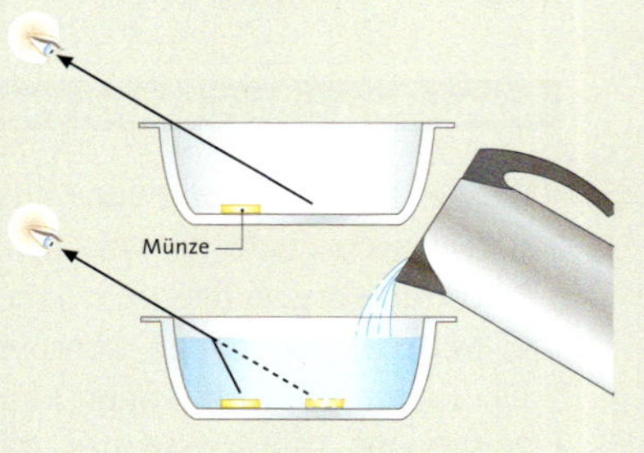

Spiegelbild und Reflexion

1. Täuschung durch die Glasscheibe

Daniel meldet sich, als der Lehrer nach einem mutigen Schüler fragt. Er darf sich hinter eine große Glasscheibe stellen. Auf dem Tisch stehen zwei Kerzen. Eine vor der Glasscheibe und eine gleich große dahinter. Der Lehrer stellt sich mit dem Rücken zur Klasse vor das Pult und verdeckt so mit seinem Körper die beiden Kerzen. Als er sich wegdreht, brennen beide Kerzen. Er bittet Daniel nun, seinen Finger in die Flamme der Kerze hinter der Glasscheibe zu halten → B1. Mit schmerzverzerrtem Gesicht hält Daniel den Finger über eine Minute lang knapp über die Flamme. Als er dann lächelnd zurück zu seinem Platz geht, wird es jedem klar: Das Schauspiel war fauler Zauber. In → B2 siehst du die Situation von der Seite - die zweite Kerze brennt nicht.

Wie ist es möglich, dass wir eine Flamme hinter der Glasscheibe sehen, obwohl dort in Wirklichkeit keine Flamme ist? „Wir sehen die Flamme nur dann, wenn Licht von ihr in unser Auge trifft", so Lea. „Also kommt offenbar auch aus dieser Richtung Licht der Flamme in unser Auge. Vielleicht geht das Licht einen Umweg."

→ B3 zeigt uns solche Umwege. Ein Lichtbündel geht zum Teil durch die Glasscheibe hindurch. Ein Teil dagegen wird reflektiert wie an einem Spiegel. Das reflektierte Lichtbündel trifft in unser Auge und wir sehen die Flamme aus der Richtung des reflektierten Lichts. Wir wurden also durch die Glasscheibe getäuscht. Wir sehen einen Gegenstand (hier eine „falsche" Flamme) in der Richtung, aus der das Lichtbündel in unser Auge trifft. In dieser Richtung liegt der Standort der zweiten Kerze. So sieht es jeder Beobachter, egal wo er sich im Klassenraum befindet.

Um herauszufinden, an welcher Stelle wir die falsche Flamme sehen, verschieben wir beide Kerzen. Nur wenn die Kerze hinter der Glasscheibe an der „richtigen" Stelle steht, sehen wir die falsche Flamme am Docht. Die zweite Kerze steht dann genau so weit hinter der Glasscheibe, wie die erste Kerze davor. Zudem liegt die Verbindungslinie der beiden Kerzen senkrecht zur Glasscheibe. Wir nennen die falsche Flamme das **Spiegelbild** der Flamme. Die Glasscheibe erfüllt hier zwei Funktionen. Zum Einen reflektiert sie das Licht wie ein Spiegel und zum anderen ist sie durchsichtig, sodass wir auch die zweite Kerze sehen können.

Aus den durchgeführten Versuchen können wir die Position des Spiegelbildes genau angeben.

Merksatz

Das Spiegelbild einer punktförmigen Lichtquelle erscheint senkrecht gegenüber der Spiegelfläche und im gleichen Abstand vom Spiegel wie der Punkt selbst.

B1 Der mutige Daniel hält den Finger in die Flamme.

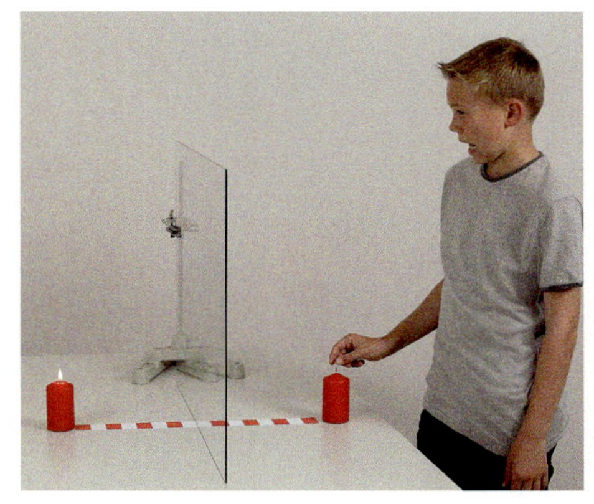

B2 Von der Seite gesehen erkennen wir: Die zweite Kerze brennt nicht.

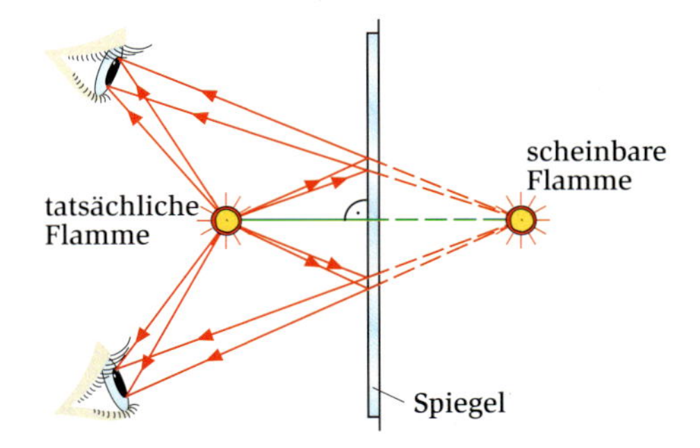

B3 Der Blick von oben zeigt uns unterschiedliche Lichtwege von der Kerzenflamme in die Augen der Beobachter: Lichtbündel der Kerze vor der Glasscheibe erreichen auf direktem Weg die Beobachter. Sie sehen die „echte" Flamme vor der Scheibe. Die (wie an einem Spiegel) reflektierten Lichtbündel erreichen die Beobachter aus der Richtung der Kerze hinter der Glasscheibe. Die Beobachter sehen die scheinbare Flamme hinter der Scheibe.

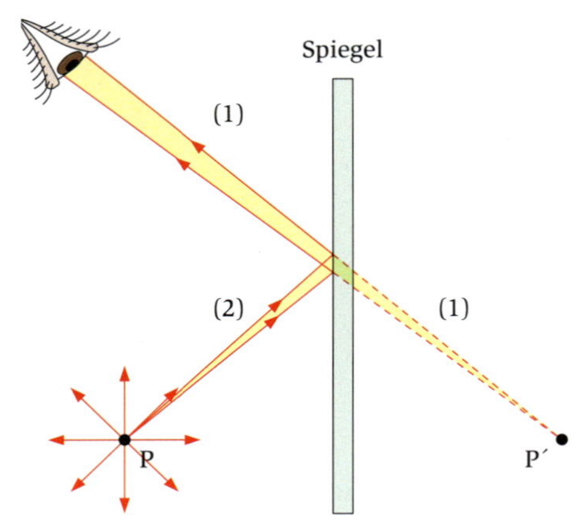

B1 Wir zeichnen den Lichtweg beim Spiegel in den Schritten (1) und (2).

2. Der Lichtweg beim Spiegel lässt sich konstruieren

Die im vorigen Bild gezeichneten Lichtbündel zeigen die von uns durch Nachdenken gefundenen Lichtwege. Damit können wir den Verlauf des Lichtbündels beim Spiegel konstruieren. Im Versuch haben wir den Ort gefunden, an dem wir das Spiegelbild sehen.

In → B1 ist die Position der punktförmigen Lichtquelle P vorgegeben. Außerdem ist die Position des Beobachters (dargestellt durch ein Augensymbol) gegeben. Wir zeichnen zunächst den Bildpunkt P´, der sich senkrecht gegenüber dem Spiegel im gleichen Abstand zum Spiegel befindet. Dann zeichnen wir das scheinbare Lichtbündel von P´ aus zum Auge [Schritt (1) in → B1]. Vom Spiegel aus zeichnen wir zuletzt das Lichtbündel zu P hin [Schritt (2)].

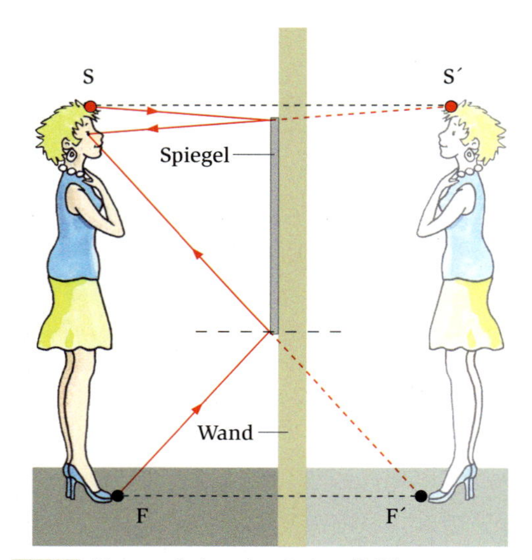

B2 Konstruktion des Spiegelbildes

3. Eigenschaften der Spiegelbilder

Betrachten wir einen Gegenstand im Spiegel, so sehen wir sein Spiegelbild hinter dem Spiegel. Die Position dieses Spiegelbildes können wir Punkt für Punkt angeben.

In → B2 „konstruieren" wir das Spiegelbild der dargestellten Person. Sie sieht ihren höchsten Punkt S ihres Kopfes in der Senkrechten zum Spiegel und gleich weit entfernt vom Spiegel (S'). Gleiches gilt für ihre Fußspitze F und F´. Wir können diese Spiegelpunkte also leicht mit dem Geodreieck einzeichnen. Wir machen das wie im Mathematikunterricht bei der Achsenspiegelung. Entsprechendes können wir für jeden weiteren Punkt der zum Spiegel zugewandten Körperseite tun. Hinter dem Spiegel also erscheint uns das Spiegelbild – als optische Täuschung in der gedachten „Spiegelwelt".

In → B2 fällt außerdem auf, dass der Spiegel selbst nicht so groß wie das Spiegelbild sein muss.

An der Konstruktion erkennen wir unmittelbar, dass Spiegelbilder genauso groß sind wie der Gegenstand selbst.

V1 Wir betrachten Sarah und ihr Spiegelbild. Sarahs Hand weist zum linken Spiegelrand, die ihres Spiegelbildes auch. Wir sehen Sarah von hinten, ihr Spiegelbild von vorne.

Stelle dich selbst vor einen Spiegel, wie Sarah das in → V1 tut, und zeige zum linken Spiegelrand. Du siehst, dass auch dein Spiegelbild zu diesem Spiegelrand zeigt. Das Spiegelbild ist also nicht seitenverkehrt. Allerdings erkennen wir in → V1 auch, dass vorne und hinten vertauscht sind.

Alle diese Eigenschaften haben wir an ebenen Spiegeln gefunden.

Merksatz
Spiegelbilder am ebenen Spiegel sind genauso groß wie der Gegenstand.
Vertauscht sind vorne und hinten..

4. Die Reflexionsrichtung ist vorhersagbar

Du hast sicher schon einmal versucht, mit einem Geodreieck oder einer Armbanduhr Licht der Sonne zu reflektieren, um damit Mitschüler zu blenden. Nicht zufällig nach dem Prinzip „Versuch und Irrtum", sondern mit gezielten Versuchen wollen wir die Richtung des reflektierten Lichtbündels herausfinden.

In → B3 ist ein Strohhalm senkrecht zur Oberfläche auf einen Taschenspiegel geklebt. Mit einer Taschenlampe zielen wir schräg auf den Fußpunkt des Strohhalmes. Mit einem Karton versuchen wir die Lichtwege sichtbar zu machen. Dies gelingt in → V2. Dazu muss der Karton senkrecht zum Spiegel stehen und somit auch den Strohhalm berühren. Jetzt erkennen wir die Spur des einfallenden und die Spur des reflektierten Lichtbündels auf dem Karton. Es sieht so aus, als wären Einfallswinkel und Reflexionswinkel gleich groß.

Mit unserer Strohhalm-Pappkarton-Apparatur ist es schwierig, Winkel genau zu messen. Stellen wir aber einen Spiegel senkrecht zur Tischplatte, können wir in einem neuen Versuch den Reflexionswinkel auf dem Tisch direkt mit einer Winkelscheibe messen. Dies ist möglich, weil einfallendes und reflektiertes Licht in einer Ebene, der Tischebene, verlaufen.

In → V3 trifft ein schmales Lichtbündel auf den Spiegel. In der Physik ist es üblich, die beiden Winkel α (Einfallswinkel) und β (Reflexionswinkel) zum Lot hin zu messen. Das Ergebnis ist viel einfacher als bei der Lichtbrechung. Das gefundene **Naturgesetz** lautet: Einfallswinkel und Reflexionswinkel sind stets gleich groß.

Merksatz

Für schmale Lichtbündel gilt das **Reflexionsgesetz:**
- Einfallendes und reflektiertes Licht liegen stets in einer Ebene senkrecht zum Spiegel.
- Einfallswinkel und Reflexionswinkel sind immer gleich groß.

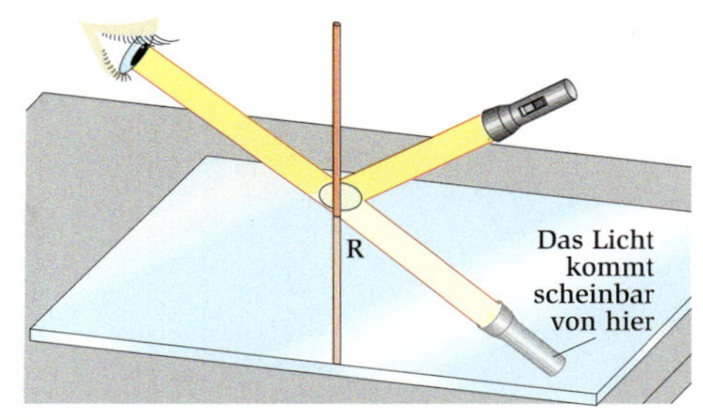

B3 Taschenspiegel mit „Lot"

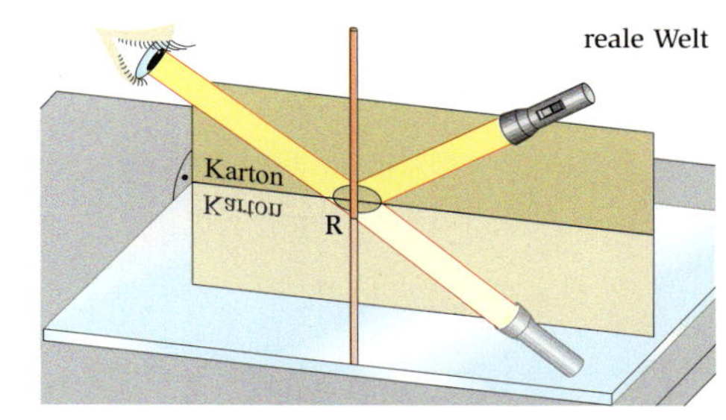

V2 Ein Karton zeigt den Lichtweg.

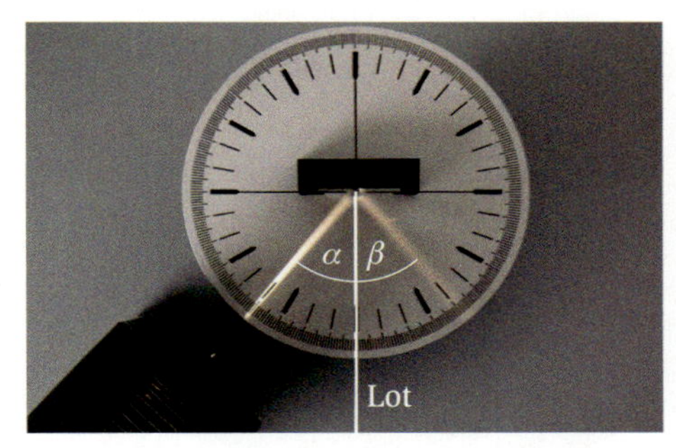

V3 Ein schmales Lichtbündel trifft auf einen Spiegel. In der Abbildung gilt für den Einfallswinkel $\alpha = 40°$. Für den zugehörigen Reflexionswinkel messen wir $\beta = 40°$. Wir drehen die Winkelscheibe mit dem Spiegel. Nacheinander stellen wir so für den Winkel α in 10°-Schritten alle Winkel von 0° bis 90° ein und messen jeweils β.

Mach's selbst

A1

Hier siehst Du Zebras beim Trinken. Erklläre, unter welchen Bedingungen es zu einem Spiegelbild kommt und warum wir das Spiegelbild auf dem Kopf sehen.

A2 Eine Lichtquelle P sendet das angedeutete Lichtbündel aus. Übertrage die Skizze in dein Heft. Zeichne den weiteren Verlauf des Lichtbündels, konstruiere dazu zuerst das Spiegelbild von P. Überprüfe anschließend das Reflexionsgesetz an den beiden Randstrahlen.

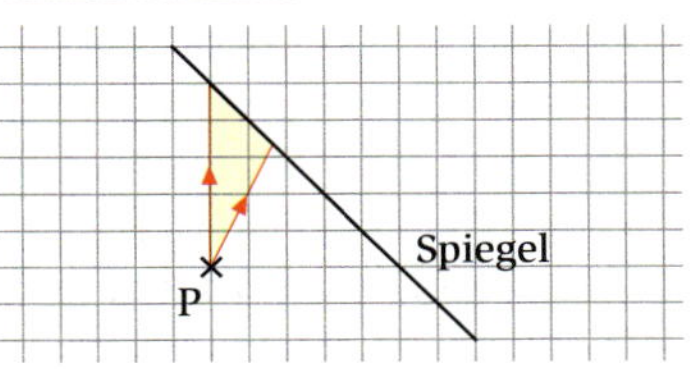

B1 Gut gezielt …

B2 … aber nicht getroffen

V1 Mit einer Lampe wird ein Lichtbündel in einem Aquarium erzeugt. Es verläuft streifend entlang einer weißen Fläche, sodass man Form und Weg des Lichtbündels sehen kann.

V2 Wir erzeugen gleichzeitig viele Lichtbündel. Sie treffen unterschiedlich schräg auf die Grenzfläche zwischen Wasser und Luft. Wir beobachten:

- Die Lichtbrechung ist nicht immer gleich stark.
- Ein Lichtbündel, das senkrecht die Grenzfläche trifft, wird nicht gebrochen.
- Die Brechung ist umso stärker, je schräger das Lichtbündel auf die Grenzfläche trifft.
- Ein Teil des Lichtbündels wird zusätzlich an der Grenzfläche wie an einem Spiegel reflektiert.

1. Richtig gezielt – aber nicht getroffen

In einigen Südseeländern gehen Eingeborene mit dem Speer auf Fischjagd. Henning ahmt dies im Klassenraum nach. Er versucht durch Verschieben des Rohrs in → B1 genau auf den Fisch zu zielen. Die übrigen Schüler der Klasse beobachten dies von ihren Plätzen aus und überlegen, ob der Speer trifft.

Henning schiebt nun in → B2 einen Stab durch das Rohr. Und tatsächlich, obwohl er den Fisch zuvor im Rohr gesehen hatte, trifft der Stab den Fisch nicht. Wie ist dies möglich?

„Das Licht vom Fisch gelangt in unser Auge", sagt Lena, „sonst hätte Henning ihn nicht sehen können." „Das Licht kommt durch das Rohr, das ist auch klar", so Mike, „bleibt die Frage, auf welchem Weg das Lichtbündel vom Fisch ins Rohr gelangt." In Luft breitet sich Licht geradlinig aus, das wissen wir schon. Ist das im Wasser auch so?

Ein Versuch soll weiterhelfen. Wir wollen den Weg eines Lichtbündels aus dem Wasser heraus verfolgen. Mithilfe einer Unterwasserlampe wird in → V1 ein Lichtbündel erzeugt. Wir erkennen die überraschende Lösung unseres Problems: Auch im Wasser breitet sich Licht geradlinig aus. Aber beim Übergang von Wasser nach Luft ändert es seine Richtung. Die Randstrahlen werden geknickt. Man sagt: Das Lichtbündel wird an der **Grenzfläche** zwischen Wasser und Luft *gebrochen*. „Dann hat Henning tatsächlich richtig gezielt", sagt Lena, „das Lichtbündel kam aus der Richtung des Rohres in sein Auge. Dass es unterwegs seine Richtung geändert hat, davon hat Henning nichts mitgekriegt – er wurde getäuscht."

Ist die Lichtbrechung immer so stark wie im obigen Versuch? In → V2 untersuchen wir dies systematisch. Wir finden, je schräger das Lichtbündel auf die Grenzfläche trifft, desto stärker wird es gebrochen. Außerdem erkennen wir, dass neben der Brechung jeweils ein Teil des Lichtbündels an der Grenzfläche reflektiert wird. Es gibt also Reflexion von Lichtbündel auch ohne Spiegel.

2. Auch bei Brechung ist der Lichtweg umkehrbar

Wir haben entdeckt, dass Lichtbündel beim Übergang von Wasser nach Luft gebrochen werden. Gilt dies auch beim Übergang in umgekehrter Richtung?

Im **→ V3** erkennen wir, dass auch Lichtbündel beim Übergang von Luft nach Wasser gebrochen werden. Auch hier gilt: Je schräger das Lichtbündel auf die Grenzfläche trifft, desto stärker wird es gebrochen. Wir bestätigen dies durch Winkelmessung. Wir messen die Winkel zwischen Lichtbündel und Lot, wie wir es bei den Reflexionsversuchen auch gemacht haben. Wir erkennen: Der Winkel α in Luft ist immer größer als der Winkel β in Wasser. Das fanden wir auch beim Übergang von Wasser in Luft im vorherigen Versuch. Gibt es einen Zusammenhang?

Im **→ V4** führen wir die beiden Lichtwege Luft → Wasser und Wasser → Luft zusammen. Die Lampe unter Wasser erzeugt ein Lichtbündel, das beim Übergang Wasser → Luft gebrochen wird. Die zweite Lampe erzeugt ein rotes Lichtbündel, das beim Übergang Luft → Wasser gebrochen wird. Wir erkennen, dass beide Lichtbündel übereinander liegen. Bei der Umkehrung des Lichtwegs ersetzt also das einfallende Lichtbündel das vorher gebrochene und umgekehrt. Das Paar aus Winkel in Luft und Winkel in Wasser ist von der Lichtrichtung unabhängig.

3. Lichtbrechung bei Glas

Wasser und Luft sind durchsichtig. Dann erwarten wir auch Lichtbrechung an der Grenzfläche zu anderen durchsichtigen Körpern. Eine Untersuchung mit einem Glaskörper zeigt **→ B3**. Es stimmt, beim Eintritt des Lichtbündels von Luft in Glas wird das Lichtbündel gebrochen. An der Winkelscheibe erkennen wir, dass der Winkel α in Luft größer ist als der Winkel β in Glas. Das fanden wir bereits bei Lichtbrechung an der Grenzfläche Luft → Wasser. Bei der Umkehrung des Lichtweges bleibt auch hier das Winkelpaar gleich.

Führt man die Versuche mit anderen durchsichtigen Körpern z. B. aus Plexiglas, Diamant, Benzin usw. durch, so findet man entsprechende Ergebnisse.

Merksatz

Trifft ein Lichtbündel schräg auf eine Grenzfläche zweier durchsichtiger Körper, so wird es gebrochen. Die Brechung ist umso stärker, je schräger das Lichtbündel auf die Grenzfläche trifft.

An der Grenzfläche Luft zu einem festen oder flüssigen Körper gilt stets: Der Winkel zum Lot in Luft ist größer als der im anderen Körper.

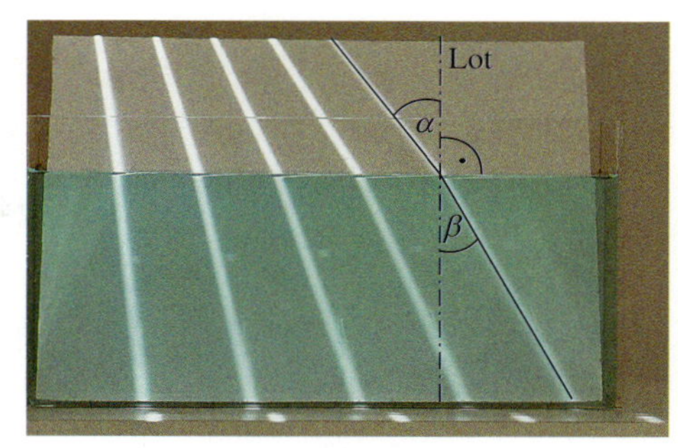

V3 Eine Experimentierleuchte mit mehreren Blendenöffnungen erzeugt mehrere schmale Lichtbündel, die unterschiedlich schräg auf ein mit Wasser gefülltes Aquarium treffen. Wir erkennen, dass auch diesmal die Lichtbündel unterschiedlich stark gebrochen werden. Am rechten Lichtbündel ist zusätzlich ein Lot gezeichnet. Nachmessen liefert: Der Winkel β ist kleiner als der Winkel α.

V4 Der Lichtweg ist umkehrbar.

B3 Lichtbrechung an der Grenzfläche Luft → Glas. Ein Halbzylinder aus Glas liegt auf einer Winkelscheibe. Wir erkennen: Beim Eintritt des Lichtbündels von Luft in Glas an der geraden Seite des Halbzylinders wird das Lichtbündel gebrochen. Es verläuft im Glas geradlinig und verlässt den Halbzylinder an der runden Seite.

B1 Auf der Winkelscheibe lassen sich Einfalls- und Brechungswinkel leicht ablesen.

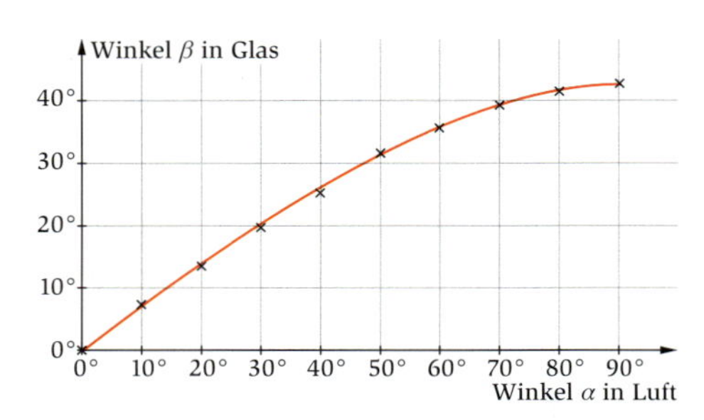

B2 Diagramm unserer Messwerte

Kompetenz

Mathematik ist mehr als Rechnen

Wie kann man die zur Lichtbrechung gefundenen Messergebnisse jemandem mitteilen?
Bei der Reflexion ist dies einfach. Einfallswinkel und Reflexionswinkel sind stets gleich groß. Bei der Lichtbrechung ist das leider komplizierter. Wir haben keine Möglichkeit den Winkel β in Abhängigkeit zu α anzugeben oder zu berechnen. Außerdem hängt der Winkel β auch noch vom Material des durchsichtigen Körpers ab. Diagramme, wie wir sie aus dem Mathematikunterricht kennen, helfen uns da. Zu jedem Winkel α haben wir einen Winkel β gemessen. Im Koordinatensystem eingetragen ergeben dies einzelne Punkte. Diese Messpunkte liegen alle auf einer geschwungenen Kurve. Zeichnet man diese Kurve, so können wir selbst für nicht gemessene Winkel dazwischen, etwa für $\alpha = 17°$, den zugehörigen Winkel β ablesen und umgekehrt.
Die Darstellung im Koordinatensystem liefert die Ergebnisse zur Lichtbrechung auf einen Blick.

4. Lichtbrechung mathematisch erfasst

Bisher haben wir erkannt, dass die Lichtbrechung stärker wird, wenn das Lichtbündel schräger auf die Grenzfläche auftrifft. Durch Winkelmessung belegen wir dies mit Zahlen. Am Beispiel der Lichtbrechung beim Übergang Luft → Glas lässt sich dies leicht durchführen. Wie in → B1 dargestellt, messen wir den Winkel α zwischen dem einfallenden Lichtbündel und dem Lot in Luft (hier $\alpha = 40°$), sowie β, den Winkel zwischen dem gebrochenen Lichtbündel und dem Lot in Glas (hier etwa $\beta = 25°$).

Wir beginnen beim Winkel $\alpha = 0°$. Das Lichtbündel geht ungebrochen hindurch, es gilt also $\beta = 0°$. Nun drehen wir die Winkelscheibe in 10°-Schritten weiter – bis $\alpha = 90°$. Den zugehörigen Winkel β lesen wir jeweils ab. Die Messwerte sammeln wir in einer Tabelle und übertragen sie anschließend in ein Koordinatensystem. Auf der Rechtsachse trägt man meistens die Größe ab, die man vorgegeben hat – hier den Einfallswinkel. Auf der Hochachse die davon abhängige Größe – hier den Brechungswinkel. Unser Ergebnis zeigt → B2.

5. Lichtbrechung im Vergleich

Wiederholt man den Versuch mit anderen durchsichtigen Körpern, so erhält man jeweils andere Kurven:

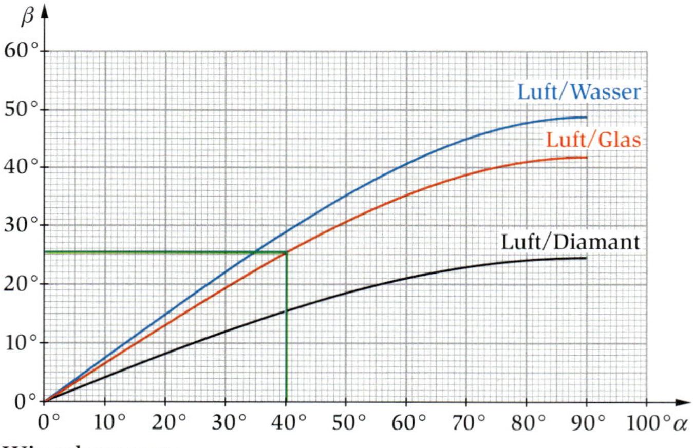

Wir erkennen:

- Die Lichtbrechung hängt von den verwendeten Stoffen ab. Beim Übergang Luft → Diamant unterscheiden sich α und β viel deutlicher als beim Übergang Luft → Wasser. Die Brechung bei Luft → Diamant ist also deutlich stärker als bei Luft → Wasser.
- Für alle durchsichtigen Körper gilt: Je größer der Winkel α in Luft, desto größer ist der Winkel β im Körper.
- Die Zuordnung: $\alpha \rightarrow \beta$ ist nicht proportional (der Graph ist keine Ursprungsgerade).
- Für jedes Material gibt es für die Lichtbrechung einen größten Winkel β. Für Luft → Glas beträgt er etwa 42°, für Luft → Wasser etwa 49°.

6. Lichtbrechung führt zu optischen Täuschungen

Das Paddel in → B3 erscheint uns geknickt. Ähnlich wie beim Zielen auf den Fisch, hat uns die Lichtbrechung getäuscht. Wie in → B4 dargestellt, scheint das Lichtbündel der Paddelspitze aus einer etwas anderen Richtung zu kommen. Unser Auge sieht die Paddelspitze also etwas angehoben und näher an der Wasseroberfläche. Gleiches gilt für jeden Punkt des Holzstabes unter Wasser – für den Teil über der Wasseroberfläche gilt der Effekt nicht. Der Stab erscheint also an der Grenzfläche geknickt.

Das Modell des Stuttgarter Fernsehturms in → B5 scheint durch die Glasplatte verschoben zu sein. Mit unserem bisherigen Wissen können wir diese Täuschung erklären: Von einem Punkt des Modells ausgehend durchquert das Lichtbündel die Glasplatte, bevor es in unser Auge trifft. Weil es schräg auf die Platte auftrifft, wird es beim Eintritt in die Glasplatte und beim Austritt aus der Glasplatte noch einmal gebrochen. In → B6 ist der Weg eines schmalen Lichtbündels gezeichnet: Im Punkt A wird das Lichtbündel an der Grenzfläche Luft → Glas zum ersten Mal gebrochen. Es gilt $\alpha > \beta$. Im Punkt B wird es wieder gebrochen. Diesmal an der Grenzfläche Glas → Luft. Die Winkel α und β sind genauso groß wie im Punkt A, allerdings in der Reihenfolge vertauscht. Das Lichtbündel wird also in die entgegengesetzte Richtung abgeknickt. Damit ist das durch die Glasplatte hindurch verlaufende Lichtbündel gegenüber der ursprünglichen Richtung parallel verschoben.

Wir erkennen an der Zeichnung: Je dicker die Glasplatte ist, desto weiter läuft das Lichtbündel im Glas in die „falsche" Richtung. Also: Je dicker die Glasplatte, desto größer ist die Parallelverschiebung. Diese ist ebenfalls größer, wenn das Lichtbündel schräger auf die Glasplatte trifft.

Den oberen und unteren Teil des Modells sehen wir nicht verschoben, weil deren Lichtbündel auf dem Weg zum Auge die Glasplatte nicht durchqueren.

B3 Das Paddel scheint abgeknickt.

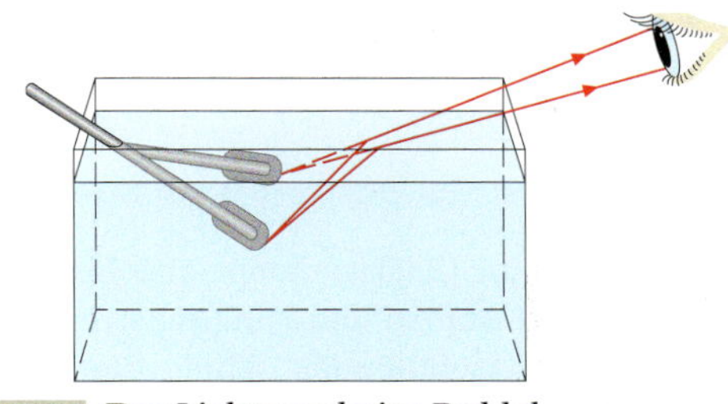

B4 Der Lichtweg beim Paddel

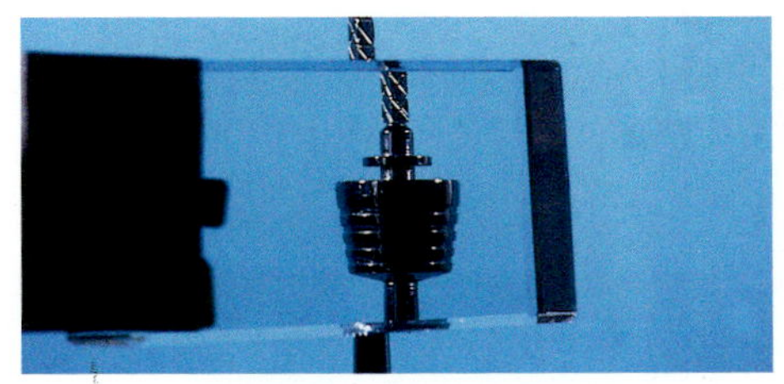

B5 Das Modell des Stuttgarter Fernsehturms scheint verschoben.

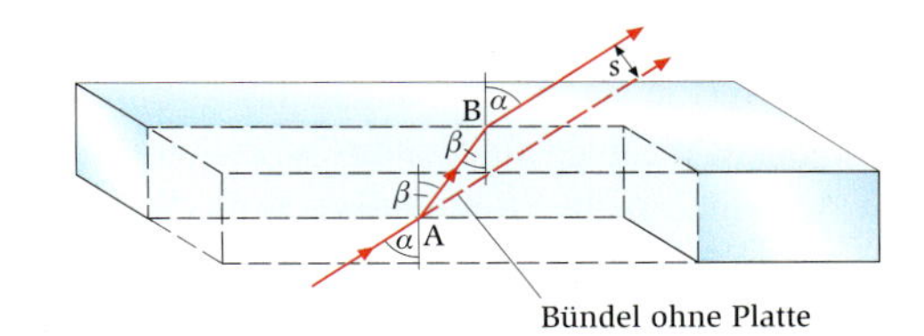

B6 Der Lichtweg durch eine Glasplatte

Mach's selbst

A1 Auf welchen Gegenstand musst du zielen, um den Fisch zu treffen? Erkläre.

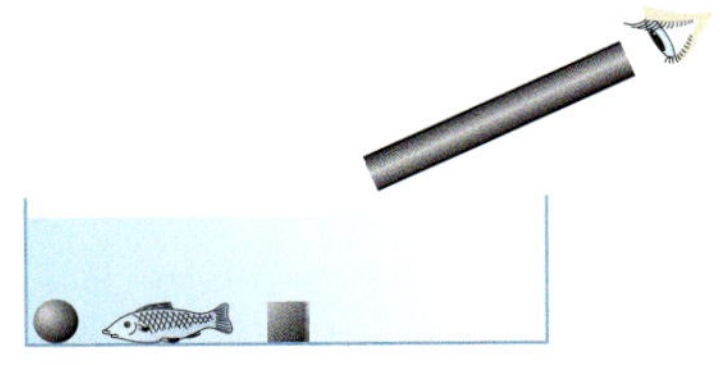

A2 Nutze zur Lösung das Diagramm zur Lichtbrechung:

a) Der Einfallswinkel sei 60°. Gib die Winkelpaare für die Übergänge von Luft nach → Diamant, → Wasser und → Glas an.

b) Der Einfallswinkel sei 40°. Gib die Winkelpaare für die Übergänge Wasser → Luft und Diamant → Luft an.

c) Gib den größten Brechungswinkel für den Übergang Luft → Diamant an.

A3 Ein schmales Lichtbündel trifft mit einem Einfallswinkel von 40° auf die Grenzfläche Luft → Glas.

a) Zeichne ein solch schmales Lichtbündel und den zugehörigen Glasblock.

b) Zeichne das zugehörige gebrochene Lichtbündel und bestimme den Ablenkwinkel des Lichtbündels.

B1 Eine „Glasfaserlampe": Licht läuft durch die gekrümmten Fasern.

B2 Verschiedene Lichtbündel treffen unterschiedlich schräg auf die Grenzfläche.

Anstoß

In → **B1** ist eine Glasfaserlampe abgebildet.

1. Beschreibe Aufbau und Funktionsweise.
2. Trifft ein Lichtbündel schräg auf eine Grenzfläche, so wird ein Teil gebrochen und ein anderer Teil reflektiert.
   a) Überprüfe diese Aussage in → **B2**.
   b) Formuliere eine allgemeine Aussage zur Helligkeit des reflektierten Teilbündels.

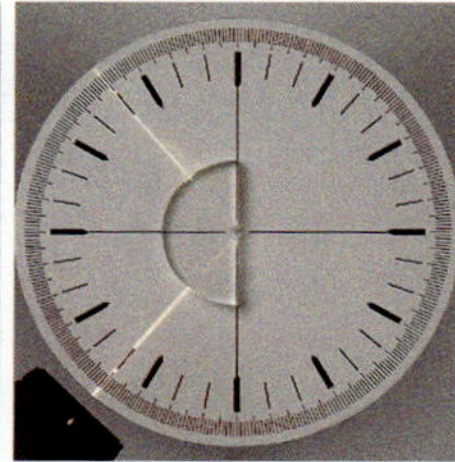

V1 Wir zielen mit einem schmalen Lichtbündel auf die runde Seite eines Glashalbzylinders. Das Lichtbündel verlässt dann den Halbzylinder in der Mitte der Winkelscheibe. Bei einem kleinen Einfallswinkel sehen wir ein gebrochenes und ein reflektiertes Lichtbündel. Wir vergrößern langsam den Einfallswinkel – bis etwa 42°. Jetzt wird kein Licht mehr gebrochen.

B3 Das Lichtbündel folgt dem Wasserstrahl.

1. Nicht jedes Lichtbündel wird gebrochen

In → **B2** wird das rechte Lichtbündel an der Grenzfläche Wasser → Luft nicht gebrochen. Vielmehr wird es vollständig wie an einem Spiegel reflektiert.
Wir messen im Foto den Einfallswinkel nach. Er beträgt etwa 60°. Aus unserem Diagramm zur Lichtbrechung bei dieser Grenzfläche lesen wir ab, dass der Winkel β maximal 49° groß sein kann. Also kann es bei einem Einfallswinkel von 60° keine Brechung geben, das Lichtbündel wird vollständig reflektiert. Man spricht in diesem Fall von **Totalreflexion.**

Wir überprüfen, ob es dieses Phänomen auch bei anderen Grenzflächen gibt. In → **V1** verwenden wir unseren Halbzylinder aus Glas auf der Winkelscheibe. Auch hier gibt es einen größten Winkel für die Lichtbrechung. Ab einem Einfallswinkel von etwa 42° verlässt keine Lichtbündel mehr das Glas an der Grenzfläche, das Licht wird vollständig reflektiert. Diesen Winkel von 42° können wir auch aus dem Diagramm für die Lichtbrechung für den Übergang Glas → Luft ablesen.

Merksatz

Übersteigt der Einfallswinkel eines Lichtbündels an den Grenzflächen von Glas oder Wasser → Luft jeweils einen bestimmten Wert, so wird das Lichtbündel an der Grenzfläche nicht mehr gebrochen, sondern vollständig reflektiert.

2. Licht lässt sich um Kurven leiten

Wir haben gesehen, dass ein Lichtbündel im Wasser bleibt, wenn es total reflektiert wird. Trifft das reflektierte Lichtbündel wiederholt unter einem großen Einfallswinkel auf die Grenzfläche, so bleibt es weiterhin im Wasser. In → **B3** ist ein solcher Fall offenbar eingetreten. Mit einem Laser wird ein grünes Lichtbündel so durch ein Wasserglas geschickt, dass es von hinten das Ausgussrohr trifft (Lehrerversuch). Wir beobachten, dass das Lichtbündel dem gekrümmten Wasserstrahl bis ins Ausgussbecken folgt. Der Wasserstrahl leitet das Lichtbündel also um eine Kurve. Man nennt ihn **Lichtleiter.**

Die Erklärung zeigt uns → B4. Der Einfallswinkel im Wasser ist an jedem Auftreffpunkt der Grenzfläche größer als 49°. Folglich findet jedes Mal Totalreflexion statt und keine Brechung. Ist der Wasserstrahl jedoch stark gekrümmt, dann wird der Einfallswinkel kleiner, es findet Brechung statt, die jedes Mal einen Teil des Lichts aus dem Lichtleiter heraus führt. Dies geschieht am Ende des Wasserstrahls.

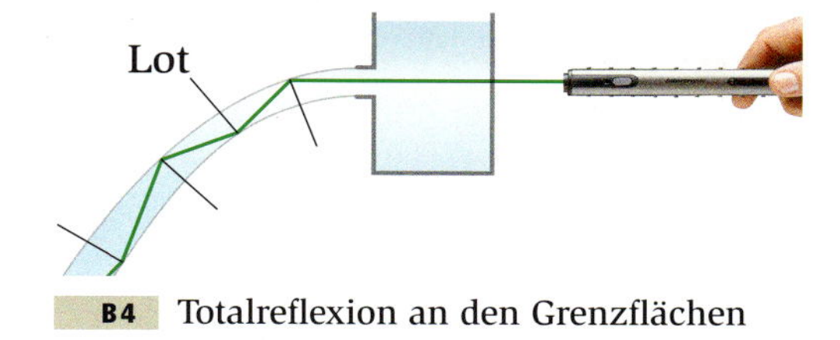

B4 Totalreflexion an den Grenzflächen

Interessantes

Der größte Brechungswinkel beim Tauchen

Wenn Taucher im offenen Meer zur Wasseroberfläche schauen, sehen sie genau über sich einen hellen Fleck, der nach außen hin schnell dunkel wird. Ursache dafür ist, dass es für den Lichtübergang von Luft in Wasser einen größten Brechungswinkel gibt.

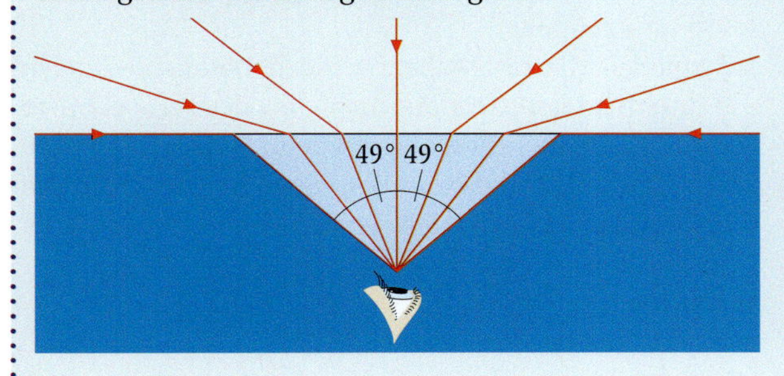

Von der hellen Luft über der Wasseroberfläche gelangen nur die Lichtbündel in das Auge des Tauchers, die ihn durch Brechung erreichen. Außerhalb des Winkels von 49° ist dies unmöglich. Weil der gebrochene Anteil zum Rand hin schwächer wird, wird der helle Fleck zum Rand hin dunkler.

Lichtleiter in der Modelleisenbahn

Das Foto zeigt eine Spielzeuglokomotive. Sie hat vorne drei Lampen. Öffnen wir das Gehäuse, so erkennen wir, dass sie tatsächlich im Innern nur eine kleine Glühlampe besitzt. Um die Glühlampe herum befindet sich ein Bauteil aus durchsichtigem Plexiglas. Wie im Wasserstrahl kann auch darin Licht um Kurven geführt werden. Dieser Lichtleiter aus Plexiglas leitet das Licht zu drei Austrittsstellen, die drei Lampen an unterschiedlichen Stellen darstellen.

Mach's selbst

A1 Betrachte die Glasfaserlampe in → B1. Nun wird eine Faser geknickt. Beschreibe, was in an der Knickstelle geschieht.

A2 Entscheide, ob es bei den gegebenen Einfallswinkeln Totalreflexion gibt oder nicht:

Einfallswinkel	Übergang
60°	Glas → Luft
30°	Glas → Luft
80°	Wasser → Luft
70°	Luft → Glas

A3 **a)** Übertrage die Zeichnung in dein Heft. Miss den Winkel α und zeichne das reflektierte und das gebrochene Lichtbündel.

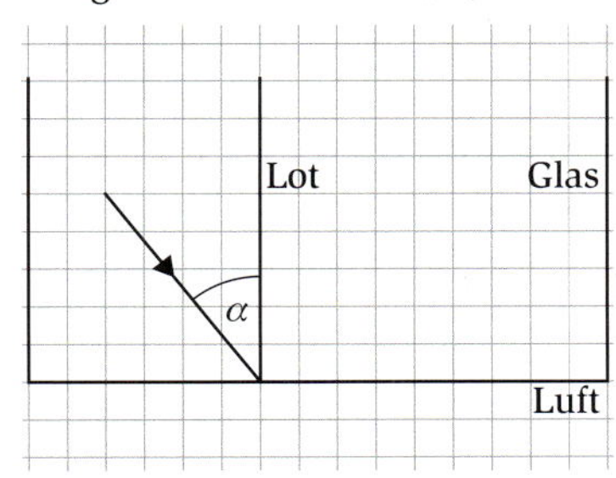

b) Übertrage die Zeichnung in dein Heft. Zeichne die Lote und jeweils die weiteren Lichtbündel ein.

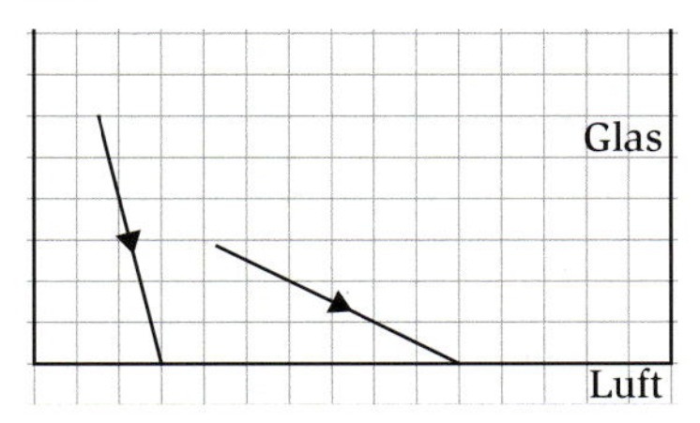

Benutze in a) und b) das Diagramm zur Lichtbrechung.

Der Reflektor

Ein Reflektor am Fahrrad ist kein gewöhnlicher Spiegel. Vielmehr besteht er aus vielen kleinen gleichen Einheiten. Jede dieser Einheiten selbst besteht aus drei immer gleich angeordneten Flächen.

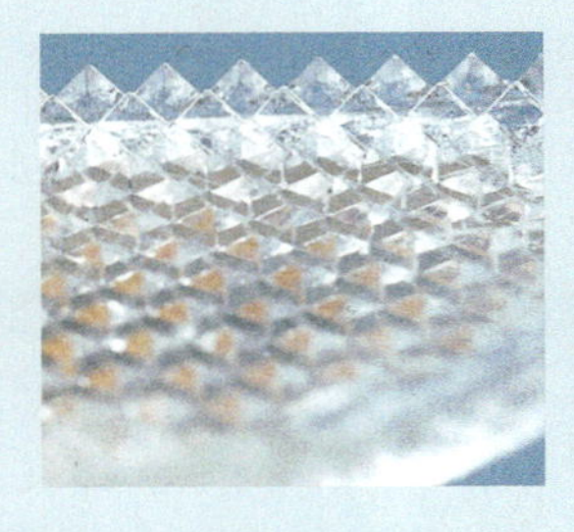

Um den Sinn zu verstehen, betrachten wir zunächst einen **Winkelspiegel.** Er besteht aus zwei Spiegeln, die im rechten Winkel zueinander aufgestellt sind.

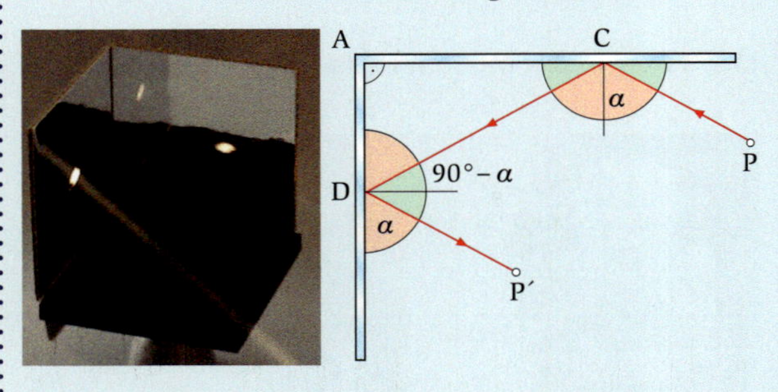

Ein schmales Lichtbündel trifft schräg hinein. Im Kreidestaub wird der Lichtweg sichtbar: Das Lichtbündel wird zweimal reflektiert und verlässt den Winkelspiegel wieder. Das Foto zeigt, dass das reflektierte Lichtbündel zum einfallenden parallel verläuft.
Die Zeichnung verrät, dass es sich hierbei um eine Folge des Reflexionsgesetzes handelt: Das von P ankommende Licht trifft auf den ersten Spiegel. Einfallswinkel und Reflexionswinkel müssen gleich groß sein (rot gefärbt).

Bei der Reflexion am zweiten Spiegel gilt das Gleiche (diesmal sind die Winkel grün gefärbt). Winkelgesetze der Mathematik fordern, dass auch hier die rot gefärbten Winkel so groß sind wie α (mit dem Geodreieck nachmessen). Damit ist nachgewiesen, dass das reflektierte Lichtbündel unabhängig von der Größe des Einfallswinkels immer parallel zum einfallenden Lichtbündel ist.

Wir haben das Lichtbündel in einer Ebene senkrecht zum Winkelspiegel betrachtet. Trifft ein Lichtbündel jedoch schräg zu dieser Ebene den ersten Spiegel, muss evtl. ein dritter Spiegel das Lichtbündel überhaupt auf den zweiten werfen. Dieser dritte Spiegel liegt senkrecht zum Winkelspiegel.

Diese **Tripelspiegel** bilden die Einheiten des Reflektors und sorgen dafür, dass das reflektierte Licht immer in die Richtung zurückgeworfen wird, aus der es kam. Also zum Beispiel vom Fahrradreflektor zurück ins Auge des Autofahrers.

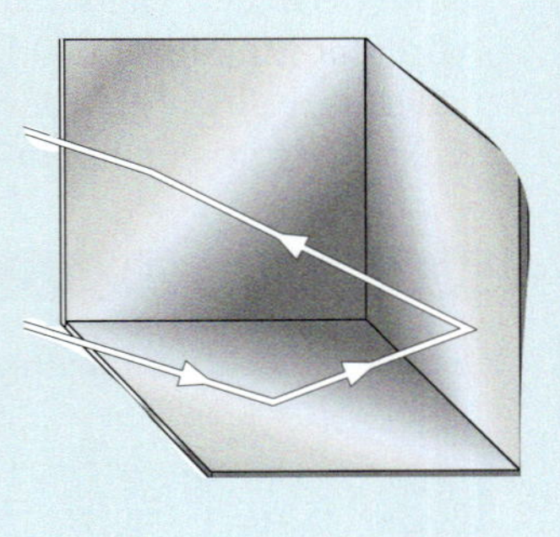

Lichtleiter und Glasfaserkabel

Wie im Wasserstrahl kann Licht auch in einem Leiter aus Glas bzw. Plexiglas um Kurven geführt werden. In der Technik nutzt man dieses Phänomen im sogenannten Glasfaserkabel aus. Es besteht aus einem Bündel sehr dünner Glas- oder Plexiglasfäden. Jeder dieser Fäden ist selbst ein Lichtleiter.

Mit solchen Glasfaserkabeln werden Daten übertragen, z. B. Internetdaten, Telefongespräche oder Fernsehbilder. Dazu müssen die Informationen beim Sender in Lichtimpulse verwandelt und beim Empfänger wieder in elektrische Impulse umgewandelt werden.

Endoskop

Mit Lichtleitern kann man aber auch direkt Gegenstände betrachten.

Im Prinzip funktioniert dieses wie folgt: Jeder Punkt des Gegenstandes sendet ein Lichtbündel aus. Treffen diese auf einen Lichtleiter, so leitet er alle diese Lichtbündel bis zu seinem Ende.

Allerdings überkreuzen sie sich unterwegs. Am Ende kämen alle völlig wahllos angeordnet heraus. Verwendet man jedoch ein Glasfaserkabel mit sehr vielen geordneten Fäden, so überträgt jeder einzelne Faden nur das Lichtbündel eines einzigen Gegenstandspunktes. Da die Fäden sich nicht überkreuzen, wird das Licht Punkt für Punkt übertragen. So entsteht ein Bild des Gegenstandes.

In der Medizin wird dieses Verfahren eingesetzt. Man nennt das Gerät **Endoskop.** Damit kann man sich zum

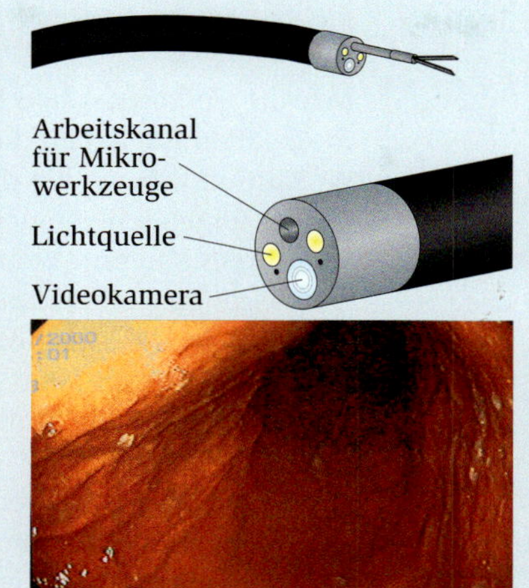

Beispiel innere Organe anschauen. Das Endoskop besteht im Wesentlichen aus einem Schlauch. In ihm befinden sich u.a. ein Lichtleiter und ein Glasfaserkabel. Durch den Lichtleiter wird Licht (hier) in das Mageninnere geleitet.

Durch das Glasfaserkabel gelangt Licht geordnet wieder nach außen. Mit ihm kann der Arzt sich das Innere des Magens anschauen. Durch eine weitere Öffnung im Schlauch können kleine Operationswerkzeuge bedient werden.

Projekt

Bau eines Periskops (Sehrohr)

Ein Periskop ist ein schönes Spielzeug. Mit ihm kannst du aus einem Versteck heraus oder hinter einer Mauer verborgen Leute beobachten.

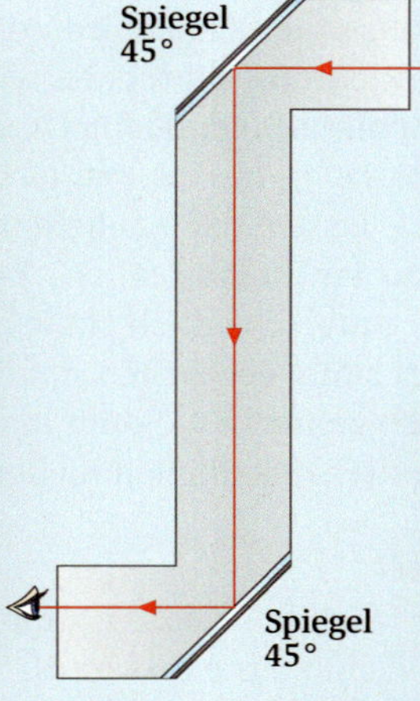

Es besteht aus einem Gehäuse mit zwei Spiegeln. Sie müssen jeweils um 45° gegenüber der Achse geneigt sein. Damit sind beide Spiegel parallel zueinander. Die Zeichnung zeigt im Prinzip den Verlauf eines schmalen Lichtbündels.

Du benötigst als Material:

- eine Pappröhre (etwa wie man sie zum Versenden von Plakaten benutzt),
- eine feine Säge
- etwas Pappe
- eine Schere
- Spiegelfolie

1. Schneide mit der Säge oben und unten aus der Pappröhre im Winkel von 45° zur Achse zwei Löcher.
2. Schneide aus Pappe zwei ellipsenförmige Scheiben aus, die schräg in die Öffnungen der Röhre passen.
3. Beklebe die beiden Pappscheiben mit der Spiegelfolie und schneide die Folie passend.
4. Setze die beiden Spiegel oben und unten ein.

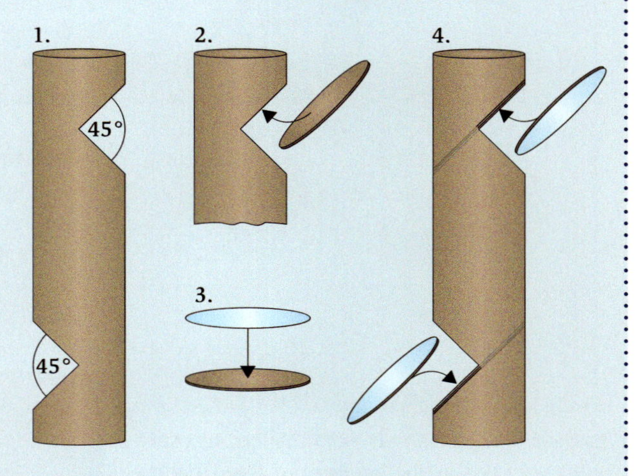

Das Periskop kann jetzt benutzt werden.

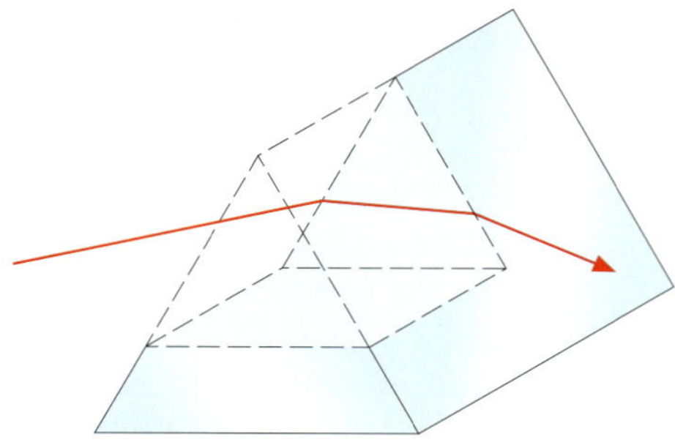

B1 Beim Durchgang eines Lichtbündels durch ein Prisma wird es zweimal gebrochen.

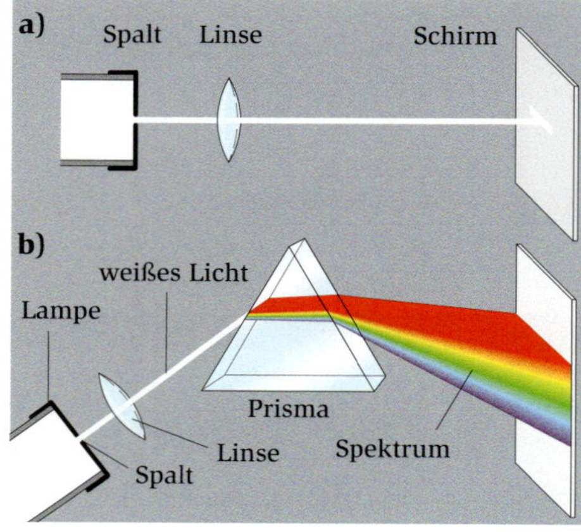

V1 **a)** Das Spaltbild wird mithilfe einer „Linse" auf einen Schirm scharf abgebildet. **b)** Ein Prisma zwischen Linse und Schirm verändert zweimal die Richtung des Lichtbündels. Auf dem Schirm entsteht ein Spektrum.

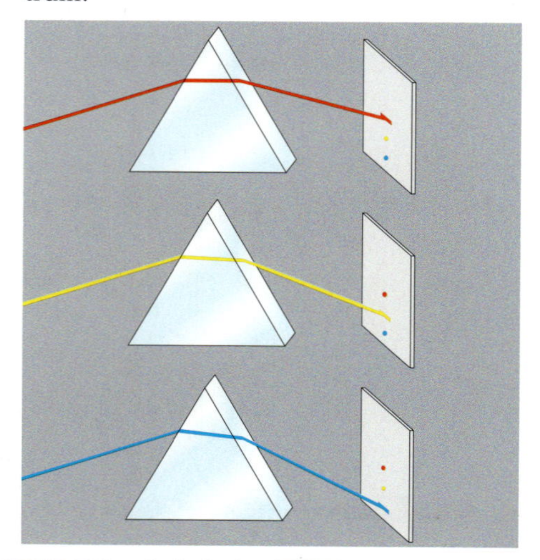

V2 Wir wiederholen → V1. Allerdings setzen wir zwischen Lampe und Spalt nacheinander rote, gelbe und blaue Glasscheiben.

1. Das Spektrum

Bei festlicher Glühlampenbeleuchtung funkeln Kristallleuchter in allen Farben, obwohl sie aus durchsichtigem Glas bestehen. Woher kommen die farbigen Lichter?

Wie dir vielleicht schon bei den Versuchen zur Lichtbrechung aufgefallen ist, haben die gebrochenen Lichtbündel oft farbige Säume. Wir wollen dies noch verstärken. Dazu benutzen wir im folgenden Versuch einen keilförmigen Glaskörper, den man Prisma nennt. Beim Durchgang durch ein solches Prisma wird das Lichtbündel zweimal gebrochen. Und zwar zweimal in die gleiche Richtung → B1. Dadurch wird das Lichtbündel insgesamt stark abgelenkt. Kristallleuchter haben Glasstücke, die ähnlich wie Prismen geschliffen sind.

In → V1 experimentieren wir noch einmal mit einem Prisma. Zunächst bilden wir ohne Prisma in → V1a einen Spalt mit einer Linse auf einem weißen Schirm ab. Anschließend stellen wir zwischen Linse und Schirm ein Prisma → V1b und drehen den Schirm in die neue Lichtrichtung. Auf dem Schirm ist das Spaltbild verschwunden, stattdessen ist ein breites, farbiges, leuchtendes Band entstanden. Wir erkennen z.B. die Farben Rot, Orange, Gelb, Grün, Blau und Violett → B2, sie fließen ineinander. Man nennt dieses Farbband **Spektrum.**

Wie entsteht das Spektrum?
Das Glas des Prismas hat das Licht wohl nicht gefärbt. Wie wir allerdings wissen, bricht das Prisma Lichtbündel sehr stark. Wir sehen am Schirm, dass rotes Licht offenbar in eine andere Richtung gebrochen wird als blaues. Wir überprüfen dies mit einfarbigen Lichtern.

In → V2 lassen wir nacheinander rotes, gelbes und blaues Licht auf ein Prisma fallen. Tatsächlich, wir stellen fest, sie werden unterschiedlich stark gebrochen: Das rote Licht wird weniger stark gebrochen als das gelbe. Das blaue wird am stärksten gebrochen. Somit kommen die verschiedenen Lichter an unterschiedlichen Stellen auf dem Schirm an.

Merksatz

Farbige Lichter werden unterschiedlich stark gebrochen. Blaues Licht stärker als rotes. Trifft das schmale Lichtbündel einer Glühlampe auf ein Prisma, so entsteht bei geeigneter Versuchsanordnung ein Spektrum auf einem weißen Schirm.

B2 Bei der Brechung von Glühlicht an einem Prisma entsteht ein farbig leuchtendes Band.

2. Im Glühlicht sind farbige Lichter

Das Prisma hat durch Brechung aus Glühlicht das Spektrum erzeugt. Wir kommen auf unsere Frage zurück: Woher kommen die farbigen Lichter?
Als Quelle der farbigen Lichter bleibt eigentlich nur das Glühlicht selbst. Aber wenn dieses Licht ohne Prisma auf einen weißen Schirm trifft, erscheint uns dieser weiß und nicht farbig. Ist es möglich, dass ein Gemisch aus farbigen Lichtern in unserem Gehirn den Eindruck Weiß erweckt?

Es liegt nahe, dies in einem Versuch zu überprüfen. Wir vereinen in → V3 mithilfe einer Sammellinse alle farbigen Lichter des Spektrums wieder in einem Punkt. Und tatsächlich, das auf dem Schirm gebündelte Licht erscheint wieder weiß.

Licht der Glühlampe und auch z. B. das Sonnenlicht, mit dem die gleichen Versuche gelingen, besteht demnach aus einem Gemisch aller Farben, die im Spektrum zu sehen sind. Bringt man alle diese Spektralfarben auf einer Stelle zusammen, so erkennen wir die einzelnen Farben nicht mehr. Der Fleck erscheint uns weiß.

Merksatz

Das weiße Licht der Sonne oder einer Glühlampe besteht aus den Spektralfarben. Darunter sind Rot, Orange, Gelb, Grün, Blau und Violett.

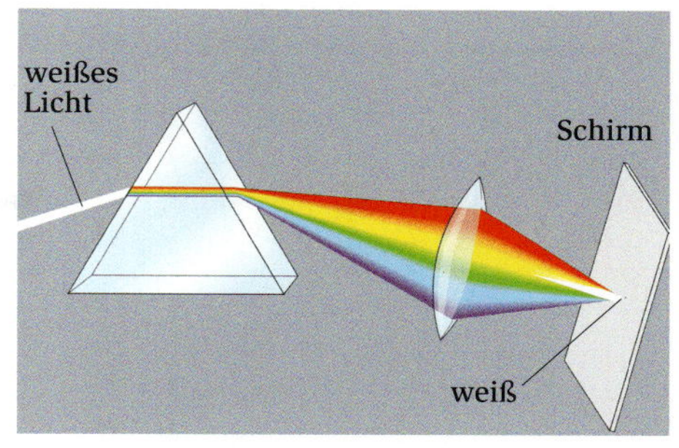

V3 Wir erzeugen zunächst wieder ein Spektrum. Zwischen Prisma und Schirm stellen wir eine Linse. Die Linse sammelt alle farbigen Lichter des Spektrums auf dem Schirm.

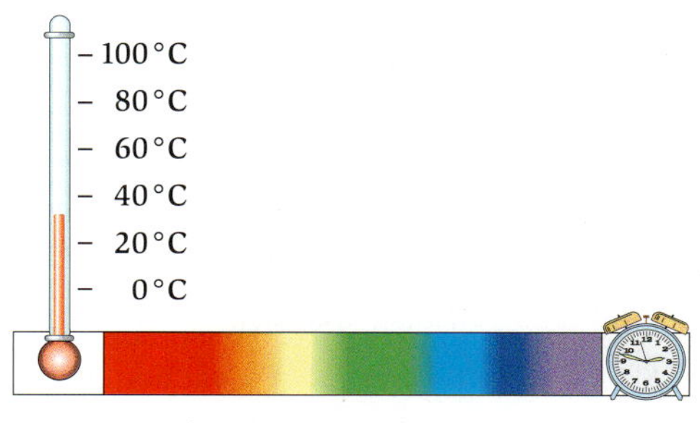

V4 **a)** Wir halten neben das violette Ende des Spektrums eine Uhr mit Leuchtziffern. Im verdunkelten Raum leuchten die Ziffern neben dem violetten Rand des Spektrums hell auf.
b) Wir bringen neben das rote Ende des Spektrums ein Thermometer mit schwarz gefärbtem Fühler. Die angezeigte Temperatur steigt sofort.

3. Unsichtbares Licht – für unser Auge

Das sichtbare Spektrum des Sonnenlichts beginnt bei Rot und endet bei Violett. So sieht es auf dem Schirm aus. → V4 zeigt uns, dass in einem engen Bereich links und rechts des Spektrums ebenfalls Energie gelangt. Unsere Augen können dort nichts erkennen, wohl aber unsere Messgeräte.

Die unsichtbare Strahlung, welche die Leuchtziffern anregt, liegt im Spektrum jenseits des Violetts. Sie wird deshalb **ultraviolettes Licht (UV)** genannt. Die Strahlung auf der anderen Seite des Spektrums, auf die das Thermometer reagiert, wird **infrarotes Licht (IR)** genannt.
Für das menschliche Auge sind diese Lichter unsichtbar, für manche Tiere aber nicht. In der Biologie hat man herausgefunden, dass z. B. Bienen ultraviolettes und Grubenottern infrarotes Licht wahrnehmen können.

Über die Gefahren der UV-Strahlung hast du bereits einiges gelernt. IR-Licht dagegen wird als wärmende Strahlung eher als nützlich empfunden. Alle warmen Objekte senden IR-Licht aus. Spezielle Kameras können diese Strahlung registrieren. Ein Computer stellt die Aufnahme farbig dar → B3. Jeder Temperaturwert wird dabei in einer anderen Farbe dargestellt.

B3 Ein mit einer Infrarotkamera erzeugtes Foto eines Menschen: Rote Farbe bedeutet eine hohe Temperatur, blaue Farbe bedeutet eine niedrige Temperatur.

Interessantes

A. Farbige Lichter

Alle farbigen Lichter des Spektrums an einer Stelle vereint, empfinden wir als Weiß. Welchen Farbeindruck erhalten wir, wenn wir nur einen Teil der farbigen Lichter vereinen?

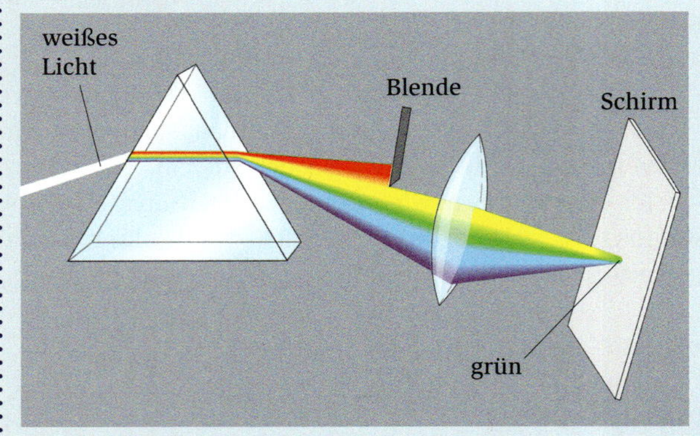

Entfernen wir Rot aus dem Spektrum, so vereinigt sich der Rest zu einem grünen Streifen. Blenden wir umgekehrt das grüne Licht aus, so sehen wir Rot. Auch Orange und Blau bilden ein solches Farbenpaar. Man nennt die auf diese Weise zugeordneten Farben **Komplementärfarben.** Wir wählen drei solcher Paare aus und ordnen sie so in einem Kreis an, dass jeweils die Komplementärfarben einander gegenüber liegen.

Bringen wir die zwei Lichter eines Komplementärfarbenpaares auf einer Stelle auf dem Schirm zusammen, so entsteht der Eindruck Weiß.

Das wissen wir schon, weil wir dadurch alle Farben des Spektrums addieren. Addieren wir zwei beliebige farbige Lichter des Kreises, so entsteht eine Mischfarbe.

Der Farbeindruck dieser Mischfarbe lässt sich im folgenden Farbenkreis nach einer einfachen Regel ablesen:

Addiert man zwei Lichter aus dem Farbenkreis, so empfindet man als Mischfarbe die dazwischen liegende Farbe.

Beispiel:

Rot + Gelb = Orange.

B. Die Farbe kommt immer vom Licht

Das obere Ampelmännchen erscheint rot, das untere grün. Öffnet man die Ampel, so sieht man, dass das Licht jeweils von einer gewöhnlichen Glühlampe erzeugt wird. Eine vorgesetzte Farbscheibe aus Glas sorgt für das farbige Licht.

Wir legen zwei Farbfolien auf einen Tageslichtprojektor. Dort wo sich die gelbe Folie und die blaue Folie überlagern erscheint auf der Leinwand die Farbe Grün.

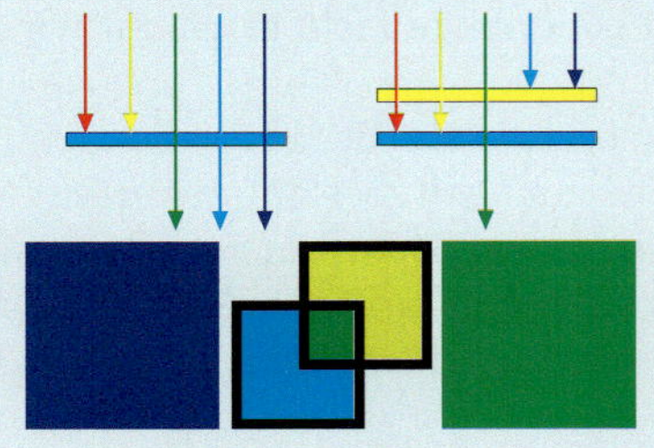

Farbfolien lassen nur einen Teil der Spektralfarben des weißen Lichts durch: Die blaue Folie verschluckt den von Rot bis Gelb gehenden Teil des Spektrums. Sie erscheint in Durchsicht in der Mischfarbe des Restlichts – blau. Die gelbe Folie dagegen sperrt die Spektralfarben Blau bis Violett, sie erscheint Gelb. Legen wir beide Folien übereinander, so erscheint in der Durchsicht der Bereich in der einzigen durchgelassenen Farbe – nämlich Grün.

Die Farbe der „Papp-Bären" hängt von der Beleuchtung ab: In grünem Licht **c)** erscheint die im Tageslicht **a)** braun aussehende Pappe schwarz. Sie verschluckt also das grüne Licht vollständig und streut nichts davon in unser Auge. Die im Tageslicht weiß erscheinende Pappe streut alles grüne Licht in unser Auge und erscheint daher jetzt grün. Von gelbem Licht beleuchtet **b)** erscheint der Papp-Bär entsprechend in Gelbtönen.

Von weißem Sonnenlicht **a)** und damit von allen Spektralfarben gleichzeitig beschienen, erscheint er in vielen Farben: Farbstoffe verschlucken bestimmte Spektralfarben mehr oder weniger stark und streuen den Rest in unser Auge. Das Mischlicht der gestreuten farbigen Lichter erzeugt nun den Farbeindruck in unserem Auge.

Interessantes

Der Regenbogen

Die Farben des Spektrums hast du sicher schon öfter außerhalb des Physiksaals gesehen. Im Regenbogen kannst du sie in freier Natur auch ohne Auffangschirm bewundern. Ähnlich wie heim Spektrum im Schulversuch wird auch hier weißes Licht durch unterschiedliche Brechung zerlegt. Das Sonnenlicht wird in vielen Regentropfen gebrochen und reflektiert und trifft erst dann in dein Auge. Rotes Licht aus einer anderen Richtung als blaues. Deshalb siehst du die Farben an unterschiedlichen Stellen. Diese sehr grobe Erklärung wollen wir uns nun etwas genauer ansehen.

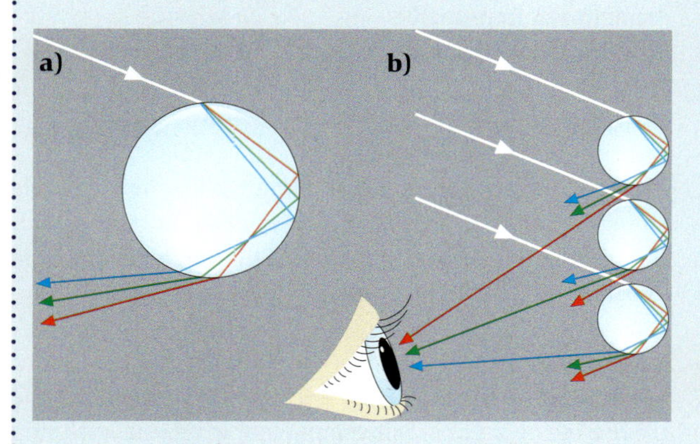

Im Bild a) verfolgen wir ein schmales Lichtbündel. An der Grenzfläche Luft → Wasser(-tropfen) wird es gebrochen – blaues Licht etwas stärker als grünes und noch stärker als rotes. An der Rückseite des Tropfens wird das Licht teilweise reflektiert. Das reflektierte Licht trifft nun auf die Grenzfläche Wasser → Luft und wird wieder unterschiedlich stark gebrochen. Durch diese zweifache Brechung verlassen die farbigen Lichter den Regentropfen in deutlich verschiedenen Richtungen.

Wir sehen, dass rotes Licht den Tropfen nach unten laufend verlässt, blaues etwas oberhalb. Beim Regenbogen ist aber immer der rote Bogen oben und der blaue unten. Ist unsere Überlegung also falsch?

Von *einem einzigen* Regentropfen gelangt jeweils *ein* Lichtbündel in unser Auge, in dem *eine* Farbe überwiegt. Der oben beschriebene Vorgang findet aber in sehr vielen Tropfen statt. In Bild b) erkennen wir, wie die richtige Farbenfolge bei vielen Tropfen entsteht: Vom oberen Tropfen gelangt rotes Licht in unser Auge, von einem tieferen Tropfen grünes und von einem noch tieferen blaues Licht.

Warum aber ist der Regenbogen rund? Die Lichtbündel, die von der Sonne kommend die Tropfen treffen, verlaufen parallel zueinander. Verlängert man sie nach hinten, so ergibt sich für das rote Licht ein Winkel von 42,3 °, für das violette ein Winkel von 40,7 °.

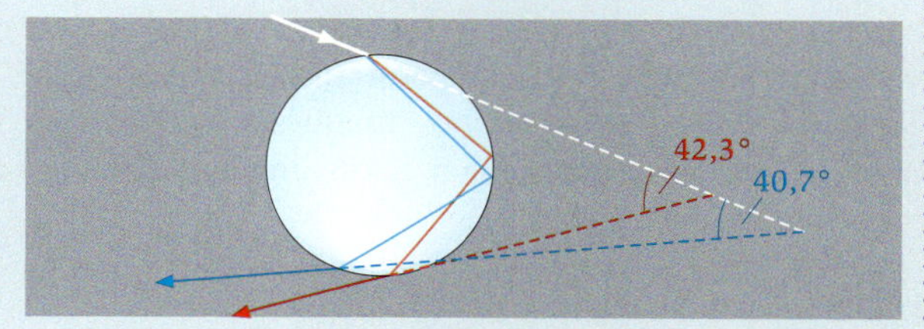

Betrachten wir nur den „roten" Regenbogen: Das oben gezeichnete, von der Sonne kommende Lichtbündel verlässt den Wassertropfen im höchsten Punkt des Bogens im Winkel von 42,3° zum Auge.

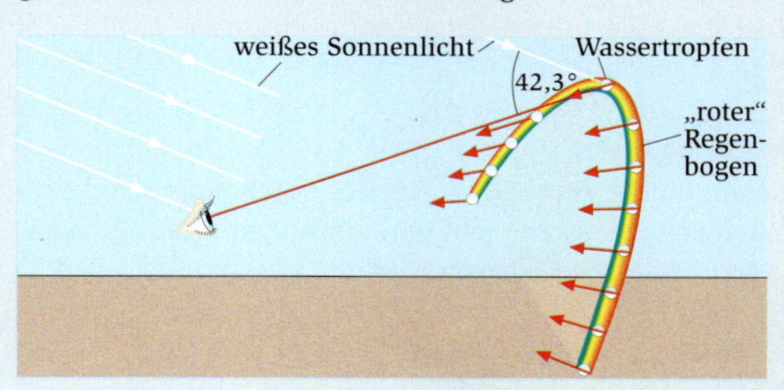

Vom Betrachter aus gesehen gilt das für jeden Tropfen, der sich auf einem Kreis befindet. Wir sehen nur den Teil über der Erdoberfläche. Die anderen Farben bilden Bögen mit etwas kleinerem Radius.

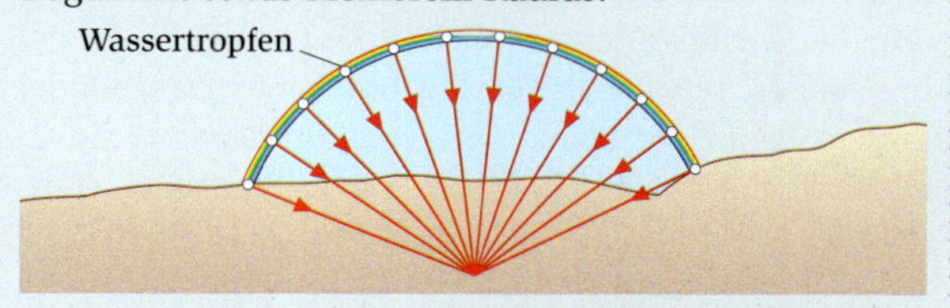

Wir sehen nicht immer bei Regen einen Regenbogen. Voraussetzung ist nämlich, dass die Sonne kräftig gegen eine Regenwand scheint. Mit der Sonne im Rücken beobachten wir dann den Regenbogen.

Zusammenfassung

Das ist wichtig

1. Licht

Licht breitet sich vom Sender zum Empfänger gradlinig aus. Kerzen und Lampen sind Beispiele für Lichtquellen (Sender). Das Auge ist unser natürlicher Lichtempfänger.

2. Beleuchtete Gegenstände

Trifft Licht auf
- einen Spiegel, so wird es in eine bestimmte Richtung reflektiert,
- einen reinen durchsichtigen Gegenstand, so geht es größtenteils hindurch,
- einen reinen Gegenstand mit rauer Oberfläche, so wird es in alle möglichen Richtungen gestreut.

Wir sehen einen Gegenstand, wenn Licht von ihm in unser Auge trifft.
Der Mond wird von der Sonne bestrahlt, sodass stets die halbe Mondkugel beleuchtet ist. Von dieser beleuchteten Hälfte sehen wir täglich einen etwas anderen Teil – so entstehen die Mondphasen.

3. Licht und Schatten

Von der Lichtquelle aus betrachtet entsteht hinter einem undurchsichtigen Gegenstand ein Schattenraum.
Tritt der Mond in den Kernschatten der Erde, so entsteht eine Mondfinsternis.
Tritt die Erde in den Schatten des Mondes, so entsteht eine Sonnenfinsternis.

4. Lochkamera

Gelangt Licht eines Gegenstandes durch eine Blende auf einen Schirm, so entsteht dort ein höhen- und seitenverkehrtes Bild des Gegenstandes.

5. Brechung und Reflexion

Trifft Licht auf eine Grenzfläche (z.B. Luft → Glas), so wird es teilweise reflektiert und teilweise gebrochen. Für schmale Lichtbündel gilt das Reflexionsgesetz: Einfalls- und Reflexionswinkel sind stets gleich groß.
Für die Brechung gilt: Je größer der Einfallswinkel, desto größer ist der Brechungswinkel.
Einfallendes, reflektiertes und gebrochenes Lichtbündel liegen stets in einer Ebene senkrecht zur Grenzfläche.
Reflexion und Brechung führen oft zu optischen Täuschungen.

6. Farbiges Licht

Weißes Glühlicht oder Sonnenlicht wird bei der Brechung an einem Prisma in verschieden farbige Lichter des Spektrums zerlegt. Alle diese farbigen Lichter ergeben zusammengeführt wieder den Eindruck Weiß.

Darauf kommt es an

Erkenntnisgewinnung

Trifft Licht auf einen durchsichtigen Gegenstand, so wird das Lichtbündel an der Grenzfläche reflektiert und meist zusätzlich auch gebrochen. Die Richtung des reflektierten und des gebrochenen Lichtbündels lassen sich durch gezieltes Experimentieren untersuchen: Eine systematische Untersuchung führt zu den Gesetzen der Reflexion und dem Diagramm zur Lichtbrechung.
Durch einen Modellversuch haben wir die Entstehung der Mondphasen verstanden. Von der Erde aus sieht man vom beleuchteten Teil der Mondkugel je nach Stellung der drei Himmelskörper Sonne, Mond und Erde stets einen anderen Teil.

Kommunikation

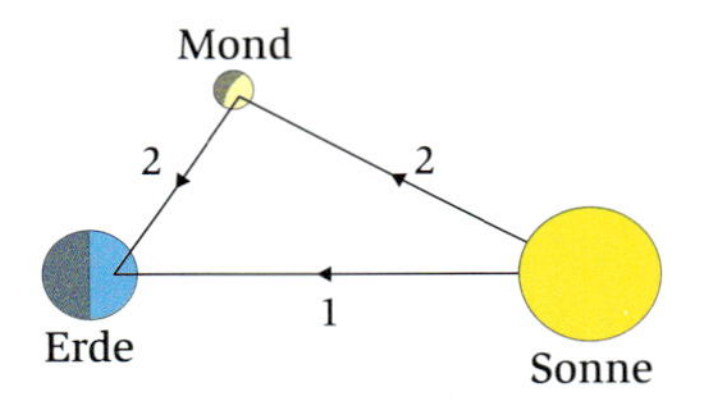

Wir erkennen am Himmel die Mondsichel und die helle Sonnenscheibe. Mithilfe der Skizze beschreiben wir die unterschiedlichen Lichtwege: Lichtweg 1: Von der Sonne zur Erdkugel (hier in unser Auge). Wir sehen die volle Sonnenscheibe. Lichtweg 2: Von der Sonne zum Mond. Die beleuchtete Seite streut einen Teil des Lichts zur Erde in unser Auge. Wir sehen die helle Mondsichel.

Bewertung

Mit dem Sonnenlicht gelangt auch die für uns gefährliche UV-Strahlung zu uns. Mit geeigneten Schutzmaßnahmen kann man gesundheitliche Schäden verhindern. Laserpointer sind gefährliche Lichtquellen. Trifft ein Lichtbündel ins Auge, so kann es dort zu schwerwiegenden Schädigungen führen. Dies gilt auch für reflektierte Laserlichtbündel.

Nutzung fachlicher Konzepte

Mit der Geradlinigkeit der Lichtausbreitung lässt sich das Lochkamerabild erklären: Von jedem Gegenstandspunkt gelangt ein Lichtbündel durch die Lochblende auf den Schirm. Es entsteht dort jeweils ein Lichtfleck in der Form der Lochblende. Alle diese Lichtflecke überlappen sich dann auf dem Schirm und setzen sich zu einem Muster zusammen, das dem beobachteten Gegenstand gleicht.

Das kannst du schon

Beobachten, beschreiben
Du betrachtest genau und übersiehst möglichst nichts. Du kannst es anderen richtig mitteilen.

Naturbeobachtung

Vermuten
Was du über das „Sehen von Gegenständen" gelernt hast, wendest du an: Nur wenn Licht von einem Gegenstand in die Augen trifft, kann man diesen Gegenstand sehen. Im Lauf eines Monats sieht man unterschiedliche Teile des beleuchteten Mondes. Vermutlich ändern sich die Positionen von Sonne und Mond zu uns (Erde).

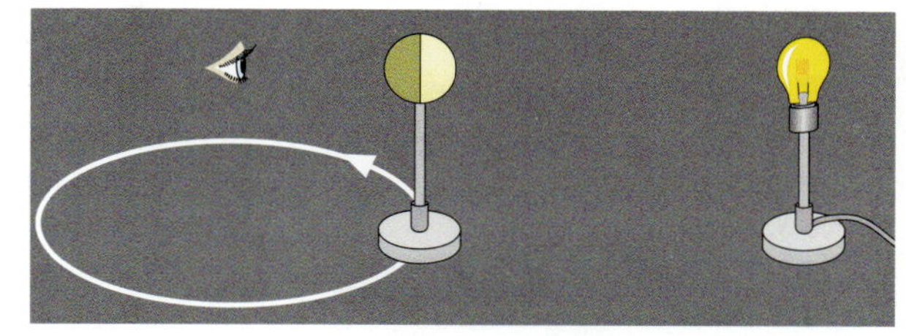

Modellversuch

Modellieren
Du nimmst irdische Modelle für Sonne, Mond und Erde und überprüfst damit Vermutungen über die Erscheinungen am Himmel.

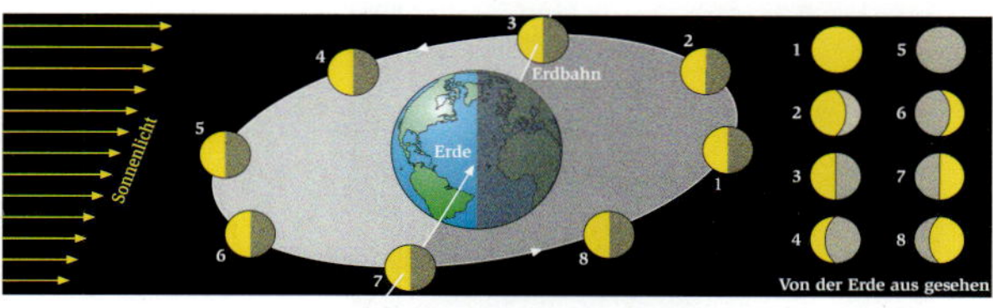

Erklärung der Mondphasen

Erklären
Mithilfe des Modellversuchs findest du dann die Erklärung der Naturbeobachtung.

Beobachtungen richtig deuten
Du betrachtest einen Gegenstand. Das Licht, das von ihm in dein Auge gelangt, kommt nicht immer aus der Richtung des Gegenstandes.
Du kannst einordnen, ob du durch Reflexion evtl. ein Spiegelbild des Gegenstandes siehst, oder ob du durch Brechung den Gegenstand an der falschen Stelle siehst.

Beobachtungen in einem Aquarium

Diagramme interpretieren
Im Diagramm zur Lichtbrechung liest du die Winkelpaare zur Lichtbrechung ab. Du erkennst den jeweils maximal größten Brechungswinkel und damit auch für den umgekehrten Lichtweg den Winkel, von dem ab es nur noch Totalreflexion gibt.

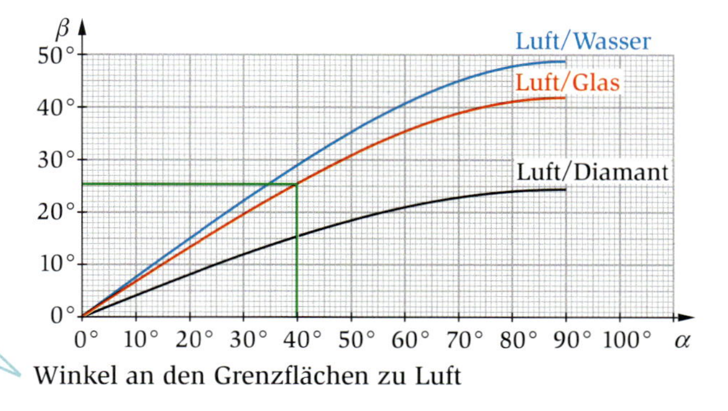

Winkel an den Grenzflächen zu Luft

Physikalische Gesetzmäßigkeiten finden
Durch gezielte Fragestellungen und geeignete Versuche kannst du Zusammenhänge zwischen zwei Größen anhand von Messreihen auch qualitativ untersuchen. Du kannst Messergebnisse sorgfältig auswerten und so zu einer Gesetzmäßigkeit gelangen.

Vermutung aufstellen, mit Versuch bestätigen
Im weißen Glühlicht sind alle Spektralfarben enthalten. Durch unterschiedlich starke Brechung werden sie getrennt. Durch Addition aller Spektralfarben entsteht in unserem Gehirn der Eindruck Weiß.

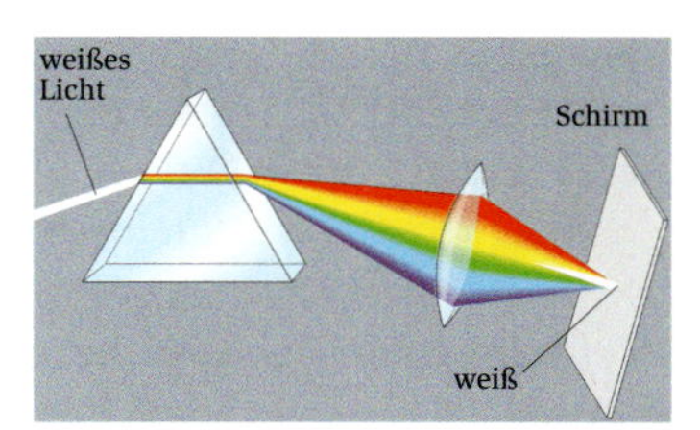

Im weißen Licht sind alle Farben enthalten.

Kennst du dich aus?

A1 Du befindest dich bei Tag in einem Zimmer, das lediglich ein Fenster nach Norden hat. Erkläre, warum es auch ohne Einschalten der Zimmerlampe hell in diesem Raum ist.

A2 Bei einer Pantomime trägt der Künstler schwarze Kleidung. Der Hintergrund besteht aus schwarzen Tüchern.

a) Erkläre, warum wir auf dem Foto das Gesicht und eine Hand sehen.
b) Die schwarzen Kleider bleiben unsichtbar. Stelle eine Vermutung auf, wie schwarze Gegenstände im Vergleich zu hellen Gegenständen auf das Licht wirken.

A3 Betrachte eine Lichtquelle und einen beleuchteten Gegenstand. Schildere Gemeinsamkeiten und Unterschiede.

A4 Leon will beim Schattentheater mit einer einzigen Pappfigur zwei Schattenbilder erzeugen. Er nimmt dazu zwei Lampen als Lichtquellen, die er nebeneinander stellt. Nenne Bedingungen, die er dabei erfüllen muss. Verdeutliche die Situation in einer Skizze.

A5 Der Mond umrundet die Erde etwa einmal jeden Monat, wir beobachten Mondphasen. Beschreibe, wie sich die Phasen änderten, wenn der Mond anders herum um die Erde wanderte.

A6 Auf dem Mond soll eine Station gebaut werden, von der aus Forscher die Erde ständig sehen.
a) Beschreibe, was ein dort arbeitender Forscher innerhalb von 24 Stunden von der Erde sieht.
b) Einer der Forscher schreibt eine E-Mail an seine Kinder, in der er beschreibt, wie sich der Anblick der Erde im Laufe eines Monats ändert.

A7 Du betrachtest vom Ufer eines Sees das Spiegelbild des Vollmondes. Beschreibe den Weg des Lichts von der Lichtquelle zu deinem Auge.

A8 Das Foto zeigt einen Teil des Berliner Fernsehturms. Erkläre, warum genau nur ein einziges Fenster „blendet".

A9 Die Zeichnung zeigt den Verlauf eines schmalen Lichtbündels (Laserlicht).

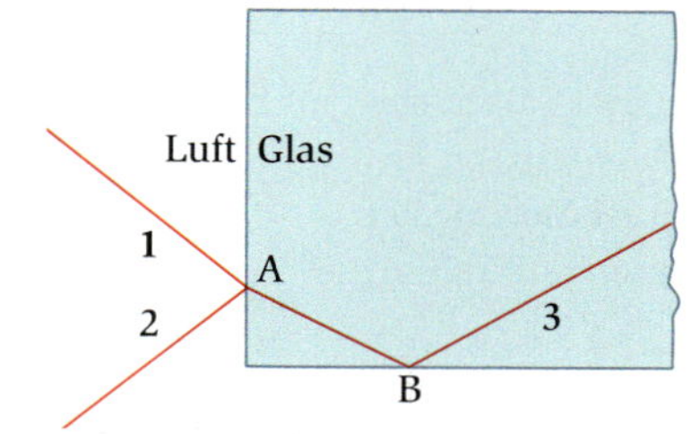

Beschreibe die Vorgänge an den „Knickstellen" A und B. Entscheide und begründe, aus welcher der Richtungen 1, 2, 3 das Lichtbündel kommt.

A10 Du spazierst bei schönem Wetter unter Bäumen. Auf dem Bürgersteig siehst du helle Kreise wie auf dem Foto.

a) Erkläre, wie die Kreise entstehen.
b) Beschreibe, wie sich das Bild bei Wind ändern kann.

A11 Die ersten Astronauten auf dem Mond haben dort einen Reflektor aufgestellt. Mit einem Laser wird ein Lichtblitz in Richtung Mond ausgesandt. Der Blitz wird vom Reflektor zur Erde zurück geschickt. Man misst die Zeit, bis der Lichtblitz wieder zur Erde zurückkommt. Mithilfe der Lichtgeschwindigkeit kann man dann die Mondentfernung sehr genau berechnen.

a) Nenne Gründe, warum ein Reflektor auf dem Mond besser geeignet ist als ein Spiegel.
b) Recherchiere die Mondentfernung, die Lichtgeschwindigkeit und die Zeit, die ein Lichtblitz vom Mond bis zur Erde benötigt.

A12 **a)** Bestimme die Bildgröße des Gegenstandes beim Lochkamerabild durch Konstruktion.

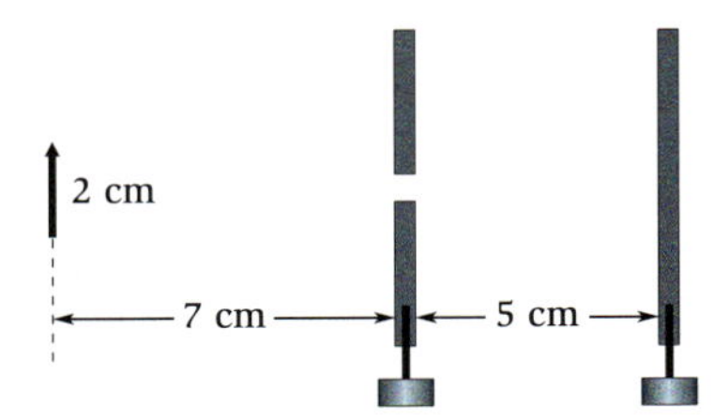

b) Umgekehrt sind diesmal Gegenstandsgröße (3 cm) und Bildgröße (5 cm) vorgegeben.
Bestimme durch Konstruktion nachträglich die Position der Lochblende.

A13 Zwei schmale Lichtbündel treffen wie in der Skizze dargestellt auf ein rechtwinkliges Glasprisma.
Konstuiere den Verlauf beider Lichtbündel und bestätige, dass sie das Prisma parallel verlassen und sich ihre Reihenfolge umkehrt.

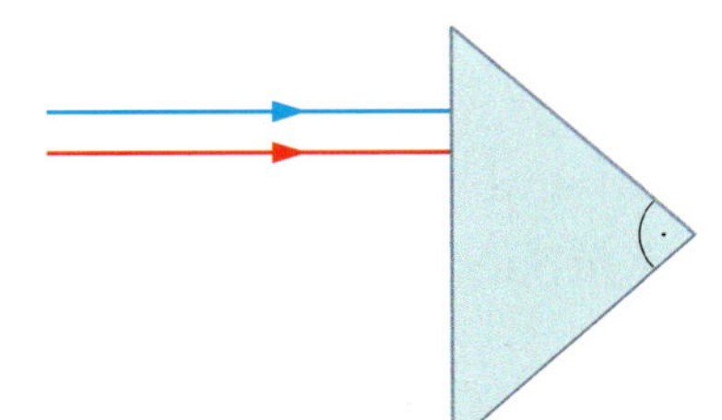

A14 ***(Gruppenarbeit)***
Das menschliche Auge nimmt die farbigen Lichter von Rot bis Violett wahr, nicht aber Ultraviolett und Infrarot. Hingegen können einige Tiere Ultraviolett erkennen, andere wiederum Infrarot. Recherchiert, um welche Tiere es sich handelt und welche Vorteile diese Sehfähigkeit für die entsprechende Tierart hat. Referiert über eure Ergebnisse.

A15 Etwa zwei Stunden vor Sonnenuntergang beobachtest du einen Regenbogen. In welche Himmelsrichtung schaust du?

Projekt

Beobachtung der ISS

Die ISS (internationale Raumstation) ist der größte und auch teuerste Satellit, den die Menschheit sich je ausgedacht hat. Viele Nationen haben zusammen viele Milliarden Euro aufgebracht, um dieses Forschungslabor außerhalb der Erdatmosphäre zu bauen. Es hat etwa die Größe eines Fußballfeldes und umrundet die Erde wie ein künstlicher Mond.

Die ISS überfliegt manchmal auch Deutschland und ist dann für wenige Minuten am dunklen wolkenlosen Himmel als hellster Stern zu sehen. Der helle „Stern“ zieht von Westen nach Osten über den Horizont.

1. Modellversuch zur ISS-Beobachtung
Lege einen Fußball auf einen Tisch. Zerknülle etwas Alufolie zu einer kleinen Kugel von etwa 2 cm Durchmesser und klebe sie an einen dünnen Faden. Beleuchte in einem abgedunkelten Raum das Erdmodell – den Fußball. Umrunde nun die „Erde“ mit dem ISS-Modell (Alukugel) in etwa 3 cm Abstand.

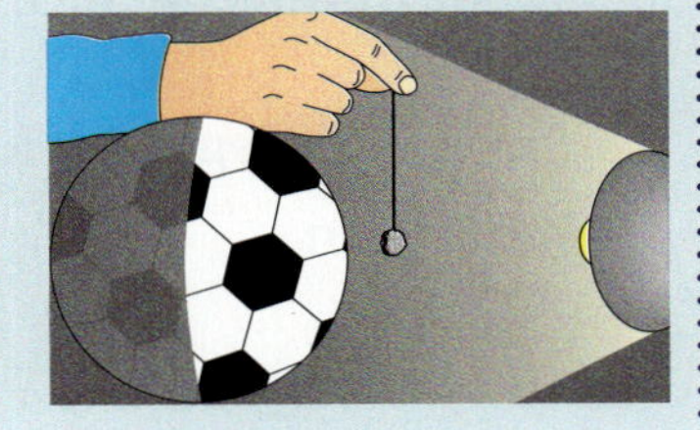

Begründe mithilfe des Modellversuchs:
- Die ISS ist um Mitternacht nicht sichtbar.
- Die ISS ist entweder in den Abendstunden nach Sonnenuntergang oder in den Morgenstunden vor Sonnenaufgang am Himmel sichtbar.
- Die ISS wird manchmal schon unsichtbar bevor sie den Horizont erreicht.

2. Beobachtung der ISS am dunklen Himmel
Recherchiere im Internet, wann du die ISS über deinem Wohnort beobachten kannst. Gib dazu in einer Suchmaschine den Text „Sichtbarkeit der ISS“ ein. Auf der entsprechenden Homepage findest du die genauen Zeitangaben für eine mögliche Beobachtung in den nächsten Tagen mit Uhrzeit und Himmelsrichtung.

Beschreibe deine Beobachtung und notiere den Zeitpunkt, wann die ISS am Himmel auftauchte und wann sie unsichtbar wurde. Vergleiche deine Messergebnisse mit den Angaben im Internet.

Energie in Umwelt und Technik

Das kannst du in diesem Kapitel erreichen:

- Du wirst die physikalische Bedeutung des Begriffs Energie kennen.
- Du wirst Temperaturerhöhung als Merkmal für die Zunahme der inneren Energie eines Körpers benutzen.
- Du wirst Energiezunahme bei einem Körper immer mit Energieabnahme bei einem anderen in Verbindung bringen.
- Du wirst Beispiele dafür kennen, dass Energiezufuhr nicht nur Temperaturerhöhung bedeutet.
- Du wirst Wege der Energie mit Energie-Übertragungsketten darstellen.
- Du wirst an realen Vorgängen erklären, dass Energie in die Umgebung strömt und dort nicht mehr genutzt werden kann.
- Du wirst erklären können, warum man das „Verkrümeln“ der Energie in die Umgebung nur behindern, nie aber ganz verhindern kann.

UNADJUSTED
NO(0) JEWELS

Heiß und Kalt

A1 Beschreibt, was ihr auf den drei Bildern oben seht. Beantwortet für jedes Bild die Frage: „Was wird getan, um die Temperatur zu erhöhen?“

A2 Die richtige Temperatur spielt in unserem Alltag ständig eine Rolle. Nicht immer stellt sie sich von alleine ein. Man muss etwas tun, um sie höher oder niedriger einzustellen.
Schreibe eine Liste von Alltagssituationen auf, in denen man Gegenstände, Flüssigkeiten, Gase (physikalisch kurz: Körper) erhitzen oder abkühlen möchte.
Nenne und vergleiche die Methoden, mit denen dies jeweils geschieht.

A3 Diskutiert den folgenden Ratschlag für sparsames Kochen:

> Nutzen Sie beim Kochen die Restwärme der Herdplatte. Wenn Sie fünf Minuten, bevor das Essen fertig ist, die Herdplatte ausstellen, gart die Nahrung mit der Restwärme zu Ende.

A4 Bügeleisen gab es lange bevor Elektrizität in die Häuser kam. Beschreibe möglichst genau den „Schneiderofen“. Überlege dir, wie „Schneider Böck“ damit gearbeitet hat.

Besuche ein Heimatmuseum oder recherchiere im Internet, um mehr über „Bügeleisen ohne Elektrizität“ zu erfahren. Schreibe einen Bericht darüber.

A5 Der Installateur packt die Heißwasserleitungen sorgfältig mit Schaumstoff ein. Finde heraus, warum das notwendig ist.

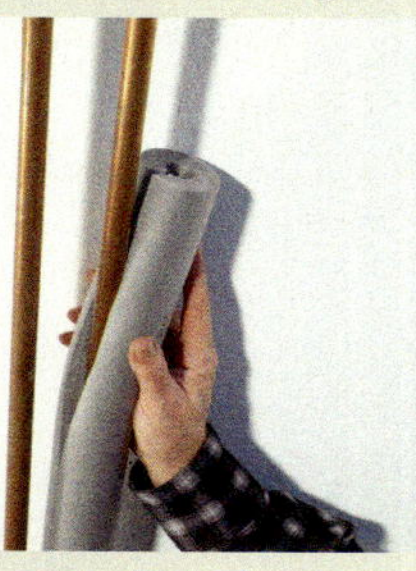

A6 Seit dem 15. Jahrhundert benutzte man solche „Wärmeäpfel“ mit einer Wärmequelle im Inneren als Handwärmer.

Recherchiert und berichtet über Handwärmer des 21. Jahrhunderts.

Zum Heizen braucht man Energie

B1 Es geht nicht ohne heißes Wasser: **a)** in der Küche → **V1**, **b)** auf dem Camping-Platz, **c)** im Thermalbad

1. Temperaturerhöhung nur durch Energiezufuhr

In den Bildern → **B1a, b, c** geht es um *„Heißes Wasser"*. Wasser erhitzt sich nicht von selbst, wohl aber im Kontakt mit einem anderen heißen Körper. Beim Wasserkocher von → **B1a** ist es die eingebaute Heizplatte. Es kann aber auch die Flamme eines Gasbrenners oder heißes Gestein tief in der Erde → **B1c** sein. *Immer, wenn ein kalter Körper mit einem heißen in Kontakt kommt, steigt seine Temperatur.*

In der Physik verbindet man die Beobachtung der Temperaturerhöhung mit Energiezufuhr. Wir sagen: *Dem Wasser wird im Wasserkocher Energie zugeführt* und geben dem Wort Energie eine besondere, physikalische Bedeutung. Du kennst viele Möglichkeiten Wasser oder einen anderen Körper zu erhitzen. Immer gilt: *Beim Erhitzen wird dem Körper Energie zugeführt.*

Merksatz

Temperaturerhöhung bedeutet Energiezufuhr.

2. Energie ist etwas anderes als Temperatur

In → **V1** zeigt ein Energiemessgerät die Energiezufuhr, ein Thermometer die Temperaturerhöhung an. Bei gleicher Energiemenge nimmt die Temperatur einer größeren Wassermenge weniger zu als die einer kleineren Wassermenge. Temperatur und Energie sind verschiedene Dinge!

Merksatz

Für verschiedene Wassermengen gilt: Bei gleicher Menge zugeführter Energie beobachtet man unterschiedlichen Temperaturanstieg. Zwischen Temperatur und Energie muss man immer gut unterscheiden.

V1 Der Wasserkocher in → **B1a** ist über ein Energiemessgerät mit der Haushaltssteckdose verbunden.

a) Ein halber Liter Wasser wird eingefüllt und das Gerät für eine Minute eingeschaltet. Das Energiemessgerät zeigt die zugeführte Energiemenge an, das Thermometer den Temperaturanstieg.

b) Der Versuch wird mit größerer Wassermenge wiederholt. Alles andere bleibt unverändert. Bei *gleicher Energiemenge* zeigt das Thermometer *kleinere Temperaturerhöhung.*

Vertiefung

Das Energiemessgerät in → **V1** zeigt die zugeführte Energiemenge in *Kilowattstunden* an – abgekürzt *kWh*. Immer, wenn es im Alltag um „Energie aus der Steckdose" geht, wird in Kilowattstunden gemessen.

Wo mit Gas gekocht oder geheizt wird, findet man auf der Abrechnung die Umrechnung in Kilowattstunden. Auf die mit dem Gas gelieferte Energie kommt es an!
Die mit der Nahrung aufgenommene Energie wird meistens in *Joule* angegeben:
1 kWh = 3,6 Millionen Joule.
Manchmal auch noch in der veralteten Einheit *Kalorie:* 1 Kalorie = 4,2 Joule.

B1 Jakobs Gruppe will es wissen: Hängt die Temperaturerhöhung von der Anfangstemperatur ab?

Ziel: Ich möchte herausfinden, ob beim Wasserkocher die Temperaturerhöhung von der Anfangstemperatur abhängt.

Material: Wasserkocher, Messbecher, Stoppuhr, Thermometer

Vorbereitung: Ich muss immer die gleiche Wassermenge nehmen und den Wasserkocher gleich lange einschalten. Das Wasser im Wasserkocher wird am Boden zuerst heiß; deshalb muss ich vor der Temperaturmessung gut umrühren.

Durchführung: Ich erhitze mehrere Male Wasser in einem Wasserkocher. Mithilfe des Messbechers fülle ich jedes Mal 600 ml Wasser in den Wasserkocher.

Beobachtung: Ich messe die Anfangstemperatur und schalte den Wasserkocher genau 30 s lang ein. Dann rühre ich um und lese die Endtemperatur ab. Das wiederhole ich mit verschiedenen Anfangstemperaturen. Die Messwerte trage ich in eine Wertetabelle ein:

Anfangstemperatur in °C	19 °C	27,5 °C	35 °C
Endtemperatur in °C	29,5 °C	38,5 °C	45,5 °C

Ergebnis: Die Temperaturerhöhung beträgt immer etwa 10 °C, egal, wie hoch die Anfangstemperatur ist.

B2 Protokoll des Versuchs

3. Auf die Anfangstemperatur kommt es nicht an

Jakob überlegt: „Wenn ich beim Wasserkocher die Heizplatte nach 30 s abschalte, wird die Energiezufuhr beendet. Das Wasser wird nicht mehr heißer.“ Jakob hat den Merksatz *Temperaturerhöhung bedeutet Energiezufuhr* abgewandelt: *Ohne Energiezufuhr keine Temperaturerhöhung.*

Ähnlich ist es bei den anderen Heizquellen: Wenn die Flamme des Campingkochers erlischt, wird die Suppe nicht mehr heißer. Wo Wasser aus kalten Schichten der Erde an die Oberfläche kommt, kann man kein Thermalbad betreiben.

Jakob denkt weiter: „Wenn ich den Wasserkocher wieder einschalte, die Energiezufuhr fortsetze, steigt die Temperatur weiter. Ich kann in 30 s noch einmal die gleiche Energie zuführen. Ob die Temperatur dann auch um den gleichen Wert steigt?“ Solche Fragen beantworten wir in der Physik mithilfe von Experimenten. Jakob und seine Gruppe führen das Experiment durch → B1.

Mit dem Ergebnis aus dem sorgfältig geführten Protokoll → B2 haben wir einen einfachen Zusammenhang zwischen Energiezufuhr und Temperaturerhöhung gefunden:
Egal bei welcher Temperatur das Heizen beginnt, nach 30 Sekunden ist die Temperatur um 10 Grad gestiegen. In der Energiesprache bedeutet dies: *Bei gleicher Energiezufuhr steigt die Temperatur einer Flüssigkeitsmenge um den gleichen Wert. Auf die Anfangstemperatur kommt es nicht an.*

Aus praktischen Gründen haben wir mit Wasser experimentiert. Alle Ergebnisse gelten aber ebenso für die Luft in einem Zimmer oder die Pizza, die vor dem Essen aufgebacken wird. Du weißt schon: In der Physik sagen wir einfach, die Ergebnisse gelten für alle Körper.

Merksatz

Beim Erhitzen eines Körpers gilt unabhängig von der Anfangstemperatur: Bei gleicher zugeführter Energiemenge steigt die Temperatur um den gleichen Wert.

- Für *alle* Körper gilt: Temperaturerhöhung erfordert Energiezufuhr.
- Für *jeden einzelnen* Körper gilt: Gleiche zugeführte Energiemenge hat gleiche Temperaturerhöhung zur Folge.
- Für *verschiedene* Körper ist der Temperaturanstieg bei gleicher zugeführter Energiemenge aber unterschiedlich.

Später werden wir beobachten und untersuchen, dass dieser Merksatz nicht mehr gilt, wenn ein Körper schmilzt (z. B. Eis) oder als Flüssigkeit siedet (z. B. Wasser). Wenn du jetzt schon gelernt hast, Vorgänge in der Küche durch die „physikalische Brille“ zu betrachten, findest du vielleicht Hinweise darauf.

4. Energiezufuhr ist Energieübertragung

Bei Jakobs Wasserkocher wird erst die Heizplatte am Boden heiß, dann das Wasser. In der Energiesprache müssen wir sagen: Erst wird der Heizplatte Energie zugeführt, dann dem Wasser. Die heiße Heizplatte scheint die Energie an das kalte Wasser weiterzugeben.
In → V1 probieren wir, Energie weiterzugeben. Beteiligt sind eine heiße Kugel und eine kalte Wasserportion. Wir *beobachten* genau, sprechen aus, was uns unsere *Sinne* mitteilen und was wir *in der Energiesprache denken:*

Was wird gemacht?	Was sagen uns unsere Sinne?	Wie denken wir in der Energiesprache?
Die Kugel wird am Haken in die Flamme gehalten.	Die Kugel wird heiß, man kann sie nicht mehr anfassen.	Der Kugel wurde Energie zugeführt.
Die erhitzte Kugel wird in das kalte Wasser getaucht.	Das Wasser ist erwärmt worden, die Kugel ist abgekühlt.	Energie wird von der Kugel auf das Wasser übertragen.

Die beobachteten Temperaturänderungen bestätigen unsere Vermutung, dass in → V1 Energie *weitergegeben* wird – die heiße Kugel kühlt ab, das kältere Wasser wird heißer.
Temperaturabnahme bedeutet Energieabgabe. Die Energie verschwindet aber nicht. Die heiße Kugel gibt sie ab, das kalte Wasser nimmt sie auf. In der Energiesprache sagt man **Energie wird** von der Kugel auf das Wasser **übertragen.**

5. Energie geht nicht verloren

Julia und Jakob haben in drei Töpfen je einen Liter Wasser und führen damit → V2 durch. Mit einem Heißwasserbereiter führen sie der abgemessenen Wasserportion Energie zu, deren Menge sie bequem mit einem Energiemessgerät bestimmen können.

„Gleiche Energiezufuhr, also gleicher Temperaturanstieg – das habe ich erwartet", sagt Julia zum Ergebnis von → V2a. Auch das Ergebnis von → V2b finden beide nicht überraschend.
„Was aber geschieht, wenn wir jetzt das Wasser aus den drei Töpfen zusammengießen?" fragt Jakob. „Dann bekommen drei Liter *zusammen die zugeführte Energiemenge*" sagt Julia. → V2c bestätigt ihre Vermutung. Beim Mischen verteilt sich die dem einen Liter Wasser zugeführte Energie gleichmäßig auf drei Liter. Das Wasser aus dem mittleren Topf gibt Energie ab, das andere Wasser bekommt Energie. Alle zugeführte Energie ist noch im Wasser – nichts ist verschwunden.

Merksatz
Heiße Körper können Energie an kältere abgeben. So wird Energie übertragen, von Heiß nach Kalt.
Energie geht bei der Übertragung nicht verloren.

V1 Die Eisenkugel wird in der Gasflamme erhitzt und anschließend in das Becherglas mit dem kalten Wasser getaucht. Nach kurzer Zeit testet man mit dem Finger die Temperatur des Wassers und der Kugel. Wasser und Kugel sind lauwarm.

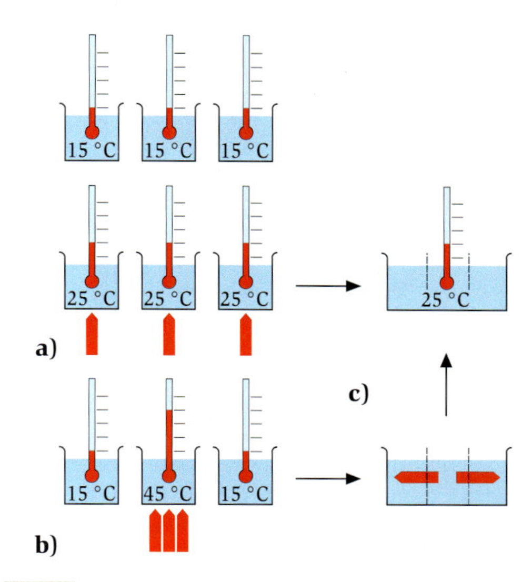

V2 Drei Liter Wasser in drei Töpfen haben die Anfangstemperatur 15 °C.
a) Jeder der Wasserportionen wird in einem Heißwasserbereiter (oder mit einem Tauchsieder) die gleiche Energieportion zugeführt. Zur Kontrolle dient ein Energiemessgerät. In jedem der Töpfe steigt die Wassertemperatur auf 25 °C.
b) Nur einer der Wasserportionen wird Energie zugeführt, das Gerät bleibt aber so lange eingeschaltet, bis die dreifache Energiemenge angezeigt wird. Die Temperatur des Wassers steigt auf 45 °C.
c) Das heiße Wasser im mittleren Topf wird mit dem Wasser der beiden kalt gebliebenen Töpfe gemischt. Alles wird auf drei Töpfe verteilt. Jetzt zeigt das Thermometer in jedem Topf 25 °C an.

Ein Körper kann Bewegungsenergie haben

B1 Hier parken zwei LKWs zu einem Großteil auf dem Radweg. Jeder Radfahrer kennt Situationen mit plötzlich auftauchenden Hindernissen, die man nur mit schneller Reaktion und guten Bremsen beherrschen kann.

V1 Jakob stellt sein Fahrrad auf den Sattel und setzt das Vorderrad mit Muskelkraft in Schwung. Anschließend lässt er seine Hand auf dem Reifen reiben. Das Rad wird langsamer, dafür erhitzt sich seine Handfläche.

V2 Ein zweites Rad ist in einer Gabel gelagert. Jakob nähert es vorsichtig dem vorher in Schwung gebrachten Vorderrad, bis sich die Reifen berühren. Jakobs Vorderrad wird langsamer; das zweite Rad kommt dafür in Schwung. Trennt man die Räder wieder, so drehen sich *beide* weiter.

1. In der Bewegung eines Körpers steckt Energie

Wer als Radfahrer das Hindernis auf dem Radweg → B1 von weitem sieht, kann das Fahrrad langsam ausrollen lassen. Taucht das Hindernis unerwartet auf, dann helfen nur gute Bremsen. Nach heftigem Bremsen aus schneller Fahrt entdeckt Jakob, dass die Bremsscheibe heiß geworden ist. „Komisch", fragt er sich, „zum Erhitzen braucht man Energie. Woher kommt diese Energie?"

Bei → V1 kann man spüren, dass ein bewegtes Rad nicht nur die Bremsen, sondern auch die Handflächen erhitzen kann. Solange die Hand am Reifen reibt, nimmt die Geschwindigkeit des Rades ab und die Temperatur der Handfläche steigt. Die Energie zum Erhitzen der Hand wird vom Rad geliefert. Sie war in der Bewegung des Rades *gespeichert.* Das drehende Rad hat **Bewegungsenergie.** Es bleibt stehen, wenn es die Bewegungsenergie vollständig abgegeben hat.

2. Woher kommt die Bewegungsenergie?

Bei Jakobs Versuchen mit dem Fahrrad muss er den Vorrat an Bewegungsenergie immer wieder auffüllen. Mit seinen Muskeln bringt er das Rad erneut in Schwung. Energie aus den Muskeln wird in Bewegungsenergie gewandelt. Chemische Vorgänge stellen die Energie in den Muskeln bereit.

3. Bewegungsenergie kann übertragen werden

In → V2 wird das Vorderrad langsamer, wenn die Reifen sich berühren. Die Bewegungsenergie des Vorderrades nimmt ab, ohne dass Bremsen oder Hände erhitzt werden. Wo bleibt jetzt die abgegebene Energie? Nun, das lose Rad hat sich in Bewegung gesetzt. Bewegungsenergie kann also übertragen werden – von dem einen Rad auf das andere. Wer Bewegungsenergie abgibt, wird langsamer, wer sie aufnimmt, wird schneller. Wird keine Energie entnommen, dreht sich das Rad weiter.

Merksatz

Ein Körper in Bewegung hat Bewegungsenergie. Er wird langsamer, wenn Energie auf einen anderen Körper übertragen wird. Dieser kann schneller oder heißer werden.

So kann man die Energieübertragungen in Jakobs Versuchen bildlich darstellen:

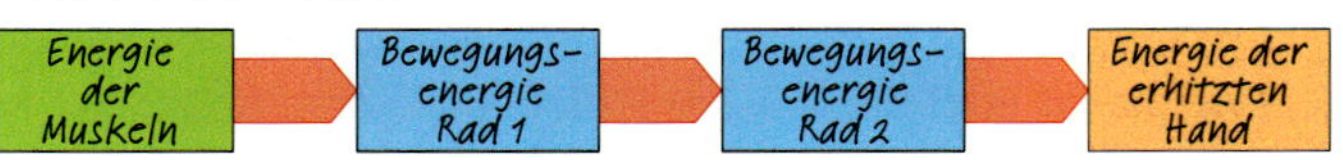

Jeder Kasten gibt Antwort auf die Frage: „Wer hat die Energie?" Die Blockpfeile zeigen an, dass Energie von einem Körper auf einen anderen übertragen wird.
Das Ganze nennen wir **Energie-Übertragungskette.**

4. Energiesprache der Physik

Unsere Bobachtungen und Beschreibungen zur Energieübertragung von „Heiß nach Kalt" haben wir im vorigen Kapitel in einer Tabelle dargestellt.
Dies setzen wir jetzt für die Experimente zur Bewegungsenergie fort. Wieder bekommt die Energiesprache eine eigene Spalte:

Was wird gemacht?	Was sagen uns unsere Sinne?	Wie denken wir in der Energiesprache?
Ein Rad wird in Schwung gesetzt.	Das Rad setzt sich in Bewegung und dreht sich dann weiter.	Dem Rad wird Energie zugeführt, es hat dann Bewegungsenergie.
Das Rad wird mit der Hand gebremst.	Die Handfläche wird heiß. Das Rad wird langsamer.	Der Handfläche wird Energie zugeführt. Das Rad liefert Energie, seine Bewegungsenergie nimmt ab.
Die Hand wird vom Rad genommen. *… und wenn man lange wartet?*	Die Handfläche wird nicht mehr heißer. Das Rad wird nicht merklich langsamer, *… nur ganz langsam wird das Rad langsamer.*	Der Handfläche wird keine Energie zugeführt. Die Bewegungsenergie des Rades nimmt nicht ab, *… nur ganz langsam verschwindet Bewegungsenergie.*
Das rotierende Rad wird an ein anderes Rad gehalten.	Ein Rad wird schneller, das andere langsamer.	Bewegungsenergie wird von einem Rad auf das andere übertragen.

Wenn wir beobachten, dass ein Körper *schneller* oder *langsamer* wird, wissen wir:
Seine *Bewegungsenergie* ändert sich.

Wenn wir beobachten, dass sich die *Temperatur* eines Körpers ändert, wissen wir auch, dass Energie im Spiel ist. Um dies in der Fachsprache genauer zum Ausdruck zu bringen, sagen wir:
Der Körper hat **innere Energie.** Diese nimmt zu, wenn die Temperatur steigt, sie nimmt ab, wenn die Temperatur sinkt.

5. Heimliche Bremsen: Energie verkrümelt sich

Auch wenn Jakob dem Rad keine Energie entnimmt, kommt es langsam zur Ruhe. Das liegt daran, dass sich im Lager des drehenden Rades Teile gegeneinander bewegen und reiben. Dies sind heimliche Bremsen, die man nicht restlos ausschalten kann. Sie entnehmen dem Rad Bewegungsenergie. Mit einem empfindlichen Thermometer kann man an der Achse des Rades die erhöhte Temperatur messen.

Vertiefung

Beim Sicherheitstraining redet der Fahrlehrer vom ADAC auch über den Bremsweg von Autos: „In welcher Entfernung vor einem herankommenden Auto könnt ihr noch gefahrlos die Straße überqueren?" Als Radfahrer kannst du erklären, dass Bremsen nicht gleich Stehen bedeutet. Du hast Bewegungsenergie, die du vollständig loswerden musst. Das geht nicht ohne *Bremsweg* – auch beim Auto! Je schneller das Auto fährt, desto länger ist sein Bremsweg. Im Zweifel lässt du also das Auto vorbeifahren, ehe du die Straße überquerst.

Kompetenz – Alltags- und Fachsprache

„Er bringt nicht die Energie auf, jeden Tag Vokabeln zu lernen."
Wenn Eltern so reden, benutzen sie das Wort Energie im übertragenen Sinne und ohne jede physikalische Bedeutung. Sie verwenden es in der **Alltagssprache.**

„Mit dem Gas, das im Gasherd verbrannt wird und mit dem die Suppe erhitzt wird, kommt Energie ins Haus."
„Bremsen an meinem Fahrrad müssen funktionieren, damit ich im Notfall meine Bewegungsenergie loswerden kann."

Solche Sätze passen zu der von uns eingeführten Energiesprache. Wer so redet, verwendet eine **Fachsprache.** Auch wenn Formulierungen in der Fachsprache etwas fremd klingen, hat diese einen großen Vorteil: Aussagen, die man mit ihren Begriffen macht, werden auf der ganzen Welt eindeutig verstanden.

Körper haben Höhenenergie

B1 Halfpipe-XXL: Wenn die Fahrgäste eingestiegen sind, wird der Wagen von einem Motor nach oben gezogen. Weiter geht es im Freilauf, bergab, bergauf, bergab, ... Bergab wird der Wagen immer schneller, seine Bewegungsenergie nimmt zu. Bergauf wird der langsamer, seine Bewegungsenergie nimmt ab. Ganz unten im Tal ist die Geschwindigkeit am größten. Wenn der Wagen oben umkehrt, steht er einen kleinen Augenblick lang still.

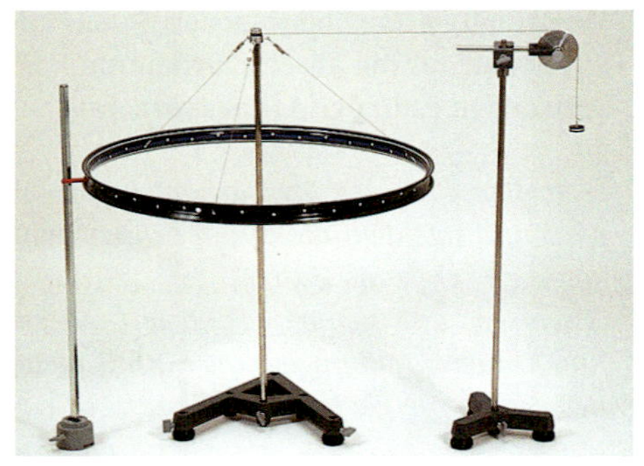

V1 **a)** Gibt man das Rad frei, so beginnt es sich immer schneller zu drehen, während das Wägestück sinkt. Hat das Wägestück den Boden erreicht, so wird das Rad nicht mehr schneller, dreht sich aber weiter.
b) Das Wägestück wird unterwegs aufgefangen, sodass es keine Höhe mehr verlieren kann: Das Rad dreht sich weiter, wird aber nicht mehr schneller.

1. Körper speichern auch Höhenenergie

Wenn der rote Wagen in → B1 losgelassen wird, beginnt die Bergabfahrt. Solange es nach unten geht, wird der Wagen schneller. Die Bewegungsenergie nimmt zu. Dies geschieht im Freilauf, ohne Motorantrieb. Kein Mensch führt dem Wagen Energie zu. Kann es sein, dass die Zunahme der Bewegungsenergie eines Körpers etwa mit seinem *Höhenverlust* zu tun hat?

Wir prüfen diesen Gedanken mit einem Experiment: In → V1 hat jemand das Wägestück gehoben und an die Schnur gehängt. Wir stellen Beobachtungen und Überlegungen wieder in einer Tabelle dar und erweitern auch hier die Energiesprache:

Was wird gemacht?	Was sagen uns unsere Sinne?	Wie denken wir in der Energiesprache?
Das Rad wird freigegeben.	Das Wägestück sinkt, das Rad setzt sich in Bewegung und wird schneller.	Das Wägestück hat Höhenenergie und gibt sie nach und nach ab. Das Rad bekommt mehr und mehr Bewegungsenergie.
Das Wägestück wird angehalten (am Boden, mit der Hand).	Das Wägestück kann nicht weiter sinken, das Rad wird nicht mehr schneller.	Das Wägestück gibt keine Höhenenergie mehr ab. Das Rad behält seine Bewegungsenergie, sie nimmt nicht mehr zu.

→ V1a liefert den neuen Gedanken: Körper haben **Höhenenergie.** Nimmt die Höhe ab, so verringert sich die Höhenenergie.
In → V1b unterbrechen wir die Energieübertragung: Wir fangen das Wägestück auf, lassen es nicht weiter sinken. Die Beobachtung zeigt: Ohne Höhenverlust wird keine Energie auf das Rad übertragen.

2. Höhenenergie wird zu innerer Energie

Mit etwas Übung kann man die Bewegung des Rades mit leichter Hand so bremsen, dass es weder schneller noch langsamer wird. Das Wägestück verliert jetzt gleichmäßig an Höhe. Man spürt an der Hand erhöhte Temperatur. Ihr ist Energie zugeführt worden. Wo kommt sie her? Es muss Höhenenergie sein, die das Wägestück abgibt, die aber nicht das Rad bekommt – es wird ja nicht schneller.

Auch mit Höhenenergie kann man heizen, Höhenenergie kann in innere Energie gewandelt werden.

Dies geschieht auch, wenn du mit deinem Fahrrad steil bergab fährst und die Bremsen benutzt, um nicht noch schneller zu werden. Sie wandeln Höhenenergie in innere Energie, so bleibt deine Bewegungsenergie konstant.

3. Höhenenergie aus Bewegungsenergie

In der Halfpipe XXL → B1 bleibt der rote Wagen nach rasender Talfahrt nicht stehen. Ohne fremden Antrieb geht es wieder bergauf. Aber der Höhengewinn ist mit Tempoverlust verbunden. Die Höhenenergie des Wagens nimmt zu, seine Bewegungsenergie nimmt ab. Den größten Höhengewinn hat der Wagen, wenn er langsam geworden ist, ehe er umkehrt.

Das Hin und Her des Wagens in → B1 ist also begleitet vom Hin und Her zwischen Höhenenergie und Bewegungsenergie:

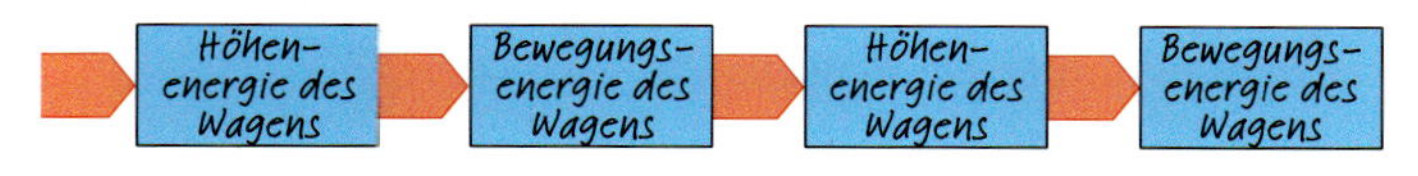

Dauernd hat der Wagen die Energie, sie wird nur gewandelt, aber nicht auf einen *anderen* Körper übertragen.

4. Wer hat die Energie?

In der Energie-Übertragungskette für die Halfpipe hat die Energie stets nur einen Besitzer, sie gehört dem Wagen mit den erlebnishungrigen Fahrgästen. Die Energieform wird nur gewandelt, aber nicht übertragen.

In → V1 sind nach Loslassen des Wägestücks dagegen zwei Energie-Inhaber im Spiel: das Wägestück und das Rad. Energie wird übertragen und gewandelt. Höhenenergie des Wägestücks wird zu Bewegungsenergie des Rades:

Wir können den Versuch auch rückwärts laufen lassen: Wir setzen das Rad mit Muskelkraft in Bewegung, geben ihm Bewegungsenergie. Der Faden wird aufgewickelt, das Gewicht gehoben, das Rad dadurch gebremst. Bewegungsenergie des Rades wird zu Höhenenergie des Wägestücks. Auch im Rückwärtsgang wird Energie übertragen und zugleich gewandelt:

Merksatz

Körper haben Energie als innere Energie, Bewegungsenergie und Höhenenergie.

- Energie kann von einem Körper auf einen anderen *übertragen* werden,
- Energie kann bei Übertragung in eine andere Energieform *gewandelt* werden.
- Die Energieform kann auch gewandelt werden, ohne dass die Energie auf einen anderen Körper übertragen wird.

Kompetenz – Wege der Energie darstellen

Wenn wir Beobachtungen in der Energiesprache beschreiben oder erklären, geht es immer um Antworten auf drei Fragen:

- *Wer hat die Energie?*
  Körper A hat Höhenenergie.
- *Welche Energieübertragung findet statt?*
  Energie wird von A auf B übertragen.
- *Welche Energiewandlung findet statt?*
  Höhenenergie wird in Bewegungsenergie gewandelt.

In den Bildern für Energie-Übertragungsketten benutzen wir zunächst zwei Symbole, die genau diese Fragen berücksichtigen:

Den Kasten nehmen wir für das Energiekonto eines Körpers – für die Energie, die ein Körper hat.

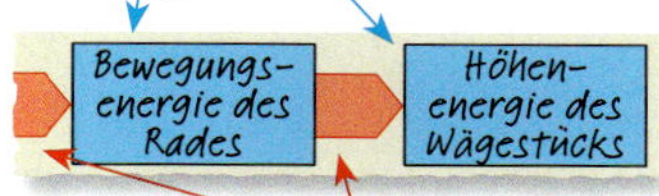

Den Blockpfeil nehmen wir, um Übertragung und Wandlung von Energie darzustellen – von einem Körper auf den anderen oder von einer Energieart in die andere.

Mach's selbst

A1 **a)** „Höhenenergie wird zu Bewegungsenergie." Erzähle den Anfang der Fahrt einer Seifenkiste in der Energiesprache. Wie geht es weiter? Zeichne die Energie-Übertragungskette.
b) Suche mit deinem Partner ein Beispiel für die Umkehrung.
c) Stellt ein Poster her.

A2 Jakob zündet fünf Kerzen an und fragt: „Geben diese *fünf* Kerzen *fünffache* Energie an die Umgebung ab oder haben sie *fünffache* Temperatur?" Erkläre an diesem Beispiel den Unterschied von Temperatur und Energie.

Energieübertragung bei Verformung

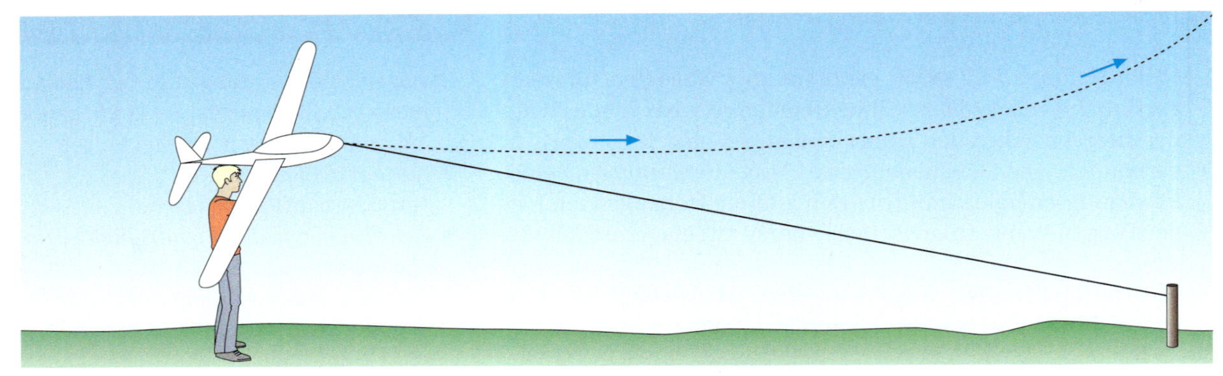

B1 Start eines Segelflugmodells mithilfe eines zuvor gespannten Gummiseils

B2 Mit einem „Konto" für die Spannenergie des Gummiseils kann man die Energie-Übertragungskette des Flugzeugstarts darstellen.

Projekt

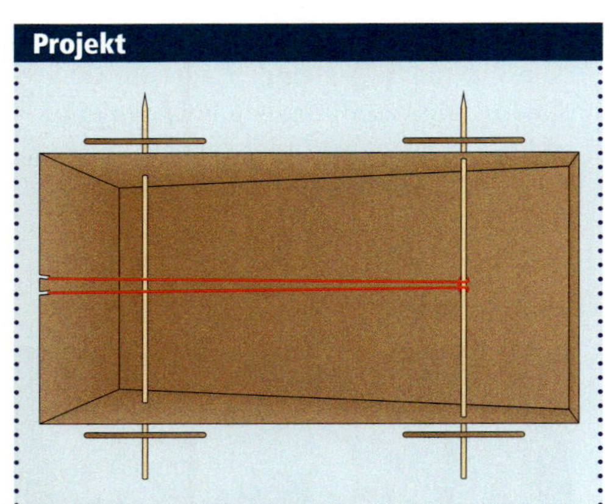

Modellauto mit Gummiantrieb

Dem Gummiband wird Energie zugeführt, wenn man das Auto rückwärts schiebt. Es fährt danach von alleine vorwärts los.

Arbeitsaufträge:

1 Erklärt die Funktionsweise des Gummiantriebs. Erklärt, warum das Auto nur ein Stück weit fährt.

2 Erfindet eine Lösung, bei der das Auto im Freilauf weiterfährt, wenn der Gummimotor die zuvor gespeicherte Energie vollständig abgegeben hat.

3 Baut das im Bild beschriebene Modellauto oder informiert euch über Mausefallenautos und baut ein funktionstüchtiges Modell.

1. Antrieb mit Gummiseil

Zum *Takeoff* benötigt ein Flugzeug eine Startbahn. Erst wenn es schnell genug rollt, kann es abheben. Tragflächen sorgen dann in der Luft für den nötigen Auftrieb. Motorflugzeuge benutzen für diesen „Anlauf" ihre Motoren. Das Modellflugzeug in → B1 hat keinen Motor, es wird von einem zuvor gespannten Gummiseil in Bewegung gesetzt.

Wir wollen diesen Startvorgang *energetisch* betrachten, in der Energiesprache beschreiben: Wir *sehen,* dass das Flugzeug schneller wird, wir *sagen:* Seine Bewegungsenergie nimmt zu. Wir müssen *fragen:* Wo kommt die Energie her? Wir *vermuten:* vom Gummiseil. Es wurde ja zuvor gespannt, wurde dabei länger.

„Wir haben es also mit *Umwandlung* und *Übertragung* von Energie zu tun", meldet sich Julia zu Wort. „Beim Flugzeug nimmt die Bewegungsenergie zu. Es bekommt Energie vom Gummiseil, sie war dort in anderer Form vorhanden."
Jakob verlängert die Energie-Übertragungskette: „Bekommen hat das Gummiseil die Energie, als es gespannt wurde, aus den Muskeln des Freizeitpiloten."

Ein gespanntes Gummiseil hat **Spannenergie.** Ein elastischer Körper bekommt sie, wenn er verformt wird und gibt sie wieder ab, wenn er seine ursprüngliche Form wieder annimmt. Mit dem Namen dieser Energieform können wir die Energiekette in → B2 darstellen.

Das Modellflugzeug in → B1 muss schnell genug sein, damit es abhebt. Das Gummiseil muss also weit genug gespannt werden. Nur dann reicht der Vorrat an Spannenergie, um dem Flugzeug genug Bewegungsenergie zu übertragen.

Merksatz

Ein elastisch verformter Körper hat Spannenergie. Je stärker er verformt wurde, desto mehr Spannenergie besitzt er.

B3 Auf dem Trampolin zu springen, erfordert Körperbeherrschung. Physik beschreibt den Ablauf in der Energiesprache.

2. Energie-Übertragungsketten erzählen Geschichten

Wenn du einem Trampolinspringer wie in ➔ B3 zuschaust, entdeckst du sofort Hinweise auf Energie sowie auf Übertragung und Umwandlung von Energie:

- Die Springerin ist mal oben, mal unten, hat mehr oder weniger Höhenenergie.
- Die Springerin bewegt sich mal schneller, mal langsamer, hat mehr oder weniger Bewegungsenergie.
- Das Trampolin bremst die Springerin – umgekeht wird das Trampolin verformt, es bekommt also Spannenergie. Es schleudert die Springerin nach oben, macht sie schneller und gibt dabei Spannenergie ab.

Ganz oben in der Bahn der Springerin steht sie einen Augenblick still, dort hat sie gar keine Bewegungsenergie, aber maximale Höhenenergie. Ganz unten ist das Trampolin maximal verformt, es hat maximale Spannenergie; die Springerin hat keine Bewegungsenergie und keine Höhenenergie.

Du siehst, man muss viele Worte machen und kann das fortwährende Auf und Ab des Trampolinspringens doch nur unvollständig beschreiben. Mit den Bildern einer Energie-Übertragungskette ist das viel leichter möglich:

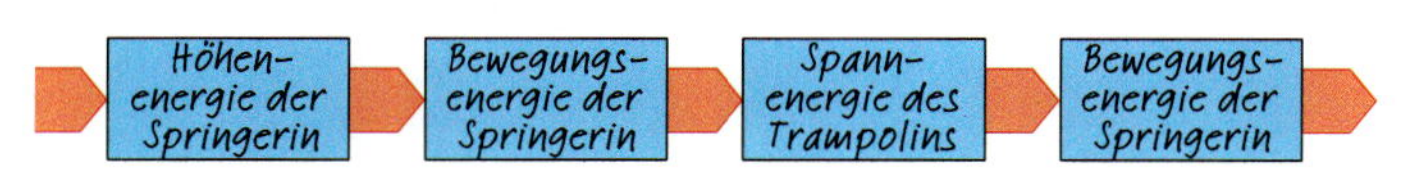

B4 Die Energie-Übertragungskette sagt alles.

Mach's selbst

A1 Probiere diese „Radiergummischleuder" aus. Stelle die Geschichte dieses Wurfes mit einer Energie-Übertragungskette dar.

A2 Schreibe die in ➔ B4 „erzählte" Geschichte in Worten auf.

A3 Kängurus machen „energiesparend" große Sprünge.

Recherchiert und berichtet. Stellt die Energieumwandlungen beim Kängurusprung in einer Energie-Übertragungskette dar.

A4 Ganz ohne Muskelenergie geht es nicht beim Trampolinspringen ➔ B3. Diskutiert und ordnet eure eigenen Erfahrungen mit dem Trampolin.

Übertragungswege für Energie

V1 Ein Schlauch von etwa 2 m Länge ist als Spirale auf einem Brett befestigt und mit Wasser gefüllt. Eine Baustellenleuchte aus dem Baumarkt scheint senkrecht auf die Schlauchspirale. Bei sonnigem Wetter kann man den Versuch natürlich auch im Freien durchführen. Nach zehn Minuten Bestrahlung öffnet man die Schlauchklemme und lässt das Wasser langsam in ein Gefäß abfließen. Dort misst man eine deutliche Temperaturerhöhung.

1. Von der heißen Sonne durch den Weltraum zu uns

In → V1 wird Wasser erhitzt, wenn der aufgewickelte Schlauch von der Sonne (oder einer lichtstarken Lampe) beleuchtet wird. Temperaturerhöhung erfordert Energiezufuhr, das wissen wir schon. Aber wie kann denn Energie von der Sonne zu uns gelangen, obwohl es keine Materie in dem riesigen Raum dazwischen gibt? Die Antwort auf diese Frage haben auch Physiker erst nach vielen Jahrhunderten Forschung gefunden:
Von der Sonne kommt Energie durch den leeren Weltraum als Strahlung zur Erde – **Energiestrahlung.** Man spürt die Energiezufuhr, wenn man die Handflächen in die Richtung zur Sonne hält. An dunklen Flächen wird die Energiestrahlung besonders gut in innere Energie gewandelt → Forscherwerkstatt.

Energiestrahlung geht auch von einer heißen Herdplatte oder einer Glühlampe aus. Sie tritt häufig zusammen mit sichtbarem Licht auf, aber nicht immer.

Am Tageslichtprojektor findet man (mit geschlossenen Augen) noch eine Eigenschaft: Mit einem Spiegel kann man die Energiestrahlung wie Licht in eine andere Richtung lenken.

Merksatz

Sonnenlicht transportiert Energie von der Sonne zur Erde. Die Energiestrahlung der Sonne wird besonders gut von dunklen Flächen verschluckt; diese werden dabei erhitzt.

Forscherwerkstatt

Energiestrahlung, am besten auf eine schwarze Oberfläche

Hendrik und Janine haben beobachtet, dass Sonnenkollektoren immer schwarz sind. Den Grund wollen beide in der Forscherwerkstatt herausfinden. In ihren Aufzeichnungen steht:

Wir haben eine Halogenlampe an ein Netzgerät angeschlossen. Mit ihr haben wir dann ein großes Reagenzglas angestrahlt (aus 15 cm Entfernung). Alle 60 s haben wir die Temperatur gemessen. Zuerst haben wir ein normales Glas genommen und danach ein schwarzes. Das schwarze Glas hat mehr Energie aufgenommen, das sieht man an der Tabelle. Aber im normalen Glas ist auch Energie gelandet.
Ob man am besten nur die Rückseite schwärzt?

1 Wandelt den Versuch ab und untersucht die Frage, mit der Hendrik und Janine ihre Aufzeichnungen beenden.

	Zeit in s	0	60	120	180	240	300	360	420	480
Normales Glas	Temperatur in °C	19,4	19,6	19,7	20,0	20,2	20,3	20,5	20,8	21,0
Schwarzes Glas	Temperatur in °C	20,0	20,3	20,6	20,9	21,2	21,4	21,7	22,0	22,4

2. Energie kann in Körpern wandern

Wir verstehen jetzt, warum der schwarze Kochtopf in → B1 im konzentrierten Licht der Sonne außen erhitzt wird. Dass danach innere Energie vom Kochtopf auf das Essen übertragen wird, wundert uns nicht. Es geschieht ja täglich viele Male in jeder Küche: Durch die Wand des Kochtopfs wird Energie von außen nach innen übertragen. Wie können wir uns diese Energieübertragung vorstellen?

Wenn wir in → V2 die Flamme an das eine Ende der Eisenstange bringen, fallen die angeklebten Wachskügelchen *nicht sofort* und auch *nicht gleichzeitig herab*. Erst nach und nach wird es für sie zu heiß. Die *Energie wandert* also im Eisenstab entlang, immer von einer heißeren zu einer kälteren Stelle.

Als Physiker müssen wir weiter fragen: Findet diese Energiewanderung auch in anderen Materialien statt und fließt die Energie immer gleich schnell?

Diese Frage könnten wir mit anderen Stäben und der Wachskügelchenmethode beantworten, wir führen aber einen anderen Versuch → V3 durch. Drei gleich lange und gleich dicke Stäbe aus Kupfer, Aluminium und Glas werden in die Flamme gehalten, mit den Fingern wird der Temperaturanstieg am anderen Ende „beobachtet". Bei allen drei Stäben steigt die Temperatur, irgendwann muss man jeden von ihnen loslassen, sonst „verbrennt" man seine Finger.
Beim Kupferstab ist es schnell so weit, beim Glasstab dauert es am längsten.

Wir fassen die Ergebnisse unserer Versuche zusammen:
- Wenn bei einem Körper an einer Stelle Energie zugeführt und die Temperatur erhöht wird, dann wandert die Energie von dort durch den Körper, immer von der heißeren zur kälteren Stelle. Man nennt dies **Energieleitung** (auch Wärmeleitung).
- Energieleitung findet in allen Materialien statt. In Metallen geht das schnell, sie sind gute Energieleiter. Glas ist ein schlechter **Energieleiter.**

Merksatz

Energieleitung findet in allen Körpern statt. Die Energie fließt dabei von heißeren zu kälteren Stellen.
Metalle leiten Energie gut; Holz, Glas, Wasser und Luft sind schlechte Energieleiter.

Ist dir beim Kochen schon einmal etwas „angebrannt", weil du nicht umgerührt hast? Im Metall des Topfes wandert die Energie ziemlich schnell, innerhalb der Suppe viel langsamer. Durch Umrühren bringst du die Energie mit der Suppe überall hin.
Diesen Zusammenhang schauen wir uns jetzt genauer an.

B1 Kochen mit der Sonne: Der schwarze Topf verschluckt außen die Energiestrahlung der Sonne und wandelt sie in innere Energie. Aber warum wird das Essen heiß?

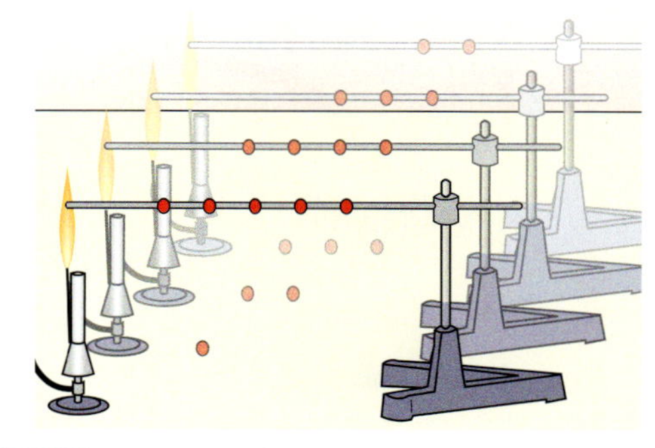

V2 Ein Bunsenbrenner erhitzt eine Eisenstange. Die Wachskügelchen tropfen herab – eines nach dem anderen.

V3 Fabian, Antonia und Lena halten Stäbe aus verschiedenen Materialien (Kupfer, Aluminium und Glas). Sie halten die Stäbe an einem Ende mit ihren Fingern und das andere Ende in eine Flamme. Die Stäbe haben gleiche Länge und Dicke.
Die Energie wandert nun durch die Stäbe von einem bis zum anderen Ende. Die Metallstäbe kann man schon bald nicht mehr halten. Fabian hält den Kupferstab, er muss als Erster loslassen.

3. Energie kann mitgeführt werden

Mit einem Haartrockner → B1 bläst du heiße Luft in deine Haare, damit sie schneller trocknen.
Flüssigkeiten und Gase sind zwar schlechte Energieleiter, wenn man sie jedoch wie der Haartrockner erhitzt und dann an andere Stelle bringt, nehmen sie ihre Energie mit. Diese geben sie dann in kälterer Umgebung wieder ab. Wir nennen dies **Energiemitführung.**

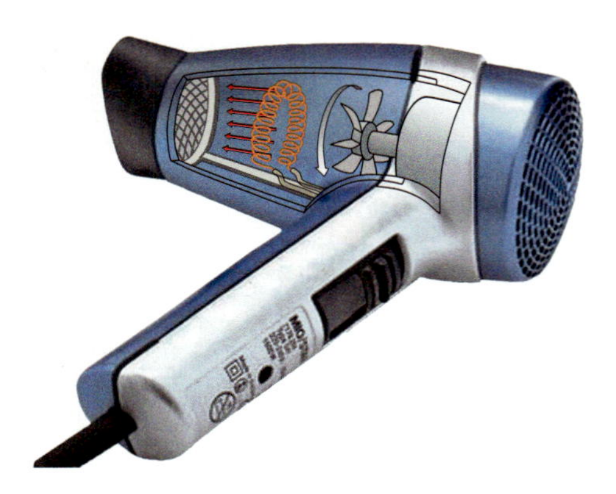

B1 Der Heizdraht heizt die umgebende Luft, ein Propeller treibt die heiße Luft zu den nassen Haaren.

Bei der Warmwasserheizung eines Hauses findet Energiemitführung wie in → B2 zuerst im Kreislauf des Wassers statt. Das Wasser nimmt im Heizkessel Energie auf, wird im Kreis weitergepumpt und gibt sie an den kälteren Heizkörper ab. Die Energie wandert dann durch die Metallwand des Heizkörpers nach außen und wird dort der umgebenden kälteren Zimmerluft zugeführt – von Heiß nach Kalt.

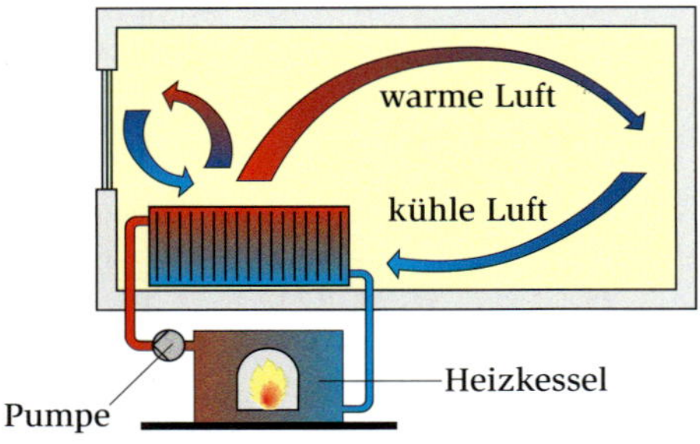

B2 Mit dem im Heizkessel erhitzten Wasser wird die Energie in alle Räume des Hauses geführt. Dort übernimmt die Luft die Verteilung bis in den letzten Winkel.

Mit der Zimmerluft wird die innere Energie gleichmäßig im Raum verteilt. An den meistens kälteren Wänden wird leider ständig Energie abgegeben. Die Energie wandert durch die Mauern in die noch kältere Außenluft. Das merkst du, wenn du an einem kalten Tag mit dem Heizkörperventil den Wasserkreislauf stoppst und die Energiemitführung im Heizungswasser nicht mehr stattfindet.

Merksatz

Wird ein heißer Körper an einen anderen Ort gebracht, so führt er seine innere Energie mit. Am neuen Ort kann Energie auf einen kälteren Körper übertragen werden.

Interessantes

Energiemitführung mit Meeresströmung

Der **Golfstrom** ist eine gewaltige Wasserströmung, riesige Wassermengen fließen mit bis zu 9 Kilometern in der Stunde zu uns nach Europa, bis hinauf nach Norwegen. Auf den Scilly-Inseln vor England lässt der Golfstrom Palmen wachsen.

Wo kommt die Energie her, mit der das Wasser des Golfstroms geheizt wird?
Am heißen Golf von Mexiko wird die Oberfläche des Meeres durch die Sonnenstrahlung erhitzt. Die Sonne liefert also Energie, um die Temperatur des Wassers zu erhöhen.

Wo bleibt das Wasser, wenn es die Energie im Norden abgeliefert hat?
Auf dem Weg nach Norden ist das strömende Wasser abgekühlt und salzhaltiger geworden. Ein Liter dieses Wassers ist jetzt schwerer als ein Liter des umgebenden salzärmeren Wassers. Die Wassermassen sinken deshalb vor Grönland nach unten.
Dieser „Wasserfall in die Tiefsee" liefert den Antrieb für einen Kreislauf, in dem das Wasser in großer Tiefe zurück nach Süden fließt. Auf dem Umweg über die Antarktis kommt das Wasser später wieder an die Oberfläche. Dort helfen dann die Passatwinde dabei, das Wasser an der Oberfläche wieder nach Norden zu schieben.

Im Bild siehst du den Golfstrom an der Oberfläche (rot) und in der Tiefe (blau). Der Golfstrom ist Teil eines komplizierten Strömungssystems in den Weltmeeren. Forscher untersuchen diese Strömungen und ihre Auswirkungen auf unser Klima.

4. Der Erfinder der Thermosflasche hat an alles gedacht

Wir haben herausgefunden, wie Energie von heißen zu kalten Körpern gelangen kann:
- durch Energie*mitführung* mit Materie,
- durch Energie*leitung* in Materie,
- durch Energie*strahlung* ohne Materie.

Die doppelwandige Thermosflasche in → B3 hält heiße Getränke lange heiß, weil sie alle drei Übertragungswege behindert:
- Die Luft aus dem Hohlraum zwischen innerem und äußerem Gasgefäß ist entfernt. Also gibt es keine Energiemitführung im Zwischenraum von Innenwand und Außenwand.
- Energieleitung kann nur über die lange Glasstrecke von der heißen Innenwand zur kalten Außenwand erfolgen (verfolge im Bild diese Strecke).
- Auch Energiestrahlung ist behindert: Die Doppelwand aus Glas ist verspiegelt und reflektiert die Strahlung des heißen Getränks.

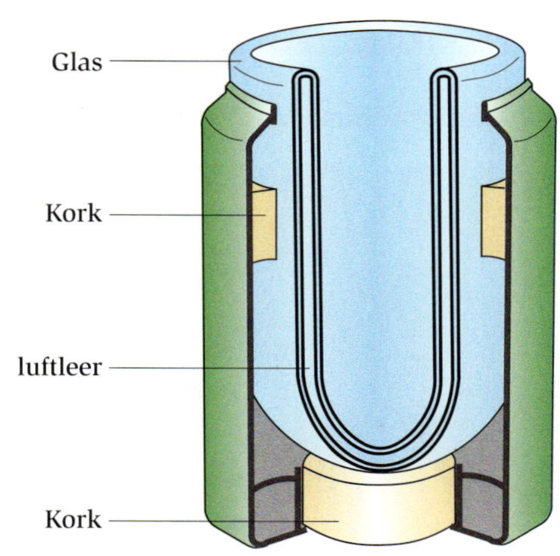

B3 Die Thermosflasche soll die Energie ihres heißen Inhalts möglichst lange im Innern halten. Sie behindert alle drei Möglichkeiten des Energietransports von innen nach außen.

Kompetenz – Physik anwenden und nutzen

a) Wir benutzen *Namen für Energieformen* und wir kennen *Merkmale für die Zunahme und Abnahme* von Energie:
- *innere Energie* — *heißer und kälter*
- *Bewegungsenergie* — *schneller und langsamer*
- *Höhenenergie* — *höher und tiefer*
- *Spannenergie* — *mehr oder weniger verformt*

Damit beschreiben wir einfache Vorgänge:
- mit Energieübertragung von einem Körper auf einen anderen,
- mit Energiewandlung von einer Energieform in eine andere.

Wir zeichnen Energie-Übertragungsketten.

b) Energie fließt von alleine immer nur von *Heiß nach Kalt*. Das geschieht bei Kontakt zwischen zwei Körpern oder auf den *Übertragungswegen für Energie:*
- Energiestrahlung
- Energieleitung
- Energiemitführung

Oft ist bei technischen Geräten Energieübertragung erwünscht: Am Beispiel des Kochtopfs, des Haartrockners und der Warmwasserheizung haben wir die Wege der Energie bei der gewünschten Energieübertragung genauer beschrieben.
In anderen Fällen soll Energieübertragung behindert werden: Am Beispiel der Thermosflasche haben wir gesehen, wie Energietransport behindert werden kann, damit das Heißgetränk heiß bleibt.

Mach's selbst

A1 Fülle zwei gleiche Gefäße mit gleicher Menge heißen Wassers und beobachte die Temperatur. Suche und beschreibe Möglichkeiten, das Sinken der Temperatur in einem der Gefäße zu behindern.

A2 Erläutere: Die Wärmflasche ist ein Gerät zur Energiemitführung.

A3 Untersuche die Griffe von Töpfen und Topfdeckeln in der Küche. Kann man sie anfassen, wenn der Topf heiß ist? Erkläre Unterschiede.

A4 Gieße $\frac{1}{4}$ l Wasser aus der Warmwasserleitung in (1) ein Trinkglas, (2) einen Suppenteller, (3) ein Thermosgefäß. Miss in allen drei Fällen alle 15 Minuten die Temperatur. Stelle die Werte übersichtlich in einer Tabelle dar.
Beschreibe und erkläre den Unterschied der Messreihen.

A5 Das Prinzip der Kochkiste ist simpel: Das Kochgut wie Kartoffeln oder Gemüse wird in einem Topf kurz aufgekocht. Anstatt nun auf dem Herd weiter zu köcheln, wird der geschlossene Kochtopf in ein isoliertes Gefäß eingelassen.
Recherchiert zum Thema Kochkisten, befragt ältere Menschen, baut eine Kochkiste aus Verpackungsmaterial und gart darin Kartoffeln.

Kühlung ist immer auch Energieübertragung

B1 Afrikanischer Elefant – mit großen Ohren

B2 Kühlkörper mit Lüfter

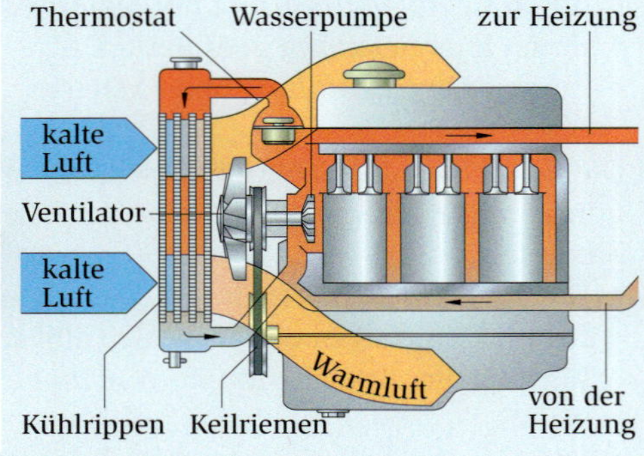

B3 Wasserkühlung beim Automotor

A. Warum Elefanten große Ohren haben

Afrikanische Elefanten sind die größten Landtiere. Mit ihrer Nahrung nehmen sie chemische Energie auf. Diese wird bei körperlicher Betätigung in den Muskeln umgewandelt. Wie bei jedem Lebewesen entsteht dabei auch innere Energie. In der Alltagssprache sagen wir: Wenn er sich anstrengt, wird dem Elefanten warm.
Damit die Körpertemperatur des Elefanten nicht auf gefährlich hohe Werte ansteigt, muss Energie nach außen transportiert und an die Umgebung abgegeben werden. Hunde lösen das Problem durch Hecheln, Menschen schwitzen. Elefanten können Energie über die große Fläche ihrer gut durchbluteten Ohren abgeben → B1.
Bei Bedarf wedeln sie mit den Ohren. Dadurch wird die warme Luftschicht in der Nähe der Haut abgestreift und durch kältere Luft ersetzt. Diese übernimmt dann wieder Energie von den Ohren.

B. Wozu der Prozessor den Propeller braucht

Dem Prozessor im Computer wird elektrische Energie zugeführt, damit er Daten verarbeiten kann. Diese Energie wird in innere Energie gewandelt, die Temperatur des Prozessors steigt.
Der Prozessor darf nicht überhitzt werden, deshalb muss man Energie abführen. Im Kühlkörper aus Aluminium wird die Energie von der Oberfläche des Prozessors bis in die „Kühlrippen" mit großer Oberfläche geleitet → B2. An ihnen bläst ein Ventilator einen kalten Luftstrom vorbei. Die L0uft nimmt die Energie auf, wird erhitzt und führt die Energie fort.
Ohne die Lüftungsschlitze im Gehäuse des Computers könnte die Kühlung im PC aber nicht lange funktionieren. Der Ventilator würde nur noch solche Luft am Kühlkörper vorbei blasen, die die gleiche Temperatur hat wie der Kühlkörper selbst. Dann würde keine Energie mehr auf die Luft übertragen.

C. Wie der Motorschaden verhindert wird

Mit dem Fahrrad einen Berg hinaufzufahren, ist anstrengend. Auch dem Motor eines Autos wird dabei mehr abverlangt als bei Fahrt auf ebener Straße. Je mehr Energie ein Automotor liefert, desto mehr Energie nimmt er selber als innere Energie auf. Seine Temperatur steigt. Wird er zu heiß, dann droht ein Motorschaden.
In → B3 ist dargestellt, wie die Ingenieure dies verhindern: Ein Wasserkreislauf im Gehäuse des Motors transportiert Energie in den Kühler, wo Luft als Fahrtwind durch viele Lamellen strömt und die Energie übernimmt.
Bei langsamer Fahrt steil bergauf reicht der Fahrtwind nicht aus, um kältere Luft zum heißeren Kühler zu bringen. Dann wird ein Ventilator zugeschaltet, der die Luft durch den Kühler zwingt.
Das am Motor erhitzte Kühlwasser nutzt man auch, um bei Bedarf das Fahrzeuginnere zu heizen.

- **Beim Kühlen entzieht man einem Gegenstand innere Energie und senkt so seine Temperatur. Andere Körper nehmen diese Energie auf, ihre Temperatur steigt.**
- **Kühlung erfordert ein Temperaturgefälle, von alleine fließt Energie nur von Heiß nach Kalt.**

Vertiefung

Innere Energie lässt sich nicht einsperren, ...

B4 Aufgeplustert mit Luft im Federkleid – so behindert die Blaumeise den Energiefluss.

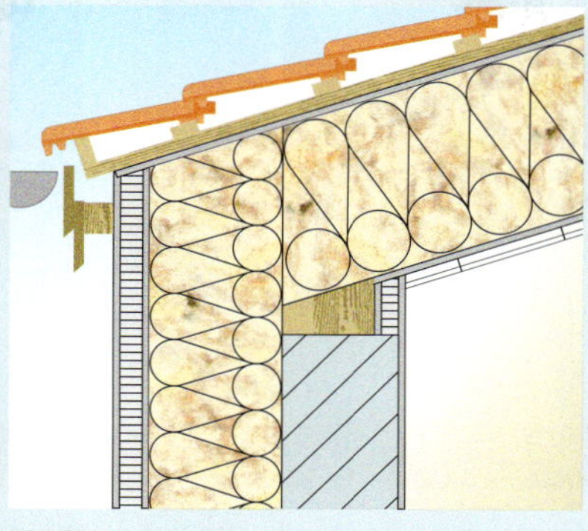

B5 Dämmstoff sorgt dafür, dass die Energie nur langsam durch die Wand kriechen kann.

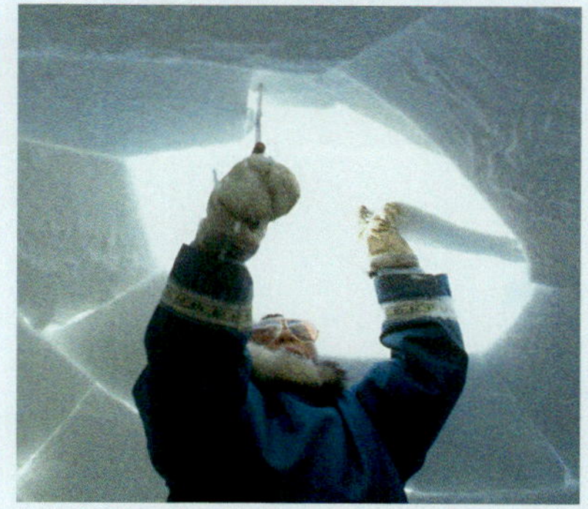

B6 Inuit bauen ein Haus – einen „Iglu". Beheizt wird er durch Verbrennen von Walfett.

A ... aber man kann Energieleitung behindern

Luft leitet Energie ziemlich schlecht. Das aufgeplusterte Federkleid der Meise in → B4 behindert also die Energieleitung in die kalte Umgebung. Auch die Dämmstoffe, mit denen Häuser eingepackt werden → B5, enthalten viele luftgefüllte Hohlräume.
Die Inuit haben früher Schnee als Baumaterial verwendet. Die im Schnee eingeschlossene Luft sorgt dafür, dass die dicke Wand des Iglus → B6 die Energie nur langsam in die frostige Umgebung wandern lässt.
Der Überlebensanzug in → B7 ist nicht nur wasserdicht. Die mit Luft gefüllten Kammern behindern die Energieleitung ins kalte Wasser und schützen so eine Zeit lang vor Unterkühlung. Außerdem ersetzen sie die Schwimmweste.

B ... und Energiemitführung verhindern.

Wer wie in → B8 bei kaltem Wind „überleben" will, braucht eine winddichte Jacke über dem molligen Pullover mit luftgefüllten Hohlräumen. Die winddichte Außenhaut verhindert die Energiemitführung durch den Wind.
Auch im Dämmstoff der Hauswand → B5 soll keine Luftbewegung stattfinden. Das Haus muss winddicht gebaut sein. Und die Luft in den Poren darf nicht durch Wasser verdrängt werden. Dämmstoffe müssen trocken bleiben.
Völlig einsperren kann man die innere Energie aber nicht. Etwas Energie fließt immer nach außen und muss ersetzt werden. Die Meisen in → B9 sind deshalb dankbar für das Angebot im Futterhäuschen.

B7 Die Luft im Überlebensanzug ist nicht nur eine Schwimmhilfe, sie schützt auch vor Auskühlung.

B8 Dicker Pullover und winddichte Jacke schützen bei windig kaltem Wetter.

B9 Nahrung im Futterhaus: Energienachschub nach kalter Winternacht.

Natur im Rückwärtsgang

B1 Stimmt die Reihenfolge der Bilder?

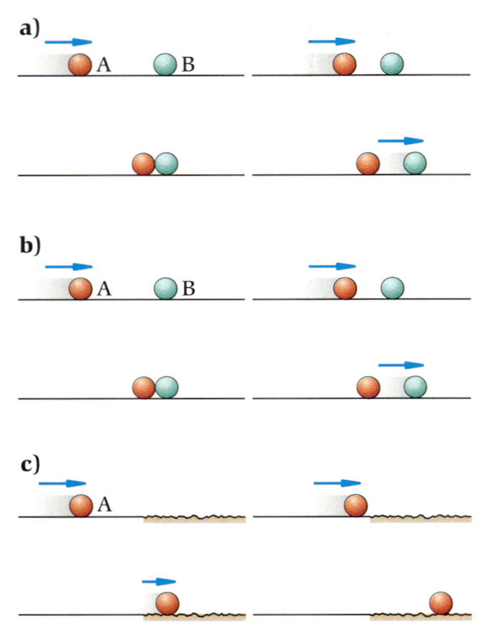

V1 Erst hat die Billardkugel A Bewegungsenergie, dann …
a) … rollt sie bergauf, Bewegungsenergie wird in Höhenenergie gewandelt,
b) … stößt sie auf Kugel B, Bewegungsenergie wird von einer Kugel auf die andere übertragen,
c) … rollt sie ins Sandbett und wird dort langsamer, Bewegungsenergie wird in innere Energie des Sandes und der Umgebung gewandelt.
Die Versuche a) und b) kann man sich auch rückwärts ablaufend vorstellen. Versuch c) dagegen sieht im Rückwärtsgang unnatürlich aus.

1. Manche Vorgänge sind umkehrbar, die meisten sind es nicht

Rückwärts abgespielte Videos bereiten Vergnügen. Manche alltägliche Vorgänge sehen dann komisch aus: Scherben, die auf dem Tisch liegen, springen wie auf Kommando hoch und fügen sich wie in der Bilderreihe → B1a oben von allein zu einem Sparschwein zusammen.

In → B1b steht Jakob hinter einem Zaun und wirft einen Ball in die Höhe. Der Ball ist kurz zu sehen und verschwindet wieder hinter dem Zaun. Inga hat einen Videoclip aufgezeichnet. Bei diesem Video können Jakob und Inga nicht entscheiden, ob es rückwärts oder vorwärts abgespielt wird. Beide Richtungen sehen natürlich aus.

Inga und Jakob experimentieren mit einer Billardkugel, die ihre Bewegungsenergie auf verschiedene Arten verliert. Beide überlegen, wie ein Video des Vorgangs im Rückwärtsgang aussieht:

In → V1a wird die Bewegungsenergie zu Höhenenergie, im Rückwärtsgang sieht es so aus, als ob die Höhenenergie zu Bewegungsenergie gewandelt wird. *Dies ist möglich.*

In → V1b wird die Bewegungsenergie der Kugel A zur Bewegungsenergie der Kugel B. Im Rückwärtsgang würde die Kugel B der Kugel A Bewegungsenergie geben. *Auch das sieht natürlich aus.*

In → V1c wird die Kugel durch Reibung gebremst. Aus der Bewegungsenergie wird innere Energie. Die Kugel wird langsamer, die „Bremse" (der Sand) heißer. Im Rückwärtsgang müsste die Bremse kälter und die Kugel wieder schneller werden. *So etwas kommt in der Natur nicht vor.*

Bei → V1a und → V1b sind außer der Bewegungsenergie der Billardkugel nur Höhenenergie und Bewegungsenergie der anderen Billardkugel im Spiel. Auch wenn *Spannenergie* auftritt, die Billardkugel z. B. auf eine elastische Gummihaut fällt, sieht der umgekehrte Vorgang natürlich aus.
Unnatürlich sieht der rückwärts abgespielte Vorgang nur dann aus, wenn wie in → V1c *innere Energie* beteiligt ist.

Wenn man ein Bleikügelchen auf eine harte Fläche fallen lässt, bleibt es verformt liegen. In → V2 lassen wir viele Bleikügelchen viele Male auf eine harte Fläche fallen. Ihre Temperatur steigt, ihre innere Energie nimmt zu.

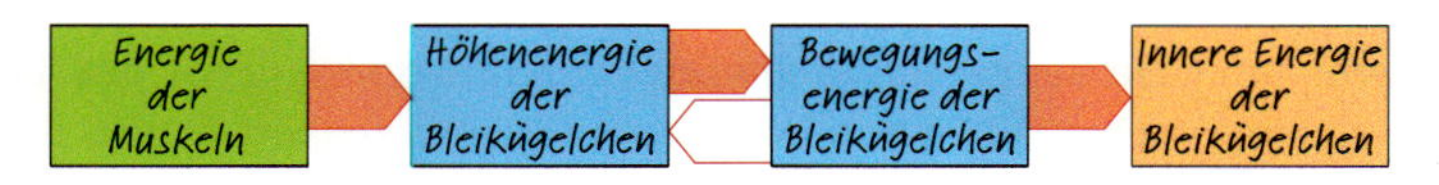

Nicht alle Schritte dieser Kette sind umkehrbar. Niemand kann sich vorstellen, dass sich ein Bleikügelchen abkühlt und sich nach oben in Bewegung setzt.

Merksatz

Durch Reibung oder Verformung kann innere Energie eines Körpers zunehmen. Dazu wird Bewegungsenergie, Höhen- oder Spannenergie umgewandelt. Dieser Vorgang ist **nicht umkehrbar.** Vorgänge sind **umkehrbar,** wenn nur Bewegungsenergie, Höhen- oder Spannenergie beteiligt sind.

2. Wer Energie nutzt, entwertet sie

Das Wasserrad der Hammermühle in → B2 liefert Höhenenergie für den Schmiedehammer. Wenn er fällt, wird daraus Bewegungsenergie. Diese gibt der Hammer wieder ab, wenn er das Eisenstück verformt. Aus → V1 wissen wir: Die innere Energie des bearbeiteten Eisenstücks nimmt zu.

Der Schmied setzt eine Energie-Übertragungskette in Gang und *nutzt* den Vorrat an *wertvoller* Höhenenergie des Wassers im Stausee.

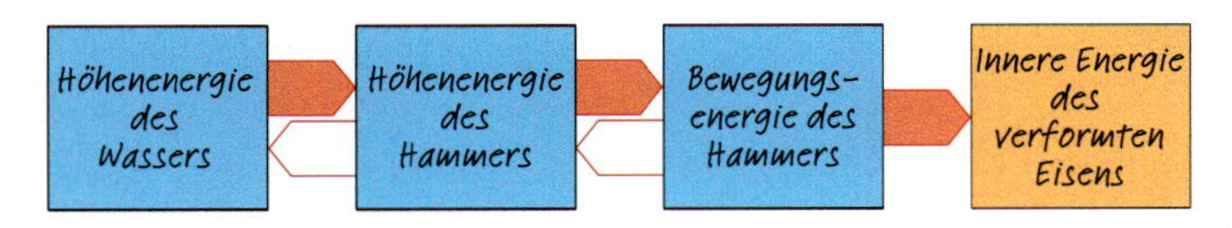

Als innere Energie des verformten Eisens hat die Energie keinen Wert mehr für den Schmied. Die Energie ist **entwertet**. Der Schritt von der Bewegungsenergie des Hammers zur inneren Energie des verformten Eisens ist nicht umkehrbar.

Merksatz

Wir setzen Energieketten in Gang, um Energie zu nutzen. Wenn dabei Energie zu innerer Energie in der Umgebung gewandelt wird, ist sie nicht mehr nutzbar. Durch solche nicht umkehrbaren Vorgänge wird Energie entwertet.

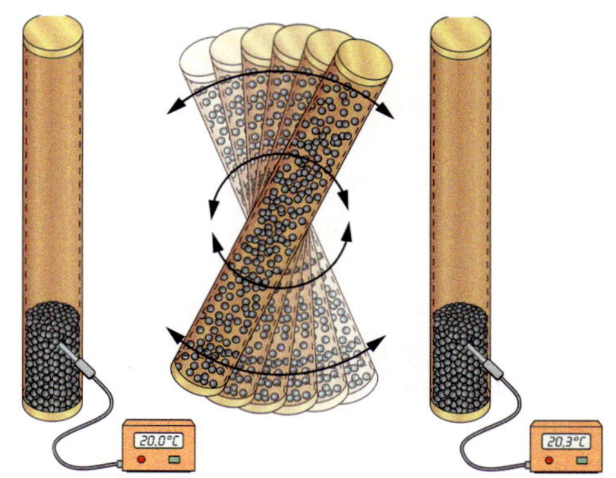

V2 In der beidseitig verschlossenen Papprröhre befinden sich Bleikügelchen. Ihre Temperatur wird gemessen. Dann wird die Papprröhre viele Male hin und her gewendet, dabei fallen die Bleikügelchen immer wieder von einem Ende der Röhre zum anderen. Jetzt ist die Temperatur höher als zu Beginn des Versuchs.

B2 Zuerst hat das Wasser oben im Stausee Höhenenergie, dann hat sie der Schmiedehammer in der Hammermühle.

Mach's selbst

A1 Nimm den Draht einer Büroklammer und biege ihn an einer Stelle viele Male schnell hin und her. Halte dann die Biegestelle an die Oberlippe. Beschreibe deine Wahrnehmung und erkläre sie.

A2 In beiden Energie-Übertragungsketten auf dieser Seite wird behauptet, dass Bewegungsenergie auch wieder zu Höhenenergie werden kann. Schmiede machen davon Gebrauch, wenn sie zwischendurch den Hammer auf dem Amboss federn lassen, um das Werkstück zu wenden: ping, ping, klong. Erkläre dies genauer.

A3 Konstruiere eine Maschine, die Höhenenergie des Hammers in Höhenenergie des Wassers wandelt.

Das ist wichtig

1. Temperatur und innere Energie

Temperatur ist etwas anderes als Energie. Um die Temperatur eines Körpers zu erhöhen, muss man ihm Energie zuführen. Dabei nimmt seine innere Energie zu.
Bei gleicher Energiezufuhr hängt die Temperaturerhöhung von der Beschaffenheit des Körpers ab.

2. Übertragung und Wandlung von Energie

Außer innerer Energie kennst du Höhenenergie, Bewegungsenergie und Spannenergie.

Energie eines Körpers kann von einer Energieform in eine andere gewandelt werden. Sie kann auch von einem Körper auf einen anderen übertragen werden – in gleicher oder in anderer Energieform.

Innere Energie fließt von alleine immer nur vom heißen zum kalten Körper.

3. Übertragungswege für Energie

Von einem Ort zum anderen gelangt Energie
- durch Energiemitführung mit Materie,
- durch Energieleitung in Materie,
- durch Energiestrahlung ohne Materie.

Energie-Übertragungsketten beschreiben den Weg der Energie.

4. Nutzung und Entwertung von Energie

Vorgänge, bei denen Energie von einem heißeren auf einen kälteren Körper übertragen wird, laufen in der Natur niemals von alleine rückwärts ab.

Vorgänge mit Bewegungsenergie, Höhen- oder Spannenergie sind umkehrbar, wenn keine Umwandlung in innere Energie stattfindet.

Bei allen realen Vorgängen ist es unvermeidlich, dass sich Energie in die Umgebung verkrümelt und dort den Vorrat nicht nutzbarer innerer Energie vergrößert. Man spricht von Energieentwertung.

Darauf kommt es an

Erkenntnisgewinnung

In Experimenten liefern Beobachtungen von Temperatur, Schnelligkeit, Höhe und elastischer Verformung Hinweise auf entsprechende Energieformen. Dies sind innere Energie, Bewegungsenergie, Höhenenergie und Spannenergie.
Du benutzt die beobachtbaren Merkmale, um damit Aussagen über Zunahme und Abnahme der Energie eines Körpers zu begründen.

Kommunikation

Du kennst die Fachwörter der „Energiesprache" und beschreibst damit Vorgänge mit Energieübertragung und Energiewandlung.
Du sagst z.B.: „Das Fahrrad wird abgebremst". In der Energiesprache drückst du es anders aus: „Die Bewegungsenergie des Fahrrades nimmt ab, die innere Energie der Bremsen nimmt zu."

Du veranschaulichst die Transportwege für Energie z.B. mit Energie-Übertragungsketten.

Bewertung

Bei nicht umkehrbaren Vorgängen wird Energie als innere Energie in die Umgebung übertragen und ist nicht mehr nutzbar. So kannst du entscheiden, ob ein Vorgang umkehrbar ist.

Nutzung fachlicher Konzepte

Fast jeden alltäglichen Vorgang kann man auch durch die „Energiebrille" betrachten und ihn mithilfe von Energieübertragung und Energieumwandlung genauer beschreiben.
Du findest bei solchen Vorgängen die Transportwege für die Energie.

Das kannst du schon

Beobachten und beschreiben
Du fertigst Versuchsprotokolle an unterscheidest zwischen Durchführung und Beobachtung. Du benutzt die „Energiesprache", um die Ergebnisse solcher Versuche zu beschreiben.

Du erkennst, ob jemand einen Vorgang in der Alltagssprache oder in der Fachsprache der Physik beschreibt.

Du kennst Energieformen und stellst Wege der Energie mit Übertragung und Umwandlung in Energie-Übertragungsketten dar.

Aus Höhenenergie wird erst Bewegungsenergie, dann Spannenergie.

Vergleichen und entscheiden
Du unterscheidest mithilfe von Energie-Übertragungsketten Vorgänge, die umkehrbar sind von Vorgängen, die von alleine nur in einer Richtung ablaufen.

An der Umwandlung von Energie in innere Energie der Umgebung erkennst du Vorgänge, bei denen Energie entwertet wird.

Das warme Wasser wird kalt und das Eis schmilzt. Noch nie hat jemand den umgekehrten Vorgang beobachtet.

Auswerten und interpretieren
Du findest bei alltäglichen Vorgängen heraus, auf welchem Weg Energie übertragen wird, und kannst für Energiestrahlung, Energieleitung und Energiemitführung erklären, welche Rolle dabei die beteiligten Körper spielen.

Du weißt, dass man innere Energie nicht einsperren kann und erklärst an Beispielen aus dem Alltag, wie man die Übertragung von Energie in die Umgebung behindern kann.

Du kannst erklären, warum an kalten Tagen in unseren Wohnungen die Raumtemperatur nicht steigt, obwohl die Heizung ständig Energie zuführt.

Du beschreibst Kühlen als gewollte Energieübertragung von kalt nach „noch kälter".

Außen ist der Braten schon heiß und knusprig, innen ist er aber noch nicht gar.

Planen und untersuchen
Du kannst ein Experiment planen, mit dem man untersucht, wie Energie in einem Körper wandert.

Du kannst mit Alltagsgeräten zeigen, dass von der Sonne Energiestrahlung zu uns kommt.

Die Sonnenstrahlung heizt das Wasser, nachts kühlt es sich wieder ab. Wo Sonne fehlt, helfen ein warmer Körper und gute Dämmung.

Kennst du dich aus?

A1 Auf der Federwippe sind mehrere Energieformen im Spiel. Wenn die Kinder nichts dagegen unternehmen, schaukelt die Wippe langsam aus. Beschreibe die Energieumwandlungen beim Schaukeln möglichst genau.

A2 Suche Beispiele, bei denen folgendes passiert:
a) Energie wird nur übertragen, aber nicht gewandelt,
b) Energie wird übertragen und gewandelt,
c) Energie wird gewandelt, aber nicht übertragen.

A3 Bereite mit einem Partner ein Kurzreferat zu dem Thema „Temperatur und innere Energie am Beispiel des Kachelofens“ vor.

A4 Max läuft eine Treppe hinauf und rutscht anschließend auf dem Treppengeländer wieder herunter. Begründe, warum der Vorgang nicht umkehrbar ist.

A5 Jakob sagt: „Im Pullover wird mir heiß!“ Liefert sein Pullover Energie wie eine Heizung? Stelle Jakobs Beobachtung in einen richtigen Zusammenhang.

A6 Gefrierkost kann man in Styroporboxen transportieren. Begründe, warum das sinnvoll ist.

A7 Stelle die Energie-Übertragungskette dar und erläutere sie:
a) für einen Skisprung,

b) für einen Stabhochsprung

A8 „Auf los geht's los!“ sagt Ingas Opa und schon rollt die Keksdose ein Stück die Rampe hinauf und gewinnt dabei Höhe.

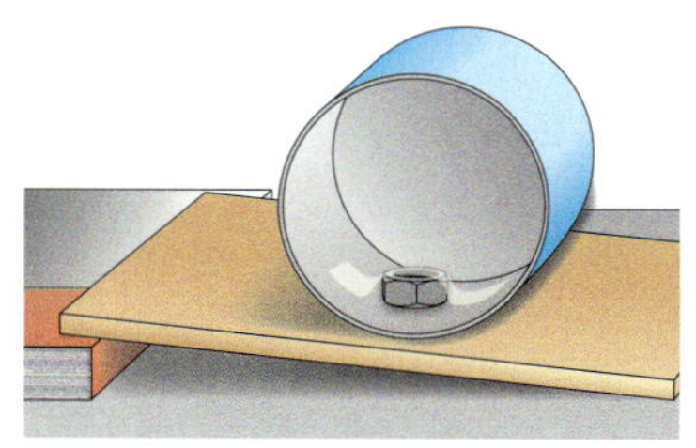

Du kannst diese „Zauberdose“ mit etwas Schwerem (z. B. einer größeren Schraubenmutter) und Klebeband nachbauen. Erkläre dann, woher die Keksdose Höhenenergie bekommt.

A9 Der Winterschlaf kann einen Igel vor dem Erfrieren schützen. Recherchiere und berichte.

A10 Täglich beobachtest du, dass ein Getränk von alleine abkühlt.
a) Zeichne für diesen Vorgang die Energie-Übertragungskette.
b) Erkläre, warum die Temperatur der umgebenden Luft nicht spürbar steigt, obwohl die Temperaturabnahme bei dem Getränk ziemlich groß sein kann.

A11 In jeder Hand hält Inga einen Stab. An den anderen Enden beobachtet Lena mit zwei Thermometern die Temperatur.

Stelle Planung, Durchführung und Auswertung dieses Experiments genauer dar.

A12 Immer wieder der gleiche Vorgang – alles für die Fitness:

Beschreibe den Vorgang in der Energiesprache.

A13 Mühsame Arbeit: Dem Wasser aus dem Fluss muss Höhenenergie zugeführt werden – z. B. mithilfe eines Laufrades. Beschreibe und erkläre die Energie-Übertragungskette.

A14 Bei einem selbst gezeichneten „Daumenkino“ kann man den „Film“ vorwärts und rückwärts ablaufen lassen. Zeichne Daumenkinos für einen hüpfenden Ball und ein schaukelndes Kind so, dass....

- ... der Vorgang umkehrbar erscheint.
- ... der Vorgang wie in der Realität nicht umkehrbar erscheint.

Erkläre den Unterschied.

A15 Man kann das Auf und Ab einer Achterbahnfahrt in einem Streckenprofil darstellen und daran Höhengewinn und Höhenverlust der ganzen Fahrt ablesen.

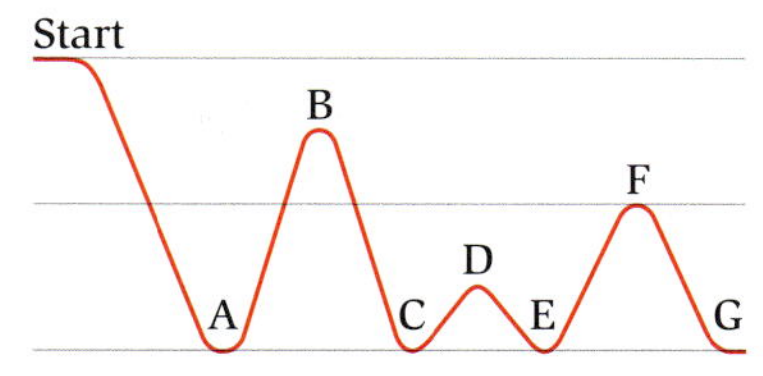

Beschreibe das Hin und Her von Höhen- und Bewegungsenergie der im Bild „abgewickelten“ Achterbahnfahrt.

Projekt

Heizen und Lüften

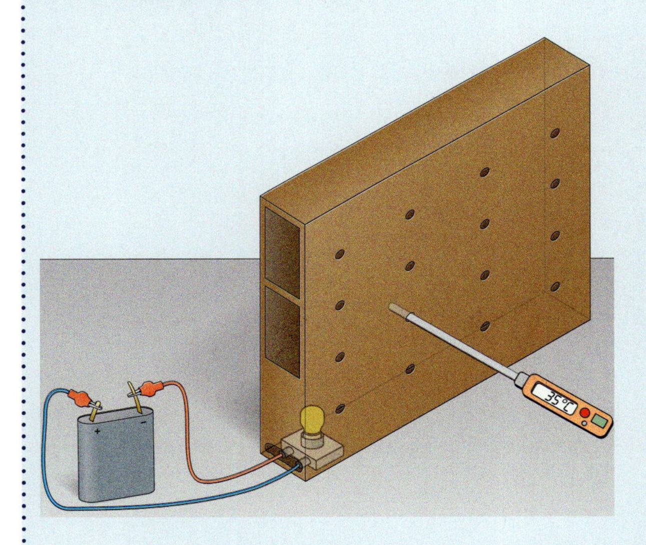

Schneidet einen Schuhkarton so niedrig ab, dass er die gleiche Höhe wie der Schuhkartondeckel hat. Fügt beide Teile zu einem Gehäuse zusammen und stellt es hochkant auf.

Ein 6-V-Glühlampchen (Fahrradlämpchen) wird in einer Ecke von unten eingeführt und eingeschaltet. Durch vorher in eine Seite gebohrte Öffnungen kann der Messfühler eines Digitalthermometers eingeführt werden.

Es ist günstig, wenn euch mehrere Digitalthermometer zur Verfügung stehen, sodass ihr die Temperaturen an den verschiedenen Messöffnungen gleichzeitig ablesen könnt.

Das flache Gehäuse dient als Modell für den Querschnitt eines Zimmers, die Glühlampe heizt die „Zimmerluft“. Mit den Thermometern sollt ihr am Modell untersuchen, wie in einem Zimmer die Energiemitführung von der Heizung in alle Ecken des Raumes stattfindet.

Arbeitsaufträge:

1 Kontrolliert die Temperaturverteilung im noch ungeheizten Zimmer, schaltet dann die Heizung ein und beobachtet die Temperatur an den verschiedenen Messstellen.

2 Baut an den Schmalseiten die im Bild angedeuteten Fenster ein. Untersucht dann die Energiemitführung von der Heizung durch das Zimmer bei einem geöffneten Fenster. Vergleicht die Wirkung der beiden Fenster.

3 Bisher befindet sich die Heizung unter dem Fenster, wie es bei Zentralheizung üblich ist. Bei Ofenheizung wird die Energie meistens von einem Standort gegenüber den Fenstern „geliefert“. Untersucht auch diese Situation mit dem Modellzimmer.

Elektrizität im Alltag

Das kannst du in diesem Kapitel erreichen:

- Du wirst verschiedene elektrische Stromkreise im Alltag entdecken und sie ungefährlich nachbauen können.
- Du wirst durch Experimente verstehen, warum man vom Stromkreis, aber von der Energieeinbahnstraße spricht.
- Du wirst Stromkreise auf mehrere Arten beschreiben können.
- Du wirst sicher mit Elektrizität umgehen können, da du lernst, worauf man achten muss.
- Du wirst die Bedeutung unterschiedlicher Materialien für den Stromkreis erklären können.

Wir experimentieren mit Stromkreisen

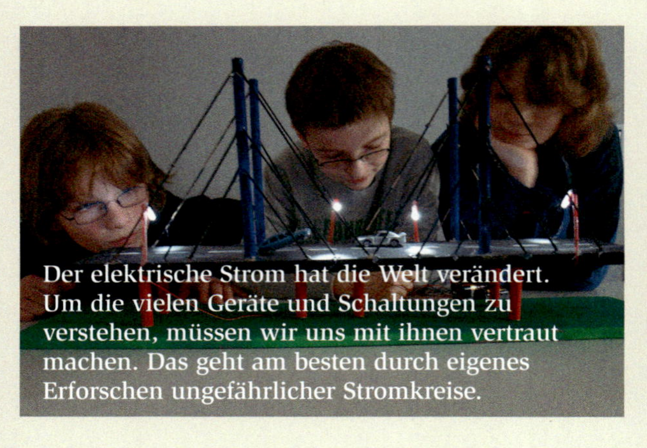

Der elektrische Strom hat die Welt verändert. Um die vielen Geräte und Schaltungen zu verstehen, müssen wir uns mit ihnen vertraut machen. Das geht am besten durch eigenes Erforschen ungefährlicher Stromkreise.

A1 Schaue dir das Innenleben der Taschenlampe genau an. Überlege dann, wie der Schiebeschalter im blauen Kopf die Lampe anschaltet.

A2 Kannst du erkennen, welche Art von Leitungen auf dieser Baustelle aus dem Boden ragen? Nenne ihren Zweck.

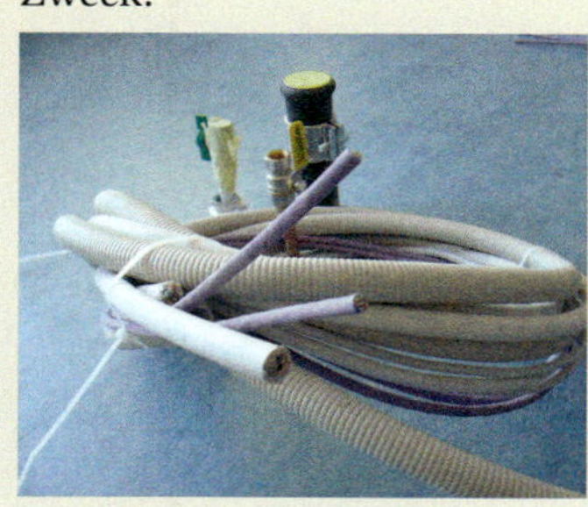

An der elektrischen Anlage zu Hause darfst du nie basteln, da an den Leitungen eine gefährlich hohe Spannung von 230 Volt herrscht.

A3

Isolationsschaden als Brandursache

(gm). Die Brandursache eines Großfeuers in Drochtersen am 9. Dezember, bei der eine Obstlagerhalle ausbrannte und ein Sachschaden in Höhe von 500 000 Euro entstand, ist geklärt: Nach Auskunft der Polizei hat ein Isolationsschaden an einer elektrischen Leitung das Feuer verursacht.

Julia findet diese defekte Leitung. Sage ihr, was sie tun sollte.

A6 Anna baut mit Daniel Lampen auseinander ➜ Bild oben und findet dabei einzelne Bauteile. Macht es ihnen nach. Schreibt auf, welche Bauteile für das Funktionieren der Lampe wichtig sind, welche die Lampe lediglich zusammenhalten und welche ganz weggelassen werden könnten.

A7 Malte prüft eine Reihe von Lämpchen mit einer 4,5-Volt-Batterie. Manche Lampen leuchten, andere blitzen nur kurz auf. Er grübelt, was er falsch gemacht hat. Kannst du ihm helfen?

A4 In welchem Fall leuchtet das Lämpchen?

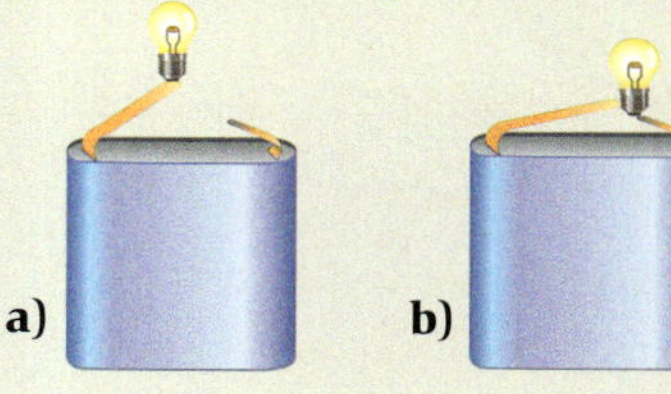

a) b)

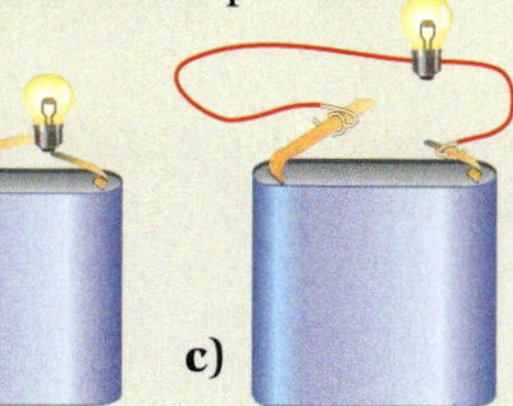

c)

A5 Hier siehst du Materialien für die Beleuchtung eines Puppenhauses. Sortiere aus, was du nicht gebrauchen kannst. Begründe deine Wahl.

1. Wann leuchtet eine Glühlampe?

Versucht eine Glühlampe nur mit der Flachbatterie zum Leuchten zu bringen. Sicher findet ihr nach einigem Probieren heraus, wie ihr die Lampe an die Blechstreifen halten müsst: Die Glühlampe leuchtet nur, wenn sowohl das Gewinde als auch der Fußkontakt (Lötpunkt am Fuß) jeweils einen Blechstreifen der Batterie berühren → B1.

Das Gewinde und der Fußkontakt sind die zwei Anschlussstellen der kleinen Glühlampe. Auch die Flachbatterie hat zwei Anschlussstellen, nämlich die beiden Blechstreifen. Bei der Batterie nennt man diese Anschlussstellen Pole. Der kurze Streifen heißt Pluspol (+), der lange Minuspol (−).
Auch jede andere Batterie hat zwei Pole. Nun kommt es fast nie vor, dass eine Lampe direkt an die Batterie angeschlossen werden soll. Beim Auto etwa muss man die Anschlüsse „verlängern", um bis zum Rücklicht zu gelangen.

Dies möchten wir nachahmen: Bevor wir wieder eine Glühlampe zum Leuchten bringen, verlängern wir jeden Blechstreifen der Batterie mit einem Draht. Büroklammern oder Krokodilklemmen halten die Drahtenden an den Polen der Batterie fest. Jeweils das andere Drahtende halten wir an einen Anschluss der Lampe: Wieder leuchtet sie → B2. Man nennt die Drähte Zuleitungen oder auch nur Leitungen.

Damit in einer Taschenlampe das Lämpchen fest sitzt, wird es in eine Lampenfassung geschraubt. Diese hat zwei Klemmschrauben, die mit dem Kontaktplättchen bzw. dem Gewinde verbunden sind → B3.

Wir befestigen die beiden von der Batterie kommenden Leitungen an den Klemmschrauben: Wieder leuchtet die Lampe.

B1 Der einfachste geschlossene Stromkreis

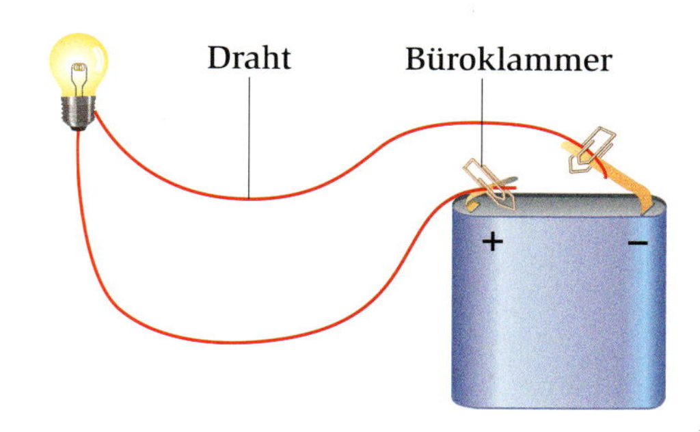

B2 Die Anschlüsse der Batterie sind mit Drähten verlängert worden.

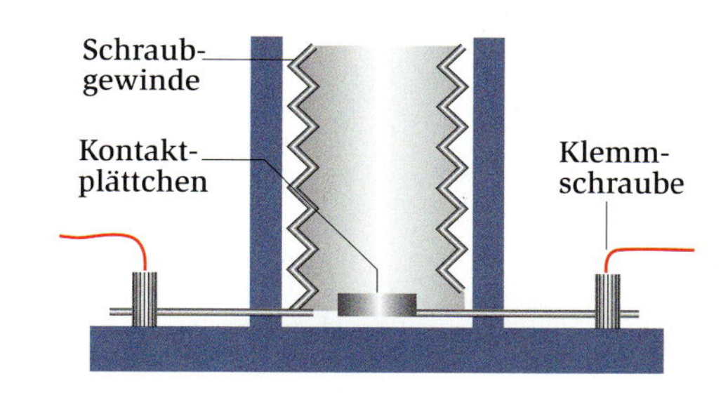

B3 Aufbau einer Lampenfassung

Methode – Verschiedene Darstellungsformen

Elektrische Schaltungen lassen sich gar nicht so einfach zeichnen, die Bauteile sind oft kompliziert.

Will man ein gelungene Schaltung in einem Protokoll festhalten oder einer anderen Person aufzeichnen, wählt man deshalb Symbole aus wenigen einfachen Strichen.

Für jede Person, die eine Schaltung nachbauen will, muss die Information eindeutig sein.

Symbol für …

… eine einfache Leitung

… verbundene Leitung

… eine Batterie (+ −)

… eine Glühlampe

… einen Schalter

Elektrizität fließt im Kreis

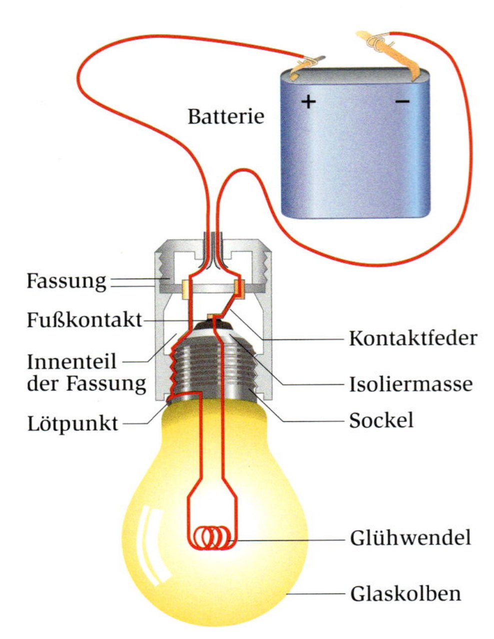

B1 Geschlossener Stromkreis in der Glühlampe

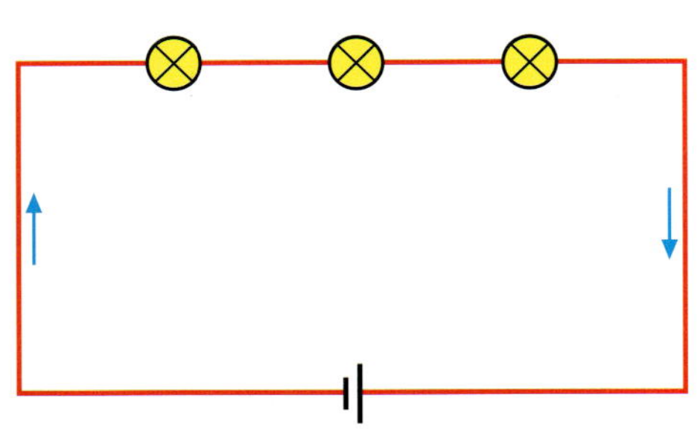

V1 Daniel und Lisa schalten mehrere Glühlampen zu einer Minilichterkette in den Stromkreis. Egal wie sie die Stromquelle anschließen, immer leuchten die Lampen gleich hell.

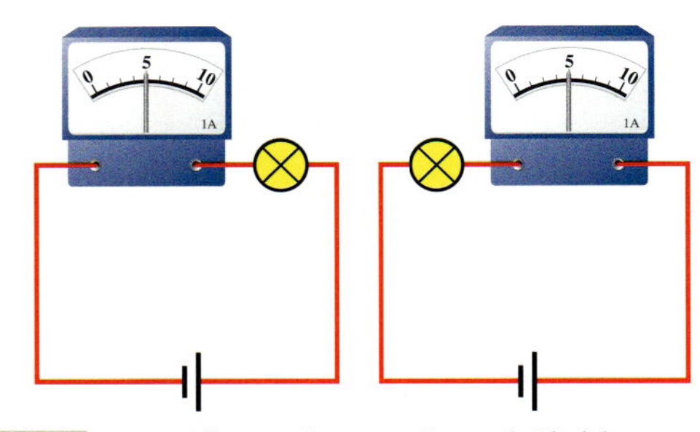

V2 Im Aufbau mit Batterie und Glühlampe schließen wir ein Zeigerinstrument zunächst vor und dann hinter die Glühlampe in den Stromkreis. In beiden Fällen finden wir denselben Zeigerausschlag.

1. Der Kreis muss geschlossen sein

Vor uns auf dem Tisch ist eine Lampe über Drähte an die Batterie angeschlossen. Wir lockern die Lampe in der Fassung und drehen sie wieder fest. Wir lösen einen Draht von der Batterie und klemmen ihn wieder an. Jedes Mal geht die Lampe aus und wieder an. So ist es immer: Sobald der Stromkreis irgendwo unterbrochen wird, erlischt die Lampe.

Es ist wie bei einer Heizung. Dreht man im Wohnzimmer das Ventil zu, hört man, wie das Wasser aufhört zu fließen. Geht man in den Keller und dreht dort in der Leitung den Hahn zu, ist das Fließgeräusch ebenfalls verschwunden. Bei der Heizung fließt das Wasser immer im Kreis.

Da alle Leute immer von elektrischem Strom reden, ist es vielleicht **Elektrizität,** die hier im Kreis läuft? Wir können sie nicht sehen, deshalb fehlt uns eine Vorstellung davon. Eine Modellvorstellung hilft uns. Das Strömen von Wasser in der Heizung ist eine solche Modellvorstellung vom Strömen der Elektrizität in den Leitungen → Kompetenz.

Wir testen weiter, ob unsere Vorstellung stimmen kann. Bei der Heizung treibt eine Pumpe das Wasser im Kreis. Bei unserer Schaltung liefert die Stromquelle, z. B. eine Batterie den nötigen Antrieb, ohne sie leuchtet die Lampe nicht. Verfolgen wir den Weg der Elektrizität in den bisherigen Versuchen weiter: Er führt von der Batterie durch eine Leitung (Blechstreifen oder Drahtstück) zur Glühlampe, dann weiter durch eine Leitung zurück zur Batterie. Die Drähte und Blechstreifen in der Schaltung leiten die Elektrizität auf dem vorgegebenen Weg, dieser ist wie ein Kreis geschlossen → B1.

Lisa wundert sich: „Wenn man einen Schalter drückt, dann leuchtet die Glühlampe sofort. Warum braucht die Elektrizität nicht Zeit, bis sie die Lampe erreicht hat?" Das kann Daniel auch nicht gleich beantworten. Aber er hat eine Vermutung: „Es muss mit dem Kreislauf der Elektrizität zu tun haben. Der Schalter hindert sie zu fließen, wie das Ventil bei der Heizung verhindert, dass Wasser fließt. Bei der Heizung ist das Wasser schon überall in der Leitung. Ich glaube, dass hier die Elektrizität auch schon in der Leitung ist. Dann ist klar, warum die Lampe sofort leuchtet.

2. Strom wird nicht verbraucht

In einem geschlossenen Wasserkreislauf fließt das Wasser überall gleich stark. Gilt dies auch für die Elektrizität im elektrischen Stromkreis? Lisa zweifelt, hört man nicht oft, „Elektrizität wird verbraucht?" Daniel erinnert sich dagegen, dass in der Lichterkette des Weihnachtsbaums alle Lämpchen gleich hell leuchten. In der selbstgebauten Minilichterkette in → V1 finden sie dies bestätigt.

Führen wir den Versuch mit einem genauen Zeigerinstrument und einer Lampe aus → V2, so finden wir gleiche Zeigerausschläge vor und hinter der Lampe: Genau so viel, wie in die Lampe hineinfließt, fließt gleichzeitig am anderen Ende auch wieder hinaus.

Merksatz

Wenn eine Glühlampe leuchtet, fließt Elektrizität. Dazu muss der Stromkreis geschlossen sein. Eine Stromquelle liefert den Antrieb.
Im einfachen Stromkreis ist der elektrische Strom überall gleich stark. Elektrizität wird in elektrischen Geräten nicht verbraucht.

3. Sicherheit im Umgang mit Stromkreisen

Stromkreis zum Spielen und Forschen:
Jede Taschenlampe verbirgt in ihrem Inneren einen einfachen elektrischen Stromkreis. Als Stromquelle verwendet man meist eine Batterie, z. B. eine 4,5 Volt Flachbatterie. Auch spezielle Netzgeräte, die ihr von euren Lehrern im Unterricht bekommt, sind ungefährlich. Die Spielzeugtrafos für Modelleisenbahnen sind mit ihnen vergleichbar.

Stromkreis im Haushalt:
Es kommt immer wieder zu lebensgefährlichen Unfällen mit der elektrischen Anlage. Aus diesem Grund sollst du die Reparatur von Haushaltsgeräten Fachleuten überlassen → B2.

- Berühre nie die Pole einer Steckdose – auch nicht nur einen!
- Kleinkinder sollen durch Kindersicherungen in den Steckdosen geschützt werden.
- Repariere keine elektrischen Haushaltsgeräte, überlasse dies Fachleuten.
- Wechsle nie eine Glühlampe aus, überlasse dies deinen Eltern.
- Benutze keine Geräte mit defekten Leitungen.
- Ziehe Netzleitungen nicht am Kabel, sondern am Stecker aus der Steckdose.
- Benutze keine elektrischen Geräte im Bad.
- Hantiere mit elektrischen Geräten nicht mit feuchten Händen oder auf feuchtem Boden.
- Halte dich von Hochspannungsleitungen fern.
- Klettere nie auf Loks oder Straßenbahnen.

B2 Einige Sicherheitsregeln, die Schaden durch elektrischen Strom vorbeugen.

An der elektrischen Anlage zu Hause darfst du nie basteln, da an den Leitungen eine gefährlich hohe Spannung von 230 Volt herrscht.

Kompetenz – Ein geeignetes Modell nutzen

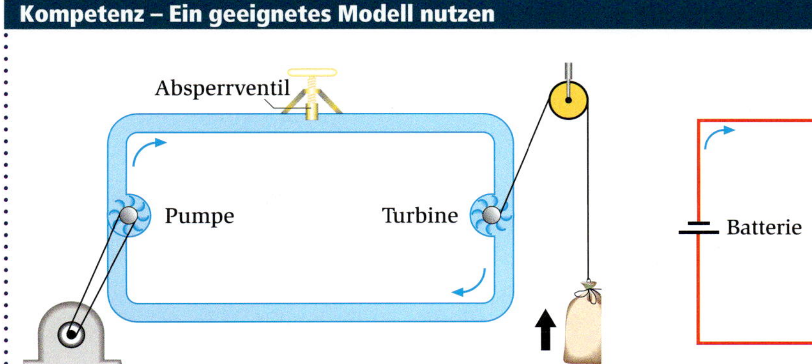

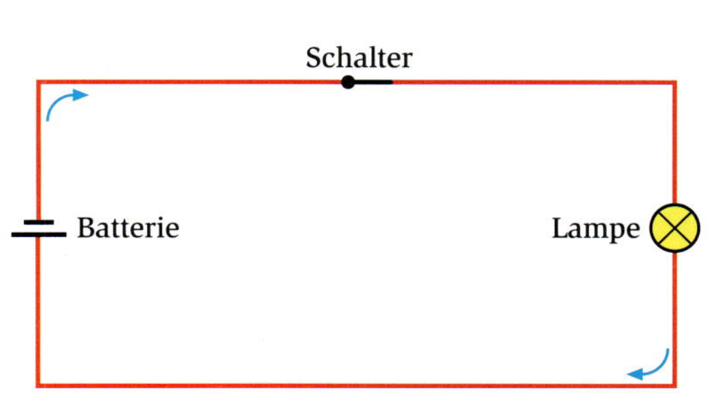

Wasserkreislauf

1. Die Leitungen sind Rohre. In ihnen befindet sich Wasser. Dies muss vorher eingefüllt werden.
2. Ohne Wasserpumpe im geschlossenen Kreis kann das Wasser das Turbinenrad nicht antreiben.
3. Die Umdrehung des Turbinenrades zeigt uns einen Wasserstrom an.
4. Der Absperrhahn unterbricht den Wasserstrom.

Elektrischer Stromkreis:

1. Die Leitungen sind Drähte. In ihnen befindet sich Elektrizität. Diese ist immer schon enthalten.
2. Ohne Batterie im geschlossenen Stromkreis kann die Lampe nicht leuchten.
3. Das Leuchten der Glühlampe zeigt uns elektrischen Strom an.
4. Der Schalter unterbricht den elektrischen Strom.

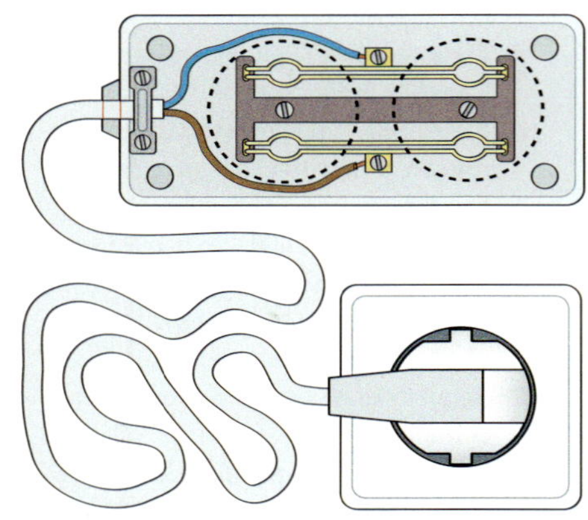

B1 Parallelschaltung an der Mehrfachsteckdose

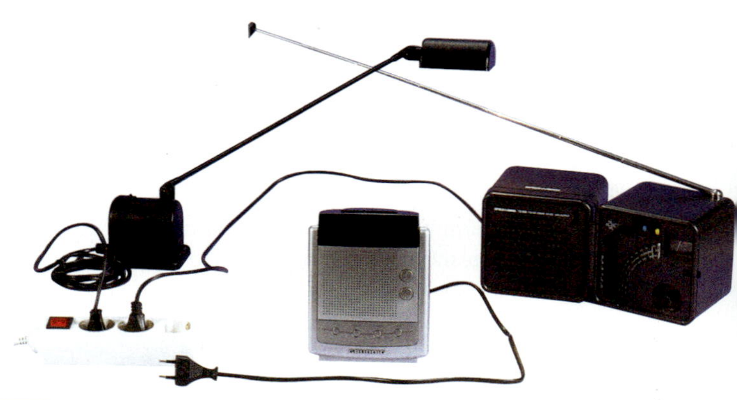

B2 Stromkreis im Haushalt: Alle Geräte sind parallel an dieselbe Stromquelle angeschlossen.

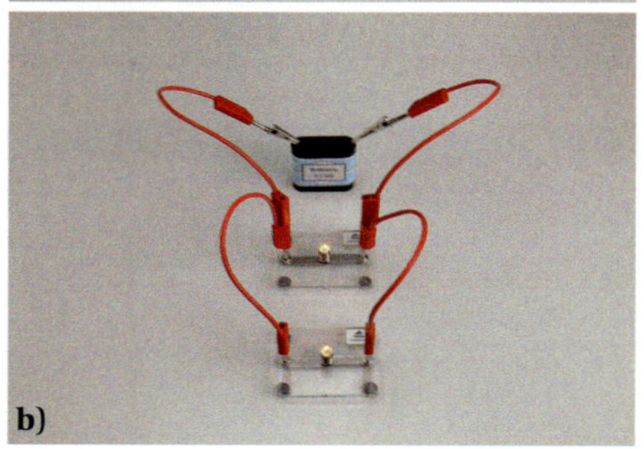

V1 **a)** Eine Lampe ist mit der Batterie verbunden. **b)** Zwei Lampen sind mit den Anschlüssen der Batterie direkt verbunden: Die Lampen sind parallel geschaltet.

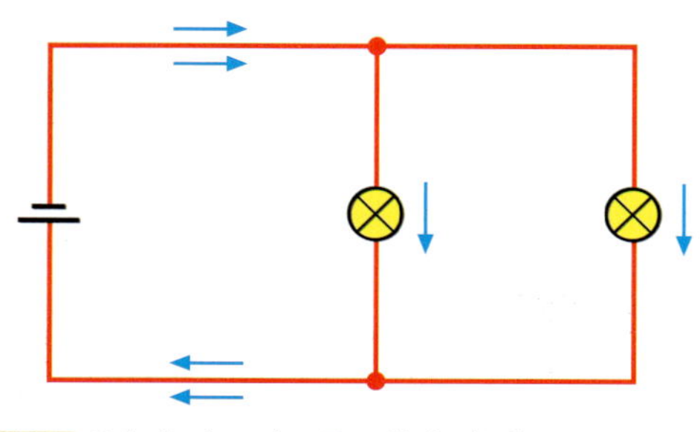

B3 Schaltplan der Parallelschaltung

1. Die Parallelschaltung

In einer Wohnung muss jedes elektrische Gerät unabhängig von allen anderen an- und ausgeschaltet werden können. Dies gelingt, da jedes Gerät direkt mit der Stromquelle verbunden ist. Man sieht es nur nicht, da die elektrischen Leitungen in der Wand versteckt (und damit geschützt) sind.

In → B2 erkennst du eine vertraute Situation. Eine Mehrfachsteckdose ist eine Verlängerung der in der Wand verlaufenden Kabel in den Raum hinein. Unabhängig voneinander lassen sich bis zu drei Geräte an diese Mehrfachsteckdose anschließen. Jedes einzelne Gerät funktioniert auch dann, wenn die anderen Geräte nicht angeschlossen sind.
In → B1 erkennen wir den Grund: Alle oberen Steckkontakte sind über ein blaues Kabel mit dem einen Pol, alle unteren Steckkontakte über ein braunes Kabel mit dem anderen Pol der Stromquelle direkt verbunden.

Mit einer Batterie als Stromquelle bauen wir diese Parallelschaltung in → V1 nach. Zunächst verbinden wir nur eine Lampe mit den Polen der Batterie. Die Lampe leuchtet normal hell → V1a. Dann schließen wir eine zweite, gleichartige Lampe ebenfalls direkt an die beiden Pole der Batterie an. Auch sie leuchtet jetzt normal hell → V1b.

Es ändert sich nichts, wenn wir die Leitungen der zweiten Lampe an die Anschlüsse der ersten Lampe stecken. Auch jetzt sind ja beide Lampen mit der Batterie verbunden. In → B3 sehen wir auch, wie die elektrischen Ströme durch die Lampen am unteren Kontaktpunkt zusammengeführt werden. Vorher haben sie sich an der oberen Leitung aufgeteilt.

Merksatz

Bei der Parallelschaltung sind alle Lampen direkt mit der Stromquelle verbunden.

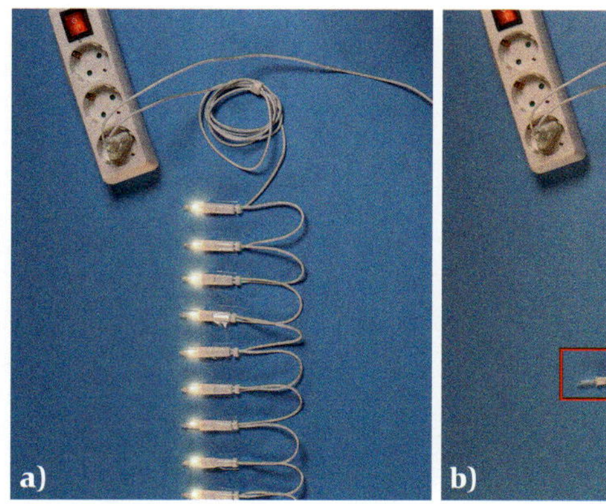

B4 Die Lampen dieser Lichterkette sind hintereinander in den Stromkreis gelegt.

B5 Die Motoren dieser historischen Straßenbahn waren in Reihe geschaltet.

2. Die Reihenschaltung

Die Lichterkette der Weihnachtsbaumbeleuchtung → B4 benötigt nur wenige Meter Kabel. Von der Stromquelle führt nur ein Draht zur ersten Lampe. Von ihr geht ein nächster zur zweiten Lampe usw. Von der letzten Lampe geht die Leitung wieder zur Stromquelle – der Stromkreis ist geschlossen.

In → V2 bauen wir eine solche Reihenschaltung nach und zeichnen den dazu gehörenden Schaltplan → B6. Wie erwartet leuchten beide Lampen gleich hell. Im Gegensatz zur Parallelschaltung in → V1 ist aber jede Lampe jetzt dunkler. Lockern wir ein Lämpchen, erlöschen alle – wie bei der Lichterkette in → B4b.
Bei der Essener Straßenbahn aus dem Jahr 1921 → B5 wären die vorhandenen Motoren zu schnell gelaufen, hätte man sie parallel an die Stromquelle gelegt. Man hat sie deshalb in Reihe geschaltet, dann liefen sie so langsam wie gewünscht.

Merksatz
Bei der Reihenschaltung liegen alle Lampen im selben Stromkreis.

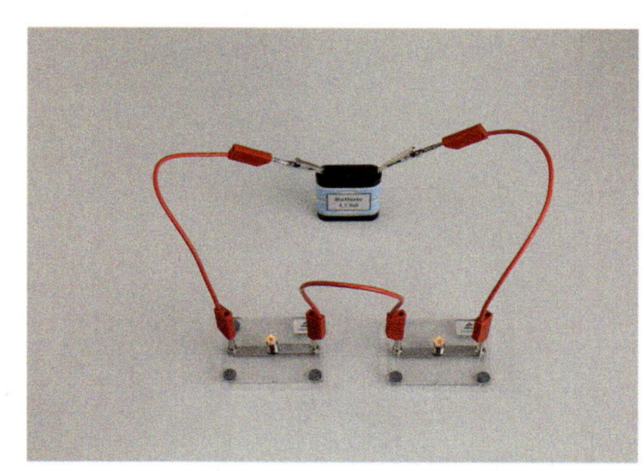

V2 Wir bauen zwei Lampen hintereinander in den Stromkreis. Beide Lampen leuchten, allerdings schwächer als die eine Lampe vorher in → V1.

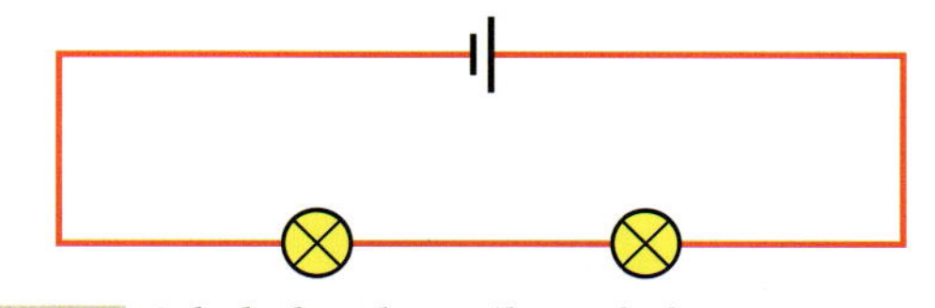

B6 Schaltplan der Reihenschaltung

Mach's selbst

A1 Zeichne einen Schaltplan zu **a)** drei parallel geschalteten Lampen und **b)** zu drei in Reihe geschalteten Lampen.

A2 **a)** Baue mit einer Batterie (4,5 V), mehreren Lämpchen und Schaltern eine Parallelschaltung auf. Jede Lampe soll unabhängig von den anderen an- und ausgeschaltet werden können. **b)** Zeichne hierzu einen Schaltplan.

A3 Erläutere die beiden Schaltungen. Vergleiche mit der Helligkeit bei nur einer Lampe.

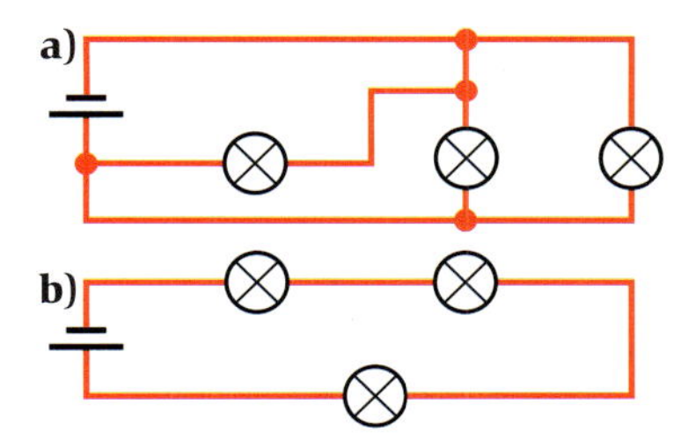

A4 Die abgebildete Lichterkette kann man durch Steckkontakte beliebig verlängern.
Liegt eine Reihen- oder Parallelschaltung vor? Begründe deine Antwort.

Stromkreis beim Fahrrad

- Eine Lampe (vorn) und ein weißer Reflektor, meist schon in das Scheinwerferglas eingebaut
- Ein Dynamo (möglichst als Nabendynamo)
- Ein rotes Rücklicht mit Reflektor oder zusätzlich ein roter Reflektor (hinten)
- Vier gelbe Katzenaugen oder reflektierende silberne Streifen an Reifen oder den Speichen
- Gelbe Tretstrahler in den Pedalen

Nach der Straßenverkehrs-Zulassungs-Ordnung (StVZO) muss die Beleuchtung eines Fahrrades auch tagsüber funktionstüchtig sein.

B1 Mit diesen Mitteln zum Sehen und Gesehenwerden sollte dein Fahrrad mindestens ausgestattet sein.

B2 Lampentausch und Überprüfung der Steckanschlüsse

B3 An dieser Schule gibt es einmal im Jahr einen Fahrradcheck. Neben der Bremsanlage wird auch die Beleuchtungseinrichtung überprüft.

1. Ist die Fahrradbeleuchtung in Ordnung?

Neben funktionierenden Bremsen, aber auch der richtigen Ausstattung wie festes Schuhwerk, Kleidung mit Signalwirkung und Schutzhelm, dient auch die Fahrradbeleuchtung deiner Sicherheit im Verkehr. Deshalb solltest du die vorgeschriebene Ausstattung → B1 und ihre Funktionstüchtigkeit überprüfen → B3. Dabei ist folgende Checkliste nützlich:

- Sind beide Glühlampen funktionstüchtig?
- Scheinwerfer- oder Rücklichtlampe können einmal defekt sein. Hast du notfalls je eine Ersatzlampe bereit?
- Sind die Kabel unbeschädigt?
- Sitzen die blanken Stecker (oder Drahtenden) fest in den Anschlüssen der Strahler → B2?
- Sind die Klemmanschlüsse der Strahler blank?
- Falls (bei älteren Fahrrädern) die zweite Leitung fehlt: Haben Strahler und Dynamo guten Kontakt zum Rahmen?
- Sind die Strahler sauber?
- Liegt das Dynamorädchen gut am Reifen?
- Sitzen die blanken Drahtenden fest am Dynamo?

Julia und Timo haben sich überlegt, wie sie die Lämpchen überprüfen können, ohne auf die Straße zu müssen. Timo hat schnell sein Fahrrad auf den Kopf gestellt und den Dynamo angeschaltet. Nun treibt er das Vorderrad kräftig an: Beide Lampen leuchten. Er ist zufrieden. Julia ist anders vorgegangen. Sie hat genau überprüft, welche Kabel zu den einzelnen Lampen führen. Nun löst sie die passenden Kabel vom Dynamo und hält eine 4,5-Volt-Batterie an die Drahtenden. Die Lampe leuchtet und Julia ist auch zufrieden.

2. Die Parallelschaltung – beim Fahrrad

Die Beleuchtungsanlage eines Fahrrades ist gar nicht so einfach zu durchschauen – das weiß jeder, der einmal einen Defekt beseitigen wollte:

- Zwei verschiedene Lampen (Scheinwerfer und Rücklicht) werden mit einer Stromquelle, dem Dynamo, betrieben.
- Am Dynamo sind vier Kabel angeschlossen (bei älteren Fahrrädern manchmal nur zwei).

Leider kann man die Kabel nicht so leicht unterscheiden wie die roten und blauen im Labor. Du musst schon jedes Kabel in die Hand nehmen und seinen Lauf verfolgen. Dann erkennst du, dass eigentlich zwei Stromkreise parallel verlaufen → B4 – ein Stromkreis für den Scheinwerfer und einer für das Rücklicht. Jeder Stromkreis funktioniert auch allein.

B4 So ist die Verkabelung am Fahrrad – zwei unabhängige Stromkreise.

3. Die Reihenschaltung – beim Fahrrad unzweckmäßig

Julia und Timo denken an die Lichterkette am Weihnachtsbaum. Könnte man nicht auch beim Fahrrad die Reihenschaltung nehmen, bei der Lampen hintereinander im Stromkreis liegen? Wie in → V1 legen sie zwei gleiche Lampen in den Stromkreis mit einer Batterie. Beide Lampen leuchten, wenn auch schwach (es ist so, als stünden beim Wasserkreislauf zwei Füße auf dem Schlauch). Dreht man jetzt noch eine Lampe aus der Fassung, erlischt auch die andere.

Etwas anderes probieren sie auch noch aus. Beim Fahrrad braucht das Rücklicht nicht so stark zu leuchten, man nimmt deshalb eine andere Lampe (0,6 W statt 2,4 W). Wenn man sie und das normale Vorderlicht in Reihe schaltet, leuchtet die Vorderlampe fast gar nicht mehr. Jetzt ist den beiden klar:

- Brennt eine Lampe durch, geht auch die zweite aus.
- Sind die Lampen verschieden, leuchten sie nicht wie gewünscht.

„Eine Reihenschaltung ist beim Fahrrad nicht sinnvoll", das haben sie jetzt selbst nachgewiesen.

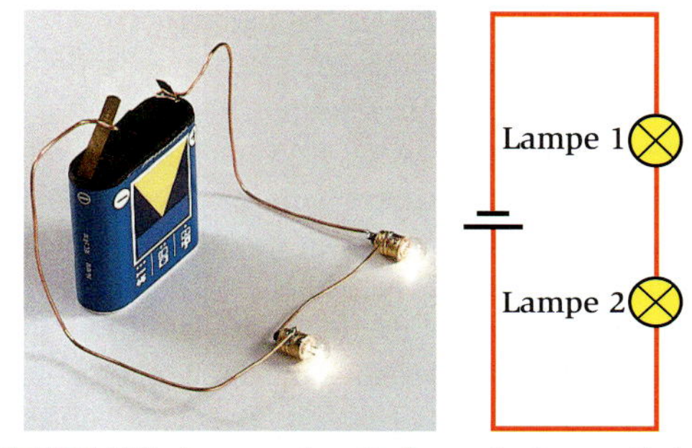

V1 Wir bauen eine Reihenschaltung. Beide Lampen leuchten – allerdings schwach. Wir ersetzen nun Lampe 2 durch eine Lampe, die weniger Energie in jeder Sekunde umsetzt. Jetzt leuchtet Lampe 1 fast gar nicht mehr.

Also probieren sie jetzt die Parallelschaltung aus. Das Ergebnis zeigt → V2: Bei dieser Schaltung fließt die Elektrizität auf einem Teil ihres Weges durch den Kreis zweispurig. Verfolge im Schaltbild: Von der Batterie gelangt Elektrizität zum Punkt A. Hier trennen sich die Wege. Eine Spur führt durch Lampe 1, die andere durch Lampe 2. Am Punkt B vereinigen sich die Teilströme.

- Lockern wir eine Lampe, so erlischt nur diese. Die andere bleibt so hell, wie sie vorher war.
- Bei verschiedenen Lampen brennt jede so hell, als wäre sie allein im Stromkreis.

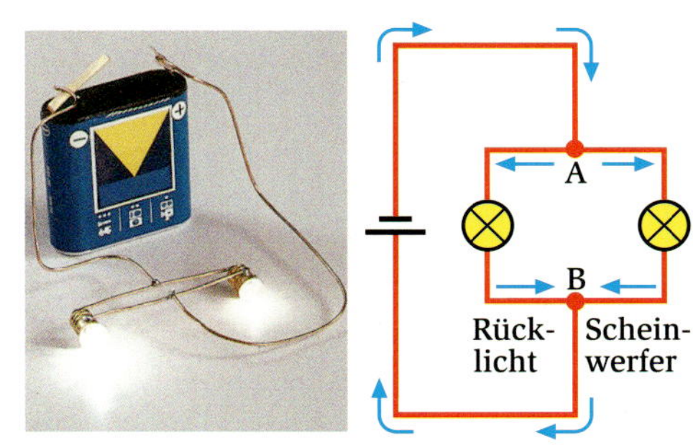

V2 **a)** Wir bringen in einem Stromkreis aus Lampe und Batterie zunächst Lampe 1 zum Leuchten (Aufschrift 6 V; 2,4 W). Dann schalten wir zwischen die beiden Punkte A und B zusätzlich die Lampe 2. Diese leuchtet etwa genauso hell wie die erste.
b) Wir ersetzen Lampe 2 durch eine andere Lampe mit der Aufschrift 6 V; 0,6 W. Die erste Lampe leuchtet wieder wie vorher, die zweite ist schwächer.

Merksatz

Bei der Fahrradbeleuchtung wählt man eine Parallelschaltung. Bei dieser gibt es unabhängige Teilströme. Davor und dahinter fließt die Elektrizität zusammen.

UND-, ODER-, Wechselschaltung

B1 Beide Schalter müssen betätigt werden.

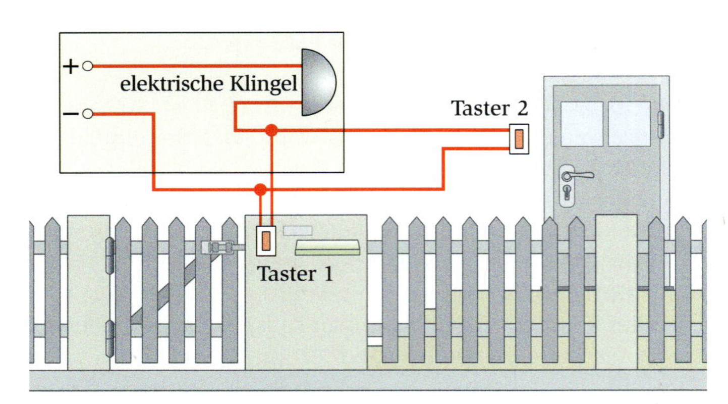

B2 Klingelanlage einer Wohnung mit Gartenpforte

Anstoß

Lukas hat eine Kleinbohrmaschine, mit der er gelegentlich bastelt. Neulich hat er sich den Finger verletzt, weil er versehentlich den Schalter betätigte. Jetzt hat er sich von seinem Nachbarn erklären lassen, wie z. B. eine elektrische Heckenschere gesichert ist, damit so etwas nicht passiert. Er baut daraufhin mit folgenden Bauteilen die Sicherung nach:

Ahnst du, wie seine Schaltung aussieht?

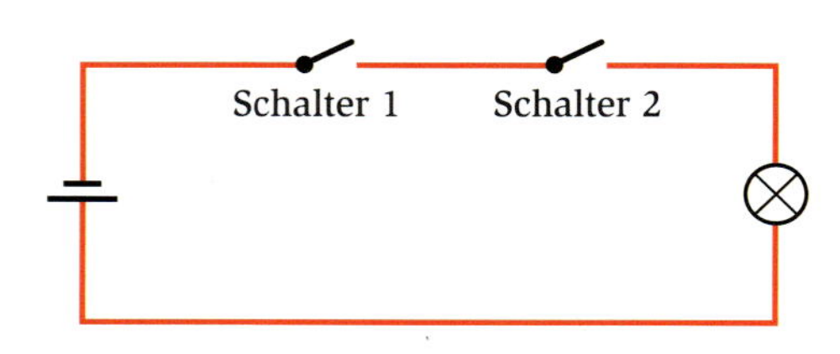

V1 Die „UND"-Schaltung mit zwei Schaltern in Reihe

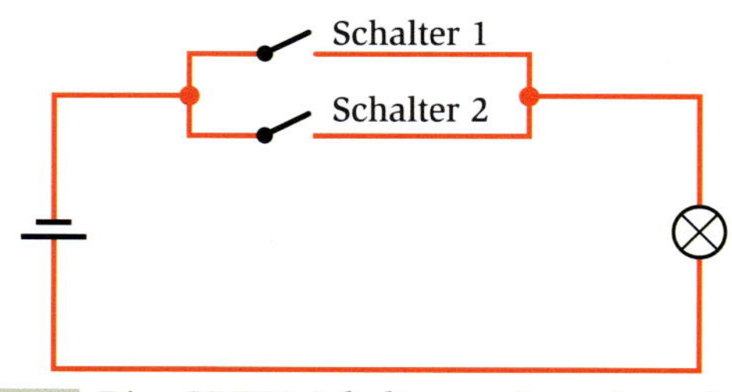

V2 Die „ODER"-Schaltung mit zwei parallelen Leitungen mit je einem Schalter

1. Eine Sicherheitsschaltung – „UND"

In die Waschmaschine läuft das Wasser erst ein, wenn du den Hauptschalter betätigst. Nein, das stimmt nicht, du musst auch die Tür zugedrückt haben. In die Tür ist nämlich ein zweiter Schalter eingebaut. Erst wenn auch dieser geschlossen ist, öffnet sich das elektrische Ventil am Wasserhahn.

Auch bei anderen Maschinen, bei denen sich Bauteile schnell oder mit großer Kraft bewegen – z. B. einer Papierstanzmaschine → **B1**, ist man vor einem versehentlichen Einschalten geschützt. Dazu sind zwei Taster eingebaut, die man mit beiden Händen gleichzeitig herunterdrücken muss. Drückt man nur einen Schaltknopf, passiert gar nichts.

Wir ersetzen nun die Stanzmaschine durch eine Glühlampe, um eine solche Sicherheitsschaltung nachzubauen. Wenn wir in → **V1** alle vier Möglichkeiten der Schalterbetätigung ausprobiert haben, wissen wir: Nur wenn beide in Reihe liegenden Schalter geschlossen sind, leuchtet die Lampe. Das zeigt wieder einmal, dass der Stromkreis an jeder Stelle geschlossen sein muss, damit Elektrizität fließen kann.

2. Schaltung einer Klingelanlage – „ODER"

Julia beobachtet die Innenbeleuchtung im Auto: Ob nun die Fahrer- oder die Beifahrertür geöffnet wird, in jedem Fall geht die Innenbeleuchtung an. Steffi stellt bei der Klingelanlage ihrer Wohnung ganz Ähnliches fest → **B2**: Ob der Klingeltaster an der Gartentür betätigt wird oder an der Wohnungstür; stets klingelt es.

Wie funktioniert eine solche Schaltung? Das testen wir in → **V2**. In der Schaltung liegen zwei Leitungen mit je einem Schalter parallel. Egal welchen Schalter wir auch betätigen, die Lampe leuchtet.
(Der Druckschalter an der Autotür ist so gebaut, dass er geschlossen wird, wenn sich die Tür öffnet.)

3. Die Ampelschaltung – „ENTWEDER – ODER"

Die meisten Fußgängerampeln haben zwei Lampen, eine für Rot, die andere für Grün. Damit die Ampel niemanden verwirrt, muss stets eine Lampe leuchten, nie dürfen beide zugleich leuchten. → B3 zeigt die Schaltung mit einem „ENTWEDER-ODER-Schalter". Er heißt auch **Wechselschalter,** weil er die Verbindung von einer Leitung auf eine andere wechselt. Für jede der beiden Schalterstellungen ergibt sich ein anderer Stromkreis. Im Bild ist der Stromkreis für die untere Lampe gerade nicht geschlossen.

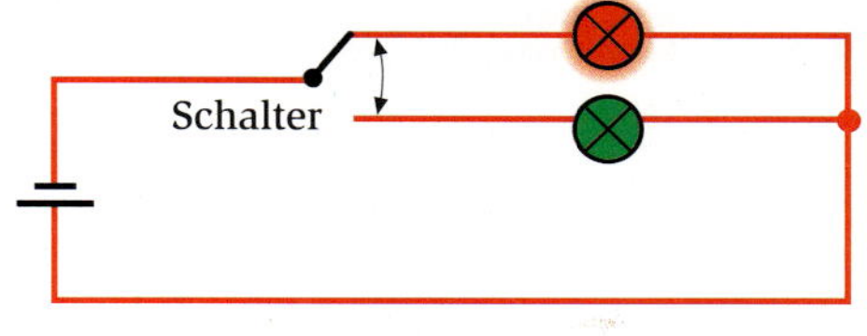

B3 „ENTWEDER-ODER"-Schaltung einer Fußgängerampel

4. Die Wechselschaltung

An jeder Seite eines langen Flures sollte das Deckenlicht ein- und wieder ausgeschaltet werden können. Lisa hat sich dazu wie in → B4a Gedanken gemacht: „Man müsste die UND-Schaltung nehmen, da kann man mit jedem Schalter den Stromkreis unterbrechen." Niklas hat Bedenken: „Ja, aber mit dem anderen Schalter dann nicht wieder schließen".
Mit Niklas zusammen fängt sie an zu tüfteln. Beide grübeln noch eine Weile, dann haben sie die Lösung gefunden. Sie benötigen zwei ENTWEDER-ODER-Schalter und zwei Leitungen zwischen ihnen. Die zusätzliche Leitung ist wichtig. Nur so kann vom zweiten Schalter der Stromkreis wieder geschlossen werden, wenn der erste ihn unterbrochen hat – fertig ist die Wechselschaltung → B4b .

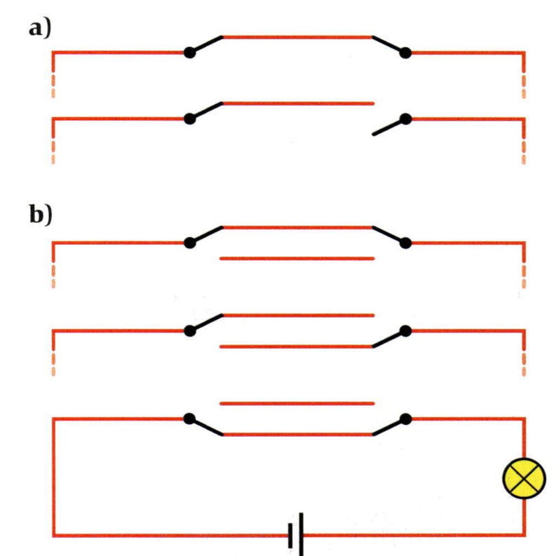

B4 Schritt für Schritt von der **a)** UND-Schaltung zur **b)** Wechselschaltung.

Mach's selbst

A1 Zeichne die Schaltungen aus → V1 , → V2 in dein Heft. Fertige zu jeder Schaltung eine Tabelle an, hier die erste Zeile für V1:

Schalter 1	Schalter 2	Lampe
aus	aus	aus

A2 **a)** Baue die Wechselschaltung nach Lisas und Niklas Vorschlag auf → B4 .
b) Zeichne und prüfe die Schaltung für jede mögliche Schalterstellung.
c) Mit Kreuzschaltern kann man die Schaltung noch erweitern. Hier kann die ganze Klasse mitmachen.

A3 **a)** Wo findest du zu Hause eine Schaltung wie bei der Autotür? Suche dort den Taster.
b) Erkläre die Bedeutung des Türschalters beim Geschirrspüler.

A4 **a)** Vergleiche die Helligkeit der drei Lampen.
b) Schalter S wird geöffnet. Beschrei be die Änderung.

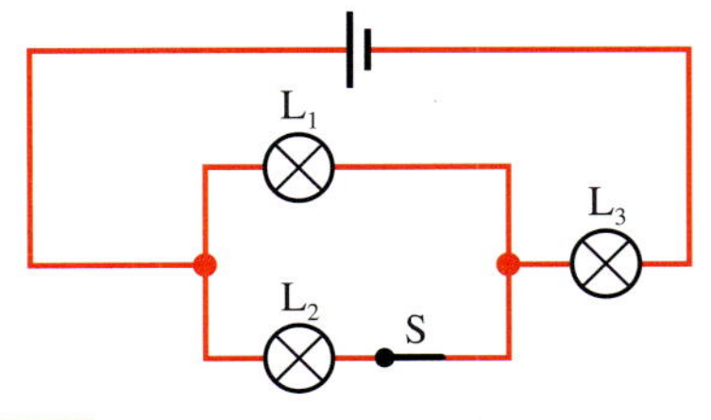

A5 Zeichne im Wassermodell eine Schaltung zu
a) parallelen Schaltern (ODER),
b) Schaltern in Reihe (UND).

A6 **a)** Zeichne die Schalterstellungen der Wechselschaltung in → B4b in dein Heft. Eine mögliche Schalterstellung fehlt noch, ergänze sie.
b) Ergänze die Zeichnungen in → B4a zu einem vollständigen Stromkreis.

A7 Julia hat sich ein Schaltungsrätsel ausgedacht.
Im Stromkreis leuchten drei Lampen. Zwei Schalter S_1 und S_2 hat sie mit einem Tuch verdeckt. Wenn sie S_2 öffnet, gehen alle Lampen aus. Schließt sie S_2 und öffnet S_1, dann leuchten L_2 und L_3. Zeichne die abgedeckten Schalter ein.

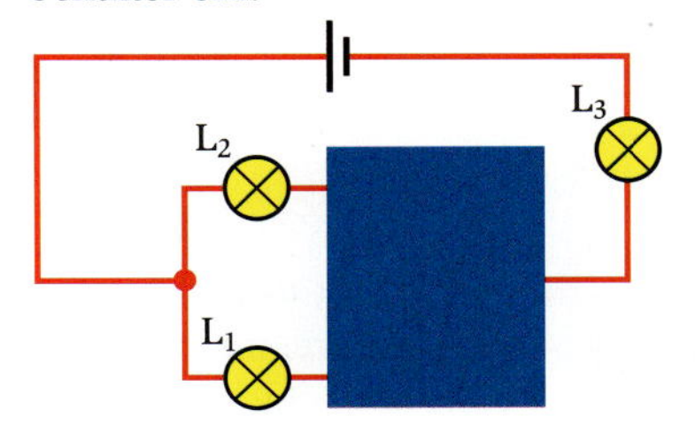

A8 Jans Alarmanlage geht so: Die Warnlampe leuchtet, wenn Fenster oder Tür geöffnet werden. Die Anlage muss dazu „scharfgestellt" werden. Baue sie nach.

Methode – Lernen an Stationen und fachtypische Darstellung

Teilt euch in fünf Gruppen auf. Nacheinander sollt ihr alle Stationen durchlaufen. Hinweis: In der rechten Spalte findet ihr benötigte Geräte bzw. unvollständige Schaltkreise. Den restlichen Stromkreis müsst ihr selbst planen. Fertigt zu jeder Station eine Schaltskizze an und beschreibt die Funktionsweise der Schaltung in Stichworten. Jede Gruppe soll in einer der nächsten Stunden einen kurzen Vortrag zu einer der Stationen halten. Es können aber auch Lernplakate angefertigt werden.

1. ODER-Schaltung

Eine Haus- und Wohnungstürklingel benötigt eine „ODER“-Schaltung. Baut aus zwei Schaltern oder Tastern („Klingelknöpfe“) und einem Summer (wie im Foto) oder einer Klingel eine solche Schaltung auf. Dazu benötigt ihr noch eine Batterie. Überprüft zum Schluss, ob die Klingelanlage funktioniert.

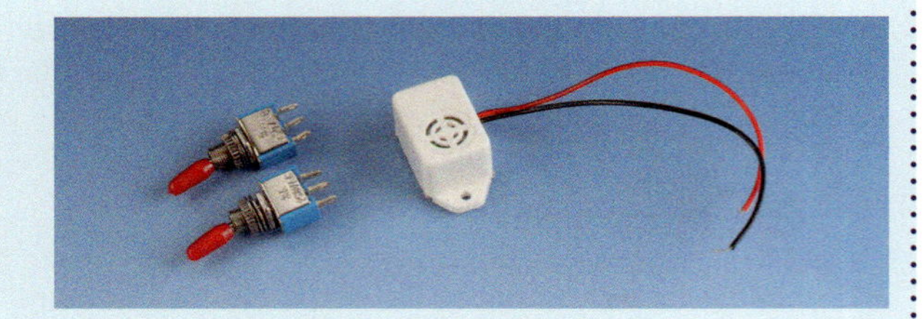

2. UND-Schaltung

Der Bewegungsmelder an der Haustür funktioniert so: Wenn es dunkel ist UND sich jemand bewegt, geht das Licht an. Ähnlich ist es auch bei einer Sicherungsschaltung. Nur wenn zwei Schalter oder Taster gleichzeitig geschlossen sind, läuft der Motor.

3. Wechselschaltung

An jeder Seite eines langen Flures soll das Deckenlicht ein- und wieder ausgeschaltet werden können. Rechts seht ihr, welche elektrischen Bauteile ihr zur Verfügung habt. Konstruiert daraus eine funktionierende Flurschaltung mit zwei Lampen.

4. Ampelschaltung (Fußgänger, Auto)

a) Eine Fußgängerampel findet ihr im Buchtext unter „ENTWEDER-ODER“-Schaltung. Baut sie zunächst auf und prüft sie dann.

b) Die Autoampel ist komplizierter, ihr seht es im Schaltbild. Baut sie nach und testet sie.

Am schönsten ist die Ampel mit farbigen Glühlämpchen oder LED-Lämpchen. Die hier abgebildeten kann man an eine 4,5 Volt Batterie anschließen.

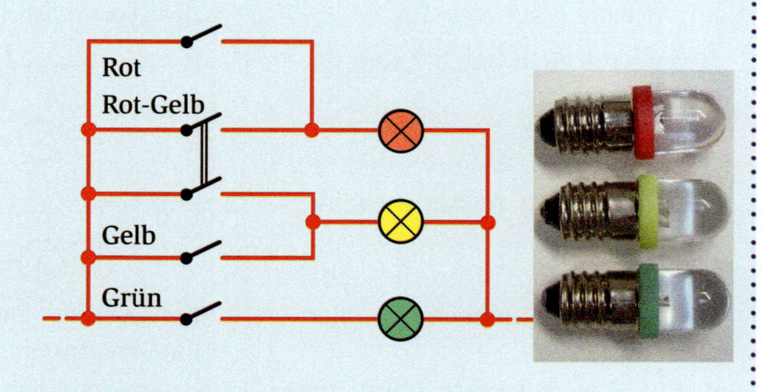

5. Modellierung mit einem Computerprogramm

Mit Computer-Programmen (z. B. „Crocodile-Physics“) kann man am Bildschirm Schaltungen ausprobieren. „Baue“ an dieser Station:

a) eine UND-Schaltung,

b) eine ODER-Schaltung,

c) eine Wechselschaltung auf.

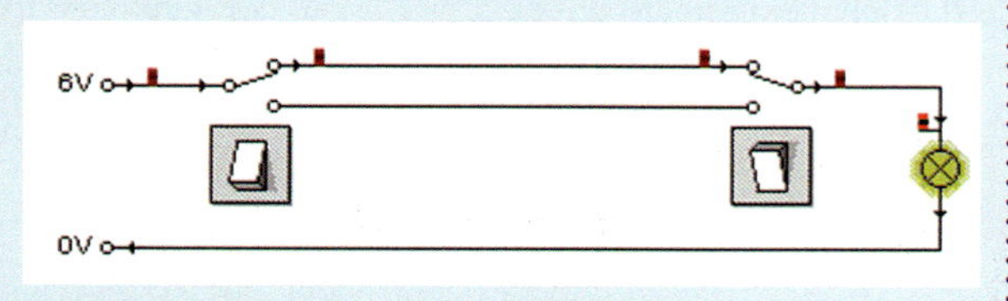

Wechselschaltung mit Crocodile-Physics

Interessantes

Die Reihenschaltung

Da echte Kerzen eine Brandgefahr darstellen, nimmt man gern elektrische Weihnachtskerzen – sogenannte Lichterketten. Ihr seht, dass die Lämpchen hintereinander in den Stromkreis geschaltet sind – sie sind „in Reihe" geschaltet. Beim Kauf einer Ersatzlampe für eine 10er-Lichterkette bekommt man ein 24-Volt Lämpchen. Alle Lämpchen hintereinander geschaltet brauchen dann die hohe Spannung der Steckdose (etwa 230 Volt). Damit darf man nicht experimentieren, es wäre lebensgefährlich! Wir wählen eine Minikette mit zwei Fahrradlämpchen und zwei 4,5-Volt-Batterien. In den Fällen **a)** und **c)** leuchten die Lämpchen normal hell. Im Fall **b)** sind beide Lämpchen zu dunkel.

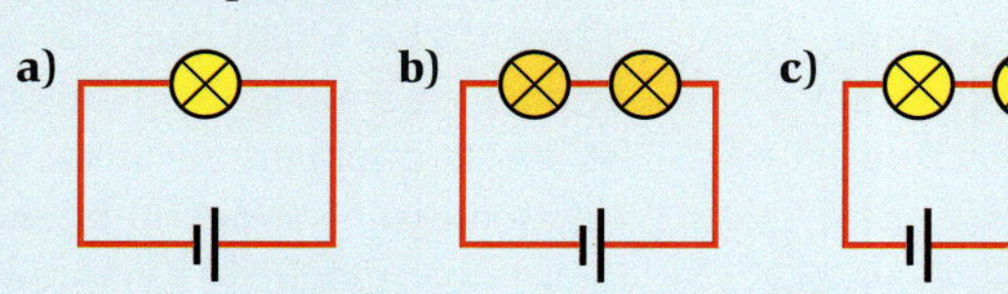

Die Parallelschaltung

Vielleicht gibt es bei euch zu Hause irgendwo eine Beleuchtungsvorrichtung wie die hier abgebildete. Es sind „Halogenlampen", die alle an derselben Stromquelle mit 12 Volt angeschlossen sind. Auch wenn 12 Volt ungefährlich sind, solltest du nicht mit solchen Lampen hantieren. Bei unserem Nachbau fällt auf, dass alle Lampen mit einem Anschluss am Pluspol, mit dem anderen Anschluss am Minuspol der Stromquelle angeschlossen sind. Man braucht hier keine große Spannung, egal wie viele Lämpchen es sind, immer reichen 12 Volt. Stattdessen wird aber mit jeder zugeschalteten Lampe der Elektrizitätsstrom im Kreis größer.

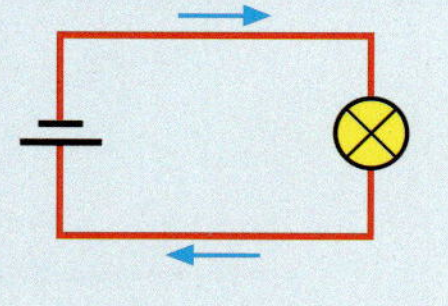

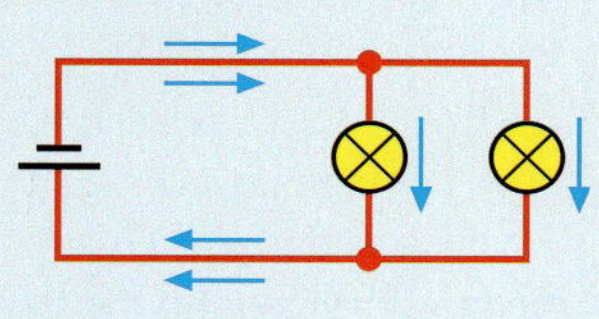

Projekt

Elektroinstallation im Modellhaus

Der Nachbau einer Elektroinstallation eines Hauses ist gar nicht so schwer. Alle Lampen sind an einer Stromquelle parallel angeschlossen. Zum Öffnen und Schließen der Stromkreise gibt es einfache Schalter oder Wechselschalter. Eine Klingelanlage hat am besten zwei Taster in einer ODER-Schaltung für z. B. Gartentor und Haustür.

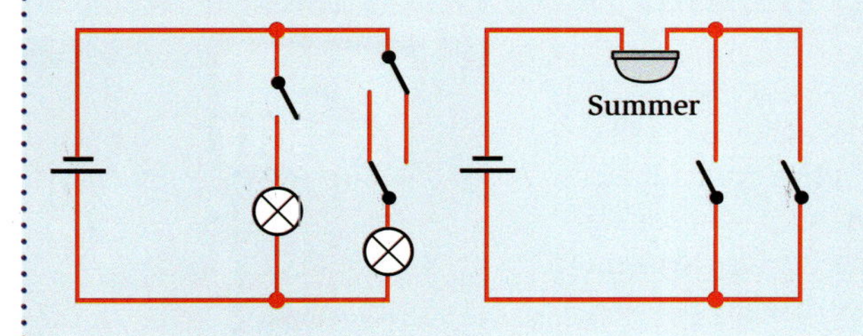

Brücke mit Beleuchtung

Im Kunstunterricht gab es das Projekt Brückenbau. Lasse, Tim und Lukas haben ihre Brücke beleuchtet. Als Laternenmasten haben sie Knickstrohhalme genommen. Als Lampen nahmen sie weiße Leuchtdioden (LEDs). Die Schaltung ist etwas Besonderes. Man muss jede LED mit dem kurzen Beinchen an den Minuspol anschließen, sonst leuchtet sie nicht. Alle LEDs sind parallel an die Babyzellen angeschlossen ➜ **Interessantes**. Viel Spaß beim Nachbau.

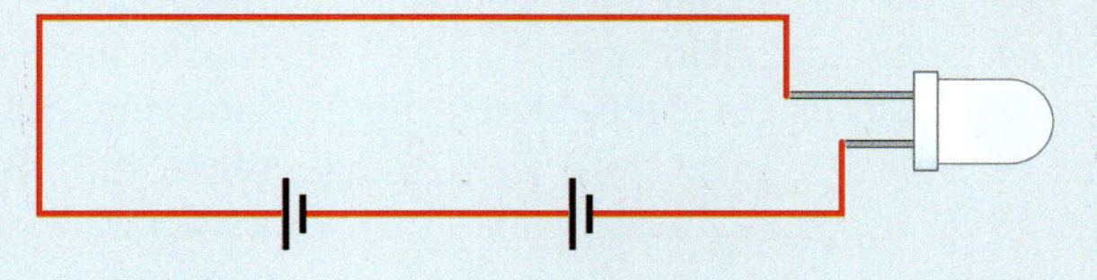

Unterschiedliche Materialien leiten verschieden gut

Energie wird über weite Strecken mit Hochspannungsleitungen übertragen. Die sind wegen der hohen Spannung sehr gefährlich. Deshalb müssen sie sehr gut isoliert sein, z. B. gegenüber den Stahlmasten und uns Menschen. Welche Materialien leiten nun die Elektrizität und welche nicht? Messgeräte helfen, dies ganz genau herauszufinden.

A1 Schlage im Wörterbuch nach, was das Wort „isolieren" bedeutet. Versuche die Bedeutung mit eigenen Worten auszudrücken.

A2 Findet heraus, welche Stoffe Elektrizität leiten. Versuchsskizze (noch keine fertige Schaltung):

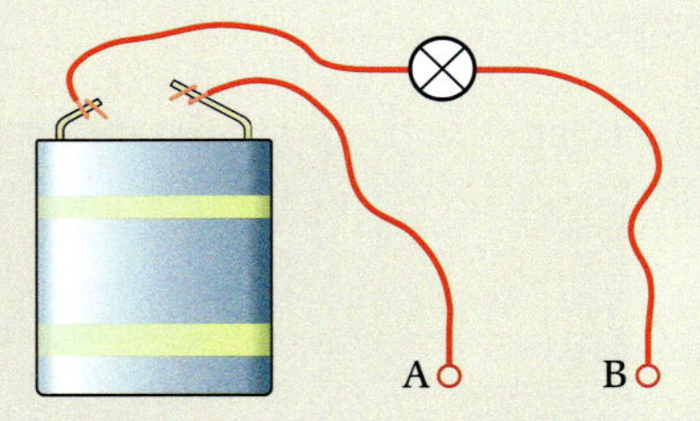

Die Kontakte A und B könnt ihr auf einem Brettchen mit blanken Heftzwecken herstellen.
Legt dann nacheinander verschiedene Gegenstände zwischen A und B, natürlich so, dass die Leitungen bei A und B den Gegenstand berühren. Beobachtet genau und zieht eure Schlüsse aus der Beobachtung.

A3 An diesen aufgeschnittenen Kabeln siehst du verschiedene Stoffe. Zähle sie auf und erkundige dich, welchen Zweck sie jeweils haben.

A4 Heimversuch: Leihe dir von deiner Schule eine Leuchtdiode (LED), etwas Schaltdraht und zwei Kohlestäbe aus. Führe dann zu Hause den abgebildeten Versuch durch.

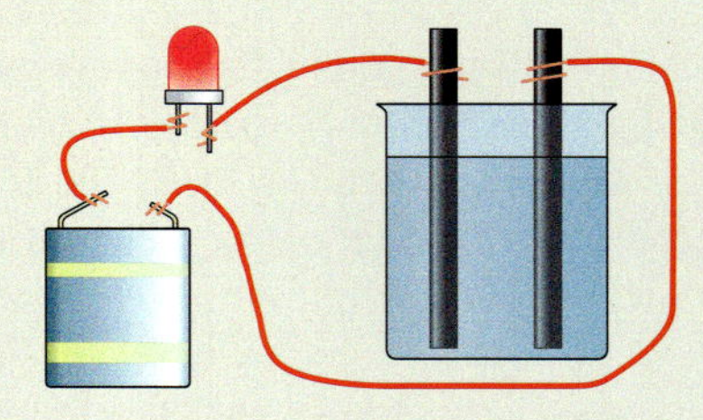

Nimm zunächst nur Leitungswasser und beobachte die LED. Gib dann eine Prise Salz hinzu, rühre gut um und beobachte wieder. Gib schrittweise weitere Salzportionen zu. Notiere das Versuchsergebnis in einem Protokoll.

A5 Hast du ein Aquarium zu Hause? Dann schau nach, ob eine Beleuchtungsanlage vorhanden ist. Ist sie direkt an die Steckdose angeschlossen? Sprich mit deinen Eltern über mögliche Gefahren. Denkt euch gemeinsam aus, was alles passieren kann, wenn die Lampe beim Hantieren in das Wasser fällt. Gibt es auch einen Heizstab und eine Pumpe? Wie sind diese angeschlossen?

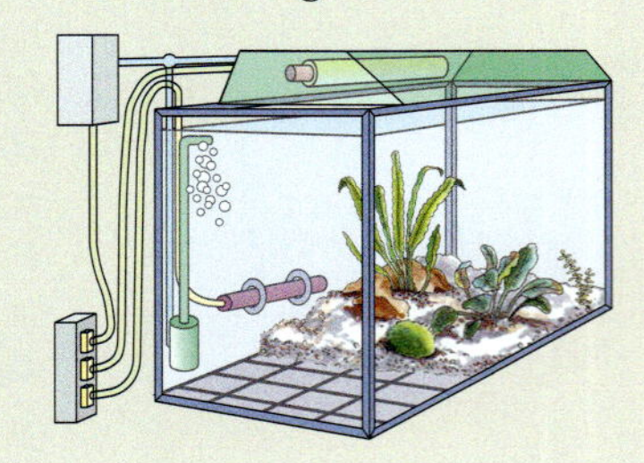

A6 Diese Bratwurst liegt in einem Stromkreis. Sie ist schon gar. Was schließt du daraus?

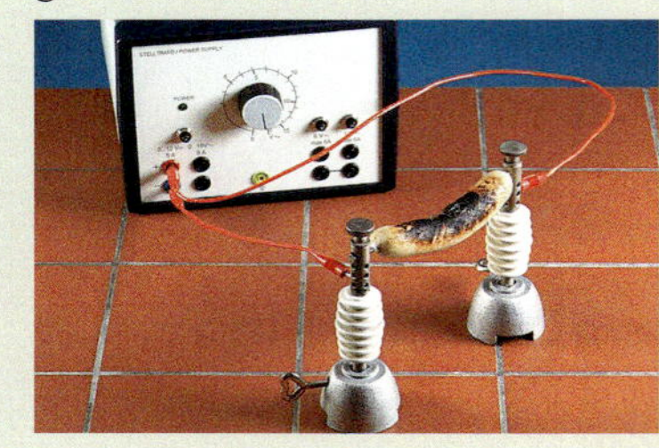

Leiter und Isolatoren

1. Leitet jede Art von Materie?

Daniel und Sofia haben das kleine Experiment in → V1 gemacht: „Nimm doch mal eine Metallschere, auch sie leitet Elektrizität“. Sofia schlägt vor, noch weitere Gegenstände zu testen: Lineal, Kamm, Bleistift, Radiergummi, Schlüssel usw. Wenn die Lampe leuchtet, zeigt sie uns, dass der untersuchte Gegenstand leitet → V1. Überbrückt Daniel die Lücke A–B mit Gegenständen aus Metall, so leuchtet die Lampe; ist die Lücke mit Glas oder Kunststoff überbrückt, so bleibt die Lampe dunkel. Es kommt also nicht darauf an, wie ein Gegenstand geformt ist oder zu welchem Zweck er benutzt wird – der Stoff, aus dem er besteht, entscheidet.

Stoffe, die Elektrizität leiten, nennt man **Leiter**. Nichtleiter, wie z. B. Kunststoff, heißen **Isolatoren**. Sofia und Daniel notieren alle getesteten Materialien im Versuchsprotokoll.

Merksatz
Metalle und Kohle sind Leiter.
Luft, Glas, Porzellan und Kunststoffe sind Isolatoren.

2. Der Trick beim Schalter

Sofia überlegt: „Wenn sonst ‚nichts‘ unsere Teststrecke überbrückt, ist immer noch Luft dazwischen.“ Die Lampe leuchtet in dem Fall aber nicht, also ist auch Luft ein Nichtleiter. Nun bringt Daniel die Drähte in → V1 direkt zusammen: Schon leuchtet die Lampe. Sie erlischt sofort wieder, wenn er die Kontakte trennt. Sofia und Daniel haben gemeinsam den Schalter „erfunden“ → Physik und Technik.

Merksatz
Mit Schaltern kann man Stromkreise unterbrechen.
Sie nutzen aus, dass Luft ein Isolator ist.

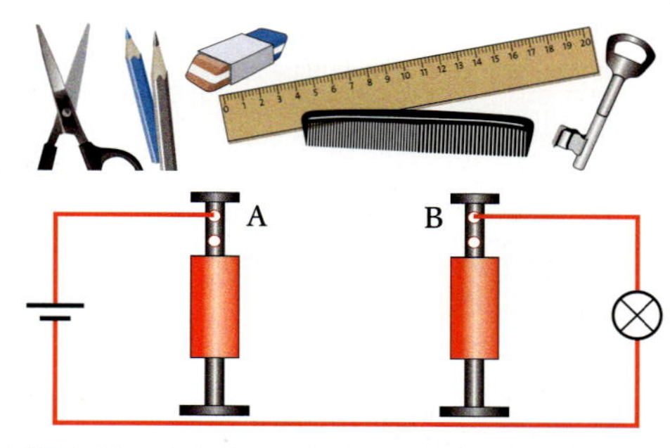

V1 Verschiedene Gegenstände werden so zwischen A und B gehalten, dass die Leitungen bei A und B den Gegenstand berühren. Wenn die Lampe leuchtet, ist der Stoff, aus dem der Gegenstand ist, ein Leiter. Das Ergebnis ist in → T1 zusammengefasst:

Leiter	Isolator
Kohle	Glas
Kupfer	Holz
Aluminium	Papier
Chrom	Plastik
Messing	Gummi
Silber	Wolle
Eisen	Bernstein
	Luft

T1 Einige Leiter und Isolatoren

Mach's selbst

A1 Benenne etwa 10 Gegenstände, die Elektrizität leiten. Schreibe jeweils den Stoff hinzu, aus dem sie bestehen.

A2 Ist Porzellan ein Nichtleiter? Plane dazu einen Versuch und führe ihn zu Hause durch. Berichte in der Schule.

Physik und Technik

Schalter und Kabel

Materialien aus unterschiedlichen Stoffen fühlen sich verschieden an und sehen auch verschieden aus. Auf dieser Seite haben wir erkannt, dass auch ihre elektrischen Eigenschaften unterschiedlich sein können. Manche Stoffe leiten die Elektrizität, andere lassen keinen elektrischen Strom zu, sie sind Nichtleiter. Eine wesentliche Erkenntnis war: Alle Metalle sind Leiter, gleichgültig ob weich wie Gold oder hart wie Stahl. Das macht sie zu etwas Besonderem auch für die Technik. In allen elektrischen Kabeln befindet sich ein Draht oder ein Bündel dünner Drähte. Meist sind sie aus Kupfer, einem häufig verwendeten Leiter. Die äußere Hülle der Kabel besteht aus isolierendem Kunststoff. Das verhindert direkten Kontakt zwischen den Kabeln und schützt uns vor Berühren der Drähte. Wie bei Kabeln ist es auch bei Schaltern: Das Gehäuse und die meisten inneren Bestandteile sind aus Kunststoff (bei alten Schaltern aus Porzellan). Nur die Anschlüsse und das bewegliche Teil, das den Stromkreis schließen soll, sind aus Metall.

B1 Gewitter über dem Meer

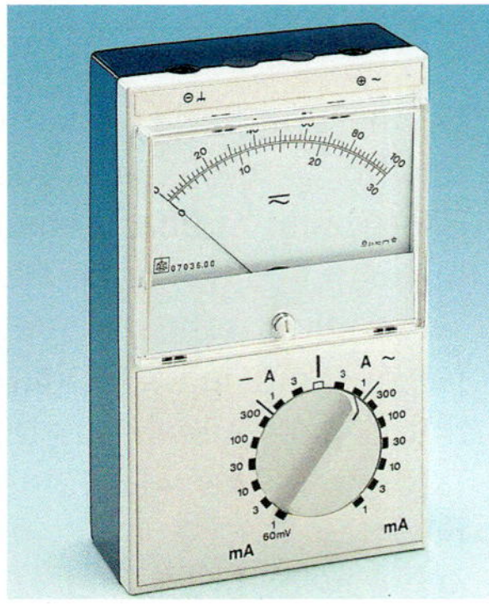

B2 Messgeräte für die Stärke des Stroms

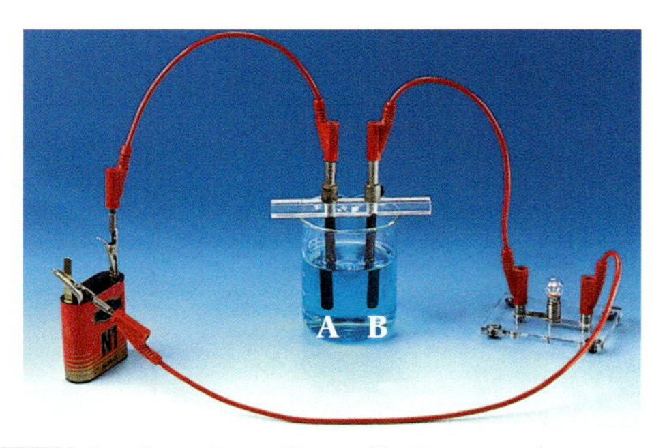

V1 In dem Trog liegt die Teststrecke A–B zwischen zwei Kohlestäben. Wir füllen zunächst sauberes Leitungswasser in den Trog: Die Glühlampe leuchtet nicht. Lösen wir aber Kochsalz gut im Wasser auf, so leuchtet sie – und dies umso heller, je mehr Salz gelöst ist.

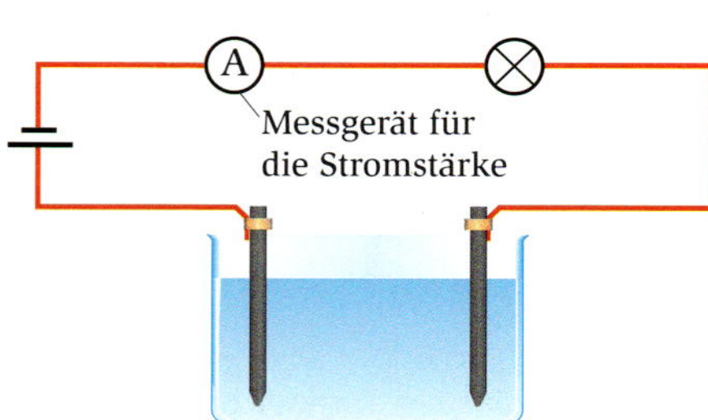

V2 Wir bauen zusätzlich in Reihe zur Lampe ein Stromstärke-Messgerät ein und wiederholen den Versuch → **V1**. Ergebnis: Schon bei Leitungswasser schlägt der Zeiger etwas aus und zeigt damit Strom an. Die Glühlampe leuchtet aber noch nicht. Erst wenn wir Salz zufügen, fängt sie an zu leuchten. Je heller sie leuchtet, desto größer ist der Zeigerausschlag.
Auch bei anderen, z. B. sauren Flüssigkeiten entsteht Strom: Gurkenwasser, Zitronensaft, Cola usw.

3. Wasser – Leiter oder Isolator?

In Bädern oder anderen Feuchträumen soll man sich vor den Gefahren der Elektrizität besonders schützen. Bei einem heraufziehenden Gewitter → **B1** soll man das Meer schnellstens verlassen. Leitet denn auch Wasser Elektrizität?

In → **V1** sieht es zunächst nicht so aus. Geben wir aber etwas Salz zum Wasser hinzu, ändert sich dies. Unser Experiment weist Wasser aber nicht einfach als Leiter oder Nichtleiter aus (Lampe leuchtet oder leuchtet nicht). Es zeigt Zwischenstufen: Wasser leitet schlecht, wenn nur wenig Salz gelöst ist (die Lampe leuchtet schwach); eine kräftige Salzlösung dagegen leitet gut (die Lampe leuchtet hell).

4. Schwacher Strom – schlechter Leiter

Vielleicht leitet sauberes Leitungswasser auch, aber so schlecht, dass die Glühlampe gerade noch nicht leuchtet! Um das zu prüfen, nehmen wir ein Anzeigegerät, das empfindlicher ist als unsere Lampe. Fließt Elektrizität durch ein derartiges Gerät, dann schlägt sein Zeiger aus. Je weiter der Zeiger ausschlägt, desto stärker strömt die Elektrizität.

→ **V2** bestätigt unsere Vermutung. Leitungswasser leitet Elektrizität schlecht, sie fließt nur schwach. Wir sprechen dann in der Physik von einer kleinen elektrischen Stromstärke. Das verwendete Messgerät ist also ein Stromstärke-Messgerät wie in → **B2**. Je mehr Salz wir dem Wasser zugeben, desto größer wird die Stromstärke. Daraus können wir schließen, dass die Flüssigkeit umso besser leitet, je mehr Salz in ihr gelöst ist.

Nur reines Wasser leitet Elektrizität praktisch nicht, unser Messgerät zeigt nichts an.

Merksatz

Reines Wasser ist ein schlechter Leiter. Salzwasser leitet Elektrizität umso besser, je mehr Salz gelöst ist.

Kompetenz – Messgerät benutzen

Ein Stromstärke-Messgerät soll den elektrischen Strom messen. Also muss es in einer Reihe mit der Lampe (oder einem Motor) in den Stromkreis eingebaut werden. Mach es also immer so wie im Bild unten.

Der Messbereich eines solchen Instrumentes gibt an, bei welcher Stromstärke der Zeiger voll ausschlägt bzw. die höchste Zahl im Display eines Zifferninstrumentes (Digitalmessgerät) erscheint. Wähle zunächst den Messbereich mit dem größten Wert. Lass dies von deinem Lehrer oder deiner Lehrerin überprüfen. Schalte dann vorsichtig in den nächst kleineren Messbereich und behalte dabei die Anzeige im Auge.

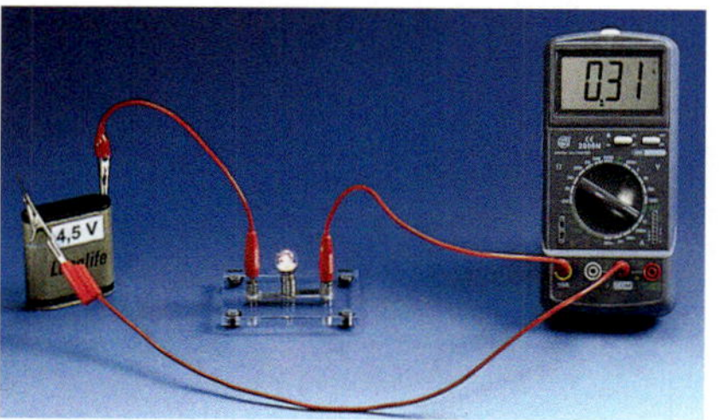

Bei analogen Messgeräten darf der Zeiger das Ende der Skala nicht überschreiten. Digitale Messgeräte zeigen eine Überschreitung des Messbereichs durch eine 1 links im Display an.

Wenn du gut ablesbare Werte bekommst, hast du alles richtig gemacht.

Kompetenz – Prinzipien eines Versuchsprotokolls

Jemand, der deinen Versuch nicht selbst durchgeführt hat, muss nach dem Studieren deines Protokolls genau wissen, warum, wie und mit welchem Ergebnis du das Experiment durchgeführt hast. So macht man es in der Wissenschaft, genauso lernst du es im Unterricht. Weil dies wichtig ist, wiederholen wir die einzelnen Schritte der Anfertigung noch einmal – hier mit dem Versuch zu „Ist Wasser elektrisch leitend?".

Typische Bausteine eines Protokolls

1. **Ziel des Versuchs**
   Warum machen wir eigentlich das Experiment? Wollen wir eine Vermutung überprüfen, oder wollen wir etwas Neues herausfinden?
2. **Benötigtes Material**
   Welche einzelnen Bauteile müssen wir bereitlegen, um daraus den gewünschten Versuchsaufbau herzustellen?
3. **Versuchsaufbau**
   Wie werden die einzelnen Teile zusammengefügt, welche geschickte Möglichkeit wählt man? Manchmal genügt eine Skizze.
4. **Versuchsdurchführung**
   Hier werden die einzelnen Schritte bei der Durchführung des Experiments so genau geschildert, dass jede Person den Versuch danach selbst ohne weitere Anleitung ausführen könnte.
5. **Beobachtung/Messwerte**
   Hier schreibt man auf, was man beim Ablauf des Versuchs beobachtet – und dies möglichst lückenlos. Einzelergebnisse werden übersichtlich notiert.
6. **Auswertung/Deutung**
   Hier kann ein Diagramm sinnvoll sein oder eine Übersichtstabelle mit einer kurzen Erklärung. Vielleicht kann man aber das Ergebnis auch bereits erklären mit dem, was man schon gelernt hat.

Kurzfassung eines Versuchsprotokolls

1. Wir möchten erfahren, warum immer wieder vor elektrischen Geräten im Bad gewarnt wird. Ist Wasser ein Leiter?
2. Batterie 4,5 V, zwei Isolierstützen, Becherglas, Kohlestäbe, Krokodilklemmen, Kabel, Glühlampe (6 Volt).
3. Vereinfachte Versuchsskizze:

4. Die zwei Kohlestäbe haben wir an Isolierstützen befestigt und in das mit Wasser gefüllte Glas eingetaucht. Nach und nach haben wir immer mehr Salz in das Wasser gegeben.
5. Am Anfang hat die Lampe nicht geleuchtet. Nach mehreren Prisen Salz fing die Lampe schwach an zu leuchten. Nach etwa einem Teelöffel leuchtete sie hell.
6. Reines Wasser leitet höchstens so schwach, dass die Lampe nicht leuchten konnte. Salzwasser aber ist ein guter Leiter.

Projekt

Eine kriminaltechnische Untersuchung

Eine Person soll des Diebstahls überführt werden. Am Untermeer soll die Person ein Boot gestohlen haben. Sie behauptet aber am Obermeer gewesen zu sein, also könne sie das Boot gar nicht gestohlen haben.

Die Polizei findet bei ihrer Untersuchung Reste von Meerwasser im Boot. Nun sind Kriminalbeamte schlaue Leute. Sie wissen, dass der Salzgehalt der Meere auf dieser Welt unterschiedlich ist – so auch im Untermeer und im Obermeer.

- In 150 ml aus dem Untermeer sind etwa 0,8 g Salz gelöst.
- Nimmt man dagegen 150 ml aus dem Obermeer, findet man dort etwa 2,8 g Salz.

Mit eurem heutigen Experiment könnt ihr selbst das Alibi des Diebes überprüfen. Ihr sollt also herausfinden, ob etwa 0,8 g in 150 ml gelöst sind, oder doch eher 2,8 g. Da die Aufgabe nicht einfach ist, geben wir euch einige Schritte als Aufträge vor:

Aufträge:
Messt die Stärke des Stromes bei unterschiedlicher Salzmenge in einem Becherglas mit 150 ml Wasser.

1 Ihr beginnt mit reinem Leitungswasser. Notiert die Salzmenge und den Stromstärke-Messwert in einer Tabelle.

2 Vor der zweiten Messung löst ihr 1 g Salz im Wasser eures Becherglases auf (gut umrühren). Tipp: Ihr könnt Portionen von je 1 g Salz schon vorher in Pralinenförmchen aus Papier abwiegen und bereithalten.

3 Vor der dritten Messung gebt ihr noch einmal 1 g Salz in eure Lösung – und das bei allen weiteren Messungen ebenso.

4 Als Schaltung wählt ihr die Schaltung aus → B1. Achtet darauf, dass ihr zu jeder Messung die Kohlestifte bis auf den Boden absenkt.

5 Wählt zur Messung am Netzgerät jeweils 5 V Spannung (Drehknopf auf die Markierung einstellen). Ersatzweise nehmt ihr eine 4,5-V-Batterie.

6 Tragt eure Messergebnisse zusätzlich in das vom Lehrer vorbereitete Diagramm ein. Eine Mustermesskurve sieht so aus wie in → B2.

7 Zum Schluss spült ihr euer Glas aus und testet 150 ml des unbekannten Meerwassers. Eure Lehrerin oder euer Lehrer hat es in Sprudelflaschen bereitgestellt. Übertragt auch diesen Wert in das Diagramm.

8 Stellt das Ergebnis eurer Untersuchung in einem kurzen Vortrag vor.

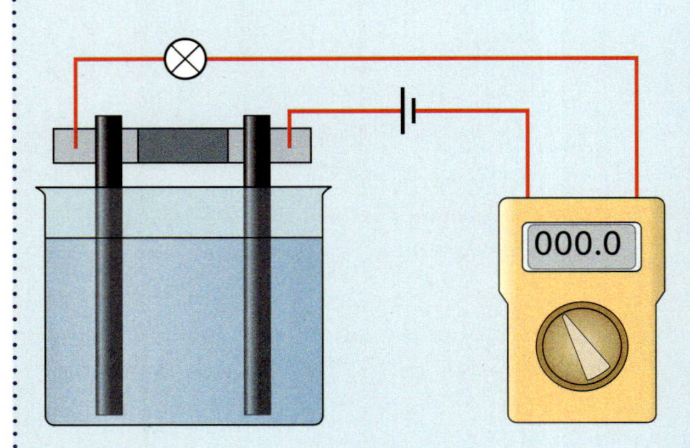

B1 So sieht der Versuchsaufbau aus, den ihr für eure Untersuchung benötigt – hier in vereinfachter Darstellung. Eure Lehrerin oder euer Lehrer wird euch sagen, wie ihr das Messgerät einstellen müsst.

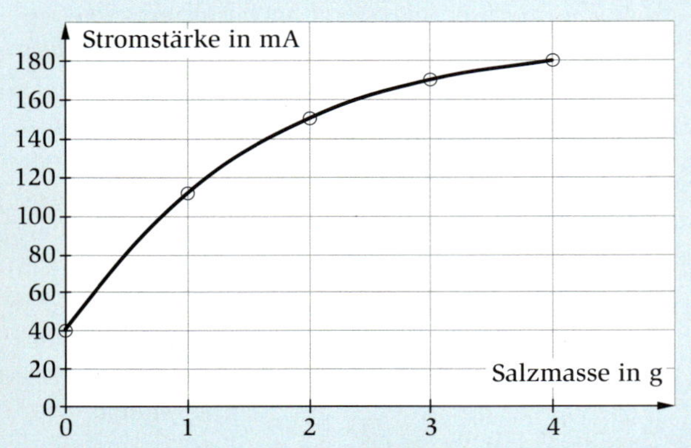

B2 So ähnlich wie diese Messkurve wird auch eure eigene aussehen, aber vielleicht liegen alle Messpunkte etwas höher oder auch etwas niedriger als die von uns gemessenen.

Projekt

Wie feucht ist die Blumenerde?

Hast du gehört, dass man Blumen auch zuviel Wasser geben kann? Sie „ertrinken“ dann. Trockenheit dagegen lässt die Pflanzen schnell verwelken.

Material
Batterie, Blumentopf, Kohlestäbe, Messgerät oder Leuchtdiode, Kabel

Das Bild zeigt einen Versuchsaufbau, mit dem du die Feuchtigkeit der Blumenerde prüfen kannst. Trockene Blumenerde leitet Elektrizität nicht. Erst wenn du Wasser dazugießt, schlägt das Messgerät aus und zeigt so einen elektrischen Strom an (anstelle des Messgerätes kannst du eine empfindliche Leuchtdiode nehmen – eine sogenannte low current LED).

Steckst du die Kohlestäbe tief in die Erde, dann bestimmst du auch die Feuchtigkeit an den Wurzeln, die sich mit einer „Fingerprobe“ nur schwer bestimmen lässt.
Eva möchte das Experiment noch erweitern: Nach einem Regenguss ist die obere Erdschicht feucht. Ist das Wasser auch tief genug eingedrungen? Plane eine Änderung deiner Versuchsanordnung so, dass du erkennen kannst, in welcher Tiefe es noch trocken geblieben ist (ohne dass du graben musst).

Kompetenz – Verstehen der Welt und Nutzung im Alltag

Die Physik hilft, Naturgesetze zu entdecken, mit deren Hilfe wir die Welt besser verstehen können.

Physikalisches Wissen ermöglicht aber auch, neue technische Geräte zu entwickeln und in Fabriken bauen zu lassen. Viele Leute verdienen damit ihr Geld. Wenn die Geräte nicht zu kompliziert sind, könnt ihr sie mit eurem physikalischen Wissen schon durchschauen. So habt ihr z. B. einfache Stromkreise zu Ampelanlagen kennengelernt und erprobt.

Sogar nicht so leicht durchschaubare Erscheinungen konnten wir klären: Warum leuchtet eine Lampe nicht, obwohl sie in einen geschlossenen Stromkreis mit Wasserbecken eingebaut ist? Naheliegende Antwort: Das Wasser leitet die Elektrizität nicht.

Wir sind durch den Umgang mit Messgeräten jetzt klüger geworden: Vielleicht reicht ja der Strom nur nicht aus, die Lampe leuchten zu lassen? Solche und ähnliche Fragen können mit geeignetem physikalischen Vorgehen beantwortet werden. So haben wir es gemacht – mit einem empfindlichen Messgerät konnten wir die Vermutung bestätigen.

Selbst bei der Aufklärung von Kriminalfällen hilft es, wenn man physikalische Gesetzmäßigkeiten kennt und physikalische Methoden anwenden kann. Das kann man im Projekt auf dieser Doppelseite sehen.

All dies zeigt: Man muss hinter dem, was man beobachtet, die Physik entdecken. Unsere Experimente haben uns schon ein wenig den Blick dafür geschärft.

Mach's selbst

A1 Bei einer Elektrolok fällt einem nur eine Leitung über dem Zug auf. Die Lok berührt sie mit einem ausfahrbaren Gestell, dem „Stromabnehmer“. Jemand sagt: „Dort wird der Strom abgenommen und in der Lok verbraucht“. Korrigiere diese Vorstellung mit deinem Wissen vom Stromkreis.

A2 Vor 50 Jahren gab es schon Elektromotoren. Man konnte sie aber nicht elektronisch regeln. Ein Riesenrad fuhr aber auch damals schon langsam an. Ein Angestellter senkte dabei eine Platte vorsichtig in eine Flüssigkeit. Ahmt dies mit diesem Versuch nach:

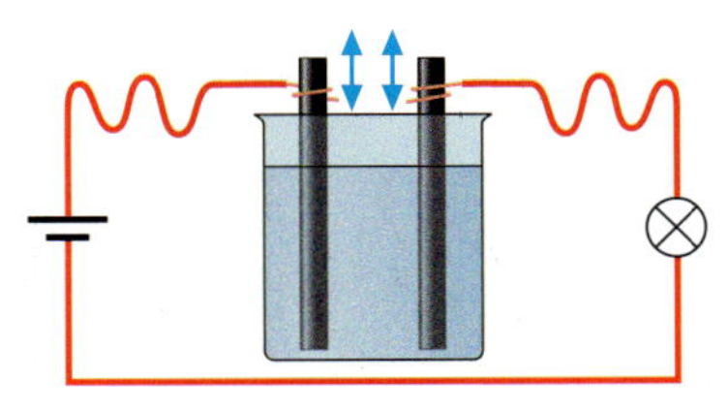

Baut zusätzlich ein Messgerät mit in den Stromkreis.

Nennspannungen von Quelle und Verbraucher

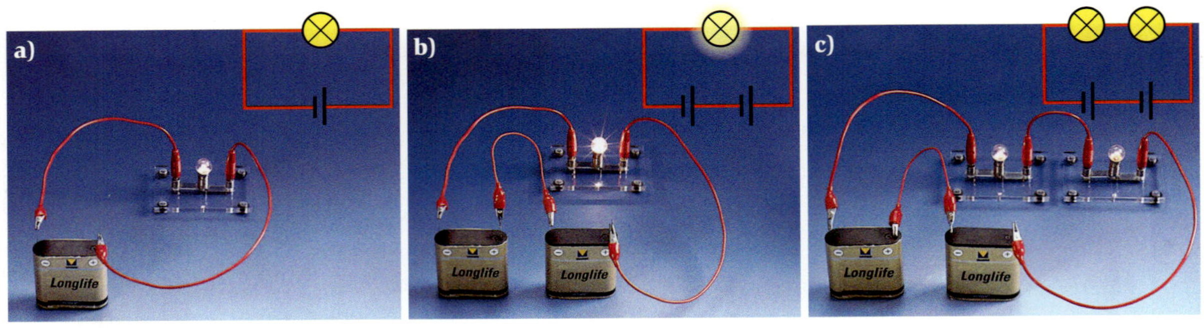

B1 Die Stärke des elektrischen Stromes hängt von der Zahl der Batterien (Antrieb) und Zahl der Glühlampen ab.

V1 **a)** Schalte wie in → B1b zwei Batterien in Reihe in den Stromkreis. Tatsächlich, die Lampe leuchtet nun heller als mit nur einer Batterie.
b) Schalte eine weitere Glühlampe mit der ersten in Reihe → B1c. Beide Lampen leuchten nun nur so hell wie eine Lampe mit nur einer Batterie → B1a.

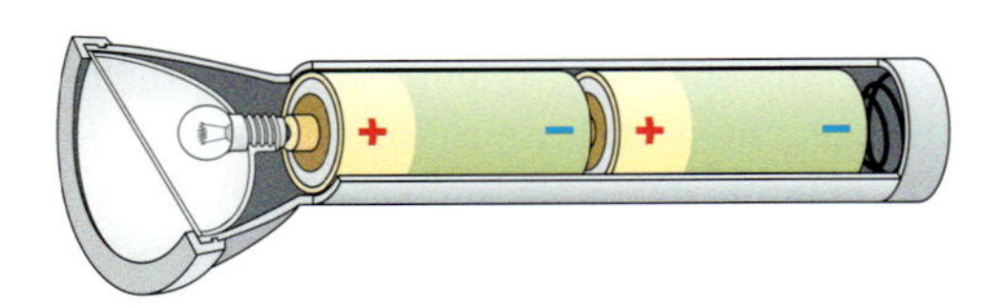

B2 Monozellen in Reihe liefern einen stärkeren Antrieb.

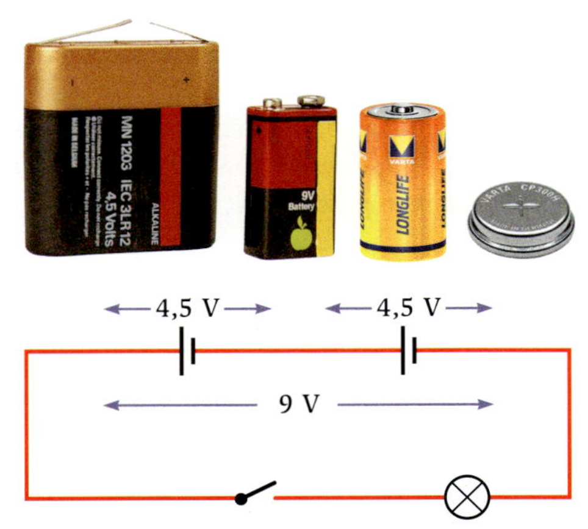

V2 Baue die Schaltung mit unterschiedlichen Batterien nach (Monozelle mit 1,5 V, Flachbatterie mit 4,5 V, Blockbatterie mit 9 V). Je größer die Voltangabe ist, desto heller leuchtet die Lampe. Eine 9 V-Batterie wirkt wie zwei in Reihe geschaltete 4,5 V-Batterien.

1. Je mehr Antrieb, desto heller die Lampe

Im → B1a leuchtet die Lampe normal hell. Sie soll nun heller leuchten. Lisa hat einen Vorschlag: „Heller leuchtet sie, wenn der Strom stärker ist. Wir müssen den **Antrieb** vergrößern. Hätten wir einen Wasserkreislauf, dann würden wir zwei Pumpen nehmen. Vielleicht könnten wir beim elektrischen Strom zwei Batterien statt einer nehmen?“

Lisa schaltet zwei Batterien in Reihe, so wie sie es von einer Stabtaschenlampe kennt → B2. Auch dort werden die Batterien so geschaltet: Pluspol der einen an den Minuspol der anderen. → V1a zeigt, dass mit zwei Batterien der Antrieb tatsächlich stärker geworden ist.

Was geschieht, wenn wir neben dem Antrieb auch die Anzahl der Lampen erhöhen? Eigentlich müsste jetzt der Strom wieder schwächer werden – wie beim Wasserschlauch, der noch an einer zweiten Stelle zugequetscht wird. → V1b bestätigt dies: Zwei Batterien in Reihe geschaltet haben zusammen einen größeren Antrieb, zwei Glühlampen in Reihe sorgen dafür, dass der Strom doch nicht stärker wird. Das gleicht sich aus: Ein größerer Antrieb erhöht die Stromstärke, mehr Lampen hintereinander verkleinern sie.

2. Die Spannung bestimmt den Antrieb

Lisa hat den Antrieb durch Zuschalten einer zweiten Batterie verstärkt. Es geht auch anders: In → V2 verwenden wir Batterien, die sich in der Form, vor allem aber durch die Angabe 1,5 V, 4,5 V und 9 V (V: Volt) unterscheiden. Diese Angabe auf der Batterie beschreibt den Antrieb. Statt vom „elektrischen Antrieb“ spricht man von der Spannung einer Batterie. Die bisher oft verwendeten Flachbatterien haben eine Spannung von 4,5 V → T1. Der starke Antrieb von 230 V erzwingt im Vergleich eine gefährlich große Stromstärke.

Merksatz
Die Stromstärke im Stromkreis hängt von der Spannung und der Anzahl der in Reihe geschalteten Lampen ab.

3. Die Spannungen müssen zusammenpassen

Auch auf den Glühlampen findest du eine Spannungsangabe in Volt aufgedruckt. Was soll diese Angabe bedeuten, Glühlampen treiben doch keine Elektrizität an?
Die Lampenaufschrift gibt die sogenannte **Nennspannung** der Glühlampe an (hier z. B. 230 V). Darunter versteht man die Spannung, die man für den normalen Betrieb der Lampe braucht.

- Liegt die Spannung unter der Nennspannung, wie in → V3, dann funktioniert die Lampe nicht ordentlich. Sie leuchtet zu dunkel oder überhaupt nicht.
- Liegt die Spannung über der Nennspannung des Lämpchens → V4, dann leuchtet sie zu hell.

Bei → V4 gibt es sogar eine böse Überraschung: Die Lampe geht plötzlich aus, sie hat eine Unterbrechung bekommen. Außerdem hat ein dunkler Belag den Glaskolben von innen geschwärzt → B3. Was ist geschehen?
Die hohe Spannung am Netzgerät lieferte einen zu starken Strom durch den Glühdraht. Damit erhitzte sich der Glühdraht so stark, dass das Metall verdampfte. Der Metalldampf hat sich schließlich an der Innenseite des Kolbens niedergeschlagen (der Belag lässt sich nicht abreiben).

Merksatz
Die Spannung einer Stromquelle darf nicht über der Nennspannung angeschlossener Geräte liegen.

Beim Tausch verbrauchter Batterien eines elektrischen Gerätes musst du auf die richtige Spannung achten. Aber auch die Polung der Batterien muss stimmen: Der Pluspol der Batterie wird an den Plus-Anschluss des Gerätes angeschlossen, der Minuspol entsprechend an den Minus-Anschluss.

Stromquelle	Spannung
Alkaline-Monozelle	1,5 V
Flachbatterie (3 Monozellen)	4,5 V
Blockbatterie (6 Monozellen)	9 V
Autobatterie (Bleibatterie)	12 V oder 24 V
Spielzeugtrafo	20 V
Ab jetzt wird´s gefährlich!	
Telefonnetz	60 V
Hausnetz	230 V
Oberleitung der Straßenbahn	500 V
Oberleitung der Eisenbahn	15 000 V
Überlandleitung	bis 400 000 V

T1 Gebräuchliche Spannungen

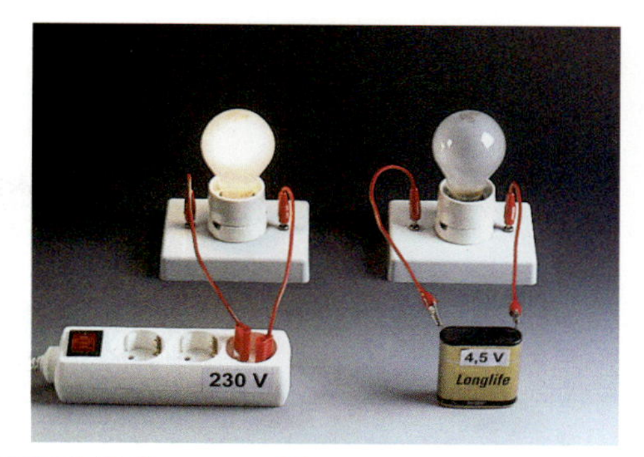

V3 (Lehrerversuch) Im Versuch wird eine übliche Haushaltslampe mit dem Aufdruck 220 V – 235 V an die Netzspannung 230 V angeschlossen. Sie leuchtet normal. Die Lampe bleibt dunkel, wenn man sie an eine Flachbatterie mit viel kleinerer Spannung (4,5 V) anschließt.

V4 Wir betreiben die Glühlampe aus einem Fahrradscheinwerfer (6 V) mit einem einstellbaren Netzgerät. Bei 6 V beginnend drehen wir langsam zu höheren Spannungen bis etwa 10 V. Die Glühlampe leuchtet hier sehr hell. Leider erlischt sie schon nach wenigen Minuten.

B3 Diese Glühlampe ist mit zu hoher Spannung betrieben worden.

Mach's selbst

A1 In Gedanken erweitern wir → V2 um einen Schritt: Wir nehmen eine der beiden Batterien wieder heraus. Schildere, was passiert.

A2 Schraube das Glühlämpchen aus deiner Taschenlampe und vergleiche den Aufdruck mit der Angabe auf den verwendeten Batterien.

A3 Recherchiere, wie groß die Netzspannung in verschiedenen Ländern ist (z. B. USA, Japan, Mexiko, Kuwait)

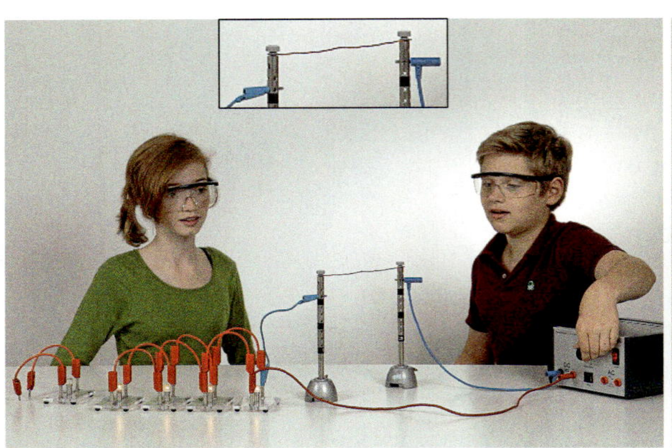

B1 Nora und Simon testen ihre Sicherung: Fünf Lampen sind zuviel, der dünne Draht schmilzt → V3 !

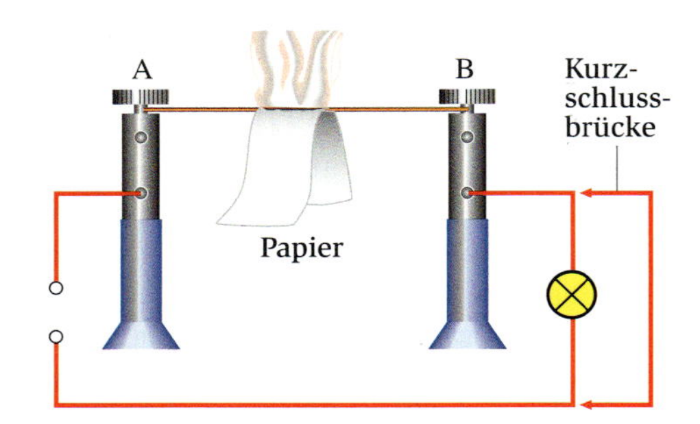

V1 In dem Schaltkreis besteht eine der Zuleitungen zur Lampe aus einem Konstandraht. Über dem Draht hängt ein Papierreiter. Wir stellen den Strom so ein, dass die Lampe hell leuchtet. Katharina überbrückt nun die Glühlampe mit einem kurzen dicken Draht. Der Konstantandraht wird schnell glühend und entzündet den Papierreiter. (Achte darauf, eine nicht brennbare Unterlage für den Versuch zu benutzen!)

V2 Im Aufbau von → V1 wird der Konstantandraht durch einen dünneren Draht oder einen Lamettafaden ersetzt, der schon bei niedrigerer Temperatur schmilzt. Wieder sorgen wir für einen Kurzschluss an der Lampe. Wieder steigt die Stromstärke im Stromkreis an. Der statt des Drahtes benutzte Lamettafaden schmilzt durch und unterbricht so den Stromkreis, bevor die anderen, dickeren Leitungen glühend heiß werden können.

Vorsicht bei solchen Versuchen: Schütze deine Augen durch eine Brille vor heißen Metallspritzern!

1. Heiße Drähte sind gefährlich

Ein kurzer dicker Schlauch behindert den Wasserfluss nicht so stark wie ein langer dünner Schlauch. Genauso stellt ein kurzer dicker Draht für die Elektrizität einen kleineren Widerstand dar als ein langer dünner Glühlampendraht. Schaltet man ein solches Drahtstück parallel zur Glühlampe, findet die Elektrizität einen zusätzlichen „bequemen" Nebenweg. Schlagartig wird der Strom im gesamten Kreis sehr stark.

Das Überbrücken der Glühlampe nennt man **Kurzschluss.** So ein Kurzschluss kann eine Brandgefahr bedeuten. Die zeigt das Entzünden des Papierreiters in → V1 .

Merksatz

Beim Kurzschluss besteht Brandgefahr.

2. Sicherungen helfen

In alten brüchigen Kabeln oder defekten Geräten kann es auch im Stromnetz zu Hause zu Kurzschlüssen kommen. Leitungskabel können dann so heiß werden, dass Isolierungen schmelzen, Tapeten oder Vorhänge sich entzünden und so Wohnungsbrände auslösen. Gibt es davor einen Schutz?

Ein dünner Lamettafaden sorgt in → V2 dafür, dass die übrigen Drähte im Stromkreis vor Überhitzung geschützt sind. So geschieht es: Beim Kurzschluss brennt der Lamettafaden durch und unterbricht so den ganzen Stromkreis, bevor die anderen Drähte glühen.
Nach diesem Prinzip arbeiten Schmelzsicherungen (→ B2). Ein dünner Schmelzdraht liegt gut geschützt in einer Porzellanfassung. Er ist in den Stromkreis geschaltet und schmilzt schnell durch, wenn ein Kurzschluss auftritt. Ist der Sicherungsdraht durchgeschmolzen, fällt das Kennplättchen ab. Die Schmelzsicherung muss dann gegen eine neue ausgetauscht werden.

3. Gefahr auch bei Überlastung

Manchmal brennt eine Sicherung auch ohne einen Kurzschluss durch. Vielleicht waren mehrere Großgeräte (z. B. Geschirrspüler, Wäschetrockner, Heizspirale) gleichzeitig eingeschaltet. Auch, wenn zu viele Lampen gleichzeitig angeschaltet sind, kann die Sicherung wegen Überlastung durchbrennen.

In → V3 und in → B1 ahmen wir diesen Vorgang nach. Die Lampen sind parallel geschaltet. Durch jede Lampe fließt in jeder Sekunde gleich viel Elektrizität, denn schließlich leuchten alle Lampen gleich hell. Die gemeinsame Leitung muss in jedem Augenblick die Elektrizität für alle Lampen transportieren. Mit jeder zusätzlichen Lampe quält sich also mehr Elektrizität durch den Sicherungsdraht. Schließlich „wird ihm zu heiß" und er schmilzt durch.

Merksatz

Eine Schmelzsicherung unterbricht den Stromkreis „von allein", wenn als Folge einer zu großen Stromstärke (Kurzschluss, Überlastung) der Schmelzdraht durchschmilzt

4. Verschiedene Sicherungen

Schmelzsicherungen gibt es in verschiedenen Ausführungen zum Absichern unterschiedlicher Geräte (→ B2). Sicherungen für Waschmaschine und Elektroherd müssen „mehr aushalten" als Sicherungen für die Wohnungsbeleuchtung. Auch im Auto gibt es mehrere kleine Schmelzsicherungen für die verschiedenen Stromkreise.

V3 Baue den Stromkreis nach → B1 zunächst mit nur einer Lampe auf. Sie leuchtet und nichts weiter geschieht. Schalte nun immer mehr Lampen parallel. Plötzlich verlöschen alle Lampen gleichzeitig. Der dünne Draht ist durchgebrannt.

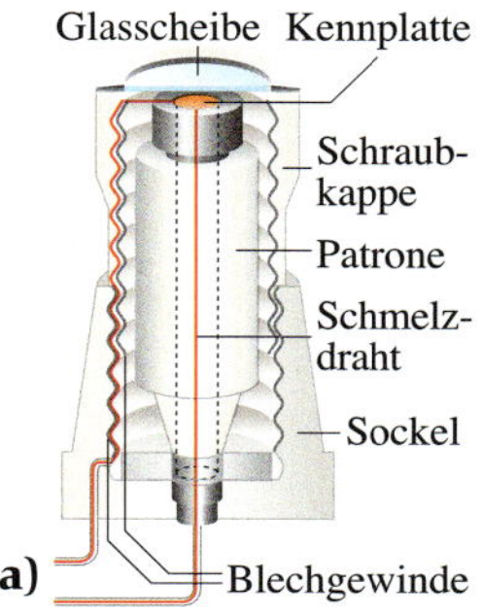

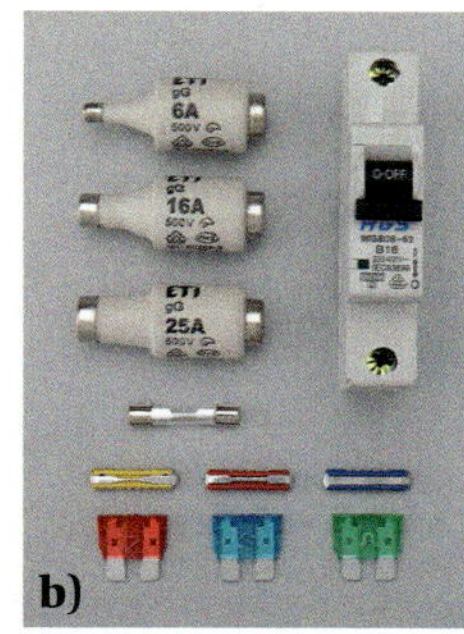

B2 **a)** Schnittzeichnung einer Schmelzsicherung. **b)** Verschiedene Schmelzsicherungen und zwei Sicherungsautomaten.

Mach's selbst

A1 Suche bei dir zu Hause die Sicherungen. Welche Räume sind abgesichert?

A2 Zähle einige Ursachen auf, die zu Kurzschlüssen führen können.

A3 Beim letzten Fest waren zwei Raclette-platten in Betrieb. Max brachte noch eine mit. Als er sie anschloss, sprang die Sicherung heraus. Gib einen Grund an.

Physik und Technik

Sicherungsautomat

Das Auswechseln durchgebrannter Sicherungen ist lästig. Sicherungsautomaten (→ B2b, Mitte) sind hier vorteilhaft. Die Zeichnung zeigt ein Funktionsprinzip: Du siehst dort einen Bimetallstreifen, dies sind zwei aufeinander geschweißte Bleche aus verschiedenen Metallen (z. B. Eisen und Messing). Beim Erhitzen dehnt sich das Messing stärker aus als das Eisen. Weil nun die Bleche nicht aneinander vorbeirutschen können, biegt sich der Streifen. Die um den Streifen gewickelte Heizwendel ist in die Stromleitung geschaltet. Je stärker der Strom, desto heißer wird das Bimetall. Bei zu starkem Strom biegt sich der Streifen so weit nach rechts, dass die Sperrklinke ausrastet. Die Feder zieht den Kontaktstreifen nach oben und unterbricht so den Stromkreis.
Ist die Ursache der Überlastung beseitigt und der Bimetallstreifen abgekühlt, kann man den Druckknopf

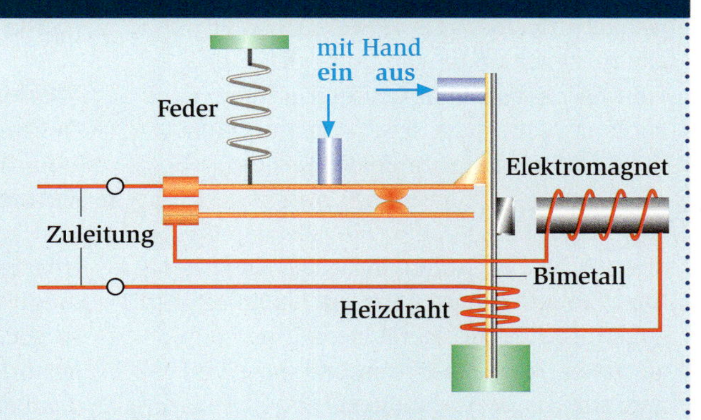

zurückdrücken und den Stromkreis wieder schließen. Auf eine kurzzeitige, sehr starke Überlastung kann der Bimetallstreifen nicht schnell genug reagieren. Jetzt hilft der Elektromagnet (auf ihn gehen wir später noch genau ein): Er zieht schlagartig am Eisenklotz des Bimetallstreifens nach rechts. Auch so wird der Stromkreis unterbrochen und die Gefahr ist vorbei.

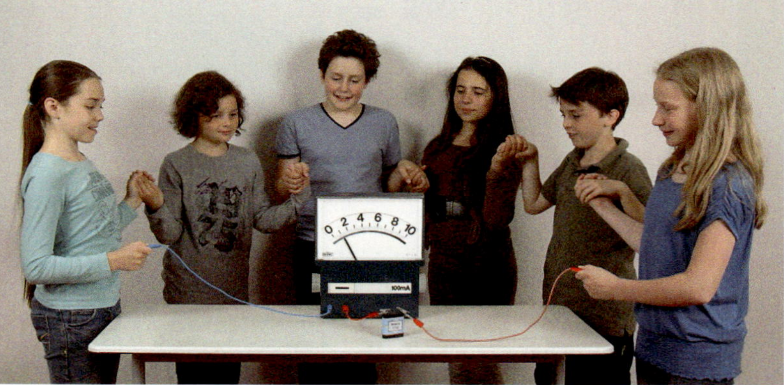

B1 Die Klasse steht mit einer Batterie im Kreis, alle fassen sich an den Händen, es fließt Elektrizität.

Physik und Medizin

EEG und EKG

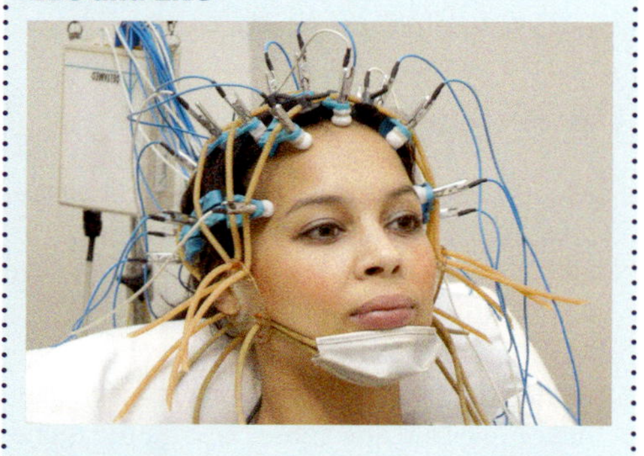

Unser Nervensystem besteht aus Millionen von Nervenzellen, zwischen denen Signale in Form von winzigen Stromstößen ausgetauscht werden. Diese Stromstöße bringen Informationen von Auge, Ohr oder vom Tastsinn bis in unser Gehirn. Ohne sie könnten wir nicht sehen, nicht hören, nicht fühlen und nicht denken.

Am Kopf lassen sich die elektrischen Signale bei der Aufnahme eines Elektro-Enzephalo-Gramms (EEG) mit einem sehr empfindlichen Messgerät messen und aufzeichnen. Spezielle Haftpunkte sorgen für gute elektrische Verbindung.

Werden die elektrischen Signale gemessen, die beim Herzschlag auftreten, so spricht man von einem Elektro-Kardio-Gramm (EKG). Unregelmäßigkeiten beim Herzschlag bemerkt man so, noch bevor sie lebensgefährliche Folgen haben.

5. Auch unser Körper leitet Elektrizität

In → B1 stellen sich einige Freiwillige der Klasse im Kreis auf. Mit der Taschenlampenbatterie (nicht mit einem Netzgerät!) und einem empfindlichen Stromstärke-Messgerät wollen sie gefahrlos feststellen, ob unser Körper Elektrizität leitet. Wir sehen, dass die Schülerinnen und Schüler mit der Batterie und dem Messgerät einen geschlossenen Kreis bilden. Der Zeiger schlägt sofort aus. Es ist dabei nicht gleichgültig, wie die Hände umfasst werden. Je kräftiger man zudrückt, desto größer wird die Stromstärke. Sind die Hände gar feucht, wird der Ausschlag noch größer.

Der Zeigerausschlag verschwindet, wenn auch nur eine Hand irgendwo im Kreis losgelassen wird. Elektrizität fließt eben nur im geschlossenen Kreis. Wir leiten Elektrizität, weil unsere Körperflüssigkeit dem Meerwasser ähnelt – und das enthält ja Salz.

Merksatz

Der menschliche Körper leitet Elektrizität.

6. Warum kann elektrischer Strom gefährlich sein?

Unsere Nervenzellen tauschen von selbst elektrische Signale durch winzige elektrische Ströme aus → Physik und Medizin. Diese wichtigen Vorgänge können durch Elektrizität von außen gestört werden. Die Batterie war ungefährlich. Gefahr für das Leben besteht aber, wenn starke elektrische Ströme entstehen. Dabei sind die Blutgefäße bevorzugte Leiterbahnen. Verläuft der Stromweg z. B. direkt über das Herz, dann führen selbst kurze Stromstöße (schon eine hundertstel Sekunde genügt!) zum Herzstillstand. Wegen der von außen erzwungenen elektrischen Ströme bewegt sich der Herzmuskel nicht mehr regelmäßig, sondern krampft sich zusammen. Die Pumpleistung des Herzens fällt dann praktisch aus. Deshalb darf man nie mit der Elektroinstallation im Haus spielen.

Physik und Unfallverhütung

Gefahren durch elektrischen Strom

Siegen, 08.03.2009 (WAZ, 09.03.2009)

Tragischer Unfall im Siegener Hauptbahnhof: Weil er auf eine Lokomotive geklettert war und mit der Hochspannungsleitung in Kontakt kam, starb gegen 6 Uhr ein 23-jähriger Mann aus dem Raum Wissen. Zusammen mit drei Freunden aus dem Kreis Altenkirchen hatte der junge Mann kurz vor 6 Uhr auf die Abfahrt des Zuges nach Wissen gewartet.

Laut Mitteilung der Polizei sprang der Mann plötzlich auf und kletterte auf eine wartende Lokomotive – durch den Kontakt mit der Hochspannungsleitung erlitt der 23-Jährige einen tödlichen Stromschlag. Durch die Kraft des Lichtbogens wurde er auf das Dach eines Waggons geschleudert. Über eine halbe Stunde dauerte es, bis die Rettungskräfte eingreifen konnten. ... Die Rettungskräfte konnten nur noch den Tod feststellen.

B2 So stand es in der Zeitung.

A. Nicht mehr als 24 V

Schon bei der kleinen Spannungen einer 4,4 V-Batterie fließt Elektrizität durch den menschlichen Körper, wie du bereits weißt. Jedoch ist der schwache elektrische Strom für uns bei 4,5-V-Batteriespannung völlig ungefährlich. Was ist aber bei dem Unfall geschehen → B2 ?

Der junge Mann ist mit einer Hochspannungsleitung in Berührung gekommen. Auch dabei ist Elektrizität durch seinen Körper geflossen. Für ihn endete diese Berührung des Fahrdrahtes der Eisenbahn bei seiner Kletterpartie tödlich!

Die Stromquelle der Eisenbahn hat eine Spannung von 15 000 V. Der starke elektrische Strom durch den Körper ist in dem Fall tödlich. Schon der Kontakt über eine möglicherweise etwas feuchte Drachenschnur kann lebensgefährlich sein → B3 . Aber auch schon 230 V Netzspannung an der Steckdose sind höchst gefährlich.

Für Spielzeug und Schülerexperimente hat man 24 V als Höchstspannung festgelegt. Schülerexperimente mit mehr als 24 Volt sind nicht erlaubt. Lehrerversuche dürft ihr nicht nachmachen.

B. Eine Leitung reicht schon

Damit Elektrizität den menschlichen Körper durchströmen kann, muss er an mindestens zwei Stellen Kontakt mit einem elektrischen Stromkreis haben.

Wie aber war der Unfall in Siegen dann möglich, wo doch nur eine Leitung berührt wurde? Wir schauen es uns am Beispiel des Motors einer Eisenbahnlok an. Durch einen einfachen Trick hat man hier Kosten gespart. Die Elektrizität fließt vom Elektrizitätswerk durch die Oberleitung zum Stromabnehmer der Lokomotive und von dort durch isolierte Kabel und die Drahtwicklungen des Elektromotors der Lok zu den Rädern. Durch die Schienen geht es dann zurück zum E-Werk, der Stromkreis ist geschlossen. Berührt ein Mensch die Oberleitung und steht dabei in Verbindung mit den Schienen, z. B. über feuchtes Erdreich, erhält er einen tödlichen Stromschlag.

B3 Gefahren drohen auch beim Drachensteigen.

Auch beim E-Werk ist einer der beiden Anschlüsse mit der Erde verbunden. Deshalb wird vor einer Berührung zwischen Freileitung und Drachenschnur gewarnt → B3 . Über die Erde könnte sich ein lebensgefährlicher Stromkreis schließen: Vom E-Werk, über die Freileitung, die Drachenschnur und den Körper des Kindes durch die Erde zurück zum E-Werk. Wie bei der Eisenbahn ist die Erde der „zweite Anschluss" an das E-Werk, man spricht daher von Erdschluss.

- Unfälle durch Erdschluss treten auf, wenn man eine Leitung berührt und guten Kontakt zur Erde hat.
- Suche im Physiksaal den **roten Pilzdrucktaster (Not-Aus)**. Bei Gefahr kannst du ihn eindrücken und so die Spannung wegnehmen.

Elektrische Geräte im Haushalt

Elektrischer Strom gehört zu unserem täglichen Leben. Kaum vorstellbar, wie unsere Welt aussähe, wenn wir die mit Strom betriebenen Helfer nicht hätten. Hier sind nur Geräte einer Küche dargestellt. Du selbst könntest ein ähnliches Bild für die Geräte deines Zimmers zeichnen.

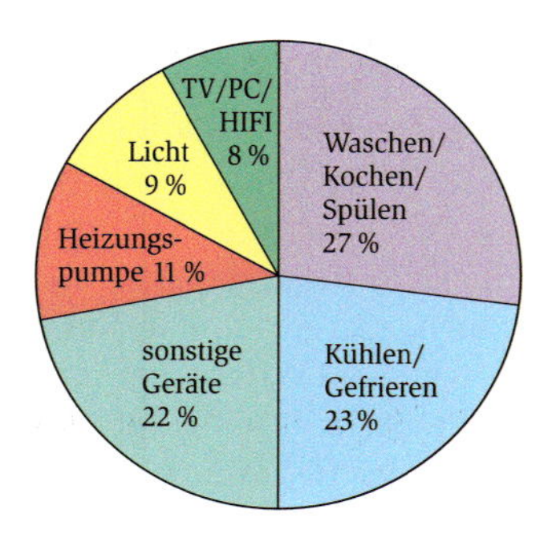

A1 Hier siehst du eine Herdplatte in Betrieb. Nenne weitere Nutzungsbeispiele des elektrischen Stroms aus deinem Erfahrungsbereich.

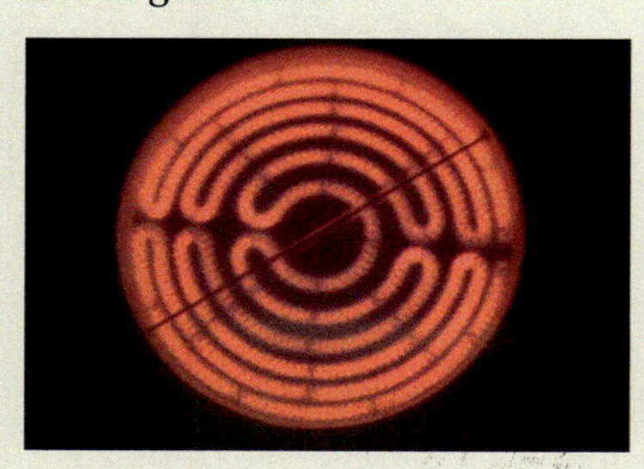

An welche Wirkungen des elektrischen Stroms denkst du bei diesem Foto? Nennt in eurer Klasse weitere Geräte, die dieselben Wirkungen nutzen.

A2 **a)** Ein Haartrockner soll die Haare trocknen. Welche Eigenschaften des Stroms werden hier genutzt? Versuche, sie herauszufinden.

b) Was ermöglicht der Strom außerdem noch alles? Entwickelt dazu an der Tafel gemeinsam die unten abgebildete → **Mindmap** weiter.

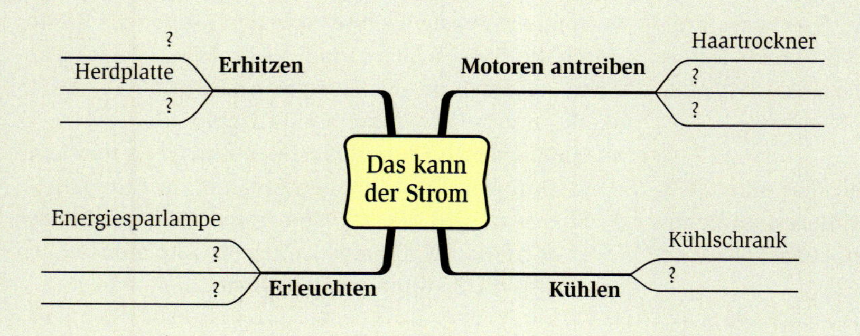

A3 Nimm diesen Zeitungsartikel zum Anlass, um mit deinen Mitschülern über die richtige, gefahrlose Nutzung des elektrischen Stroms zu diskutieren. Sammelt die Beiträge schriftlich.

Neues Buxtehuder Wochenblatt

Polizei findet Brandursache

(tk). Die Polizei hat die Ursache für den Brand eines Hauses in Engelschoff-Neuland gefunden. Kabel waren überlastet und erwärmten sich. Das Feuer war am frühen Samstagabend der vergangenen Woche ausgebrochen. Das Haus wurde vollständig zerstört. Der Schaden an dem Gebäude liegt bei rund 170 000 Euro.

A4 Wie könnte deine Welt ohne die Nutzung des elektrischen Stroms aussehen? Schreibt dazu eine Geschichte. Lest in der nächsten Stunde eure Geschichten vor und findet die Gemeinsamkeiten und Unterschiede.

Wärmewirkung des elektrischen Stroms

1. Ein Draht wird heiß

Wenn du zu Hause am Küchenherd ein Kochfeld anstellst, kannst du nach kurzer Zeit glühende Drähte im Innern erkennen. Auch wenn du von oben in einen Toaster schaust, beobachtest du hell glühende Drähte. Sie geben Energie ab und rösten so das Brot. In Glühlampen heizt der Glühdraht den Glaskolben auf; du kannst dich daran verbrennen. Für die hohe Temperatur ist in beiden Fällen elektrischer Strom verantwortlich. Die Farbe des glühenden Drahtes gibt dir einen Hinweis auf seine Temperatur. Dunkelrot glühende Drähte sind sehr heiß, weißglühende Drähte einer Glühlampe aber noch viel heißer.

Sehr viele elektrische Heizgeräte enthalten außer einem elektrischen Motor ebenfalls einen Heizdraht, der heiß wird, wenn er elektrischen Strom führt. Beim Wasserkocher ist dieser Heizdraht z. B. in einem Metallrohr untergebracht. Damit der Heizdraht die elektrisch leitende Wand des Rohres nicht versehentlich berührt, ist das Rohr mit einer nicht leitenden Masse ausgegossen, die höhere Temperaturen verträgt.

2. Heißerer Draht – längerer Draht

Je stärker der Strom, desto heißer wird ein Draht. Metalle dehnen sich aber mit zunehmender Temperatur aus. Dann müsste doch die Länge eines Drahtes von der Stromstärke abhängen. → V1 bestätigt dies: Je größer die Stärke des Stromes, desto heißer wird der Draht und desto länger wird er auch. Das kann man zum Vergleich von Stromstärken nutzen → Physik und Technik.

Merksatz

Ein Draht, der Strom führt, wird heiß und dehnt sich dabei aus. Je stärker der Strom ist, desto heißer und länger wird der Draht.

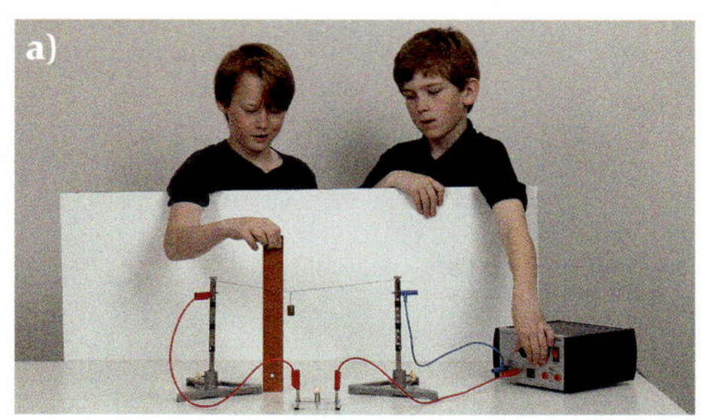

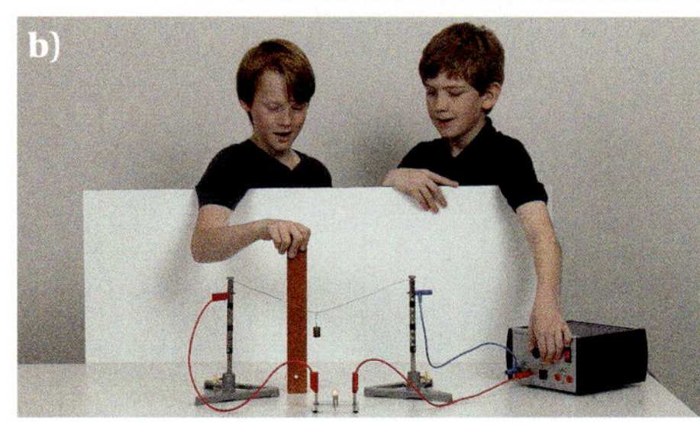

V1 **a)** Spanne mit einem Partner einen etwa 30 cm langen, dünnen Draht aus dem Metall Konstantan zwischen zwei Isolierstützen auf. Statt einer Batterie verwende ein Netzgerät, mit dem man die Stärke des Stroms einstellen kann. Drehe nun die Stromstärke vorsichtig hoch. Die in den Stromkreis geschaltete Glühlampe war anfangs noch dunkel und wird nun immer heller. Deine Hand in der Nähe des gespannten Drahtes spürt deutlich, wie auch er heißer wird. Der Draht hängt schon etwas durch. **b)** Nimm deine Hand fort und drehe die Stromstärke noch höher. Der Draht beginnt zu glühen, erst dunkelrot, dann immer heller. Er wird noch länger und hängt stärker durch. Bevor er durchschmilzt, beende den Versuch.

Physik und Technik

Heizdraht-Stromstärke-Messgerät

Man braucht → V1 nur etwas abzuändern, dann hat man schon ein einfaches und handliches Stromstärke-Messgerät.

Im Bild erkennst du, dass eine Stahlfeder über Faden und Rolle den quergespannten Draht nach unten zieht. An der Rolle sitzt ein Zeiger. Seine Spitze wandert nach rechts, wenn die Feder den Faden nach rechts ziehen kann. Dies geschieht, sobald der Draht wärmer wird. Dann nämlich wird er länger und gibt nach unten nach.

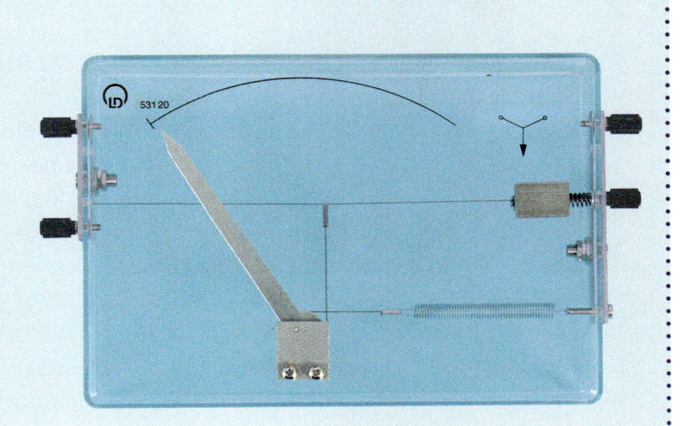

Mit dem Stromkreis wird Energie übertragen

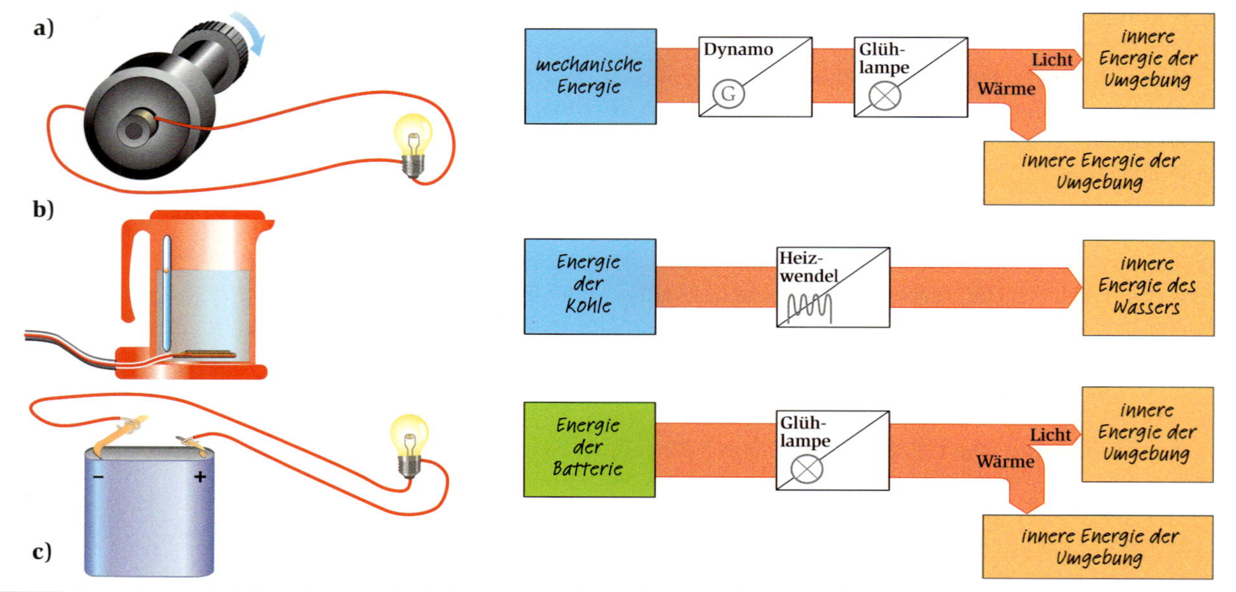

B1 Energie wandelt ihre Form und wird weitergegeben: **a)** Fahrraddynamo, **b)** Wasserkocher, **c)** Glühlampe

Anstoß

1. In welchem Zusammenhang kennt ihr den Begriff „Energie"? Sammelt eure Erfahrungen, schreibt sie als Stichworte auf Haftnotizzettel und heftet sie an die Tafel.
2. Nicht nur die Heizung braucht Energie, das gilt auch für alle elektrischen Geräte. Stelle eine Liste zusammen, wie Hausbewohner Energie sparen können.
3. 

Wenn ein Gast diese Drehtür bewegt, wird Energie in das elektrische System des Hotels eingespeist. Diskutiere mit deinem Nachbarn, wie du eine solche Tür bauen würdest.

1. „Heiß werden" bedeutet „Energie wird zugeführt"

Sophia und Sarah wissen, dass man zum Heizen Energie braucht. Ihre Physiklehrerin hat dies noch genauer ausgedrückt: „Wenn die Temperatur eines Körpers gestiegen ist, dann ist ihm Energie zugeführt worden". Deshalb sollen sie beim Lüften den Heizkörper zudrehen, weil sie sonst die Energie verschwenden. Diese muss ja teuer mit Öl oder Gas ins Haus geliefert werden.

„Ich bin neulich im Sportunterricht an einem Seil heruntergerutscht, dabei hätte ich mir fast die Hände verbrannt", erinnert sich Paul. „Da bist du zuerst hochgeklettert, dabei ist aus deiner *Muskelenergie Höhenenergie* geworden, aus dieser beim Runterrutschen *innere Energie* des Seils und deiner Hände". „Und die habe ich an der heißen Handfläche gespürt", sagt Paul und bewundert Sarahs Kenntnis der vielen Fachbegriffe.

2. Im Stromkreis wird Energie übertragen

Bei der Glühlampe steckt es schon im Wort „Glühen", dass sie Energie benötigt. „Eine Fahrradlampe benötigt dann aber doch auch Energie. Woher kommt denn diese Energie?" Für Sofia ist es klar: „Das macht der Dynamo, er erzeugt die elektrische Energie." Sarah reicht diese Erklärung nicht: „Der Dynamo allein bewirkt gar nichts. Die Lampe leuchtet nur, wenn er angetrieben wird. Dafür aber braucht man Energie." Sarah hat Recht. Ein Dynamo erzeugt keine elektrische Energie. Er nimmt *mechanische Energie* auf und gibt dafür *elektrische Energie* ab.

Daniel hat schon früher Versuche zur Energieübertragung gemacht. Dazu hat er sein Fahrrad auf den Kopf gestellt und das Vorderrad kräftig angetrieben. Als er dann mit der Hand auf den Reifen drückte, blieb das Vorderrad bald stehen und die Hand wurde heiß. Die Bewegungsenergie des Vorderrades wurde in innere Energie von Reifen und Hand gewandelt.

Mit Sarah und Sophia zusammen plant er jetzt eine sinnvollere Energiewandlung. In → V1 gelingt dies mit einem Dynamo. Daniels Muskelenergie wird zur Bewegungsenergie des Rades. Der Fahrraddynamo wandelt die Energie in elektrische Energie und überträgt sie im Stromkreis an die Glühlampe. Die Glühlampe ist auch ein Energiewandler: Sie wandelt die elektrische Energie in Licht und Wärme. Die Energie-Übertragungskette zeigt dies ohne viele Worte:

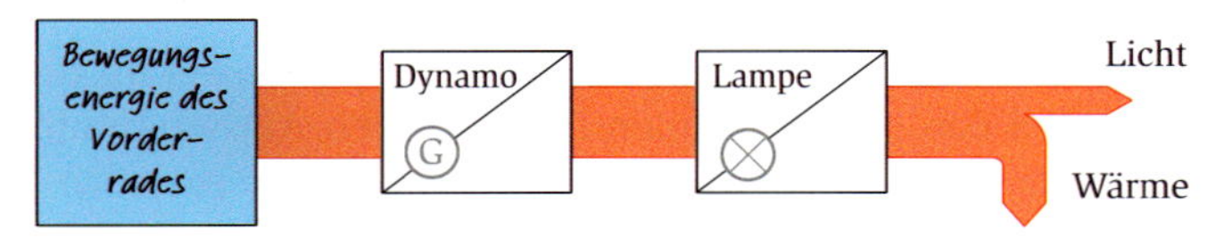

Solche Energieübertragungen finden tagtäglich überall in der Welt statt. → B1 zeigt noch andere Beispiele.

V1 Daniel stellt sein Fahrrad auf den Kopf. Es ist mit einem modernen Nabendynamo ausgestattet. Zuerst treibt er das Vorderrad mit der Hand kräftig an, bis es schnell läuft. Jetzt schaltet er die Beleuchtung ein. Die Geschwindigkeit des Rades nimmt schnell ab – als ob jemand bremst.

3. Bequemlichkeit kostet Geld

Viele Geräte erleichtern als Energiewandler unser Leben – allerdings nicht kostenlos. Für die Rechnung des Elektrizitätswerks z. B. liest jemand den so genannten „Stromverbrauch“ am Zähler ab → B2. Dieser misst die Menge an elektrischer Energie, die der Wohnung zugeführt wird. Im Zähler dreht sich eine Scheibe und treibt ein Zählwerk an. Scheibe und Zähler laufen umso schneller, je mehr Geräte eingeschaltet sind. Das Zählwerk gibt die Energiemengen in Kilowattstunden (kWh) an. → B3 zeigt die Kosten einer solchen Portion für verschiedene Energieträger.

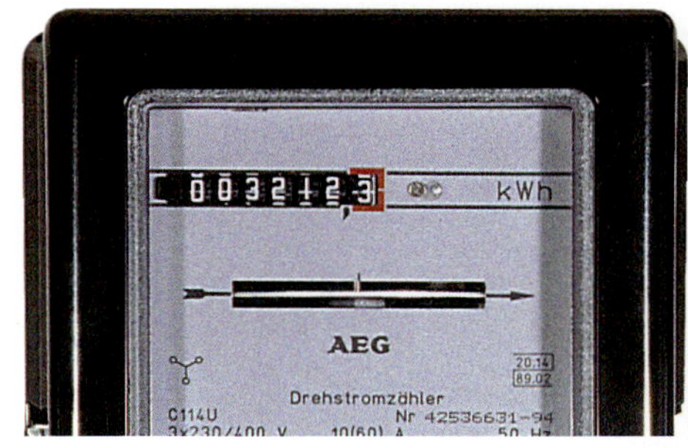

B2 Der Zähler merkt sich alles für die „Stromrechnung“.

Merksatz

Viele elektrische Geräte sind Energiewandler: Der Wasserkocher entnimmt dem Stromnetz elektrische Energie und wandelt sie in innere Energie des Wassers um. Glühlampen wandeln elektrische Energie in Licht um.

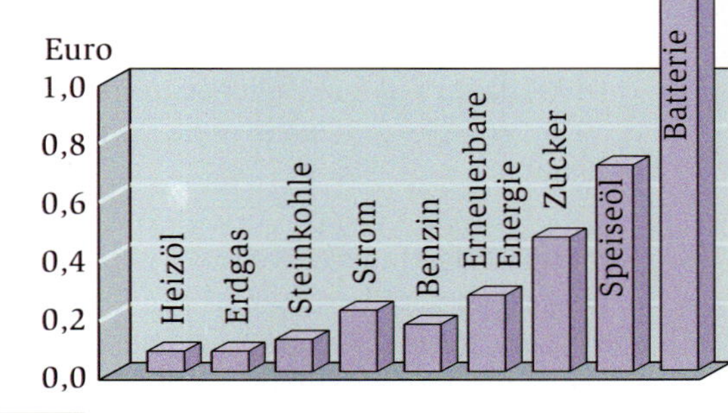

B3 Verbraucherkosten für 1 kWh Energie

Mach's selbst

A1 „Stand-by-Schaltung“ elektrischer Geräte: Aus der Schule kannst du vielleicht ein elektronisches Energiemessgerät ausleihen und zu Hause damit verschiedene Geräte prüfen: Fernseher, Stereoanlage usw. Notiere die Ergebnisse in einer Tabelle. Trage die Ergebnisse vor.

A2 **a)** Schätze ab, wie viel Energie pro Monat in deiner Heimatgemeinde allein durch Stand-by-Schaltungen verbraucht wird. Nimm dazu an, dass jedes Gerät in einem Monat etwa 1 kWh an Energie benötigt. **b)** Wie viel ist es etwa in der gesamten Bundesrepublik in einem Jahr?

A3 **a)** Wiederhole Daniels Versuch → V1. Treibe das Rad an und zähle seine Umdrehungen bis zum Stillstand. **b)** Drehe erneut das Vorderrad so schnell wie vorher. Schalte nun die Beleuchtung an. Zähle wieder die Anzahl der Umdrehungen bis zum Stillstand. Erkläre das Ergebnis.

Elektrizität: Kreislauf – Energie: Einbahnstraße

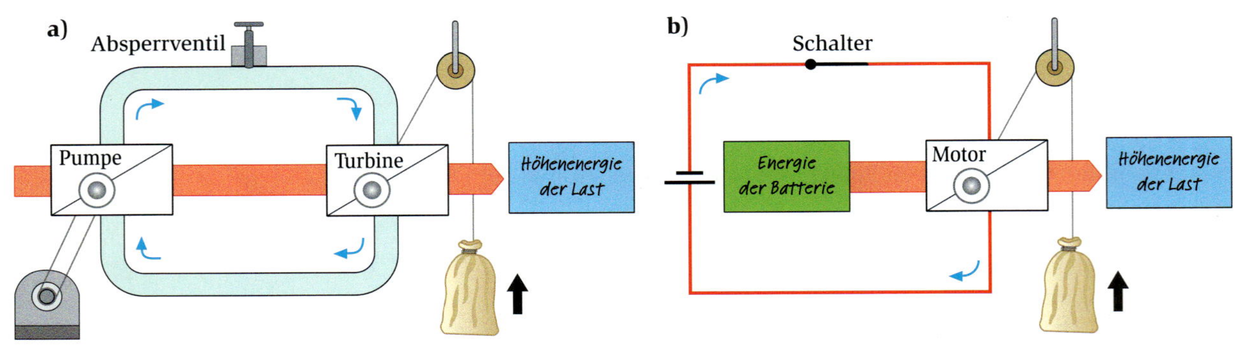

B1 **a)** Wasserkreislauf und Einbahnstraße, **b)** Kreislauf und Einbahnstraße auch beim elektrischen Strom

Kompetenz – In Modellen denken

Wassermodell
Wir erweitern unseren früheren Vergleich von elektrischem Stromkreis und Wasserkreislauf um weitere Punkte:

Wasserkreislauf
1. Das Wasser läuft im Kreis → B1a.
2. Das Turbinenrad bekommt die Energie und füllt damit z. B. ein Höhenenergiekonto. Die Energie durchläuft eine Einbahnstraße.

Elektrischer Stromkreis
1. Die Elektrizität läuft im geschlossenen Kreis → B1b.
2. Der Motor bekommt die Energie und füllt damit z. B. ein Höhenenergiekonto. Die Energie durchläuft eine Einbahnstraße.

Energie-Übertragungsketten
Unsere Energie-Übertragungsketten bestehen aus Kästen für Energiekonten und Pfeilen für die Übertragung der Energie:

Auf ihrem Weg kann die Energie auch mit einem Gerät gewandelt werden. Dafür benutzen wir ab sofort ein Wandlersymbol:

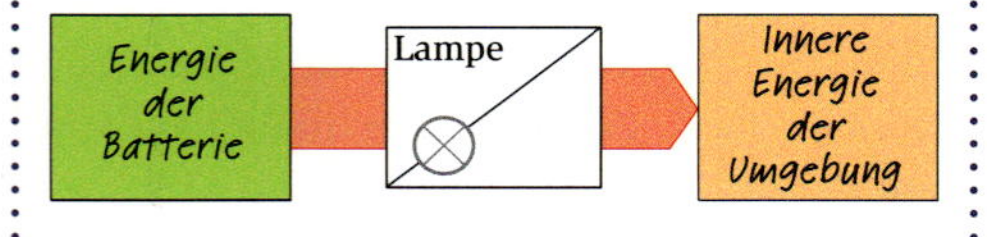

1. Elektrischer Strom und Energiestrom – zwei Ströme

Eine Heizung benötigt eine Pumpe, weil das Wasser im Heizkreis bei den langen dünnen Rohren einen Antrieb braucht. Auch in → B1a treibt eine Pumpe das Wasser im Kreis, das an anderer Stelle wieder eine Turbine antreibt. Diese hebt eine Last in die Höhe. Dazu benötigt sie Energie, die sie von der Pumpe bekommt und an die Last weitergibt. Die Energie bildet dabei einen dauernden Strom in einer „Einbahnstraße". Zurück kommt sie nicht mehr.

Ähnlich ist es im elektrischen Stromkreis → B1b. Wir wissen schon, dass die Batterie den nötigen Antrieb für den elektrischen Strom liefert. Die Elektrizität läuft im Kreis und geht dabei nicht verloren. Doch das ist nicht alles: Der Motor im Stromkreis braucht auch Energie, wenn er eine Last heben soll. Er bekommt sie als elektrische Energie von der Batterie. Mit dieser Energie kann der Motor eine Last heben. Er füllt so das Konto an Höhenenergie der Last mehr und mehr auf. Die Energie läuft auch hier in einer **Einbahnstraße,** auch hier kommt sie nicht mehr zurück.

Die Batterie hat Energie als chemische Energie bei ihrer Herstellung mitbekommen, die sie beim geschlossenen Stromkreis als elektrische Energie abgibt. Die Batterie stellt ein Energiekonto dar. Nach längerem Gebrauch ist sie „leer" – nicht leer wie ein Becher, aber ohne Energie auf dem Konto.

Energie muss nicht immer *direkt* aus einem Energiekonto stammen, sie kann auch von einem Wandler kommen, der selbst gleichzeitig ständig mit Energie beliefert wird. Ein Dynamo ist so ein Wandler, wir selbst müssen ihm dauernd Energie z. B. aus den Muskeln zuführen.

Merksatz
In elektrischen Anlagen gib es zwei unterschiedliche Ströme:
- Die Elektrizität läuft im Kreis.
- Für die Energie gibt es nur eine Einbahnstraße! Sie wird von der Stromquelle z. B. zum Motor übertragen.

2. Elektrischer Strom und Energiestrom im Vergleich

„Ich kann elektrischen Strom und Energiestrom immer noch nicht unterscheiden", grübelt Felix. Mit einer einzigen Lampe in → V1 wird der Unterschied auch noch nicht klar. Es gibt bei einer Lampe und einer Batterie einen bestimmten elektrischen Strom. Gleichzeitig wird in jeder Sekunde eine bestimmte Menge an Energie übertragen, man sieht es an der „normal hell" leuchtenden Lampe.

Daher wollen wir den Unterschied in einem Stromkreis mit zwei Lampen klären. Die beiden Lampen können auf zwei verschiedene Arten in den Stromkreis eingebaut werden, parallel oder in Reihe.
Doch auch die Parallelschaltung liefert noch keine Klarheit → V2. Beide Lampen leuchten „normal hell". Jetzt wird jede Sekunde doppelt so viel Energie übertragen und gewandelt, aber das Messgerät zeigt auch einen doppelt so starken elektrischen Strom an. Lassen sich elektrischer Strom und Energiestrom doch nicht unterscheiden?

Vielleicht hilft → V3. Hier sind die beiden Lampen nicht parallel, sondern in Reihe geschaltet. Sie leuchten nur schwach. Wir ändern dies durch Erhöhen des Antriebs. Dazu schalten wir nun eine zweite Batterie in Reihe mit der ersten. Jetzt leuchten wieder beide Lampen „normal hell". Sie liefern also jetzt die doppelte Energie in jeder Sekunde. Aber: Der elektrische Strom ist nicht verdoppelt, er ist genau so groß wie in → V1! „Aha, derselbe elektrische Strom im Kreisverkehr, aber der doppelte Energiestrom in der Einbahnstraße", erkennt Felix. „Beide Ströme sind wirklich verschieden".

Merksatz

Sind zwei gleichartige Lampen parallel an eine Batterie geschaltet, so sind der elektrische Strom und der Energiestrom doppelt so stark wie bei einer Lampe.
Schaltet man zwei Batterien und zwei Lampen in Reihe, so verdoppelt sich ebenfalls der Energiestrom. Der elektrische Strom bleibt dabei aber unverändert.

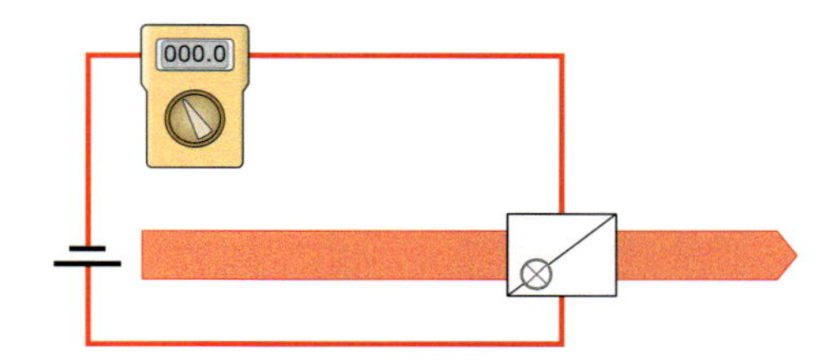

V1 Wir schalten zunächst ein Glühlampe in den Stromkreis und messen die Stärke des elektrischen Stroms. Die Helligkeit der Lampe merken wir uns.

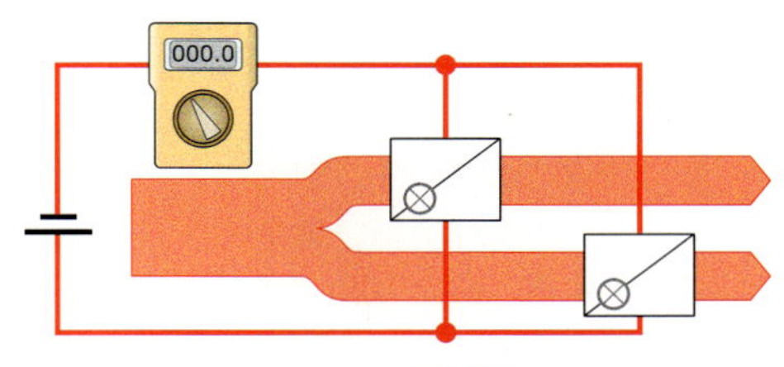

V2 Zur Lampe aus → V1 schalten wir noch eine weitere, gleichartige Lampe parallel. Das Messgerät zeigt die doppelte Stromstärke. Beide Lampen leuchten jeweils so hell wie in → V1 die eine Lampe.

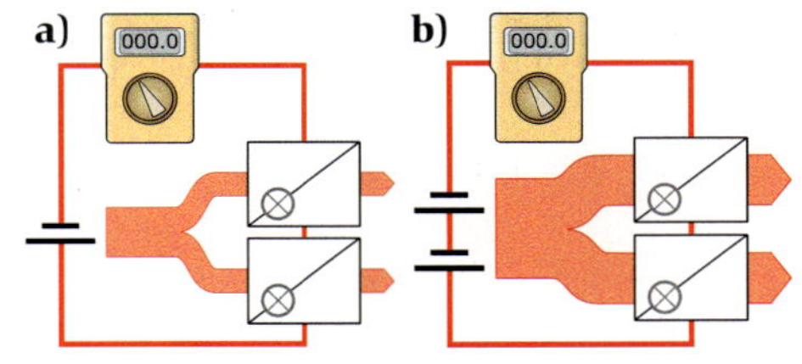

V3 **a)** Jetzt schalten wir die beiden Lampen von → V2 in Reihe. Beide Lampen sind dunkler als in → V2 und in → V1. Die Stromstärke ist auch kleiner als zuvor. **b)** Eine zweite Batterie wird mit der ersten in Reihe geschaltet. Beide Lampen leuchten wieder normal hell.

Mach's selbst

A1 Erkläre folgende Sprechweisen jeweils schriftlich mit einem Satz. „Der Schalter wird geschlossen." „Der Absperrhahn wird geschlossen." „Der Stromkreis wird geschlossen."

A2 Schildere den Weg der Elektrizität und den Weg der Energie im Aufbau nach → B1b. Zeichne das Bild für zwei Batterien und zwei Motoren.

A3 In welchen der Stromkreise leuchten die Lampen am hellsten? (Hinweis: Es sind gleichartige Lampen).

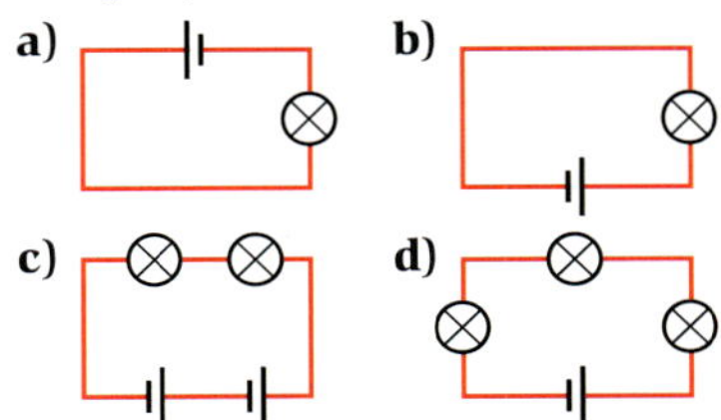

A4 Plane eine Abwandlung des Versuches in → B1b. Anstelle der Batterie sollst du einen Generator (Dynamo) nehmen. **a)** Erläutere den Unterschied bei der Energieübertragung. Benutze dazu die Begriffe „Energiekonto" und „Energiewandler". **b)** Zeichne die zum Versuch gehörige Energie-Übertragungskette und den Weg der Elektrizität.

Der Dynamo als Energiewandler

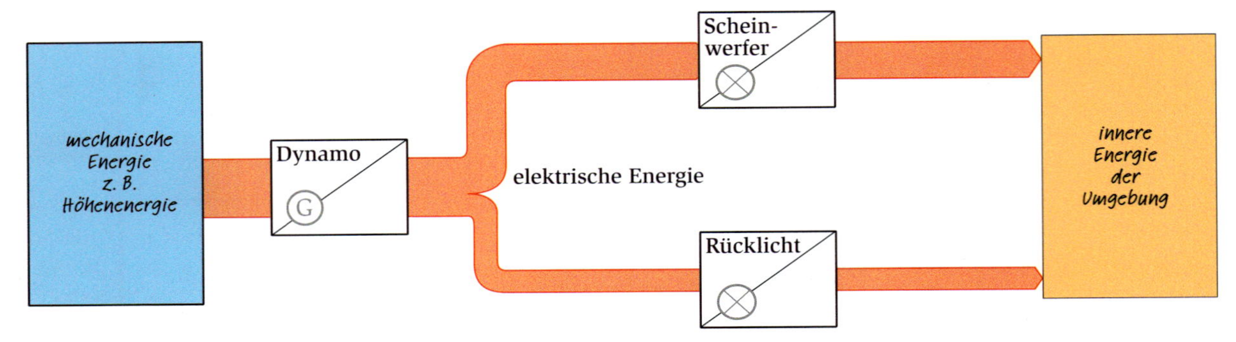

B1 Energiewandlung (Einbahnstraße der Energie) beim Fahrradlicht

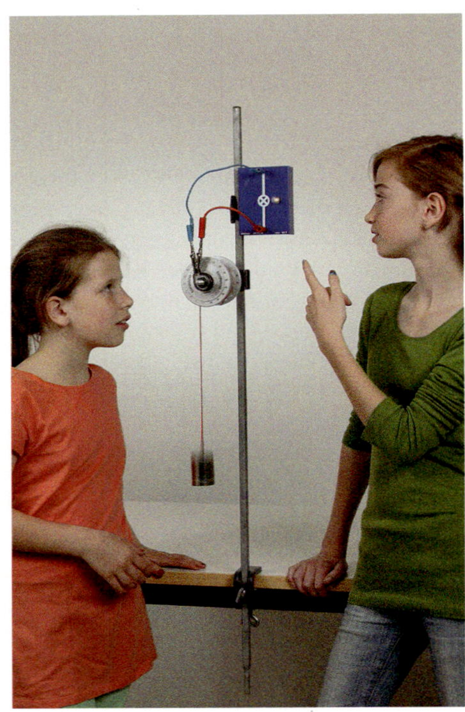

V1 Jana und Charlotte lassen Höhenenergie in Licht und innere Energie wandeln. Sie verwenden einen Nabendynamo. Die Achse wird sehr fest montiert. Um die Nabe wickeln sie ein Band, an das sie ein hochgehobenes Wägestück anhängen. Mit einem schweren Wägestück von 1 kg gelingt der Versuch. Nach dem Loslassen sinkt es langsam zu Boden und verliert dabei Höhenenergie. Der Dynamo wandelt sie im gleichen Moment in Licht und Wärme. Die beiden Mädchen achten darauf, dass die Leitungen und das Lämpchen fest angeschlossen sind, denn sonst fällt das Wägestück sehr schnell – und Bewegungsenergie des Wägestücks wollen sie ja nicht haben.

1. Von den Muskeln bis zum Licht – Energie im Wandel

Scheinwerfer und Rücklicht deines Fahrrades sollen dich bei Dunkelheit sicher über die Straße führen. Die Energie zum Betrieb der Lampen kommt beim Fahrrad nicht aus einer Batterie, du musst sie vielmehr selbst mit deinen Beinen liefern. Ein Generator (beim Fahrrad meistens Dynamo genannt) wandelt die mechanische Energie in elektrische.
Die *Einbahnstraße* der elektrischen Energie muss sich danach beim Fahrrad aufteilen → B1. Der größere Teil wird in der Scheinwerferlampe in Licht und innere Energie der Umgebung gewandelt, den kleineren Rest wandelt die nicht so helle Rücklichtlampe. Die Glühlampen als Wandler von Energie kennen wir schon länger. Mit dem Dynamo beschäftigen wir uns jetzt.

2. Energiewandlung am Dynamo

Jana und Charlotte möchten die Energiewandlung am Dynamo noch genauer untersuchen. Sie wählen dazu einen modernen Nabendynamo und bauen mit ihm und einer Fahrradlampe einen Stromkreis auf. Als sie den mit seiner Achse fest montierten Dynamo an der Nabe drehen, merken sie, wie schwer das ist – aber nur, wenn das Lämpchen angeschaltet ist, sonst geht es kinderleicht. Der Dynamo kann die Natur nicht überlisten. Wenn er Energie abgibt, bezieht er sie von einem Energiekonto → B1. Jana und Charlotte kennen als besondere Energieform die Höhenenergie. Wenn sie in das Höhenenergiekonto „eingezahlt" haben, also ein Gewicht hochgehoben haben, lässt sich diese Energie dann vom Dynamo in elektrische Energie wandeln?

Für eine systematische Untersuchung treiben sie in → V1 den Dynamo durch ein hochgehobenes Wägestück an. Langsam und etwas ruckelnd sinkt das Wägestück nach unten, gleichzeitig leuchtet die Lampe. Sie können in aller Ruhe dabei zuschauen. Der ganze Vorgang dauert fast fünf Sekunden. Das Ergebnis bleibt auch bei Wiederholung des Experiments gleich. Immer wird dieselbe Energieportion gewandelt.

Den beiden Mädchen wird bewusst, wie oft sie diese Energieportion für eine abendliche Dauerbeleuchtung liefern müssten. Ein Nabendynamo kann Energie eben nur wandeln, geschenkt bekommt man sie nicht.

Merksatz

Dynamo und Lampe sind Energiewandler. Der Dynamo wandelt mechanische Energie in elektrische. Die Lampe wandelt elektrische Energie in Licht und innere Energie der Umgebung.

Sarah und Sophia sind überzeugt, dass sie einen besseren Weg gefunden haben, mechanische Energie in elektrische zu wandeln. Sie haben einen Seitenläuferdynamo gewählt. „Wir brauchen nur 100 g zu heben und unsere Lampe leuchtet schon", sind sie stolz. Tatsächlich, mit zwei Wägestücken je 50 g gelingt ihr Versuch → V2. Sobald sie das oben am Schnurende eingehakte Wägestück loslassen, saust es in die Tiefe. Der Spaß ist schon in etwa einer halben Sekunde wieder vorbei. Wenn sie ihre Lampe fünf Sekunden lang leuchten lassen wollen – so lange wie Jana und Charlotte, müssen sie das Gewicht schon ungefähr zehnmal vom Boden nach oben bis zum Rädchen heben. Das ist dann dieselbe Energieportion wie in Janas und Charlottes Experiment bei einmaligem Heben. Die Natur lässt sich nicht überlisten.

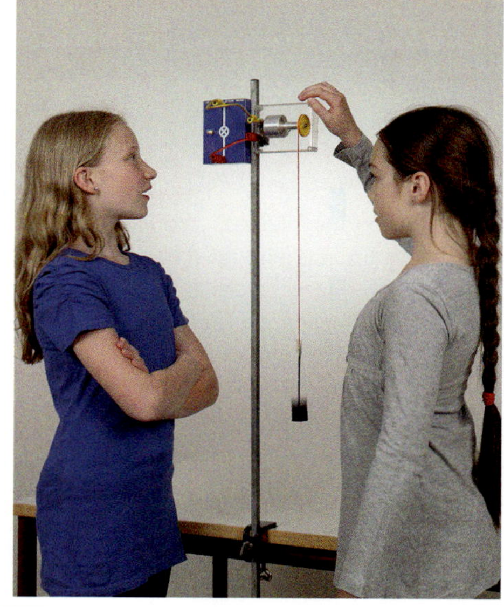

V2 Sophia und Sarah lassen zwei Wägestücke mit je 50 g zu Boden sinken. Dies dauert nur etwa eine halbe Sekunde. Die Höhenenergie nimmt dabei schnell ab. Der Dynamo wandelt sie während dieser kurzen Zeit in Licht und innere Energie der Umgebung. Erneutes Anheben der Wägestücke liefert kurzzeitig neues Licht.

Physik und Technik

Große Generatoren

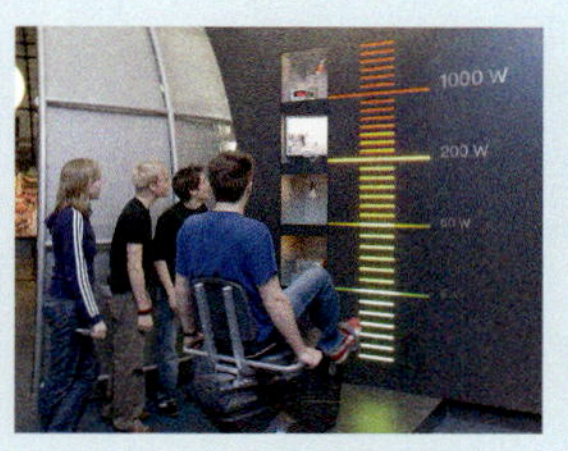

Vielleicht hast du schon einmal auf einem Energiefahrrad mühsam eine Glühlampe zum Leuchten gebracht. Auf der Anzeigetafel dieses Energiefahrrades sieht man, wie viel Energie gerade fließt. Gesunde Erwachsene schaffen für kurze Zeit einen Energiefluss von etwa 200 Watt – das reicht für 70 Fahrradlämpchen oder die Beleuchtung mehrerer Zimmer einer Wohnung.

Wind hat Bewegungsenergie. Einen Teil davon kann ein Windkraftwerk in elektrische Energie wandeln. Mit einem Modellbaukasten kannst du es nachahmen. Wie beim Fahrrad ist ein Generator der Energiewandler, hier ein sehr kleiner (hinter dem Propeller), der die winzige Pusteenergieportion in elektrische Energie für das Leuchten der LED wandelt.

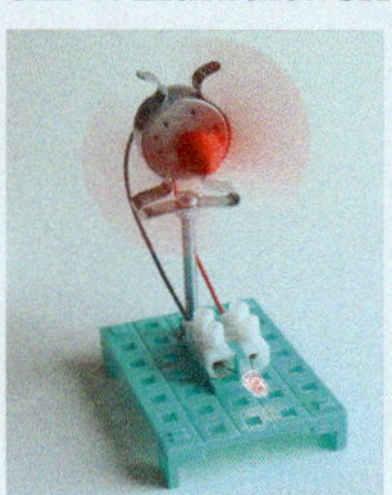

Im Großen wird schon ein nennenswerter Teil der elektrischen Energie für unsere Haushalte durch Windgeneratoren aus Windenergie gewandelt. Dazu sind mächtige Generatoren nötig (in der Zeichnung rot hinter den Rotorblättern).

Windkraftwerke können einen Energiefluss von mehr als 2 000 000 Watt liefern. Das ist das 10 000-fache von dem, was wir für kurze Zeit leisten können. Damit kann man dann aber auch etwa 10 000 Wohnungen beleuchten – solange der Wind mitspielt. Die dafür benötigten Wandler sind ziemlich groß. Wie groß, das zeigt der Vergleich mit den drei Monteuren, die in der Werkshalle vor einem solchen Generator stehen.

Projekt

Der Styroporschneider

Styroporplatten kann man mit einem scharfen Messer schneiden. Allerdings werden die Kanten recht unsauber, denn das Styropor® krümelt sehr und Messer werden schnell stumpf.

Du brauchst:
1 Styroporplatte,
1 regelbares Netzgerät (oder Spielzeugtrafo),
Konstantandraht (0,2 mm),
2 Isolierstützen, Kabel,
Stativmaterial,
2 Lüsterklemmen
1 Laubsägebügel

Viel besser geht es mit einem elektrischen Schneidegerät. Dazu braucht man eigentlich nur einen gespannten, sehr heißen aber noch nicht glühenden Draht. Dieser schmilzt das Styropor® und verdampft es an der Berührstelle. Schiebt man einen Styroporblock gegen einen solchen Hitzdraht, dann geht dieser durch das Styropor® wie „ein Messer durch Butter". Anschließend hat man zwei saubere Schnittflächen.

Dieses Prinzip kannst du mit ein oder zwei Helfern einmal ausprobieren. Schiebe dabei den Styroporblock gleichmäßig und schön langsam gegen den Draht.

Dabei müssen die Helfer den Hitzdraht immer stramm spannen. Mit einer Rolle und einem Wägestück könnt ihr den Draht auch automatisch spannen.

Mit dieser Apparatur lassen sich Platten und Quader für verschiedene Anwendungen zuschneiden. Schwer fällt es allerdings, damit z. B. große Buchstaben oder andere krummlinige Figuren zu basteln.

Da hilft der Laubsäge-Styroporschneider:

Schraube einfach den Konstantandraht an den Sägebügelenden zusammen mit blanken Enden der Kabel fest in Lüsterklemmen ein – fertig ist das Schneidegerät.

Hiermit kannst du für das nächste Schulfest große Buchstaben oder andere Figuren ausschneiden.

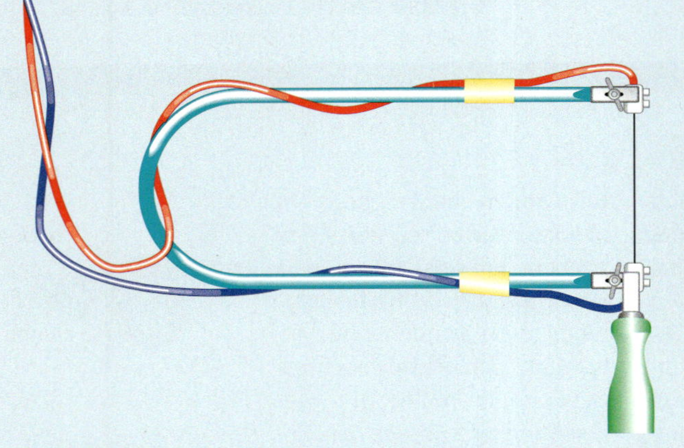

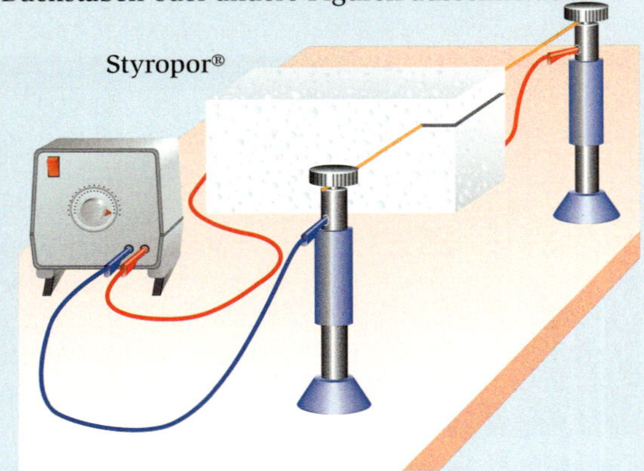

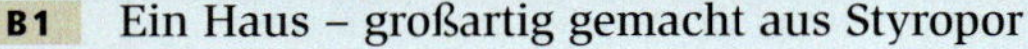
B1 Ein Haus – großartig gemacht aus Styropor

B2 Ein professioneller Styroporschneider

Physik und Technik

Von der Glühlampe zur Leuchtdiode

In einem Drei-Personen-Haushalt werden pro Jahr etwa 2800 kWh elektrischer Energie benötigt (ohne Warmwasserbereitung). Davon entfallen 320 kWh auf die Beleuchtung. Umweltbewusste Köpfe können durch die Wahl der richtigen Lampe Energie sparen, ohne auf genügende Helligkeit verzichten zu müssen.

A. Glühlampen

Die Glühlampe wandelt nur 5 von 100 zugeführten Energieportionen in Licht, 95 Energieportionen werden als Wärme abgegeben. Die Lichtausbeute steigt zwar mit der Temperatur des Glühfadens, doch sinkt dann die Lebensdauer der Lampe von etwa 1 000 h stark. Das Glühfadenmetall Wolfram verdampft im Vakuum schon bei 2 100 °C. Dieses Abdampfen der Wolframatome verlangsamt man durch Einfüllen eines besonderen Gases in den Glaskolben. In ihm wird das abdampfende Metall zum Glühfaden zurückgestoßen. Dessen Temperatur lässt sich so bis 3 000 °C steigern, der Draht wird dadurch heller.

Trotz dieser Maßnahmen schlägt sich Wolfram allmählich als dunkler Belag auf der Innenseite des Glaskolbens nieder – die Lichtausbeute sinkt. Geringe Lichtausbeute und kurze Lebensdauer der Glühlampe werden bei der **Halogenglühlampe** verbessert. Durch Zugabe von Halogengas erreicht man, dass keine Schwärzung des Lampenkolbens auftritt. So kann man die Temperatur und damit die Lichtausbeute noch einmal steigern. Dadurch erreicht man eine noch höhere Lichtausbeute, eine längere Lebensdauer, weißes Licht und kleine Abmessungen.

B. Leuchtstofflampen

Während bei Glühlampen ein Metalldraht den Strom leitet, ist es in Leuchtstofflampen Quecksilberdampf. Wenn er leuchtet – er muss vorher durch hohe Spannung leitend gemacht werden – entsteht viel an unsichtbarem ultraviolettem Licht (UV). Ein Leuchtstoff, mit dem die Glasröhre innen ausgekleidet ist, wandelt das UV in sichtbares Licht um und bestimmt den Farbton. Die Lichtausbeute einer Leuchtstofflampe ist etwa 6- bis 8-mal höher als die gewöhnlicher Glühlampen. Ihre Lebensdauer beträgt 10 000 h. Durch häufiges Ein- und Ausschalten wird sie verkürzt.
Energiesparlampen sind Leuchtstofflampen in besonderer Form. Bei ihnen wählt man dünne Röhren, die auch noch mehrfach aufgewickelt werden. Auf diese Weise benötigen sie wenig Platz. Mit ihrem Schraubgewinde passen sie in die üblichen Lampenfassungen.

C. Leuchtdioden (LED)

Leuchtdioden kennst du als rote oder grüne Kontrolllampen von Fernsehern und Ladegeräten. Taschenlampen, Fahrradleuchten und Rücklichter von Autos sind weitere Beispiele des heutigen Einsatzes. Besondere Vorteile sind geringere Wärmeentwicklung, etwa 50 000 Betriebsstunden, Stoßfestigkeit und die kleinen Abmessungen. Als Spannungsquelle kann auch eine Batterie gewählt werden.
Ein ganz findiger Diskobetreiber hat den Tanzboden aus Fliesen gebaut, die auf und ab federn können. Wenn getanzt wird, treibt die Bewegung der Fliesen kleine Dynamos an. Mit ihnen wird die LED-Beleuchtung im Saal versorgt.

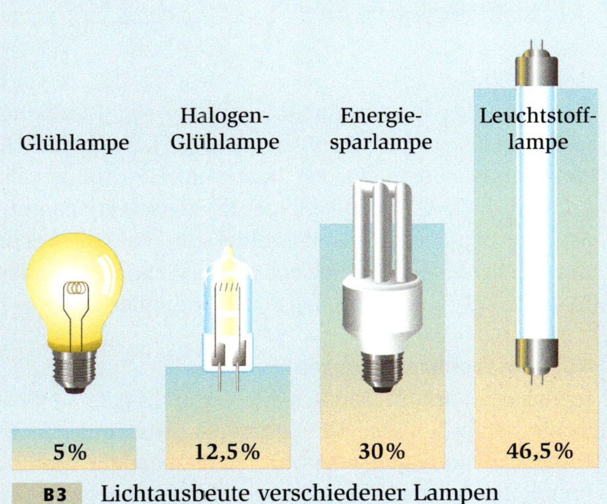

B3 Lichtausbeute verschiedener Lampen

B4 Lebensdauer von Lampen

Das ist wichtig

1. Sicherheit
Experimente im Stromnetz des Haushalts sind lebensgefährlich. Experimentiere deshalb nur mit Stromquellen, die Spannungen unter 24 V haben. Geeignet ist z. B. eine Batterie mit 4,5 V.

2. Stromkreis
Elektrizität fließt nur im geschlossenen Kreis, sie wird dabei nicht verbraucht. Die Nennspannungen von Stromquelle und angeschlossenem Gerät müssen zusammenpassen.

3. Leiter – Nichtleiter
- Metalle sind gute elektrische Leiter.
- Luft, Glas, Porzellan und die meisten Kunststoffe sind Nichtleiter.
- Wasser leitet umso besser, je mehr Salz in ihm gelöst ist.
- Auch wir Menschen sind Leiter. Deshalb müssen wir vorsichtig mit elektrischen Geräten umgehen, um nicht Teil des Stromkreises zu werden.

4. Verschiedene Schaltungen
Reihenschaltung: Alle Lampen liegen hintereinander im selben Stromkreis.

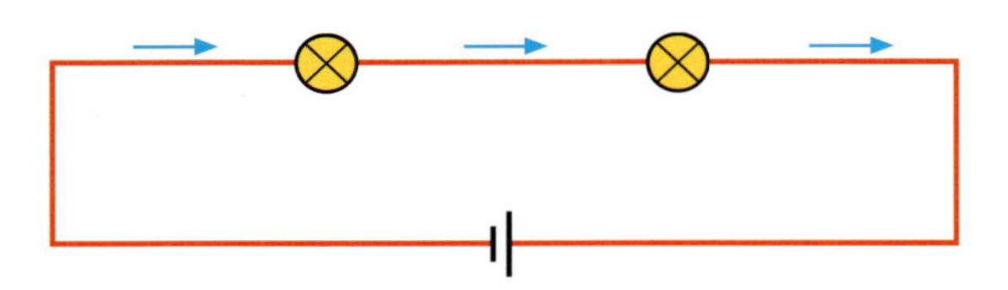

Parallelschaltung: Jede Lampe ist direkt mit der Stromquelle verbunden. Die Fahrradbeleuchtung ist eine Parallelschaltung.

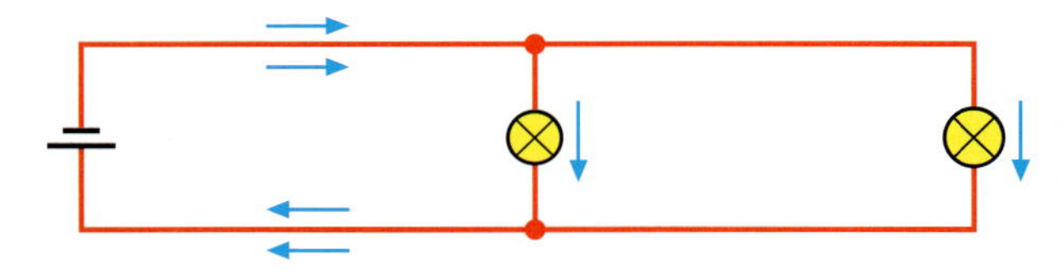

Mehrere Schalter kann man verschieden anordnen,
in Reihe: UND-Schaltung,
parallel: ODER-Schaltung,
zwei ENTWEDER-ODER-Schalter: Wechselschaltung.

5. Messgeräte
Messgeräte können auch dann noch Strom anzeigen, wenn er für den Betrieb einer Lampe zu schwach ist.

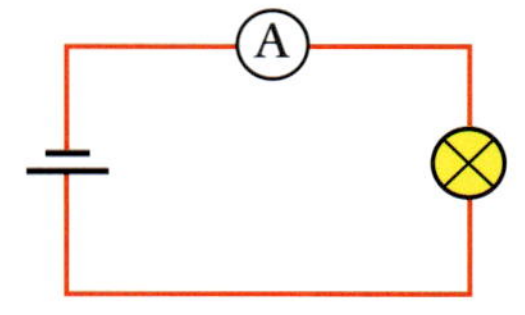

Darauf kommt es an

Erkenntnisgewinnung
Zu einem vollständigen Stromkreis gehört eine Stromquelle. Sie wirkt wie eine Elektrizitätspumpe. Von einem Pol der Quelle führt eine Leitung z.B. zum Anschluss einer Lampe. Vom anderen Anschluss geht es mit einer zweiten Leitung wieder zur Quelle.

Man kann den Stromkreis mit einem Wasserkreislauf vergleichen: Eine Pumpe pumpt das Wasser im Kreis durch Rohr, Turbine und wieder ein Rohr zurück zur Pumpe.

Die Quelle liefert jeweils Energie, Lampe bzw. Turbine wandeln sie in eine andere Energieform.

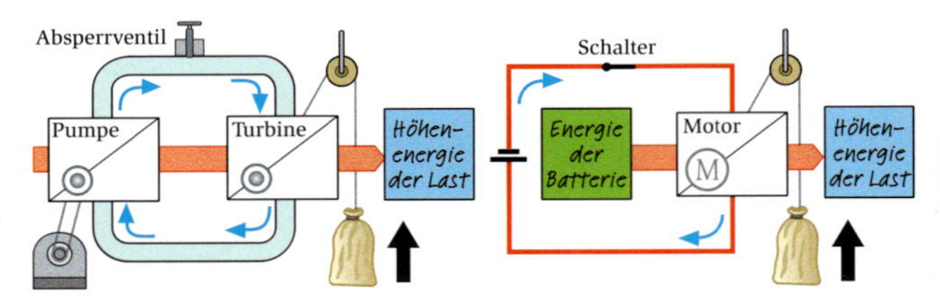

Kommunikation
„Ich habe einen Stromkreis aus einer Batterie, einer Glühlampe und zwei Kabeln mit Krokodilklemmen aufgebaut“ ist eine einfache Beschreibung eines Stromkreises. Man kann aber auch ein Foto des Aufbaus zeigen. Am einfachsten und immer eindeutig ist eine Schaltskizze mit den Symbolen von Quelle, Kabel, Schalter und Lampe.

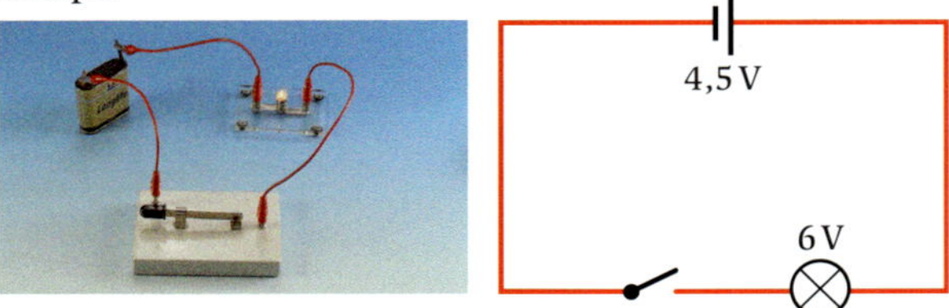

Bewertung
Zum Schutz vor gesundheitlichen oder sogar tödlichen Gefahren experimentieren Personen, die keine berufliche Ausbildung zum Elektriker oder zum Elektroingenieur erfahren haben, nur mit kleinen elektrischen Spannungen. Für Schülerinnen und Schüler gilt: Nur Quellen benutzen, die höchstens eine Spannung von 24 Volt haben. Also niemals an der Steckdose experimentieren!

Nutzung fachlicher Konzepte
In einem Stromkreis müssen alle Verbindungen die Elektrizität leiten können. Die Leitungen müssen gegen Berührung von außen aber mit nichtleitendem Material ummantelt sein, ebenso Stecker, Lampenfassungen und auch alle anderen elektrischen Geräte.

Das kannst du schon

Mit Elektrizität sicher umgehen
Du experimentierst nur mit Batterien oder mit vom Lehrer erlaubten Netzgeräten. Auf keinen Fall hantierst du mit Steckdosen oder machst Kletterabenteuer auf Loks oder Straßenbahnen.

Schaltbilder anfertigen und lesen
Zu einfachen Stromkreisen kannst du ein Schaltbild anfertigen. Du benutzt für eine bessere Übersichtlichkeit dazu die vereinbarten Schaltsymbole.
Die Bestandteile eines fertigen Schaltbildes erkennst du und kannst sie in ihrer Funktionsweise beschreiben.

Mit Messgeräten arbeiten – mehr als sehen
Eine leuchtende Glühlampe zeigt elektrischen Strom an. Ein Strommessgerät zeigt genauer an und kann auch empfindlicher sein. Du kannst ein Messgerät richtig in den Stromkreis einbauen und benutzen.

Versuchsaufbauten durchschauen
Dass die Temperatur eines Drahtes mit der Stromstärke steigt, hast du selbst im Experiment erforscht. Deshalb erkennst du an diesem Versuchsaufbau, welchem Zweck er dient. Den physikalischen Zusammenhang verstehst du und kannst ihn auch deinen Mitschülerinnen und Mitschülern erklären.

Mit Modellen verstehen
Vieles am elektrischen Stromkreis kannst du mit einem Wasserstromkreis vergleichen und so verstehen. Du kennst aber auch einige Grenzen dieses Modells.
Wasser z.B. kann aus der Leitung laufen, Elektrizität aber nicht.

Neues erforschen – Technik erklären
Mit deinem Grundwissen gelingt es dir, eine gestellte Aufgabe zu lösen und so alltägliche Technik zu verstehen. In der Fachsprache kannst du sie erklären.

Mit Partnern arbeiten
Du hast gelernt, dass man schneller zum Ziel gelangt, wenn man mit Partnern zusammenarbeitet. Dies gilt bei Schülerversuchen, in Projekten oder in einer Forscherwerkstatt. Mit einem Referat oder einem Lernplakat kann eure Gruppe das Ergebnis präsentieren.

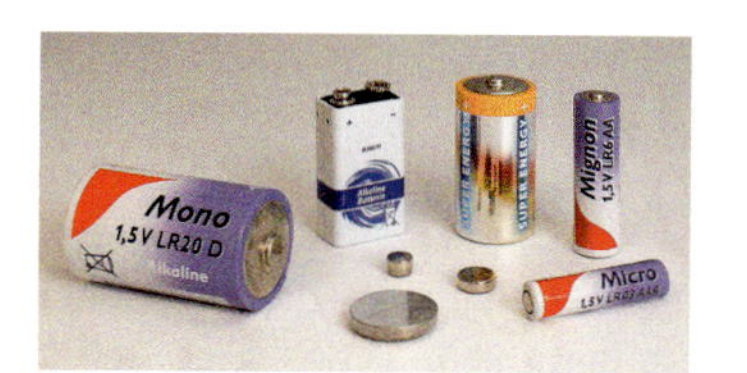

Sichere und gefährliche Stromquellen

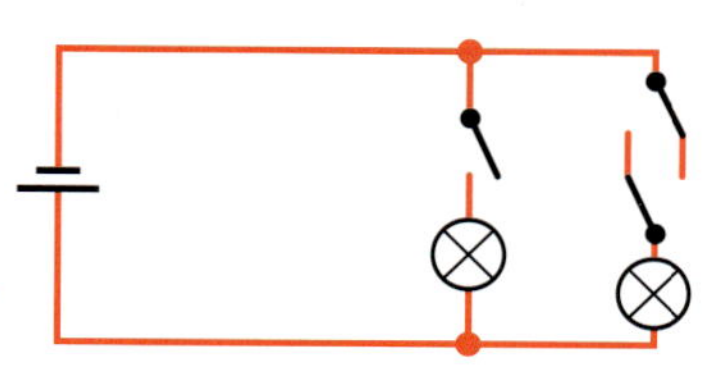

Elektrische Schaltungen

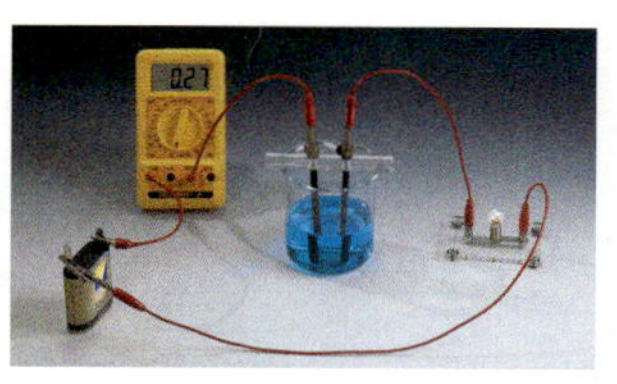

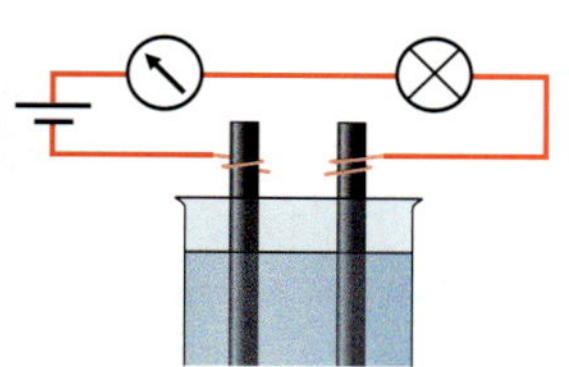

Ein Messgerät für die Stromstärke im Stromkreis

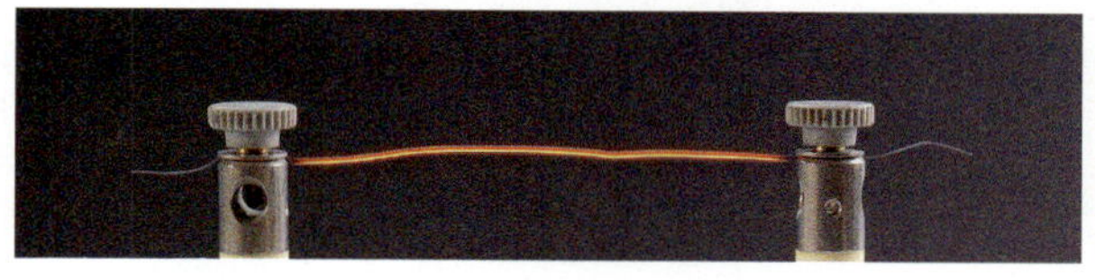

Ein Experiment zur Schmelzsicherung

Wasserkreislauf	elektrischer Stromkreis
Wasserrohr	
Pumpe	
Strömungsmesser	
Wasserhahn	
Turbine	

Tabelle zum Stromkreismodell

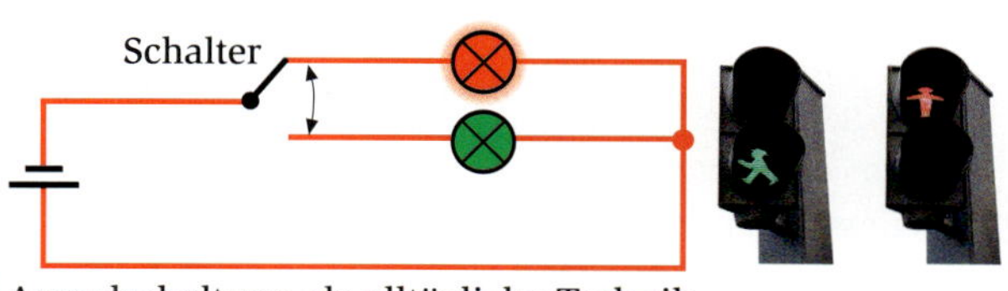

Ampelschaltung als alltägliche Technik

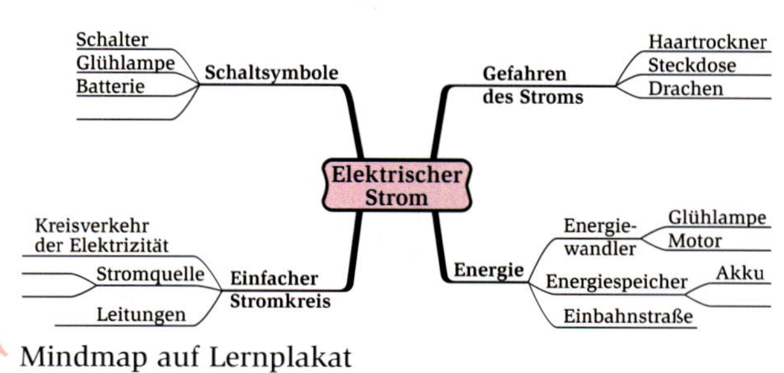

Mindmap auf Lernplakat

Kennst du dich aus?

A1 Nenne Hinweise darauf, dass im Stromkreis Elektrizität im Kreis fließt.

A2 Aus diesen Bauteilen sollst du einen Stromkreis erstellen.
a) Beschreibe dein Vorgehen.
b) Fertige einen Schaltplan an.

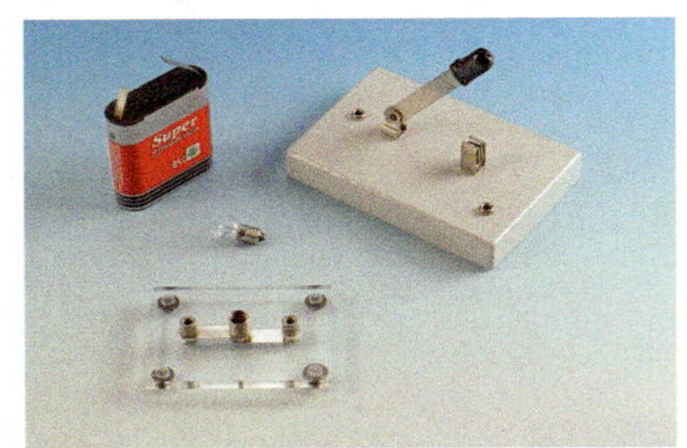

A3 In welchen der gezeichneten Fälle leuchten die Lampen am hellsten? Begründe deine Antwort.

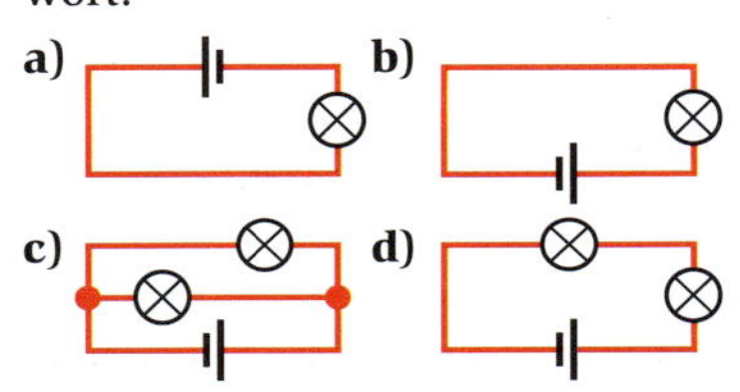

A4 Warum sind Lampen in Wohnungen nicht in Reihe geschaltet? Nenne mehrere Gründe.

A5 Plane und zeichne einen Schaltkreis für das Umschalten von Fern- auf Abblendlicht beim Auto.

A6 Schildere, was sich ändert, wenn du Lampe 1 bzw. Lampe 2 herausschraubst.

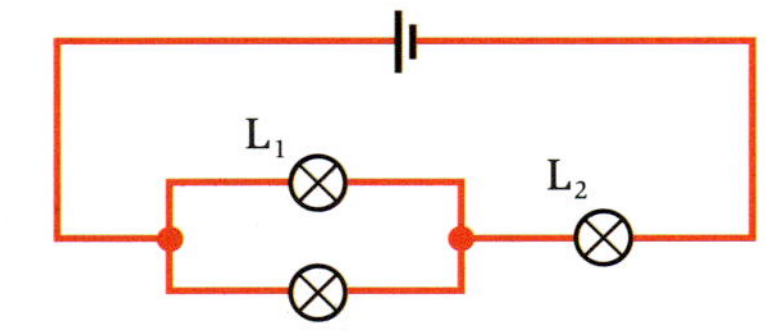

A7 Nenne Teile eines Wasserstromkreises und eines elektrischen Stromkreises, die sich entsprechen. Zähle auch Unterschiede zwischen den beiden auf.

A8 Suche die Nennspannungen verschiedener batteriebetriebener Geräte heraus, die du benutzt (Taschenlampe, Fernbedienung des Fernsehers usw.).

A9 Es ist lebensgefährlich, einen Drachen in der Nähe von Hochspannungsleitungen steigen zu lassen. Beschreibe den Stromweg für den Fall, dass die Drachenschnur eine Leitung berührt.

A10 Was haben Fahrradbeleuchtung eines älteren Fahrrades und die Stromversorgung einer Lokomotive gemeinsam? Nenne zusätzlich auch den überlebenswichtigen Unterschied.

A11 Der Schalter wird betätigt. Begründe, was in den Fällen a), b) und c) passieren wird.

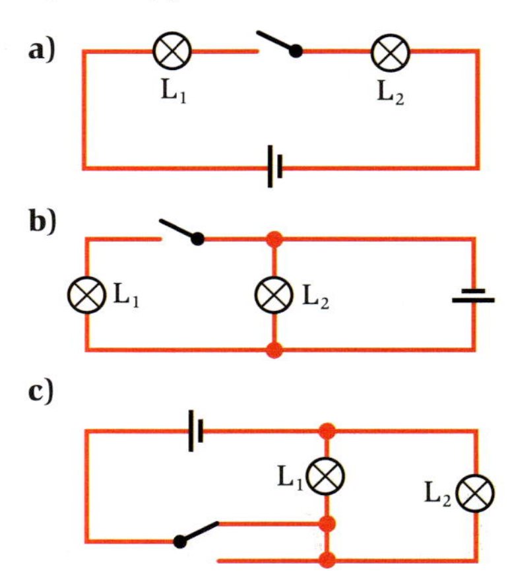

A12 Sonjas Vater ist Elektriker. Er hat sich eine Schaltung für die Urlaubszeit überlegt:

- Die Außenlampe soll nur in der Dämmerung und der Nacht angehen.
- Dann soll sie aber mit Schaltuhr immer von 22 Uhr bis 24 Uhr brennen.
- Außerdem soll sie (durch einen Bewegungsmelder) immer dann angehen, wenn sich jemand dem Haus nähert.

Baue dazu eine Modellschaltung mit drei Schaltern, Batterie und Lämpchen nach.

A13 Die Glühwendel einer Glühlampe wird sehr heiß und leuchtet deshalb hell. Erläutere, warum die Zuleitung nicht heiß wird und deshalb auch keine Brandgefahr besteht.

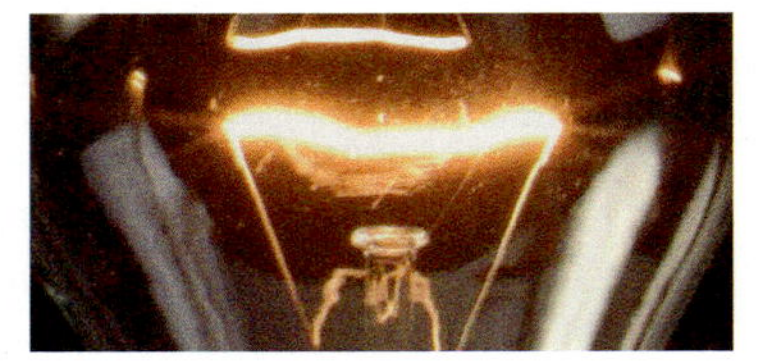

A14 Im Bild ist eine defekte Leitung zu sehen. Das Metallgehäuse der Waschmaschine ist dadurch mit der Netzleitung verbunden.
a) Beschreibe, wie Elektrizität fließt, wenn eine Person das Gehäuse anfasst. Beachte, dass bei unserem Haushaltsnetz eine der beiden Leitungen immer mit der Erde verbunden ist.
b) Erläutere, warum viele elektrisch betriebene Geräte (z. B. ein Haartrockner) ein Gehäuse aus Kunststoff besitzen.

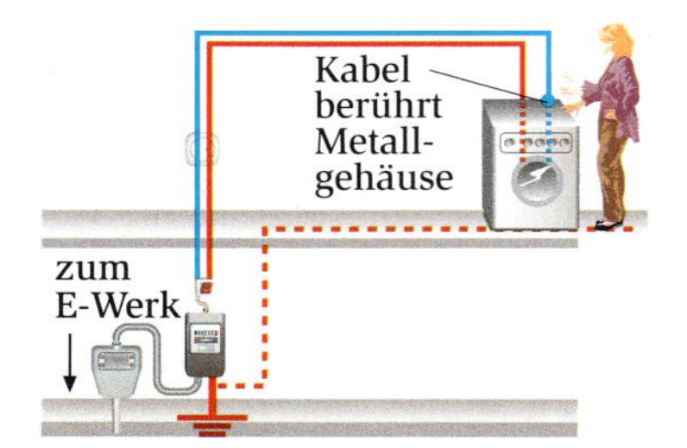

A15 Inga hat das „elektrische Inventar“ der Taschenlampe ausgebaut. Mithilfe eines Drahtstücks bringt sie die Glühlampe zum Leuchten
- normal hell in V1,
- weniger hell bei V2 und V3,
- gar nicht bei V4.

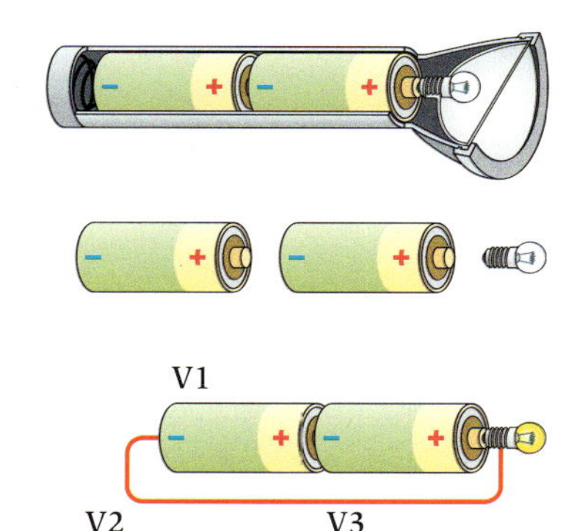

Bereite ein Kurzreferat vor zum Thema: „Die Batterie liefert den Antrieb im Stromkreis“, in dem du Ingas Beobachtungen erklärst.

A16 Es gibt ihn noch, den Bus mit elektrischer Oberleitung – auch Trolleybus genannt. Beschreibe den Unterschied zur elektrischen Straßenbahn.

A17 Die Isolierung älterer Kabel ist oft brüchig. Welche Gefahren können dadurch entstehen?

A18 Erkläre, was ein „Erdschluss“ ist. Erläutere die Gefahr, die für einen Menschen entsteht.

A19 Die Liste der Gründe, mit elektrischen Geräten vorsichtig umzugehen, ist lang. Sie enthält notwendige Gebote und Verbote. Schreibt die Sätze der Liste mit eigenen Worten in anderer Form: *Es ist gefährlich …, weil … .*

- Berühre nie die Pole einer Steckdose – auch nicht nur einen!
- Kleinkinder sollen durch Kindersicherungen in den Steckdosen geschützt werden.
- Repariere keine elektrischen Haushaltsgeräte, überlasse dies Fachleuten.
- Wechsle nie eine Glühlampe aus, überlasse dies deinen Eltern.
- Benutze keine Geräte mit defekten Leitungen.
- Ziehe Netzleitungen nicht am Kabel, sondern am Stecker aus der Steckdose.
- Benutze keine elektrischen Geräte im Bad.
- Hantiere mit elektrischen Geräten nicht mit feuchten Händen oder auf feuchtem Boden.
- Halte dich von Hochspannungsleitungen fern. Klettere nie auf Loks oder Straßenbahnen.

Projekt

Standlicht mit Energiespeicher

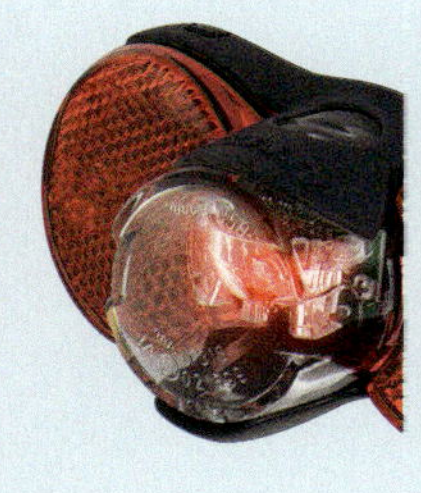

Was macht man abends, wenn der Dynamo an einer Kreuzung keine Energie liefert? Für diesen Fall gibt es Rücklichter mit Standlicht. Sie besitzen eine Leuchtdiode, die ihre Energie aus einem Speicher für elektrische Energie bezieht, sobald das Fahrrad steht.

Wir ahmen diese Schaltung nach. In dieser Form reicht sie für den Straßenverkehr aber noch nicht aus. Als Energiespeicher wählen wir einen besonderen Kondensator, z. B. einen „Goldcap“. Eine Stromquelle mit maximal 5,5 V führt ihm Energie zu, das macht während der Fahrt normalerweise der Dynamo.

Hier wählen wir z. B. eine Flachbatterie (4,5 V). Sie pumpt Elektrizität von einer Seite des Kondensators auf die andere. Sie ähnelt dabei einer Pumpe, die Wasser von einer Rohrseite auf die andere hochpumpt.

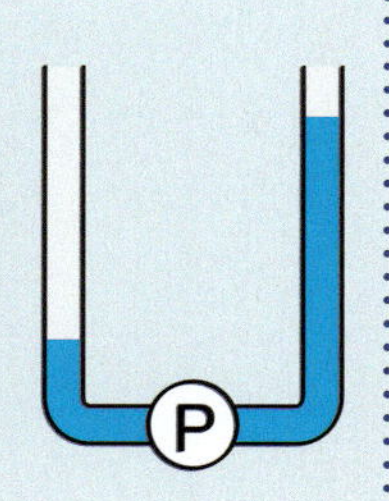

Wenn wir nun den Kondensator als Stromquelle für eine LED benutzen, fließt die Elektrizität über die LED wieder zurück (wie das Wasser im Rohr zurücklaufen und eine Turbine antreiben würde). Solange dies geschieht, leuchtet auch die LED. Dies dauert einige Minuten. Und so sieht die Schaltung aus:

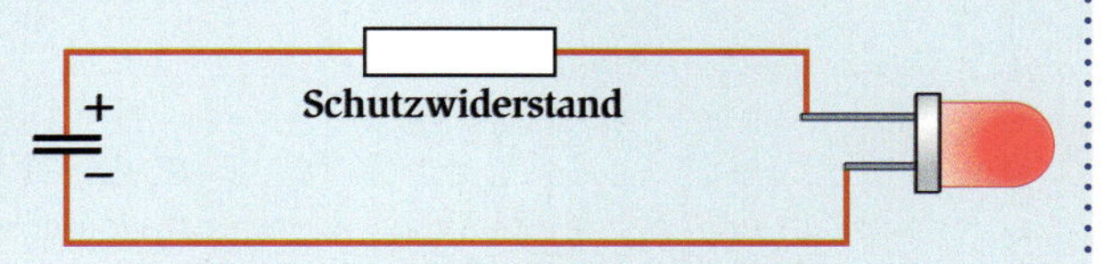

Technik im Dienst des Menschen

Das kannst du in diesem Kapitel erreichen:

- Du wirst den Nutzen und die Eigenschaften von Magneten in Experimenten erkunden.
- Du wirst mit dem Modell der Elementarmagnete viele Erscheinungen bei magnetischen Gegenständen deuten können.
- Du wirst mit dem Modell des Magnetfeldes beschreiben können, warum der Magnetismus historisch bedeutend für die Navigation auf den Weltmeeren war.

N
NW
NE
W
E
SW
SE
S

Magnete im Alltag

In diesem Zimmer hat jemand die vielseitigen Verwendungsmöglichkeiten der Magnete ausgenutzt. An den Wänden, auf dem Tisch – überall sind Magnete als nützliche Helfer oder als Spielzeug zu sehen. Darunter sind auch elektrisch betriebene Magnete.

A1 Magnete kommen in vielen Geräten in eurer Umgebung vor. Kennt ihr einige der oben abgebildeten Geräte? Notiert und beschreibt sie. Schreibt auch weitere auf, die euch einfallen. Überlegt gemeinsam, welche Funktion die Magnete in den Geräten haben. Fotografiert oder zeichnet sie. Ergänzt eure Bildersammlung durch am Computer erstellte Texte. Gestaltet daraus dann ein Plakat.

A2 Nimm einen Spielzeugmagneten und halte ihn in die Nähe verschiedener Geldmünzen. Finde so heraus, welche Münzen angezogen werden.

A3 Fabio und Niklas bauen sich selbst einen kleinen Heimkompass: Mit einem Magneten haben sie gerade ein Büroklammer „bearbeitet“. Sie liegt jetzt auf einem kleinen Styroporschiffchen.

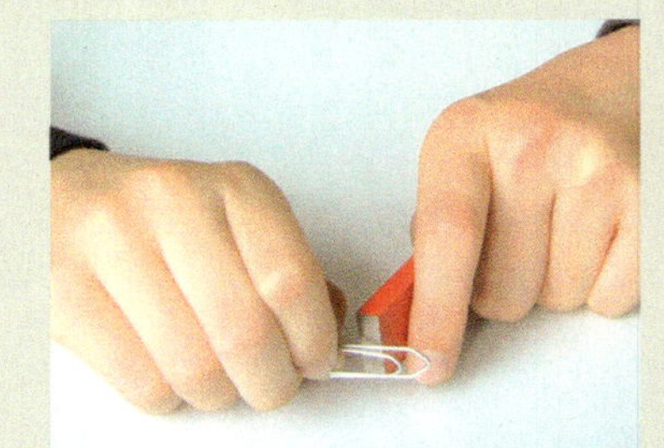

Mache es den Beiden nach und lass das Schiffchen in einer wassergefüllten Schale schwimmen. Notiere deine Beobachtung.

A4 Kennst du jemanden, der eine Modelleisenbahn hat? Lass dir von ihm erklären, welche Bedeutung eine Weiche hat und wie sie funktioniert.

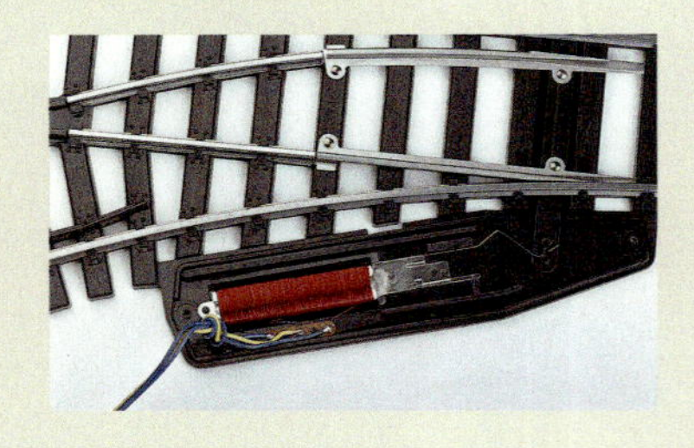

A5 Ein Fahrradtacho hat häufig einen Magneten in den Speichen und einen Reed-Kontakt (siehe Foto) an der Radgabel. Wenn man ganz leise ist, hört man nach jeder Umdrehung des hochgehaltenen Vorderrades ein leises „Klick“. Erfährt der Tacho dadurch etwa, wie schnell das Fahrrad ist? Erkläre.

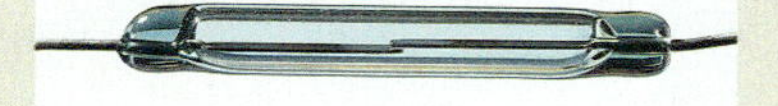

Eigenschaften von Magneten

1. Untersuchung magnetischer Kräfte

Sicher hast du schon bei verschiedenen Gegenständen magnetische Kräfte wahrgenommen. Im Unterricht untersuchen wir die magnetischen Kräfte jetzt genauer. Zuerst halten wir einen Magneten nacheinander an verschiedene Gegenstände: Radiergummi, Lineal, Physikbuch, Tischtennisball, Schlüssel, Turnschuhe usw. Dann verteilt der Lehrer noch kleine Proben aus unterschiedlichen Materialien, wie z. B. Holz, Glas, Kupfer, Nickel, Graphit, Stein, Kobalt oder Aluminium. Unsere Ergebnisse halten wir im Versuchsprotokoll fest.
Wir sehen: Gegenstände aus Kunststoff, Gummi, Holz, Wachs, Aluminium usw. reagieren nicht auf den Magneten. Nur Metallstücke aus Eisen, Kobalt oder Nickel werden vom Magneten angezogen – sie sind magnetisch → B1.

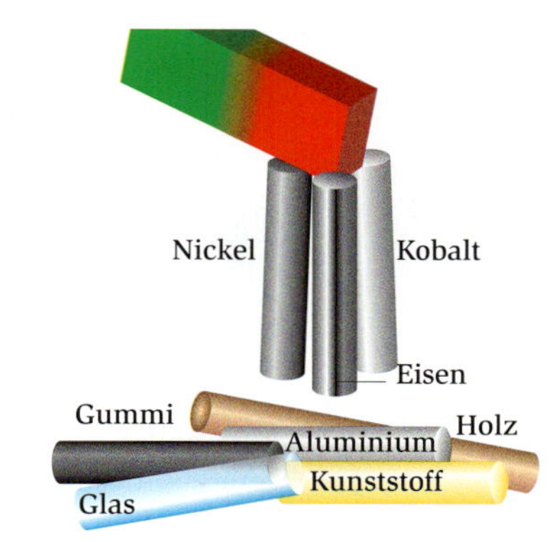

B1 Gegenstände aus Eisen, Kobalt und Nickel werden vom Magneten angezogen.

Merksatz
Magnete ziehen Gegenstände aus Eisen, Kobalt oder Nickel an.

2. Magnete brauchen keinen Kontakt

Lisa ist erstaunt, dass eine Büroklammer zum Magneten „hoch hüpft", wenn man ihn ein Stück darüber hält. Offensichtlich wirkt der Magnet auch durch die Luft → Projekt. Man muss mit ihm die Klammer gar nicht erst berühren. Sophia wundert das nicht. Sie zeigt Lisa einen Zaubertrick, bei dem es so ähnlich zugeht → B2. Sie lässt eine Münze über den Tisch wandern, ohne sie mit der Hand zu berühren. Lisa lässt sich so leicht nichts vormachen. „Klar, der Magnet wirkt auch durch die Holzplatte hindurch und unter der Tischplatte hast du heimlich einen Magneten bewegt".

B2 Sophia lässt eine Münze tanzen.

Projekt

Abschirmung gegen magnetische Wirkung

Dass ein Magnet eine Büroklammer auch durch die Luft anziehen kann, wird besonders deutlich, wenn die Klammer an einem Stück Garn festgebunden ist. Sie schwebt dann in der Luft und spannt den Faden → B3. Selbst wenn man die Hand dazwischen hält, bleibt der Faden gespannt. Auch eine Kunststofffolie hilft nicht. Daher muss man z. B. alte Musikkassetten oder Kreditkarten von Magneten fernhalten, denn ihre Hülle aus Kunststoff schützt sie nicht vor Zerstörung durch die magnetische Wirkung.
Ihr könnt nun weitere Materialien als Abschirmung testen: ein Blatt Papier, ein Stück Karton, eine Glasscheibe, ein Stück Alufolie – aber der Faden mit der Büroklammer bleibt stets gespannt. Sobald man jedoch eine Platte aus einem bestimmten Material zwischen Magnet und Büroklammer hält, fällt die Büroklammer herunter. Findet es heraus!

B3 Die Büroklammer wird vom Magneten angezogen, obwohl eine Abschirmung aus Papier dazwischen ist.

B1 An den Enden des Stabmagneten – den so genannten Polen – haften fast alle Nägel; seine Mitte bleibt dagegen nahezu leer.

V1 Wir hängen einen Stabmagneten wie im Bild auf. Er dreht sich einige Mal hin und her. Nach einiger Zeit bleibt er in einer bestimmten Himmelsrichtung stehen. Ein Pol zeigt nach Norden, der andere nach Süden.

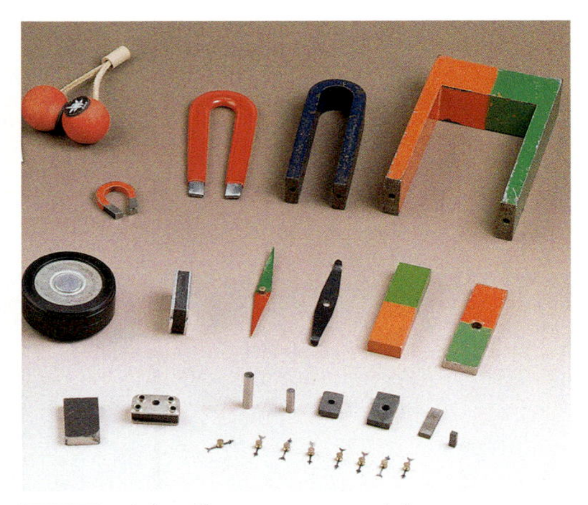

B2 Nicht allen Magneten sieht man es an, aber jeder dieser Magnete hat einen magnetischen Nordpol und einen magnetischen Südpol.

3. Jeder Magnet hat zwei Pole

Wenn wir einem stabförmigen Magneten (Stabmagneten) in eine Schachtel mit Stahlnägeln legen und vorsichtig wieder hochheben, so bleiben die Nägel fast ausschließlich an einem der beiden Enden des Magneten hängen. Dort ist die magnetische Wirkung also besonders stark. Diese beiden Enden nennen wir die **Pole** des Magneten → B1. In der Mitte des Stabmagneten finden wir fast gar keine Wirkung.

Merksatz

Jeder Magnet hat zwei Pole. An den Polen ist seine magnetische Wirkung besonders stark.

4. Magnetischer Nord- und Südpol – nicht beliebig

Hängt man einen Stabmagneten drehbar auf, so dreht er sich langsam hin und her, bis er nach einiger Zeit in einer bestimmten Position stehen bleibt → V1. Auch andere Stabmagnete, mit denen man den Versuch wiederholt, stellen sich in dieselbe Richtung ein. Größere Eisengegenstände oder weitere Magnete dürfen dabei nicht in der Nähe sein.

Der Vergleich mit den Himmelsrichtungen verrät: Ein Pol des Magneten weist nach Norden, der andere nach Süden. Danach sind die Pole des Magneten benannt. Der nach Norden weisende Pol heißt **magnetischer Nordpol**, der nach Süden weisende Pol heißt **magnetischer Südpol**.

Um die verschiedenen Magnetpole stets auseinander halten zu können, werden sie farbig markiert. Im → V1 ist es der rot bemalte Pol, der nach Norden zeigt, also ist er der magnetische Nordpol. Wir testen auch andere Magnete aus der Physiksammlung. Auch bei ihnen erkennt man die Art des Pols an der Farbe – rot für magnetischen Nordpol, grün für Südpol. Die Farbe ist aber nicht entscheidend. Im Zweifelsfall muss man → V1 wiederholen.

Merksatz

Jeder Magnet hat einen magnetischen Nordpol und einen magnetischen Südpol. Der Nordpol ist meist rot und der Südpol grün markiert. Ist der Magnet frei beweglich, so zeigt sein magnetischer Nordpol nach Norden.

Materie lässt sich nach verschiedenen Eigenschaften sortieren. Wir kennen schon elektrische Eigenschaften – Leiter und Nichtleiter. Die Metalle sind alle mehr oder weniger gute Leiter, so auch Kupfer und Eisen.

Die Untersuchung der magnetischen Eigenschaften zeigt bei den Metallen starke Unterschiede. Nur Eisen, Kobalt und Nickel sind magnetisch. Die guten Leiter Kupfer oder Silber sind dagegen nicht magnetisch.

5. Magnetpole wirken wechselseitig aufeinander

Im → B3 ist zwischen der Decke des Gleiters und der Schiene etwas Platz. Auch zu den Seiten ist ein schmaler Spalt zu erkennen. Schubst man den Schlitten an, gleitet er geräuschlos und ohne stehen zu bleiben über die Bahn. Es sieht so aus, als wenn die oben und seitlich angeklebten Magnete von der Bahn weggehalten würden. Zieht nicht ein Magnet Gegenstände aus Eisen an, egal mit welchem Pol man sich nähert? Was ist hier anders als sonst?

Beim Test fällt auf, dass auch an der Fahrbahn selbst Eisennägel haften bleiben. Sie selbst ist also auch ein Magnet! Jetzt wirken also oben und seitlich jeweils zwei Magnete aufeinander. Welche Wirkung können sie untereinander haben?

In → V2 nähern wir die beiden Magnete einander an. Wenn wir die Nordpole der Magnete zusammenbringen, so spüren wir, wie sie sich gegenseitig abstoßen. Je näher wir sie aneinander halten, desto stärker stoßen sie sich ab. Dasselbe geschieht beim Annähern der beiden Südpole.

Hält man aber Nordpol an Südpol, so spürt man die Anziehungskräfte zwischen den beiden Magneten. Auch sie werden stärker, wenn wir den Abstand zwischen den Polen verringern. Geben wir den Kräften nach, so bleiben die Magnete aneinander haften.

Merksatz

Gleichnamige Magnetpole stoßen sich voneinander ab, ungleichnamige Pole ziehen einander an.

Im Kapitel „Energie“ haben wir schon einmal erfahren, dass zwei Körper wechselseitig aufeinander einwirken. Bringt man einen heißen Körper in Kontakt mit einem kälteren, so gibt der heiße Körper Energie an den kalten ab – ganz von selbst.

Jetzt haben wir eine neu Art der Wirkung zwischen zwei Körpern erfahren: Die Pole zweier Magneten können sich gegenseitig abstoßen → B4 oder auch anziehen. Sie müssen sich dabei nicht einmal berühren, die Wirkung ist auch schon bei einigem Abstand spürbar.

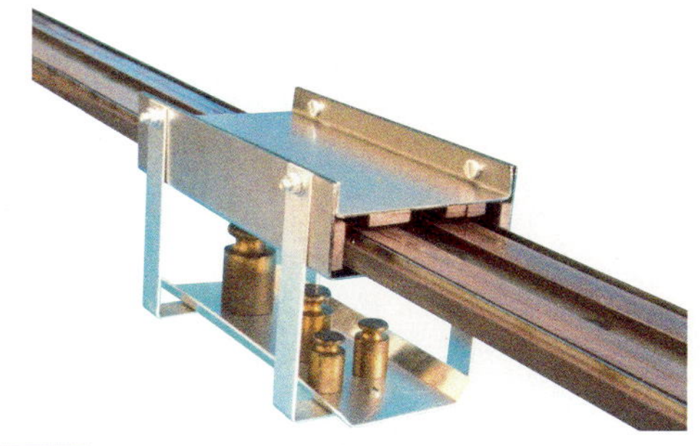

B3 Eine magnetische Schwebebahn

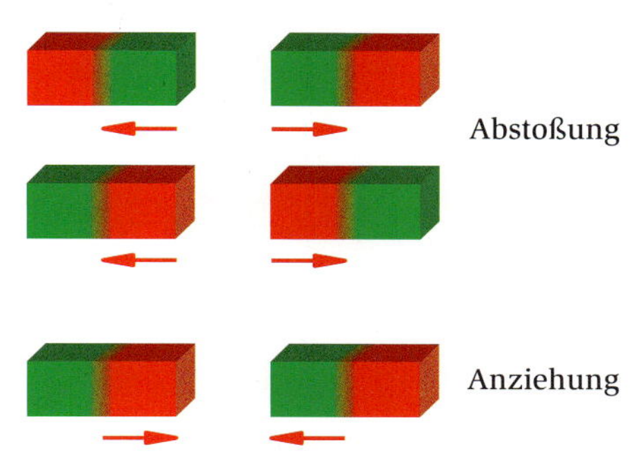

V2 **a)** Zuerst nähern wir die beiden Südpole einander. Sie stoßen sich gegenseitig ab. **b)** Wir drehen nun beide Magnete um. Auch die beiden Nordpole stoßen sich ab. **c)** Zuletzt nähern wir den Südpol des rechten Magneten dem Nordpol des linken. Jetzt spüren wir deutlich die Anziehung.

B4 In diesem Sattel sind zwei Magnetfedern (rechts eine ausgebaute).

Mach's selbst

A1 Der unterste Ringmagnet zeigt mit seinem „roten“ Nordpol nach unten. Ordne allen anderen Schichten den richtigen Magnetpol zu. Fertige eine Zeichnung an.

A2 Beschreibe, wie du beim Magneten aus → B1 die Pole ermitteln kannst, **a)** wenn du einen anderen gekennzeichneten Magneten zur Verfügung hast (z.B. in der Schule), **b)** wenn du keinen zweiten Magneten hast (z.B. zu Hause).

A3 Erkläre den Vorgang mit Worten. Schreibe eine Fortsetzung.

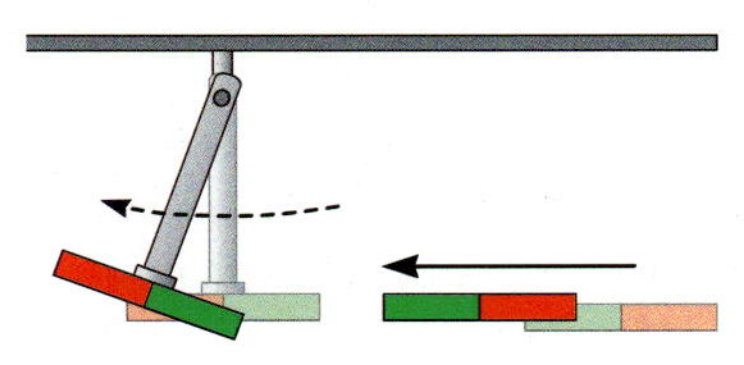

Magnete selbst gemacht

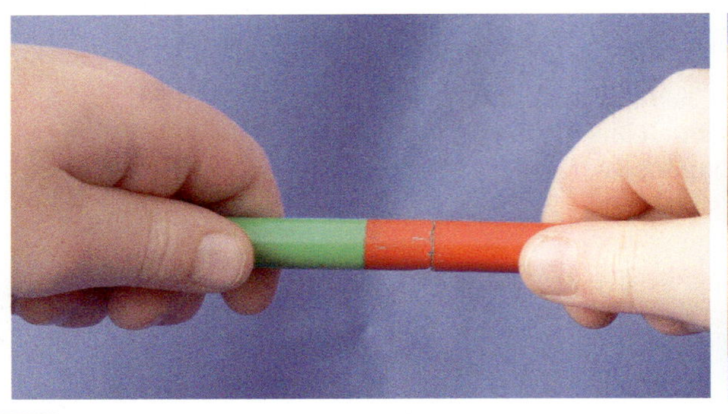
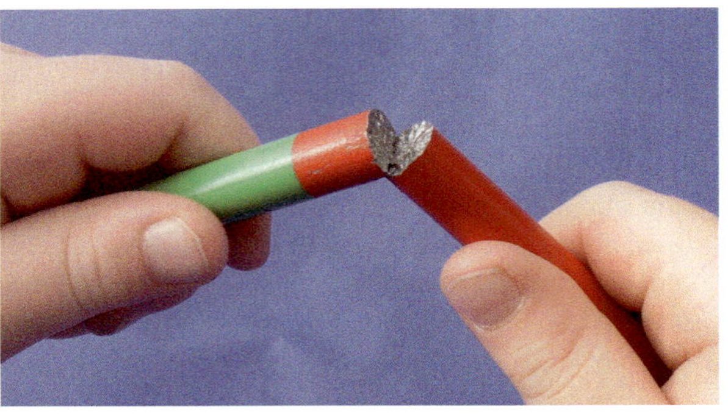

B1 Ein Stabmagnet ist zerbrochen

B2 Ein Spiel mit Tücken: Magnet-Weitschuss mit kleinen Stabmagneten

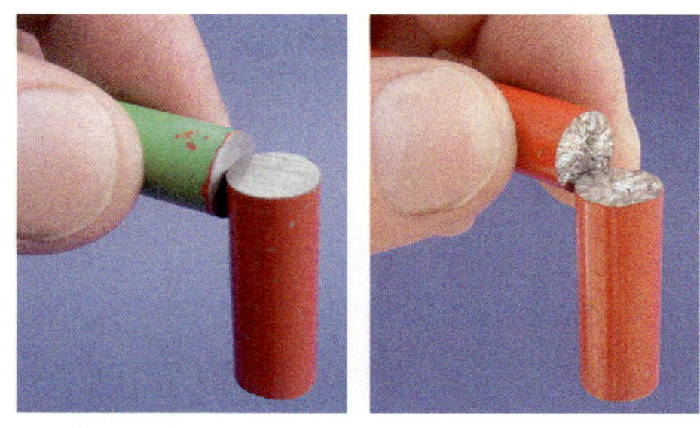

V1 Das Bruchstück haftet mit seiner glatten Seite am Südpol des Magneten. Mit seiner Bruchseite haftet es am Nordpol des Magneten.

1. Kann man reine Nordpole erzeugen?

Björn und Kai spielen mit einem Baukasten, der viele starke Magnete enthält. Sie haben sich eine Art Magnet-Weitschuss ausgedacht: Man nimmt zwei Magnete. Einer wird mit seinem Nordpol an den Nordpol des anderen gepresst. Dann wird er losgelassen und fliegt davon. Meist gelingt dies wie in → B2 dargestellt. Doch Kai ist nicht ganz zufrieden: „Der eine Magnet lässt sich nicht richtig wegschießen. Manchmal dreht er sich im Flug, weil sein Südpol vom anderen Magneten angezogen wird." Kai hat eine Idee: „Der Südpol muss weg! Wir brauchen einen einzelnen Nordpol als Geschoss."

In der nächsten Physikstunde stellen Kai und Björn ihren Wunsch dem Lehrer vor: „Ein Stabmagnet hat eine grüne und eine rote Hälfte. Wenn wir die rote Hälfte von der grünen absägen, erhalten wir einen reinen Nordpol", vermutet Kai und hält seine mitgebrachte Säge hoch. Der Lehrer lobt die jungen Forscher für ihren Tatendrang, schlägt ihnen aber eine Änderung des Experiments vor: „Neulich ist ein Magnet heruntergefallen und dabei zerbrochen", erläutert er. „Diese Bruchstücke können wir untersuchen, um eure Frage zu klären."
Björn führt den Versuch vor der Klasse durch. Der zerbrochene Magnet sieht zunächst fast unversehrt aus, denn die Bruchstücke haften aneinander. Mit ein wenig Kraft kann er aber ein Bruchstück wieder abknicken und vom Rest des Magneten trennen → B1. Er nähert nun das Bruchstück dem Südpol des Magneten. Die glatte Seite wird wie erwartet angezogen → V1. Überraschenderweise wird das andere Ende jedoch vom Nordpol angezogen. Das Bruchstück ist also wieder ein vollständiger Magnet mit Nord- und Südpol! Auch erneutes Teilen der Bruchstücke liefert immer nur vollständige Magnete, niemals einen magnetischen Einzelpol.

Merksatz

Es gibt keine magnetischen Einzelpole. Jedes Stück eines Magneten besteht aus einem magnetischen Nord- und einem magnetischen Südpol.

2. Wir machen unsere Magnete selbst

Irgendjemand muss Magnete beuen, man kann sie ja kaufen. Einen einfachen Magneten kann man leicht selbst herstellen. Führe dazu → V2 durch. Durch das Überstreichen mit einem Magneten wird eine Nähnadel aus Stahl (wird aus Eisen hergestellt) selbst zu einem Magneten → V2a. Sie kann jetzt Eisengegenstände wie z. B. die Büroklammer anziehen → V2b. Man sagt, die Stahlnadel wurde **magnetisiert**. Auch wenn wir den Stabmagneten entfernen, bleibt die magnetische Wirkung der Stahlnadel noch für einige Zeit erhalten → V2c.

Beim Überstreichen kommt der Magnet der Nadel an jeder Stelle sehr nah. Oft ist dies gar nicht nötig. Nähert man z. B. den Nordpol eines Stabmagneten einer Kiste mit Stahlstiften (Nägel), so hüpfen schon einige an den Magneten, bevor dieser den ersten Nagel berührt hat. Der Nagel wurde schon ohne Kontakt zu einem Magneten mit Nord- und Südpol. → B3 zeigt, wie wir uns die Stahlnägel als Magnete mit Nord- und Südpol vorstellen können. Zuerst wird also jeder Nagel zu einem Magneten. Erst dann ziehen sich Eisenstück und Dauermagnet an. Nimmt man die Nägel vom Magneten ab, so verschwindet ihr Magnetismus nach kurzer Zeit wieder. Die Nagelkette fällt auseinander.

Merksatz

Eisen lässt sich durch einen Magneten magnetisieren. Ein Eisenstück erhält dann einen magnetischen Nordpol und einen magnetischen Südpol.

3. So kann man entmagnetisieren

Wenn Eisen sich durch den Einfluss von Magneten magnetisieren lässt, so sollte es auch möglich sein, es von Magnetismus wieder zu befreien. Meistens geschieht dies nach einiger Zeit von selbst. Allerdings kann man die Entmagnetisierung auch erzwingen.

Zwei Stricknadeln, die man vorher magnetisiert hat, kann man aneinander hängen (man darf dabei nur nicht zittern). Dies gelingt nicht mehr, wenn man beide kräftig auf den Boden geworfen hat (Vorsicht, Augen schützen). Durch Erschütterung geht also eine Magnetisierung verloren. Deshalb soll man auch Magnete nicht fallen lassen!

Das **Entmagnetisieren** gelingt aber auch anders: In → V3 ist zu sehen, wie ein magnetisierter Nagel durch starkes Erhitzen seinen Magnetismus verliert und im gleichen Moment nicht mehr vom Magneten angezogen wird.

Merksatz

Ein magnetisiertes Eisenstück kann durch starkes Erschüttern oder durch Erhitzen auf Rotglut entmagnetisiert werden.

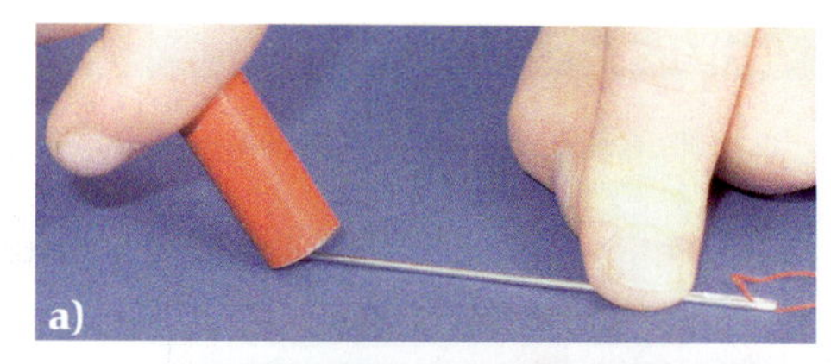

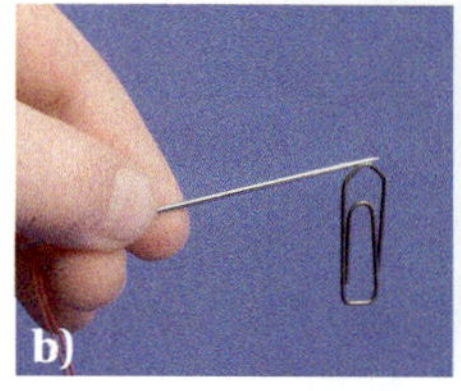

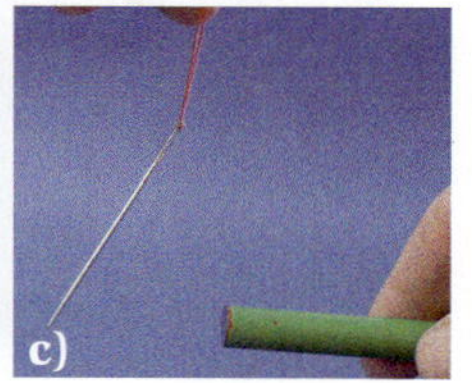

V2 **a)** Wir überstreichen eine Stahlnadel mehrmals von rechts nach links mit dem Nordpol eines Magneten. **b)** Jetzt ist die Nadel selbst ein Magnet, sie kann eine Büroklammer heben. **c)** Die Spitze der Nadel ist ein magnetischer Südpol, man sieht es an der Abstoßung. Die Öse ist ein Nordpol.

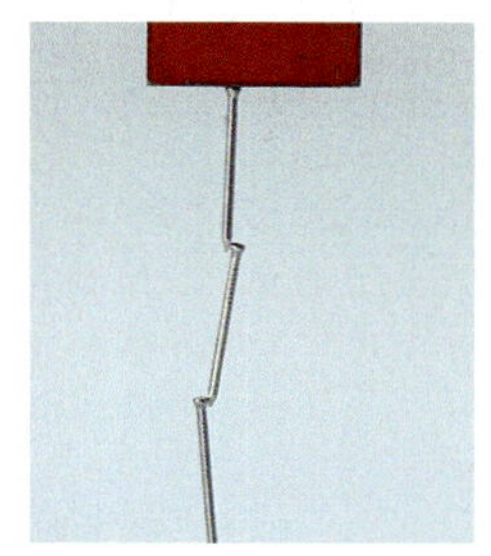

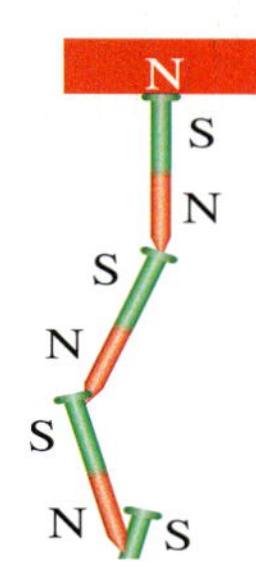

B3 Die Nägel werden schon in der Nähe eines Magneten selbst zu kleinen Magneten, die sich dann gegenseitig anziehen.

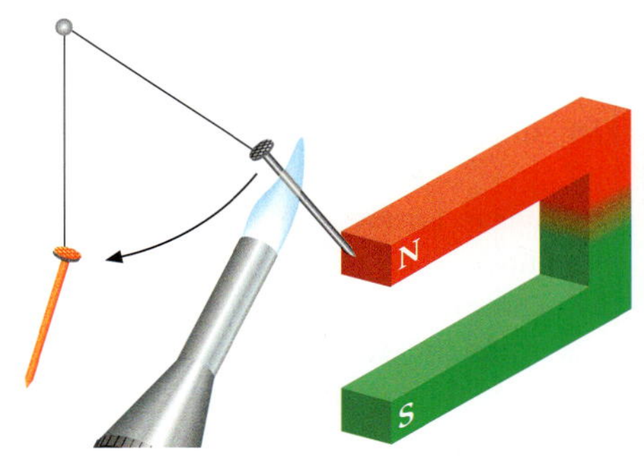

V3 Der magnetisierte Nagel wird bis zur Rotglut erhitzt: Er fällt vom Magneten ab.

Mach's selbst

A1 **a)** Ändere → V2a ab, indem du die Nadel mit dem Südpol überstreichst. Teste das Ergebnis. **b)** Hämmere danach die Nadel und nähere sie der Büroklammer.

Vertiefung

Das Modell der Elementarmagnete

A. Denken, wie es sein könnte ...

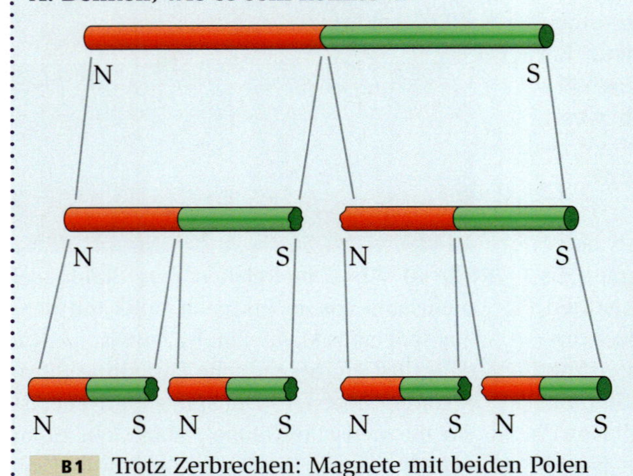

B1 Trotz Zerbrechen: Magnete mit beiden Polen

B. ... und was daraus folgen müsste

a)

b)

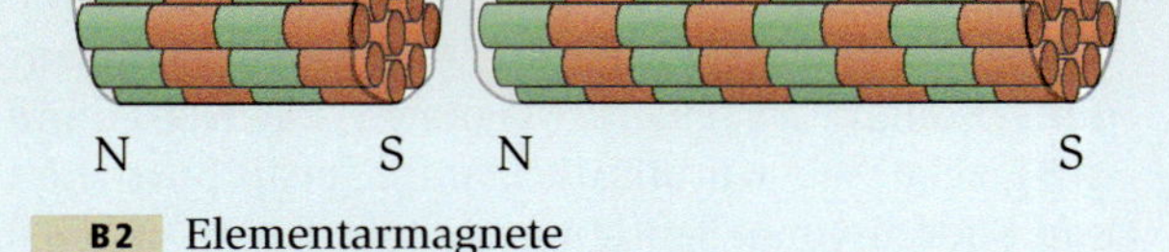

B2 Elementarmagnete

In Versuchen haben wir gesehen, dass die Bruchstücke eines Magneten wieder vollständige Magnete sind. Vollständig bedeutet, jeder von ihnen hat zwei Pole, einen magnetischen Nordpol und einen magnetischen Südpol. Man nennt sie daher auch Dipole (denn di heißt griechisch „zweifach"). Warum immer wieder Dipole entstehen, wollen wir nun mithilfe eines Gedankenmodells verstehen.

Wir stellen uns dazu vor, wir zerbrächen einen Magneten in immer kleinere Stücke. Jedes dieser Bruchstücke wäre wieder ein neuer Magnet mit magnetischem Nord- und Südpol ➜ B1. Irgendwann hätten wir den Magneten so oft zerteilt, dass er in seine kleinsten Bestandteile zerlegt wäre. Diese können wir uns wie winzige, unteilbare Magnetnadeln vorstellen.

Weil wir in unserem Gedankenmodell als grundlegend annehmen, dass alle Magnete aus solch kleinen Magnetnadeln bestehen, nennen wir sie Elementarmagnete. Mit diesem **Modell** wollen wir versuchen, die vielen rätselhaften Eigenschaften der Magnete zu erklären.

So stellen wir uns vor, dass in einem Stabmagneten alle Elementarmagnete mehr oder weniger parallel zueinander liegen. Sie haben dabei alle dieselbe Ausrichtung, z. B. wie in ➜ B2a alle Nordpole links und Südpole rechts. Die Pole der vielen Elementarmagnete bilden dadurch am linken Ende des Magneten seinen magnetischen Nordpol und am rechten Ende seinen magnetischen Südpol.

Wir versuchen nun mit unserem Modell weitere Eigenschaften zu erklären, die wir in Versuchen entdeckt haben.

An den Polen ist die Wirkung eines Magneten besonders stark.
In unserem Modell sind z. B. links alle Nordpole der äußersten Elementarmagnete. Sie alle ziehen an einem Stück Eisen und verstärken sich so in der Wirkung. Kein Wunder, dass die Magnetpole eine so kräftige Wirkung auf ein Stück Eisen haben.

Wenn ein Magnet zerbricht, entstehen wieder neue Magnete mit Nord- und Südpol.
Da überall im Eisenstück Elementarmagnete sind, entstehen nach ➜ B2b an einer Bruchstelle wieder zwei neue Pole. Am rechten Ende des noch unzerbrochenen Stabmagneten ist ein Südpol, also entsteht am Bruchstück links automatisch ein Nordpol aus den Nordpolen vieler Elementarmagnete. Entsprechendes passiert mit dem linken Bruchstück.

An den Seitenflächen eines Magneten ist kaum eine Wirkung zu spüren, er zieht dort kein Eisen an.
An einer Stelle an der Seite des Magneten sind genauso viele magnetische Nordpole wie magnetische Südpole der Elementarmagnete. Wird ein fremder Nordpol dort von den Südpolen der Elementarmagnete angezogen, so wird er aber gleichzeitig von deren Nordpolen abgestoßen. Die Pole der Elementarmagnete neutralisieren sich gegenseitig in ihrer Wirkung.

C. Magnetisieren ...

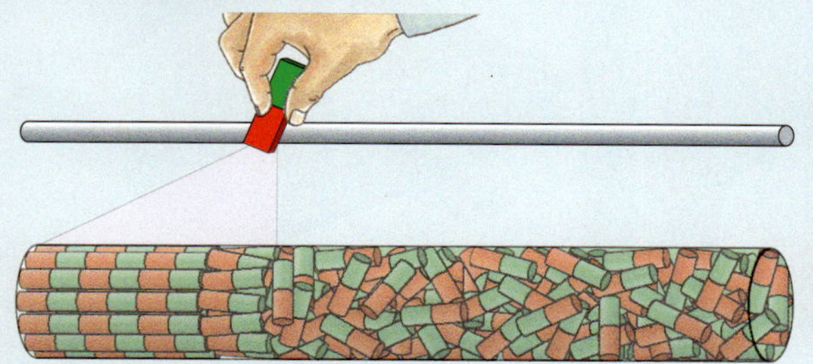

B3 Die Elementarmagnete werden ausgerichtet.

Wenn man mit einem Magnetpol über eine Stahlnadel streicht, dann wird diese magnetisiert.

Auch diesen Vorgang können wir mit unserem neuen Gedankenmodell erklären. Im Modell entsteht die magnetische Wirkung eines Magneten erst durch die Ordnung der Elementarmagnete. Da sich Stahl magnetisieren lässt, muss auch die Stahlnadel Elementarmagnete besitzen. Diese sind zunächst völlig ungeordnet → B3. Ihre magnetische Wirkung ist daher von außen nicht zu spüren. Wir stellen uns nun vor, dass sich die Elementarmagnete drehen können. Streichen wir nun mit dem Nordpol eines Magneten über die Nadel, drehen sie sich, bis sie alle gleich ausgerichtet sind. An dem einen Ende der Stahlnadel entsteht so ein magnetischer Nordpol und am anderen Ende ein magnetischer Südpol.

D. ... und Entmagnetisieren

Durch Erschüttern oder Erhitzen wird eine Stahlnadel entmagnetisiert.

In der Modellvorstellung verstehen wir dies so: Wenn die Erschütterung stark genug ist, verdrehen sich die Elementarmagnete wieder und die vorher mühsam erreichte Ordnung geht wieder verloren. Auch Erhitzen bringt starke Bewegung in die Bauteile der Materie, auch hierbei geht die Ordnung verloren.

E. Eisen bekommt Pole und wird angezogen

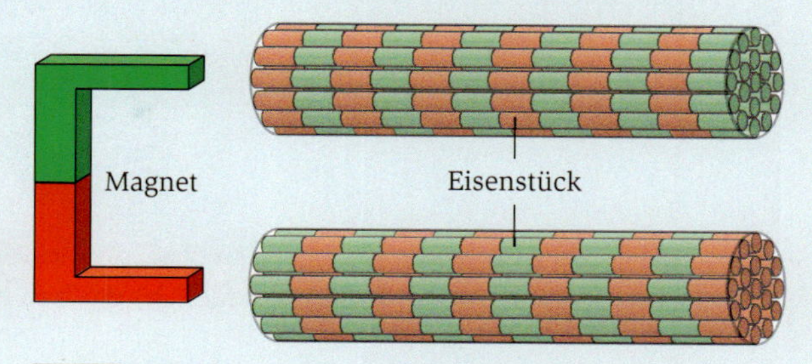

B4 Die Elementarmagnete werden ausgerichtet.

Gegenstände aus Eisen oder Stahl werden von einem Magneten angezogen.

Mit dem Modell der Elementarmagnete können wir dies nun erklären. Eisen besteht hiernach aus ungeordneten Elementarmagneten, die sich durch den Einfluss eines Magneten drehen können. Wie in → B4 dargestellt, drehen sich Elementarmagnete in dem Stahlnagel schon, wenn der Magnet nur in seine Nähe kommt. So wird der Stahlnagel selbst zu einem Magneten. Erst dann ziehen sich der magnetisierte Stahlnagel und der Stabmagnet an und haften aneinander – eben wie zwei Magnete.

F. Dauermagnete

In einem Stahlnagel lassen sich genügend viele Elementarmagnete sehr leicht drehen, sodass eine magnetische Ordnung entsteht. Entfernt man den Magneten wieder, so drehen sich die Elementarmagnete in ihre vorherige Unordnung zurück. Das bedeutet, dass die Magnetisierung wieder verschwindet. In bestimmten Stoffen, die nicht nur aus Eisen bestehen, stellen wir uns die Elementarmagnete schwerer drehbar vor. Daher sind stärkere Magnete bzw. ist häufigeres Überstreichen erforderlich, um sie in die gewünschte Ordnung zu bringen. Diese Ordnung bleibt aber auch länger erhalten.

Kompetenz – Modelle nutzen

Naturwissenschaftliches Arbeiten geht von der Beobachtung aus. Aber wir wollen auch wissen, was hinter der Beobachtung steckt, wir suchen nach dem Grund für die natürlichen Erscheinungen.
Beim elektrischen Stromkreis half uns das Wassermodell. Beim Magnetismus hilft uns das Modell der Elementarmagnete.

Mit Modellen verstehen wir die Ergebnisse der Experimente und können sie erklären und vorhersagen.

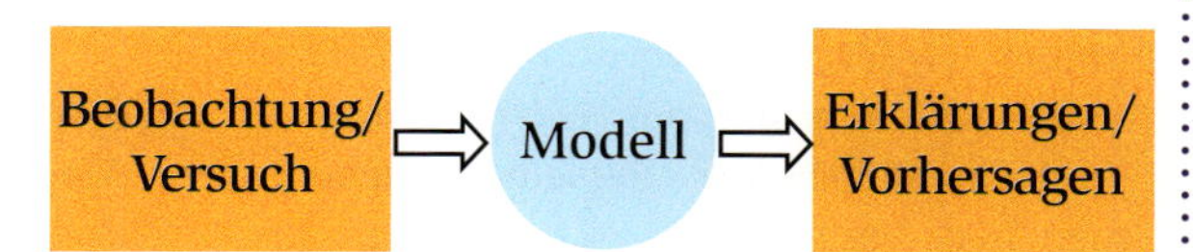

B1 **a)** Was zieht da an der Kompassnadel? **b)** Aufbau eines Kompasses

B2 Modell – die Erde als Stabmagnet

1. Die Erde – ein Magnet

Wanderer verwenden manchmal eine Landkarte und einen **Kompass** zur Orientierung. Die Kompassnadel ist eine drehbar aufgehängte Magnetnadel. Meistens ist ihr magnetischer Nordpol besonders markiert. Wir haben bereits gesehen, dass er immer nach Norden zeigt, egal wie wir den Kompass auch drehen. Dafür kennen wir nur eine Ursache: Der Nordpol wird immer vom Südpol eines anderen Magneten angezogen. Also muss sich im Norden der Erde ein magnetischer Südpol befinden. Man kann es sich so wie in → B2 vorstellen: Der Erdmagnet gleicht einem Stabmagneten mit seinem magnetischen Südpol im Norden und seinem magnetischen Nordpol im Süden. Dieser gigantische Magnet kann Kompassnadeln überall auf der ganzen Welt in Nord-Süd-Richtung ausrichten. Das wollen wir genauer an einem kleinen Modell untersuchen.

2. Die Feldlinien eines Stabmagneten

In Gedanken verkleinern wir den Erdmagneten auf die Größe eines Stabmagneten. So können wir seine Wirkung auf Kompassnadeln in seinem Umfeld einfacher untersuchen. Wenn man den kleinen Kompass in → V1 vom magnetischen Nordpol zum magnetischen Südpol immer in Richtung der Nadelspitze verschiebt und dabei die Spur der Nadel markiert, erhält man bestimmte Linien. Diese Linien nennen wir in der Physik **Feldlinien**. Sie verbinden die beiden magnetischen Pole eines Magneten miteinander. An jeder Stelle gibt eine Feldlinie die Richtung an, in die sich eine Kompassnadel an diesem Ort ausrichtet. Mit einer Pfeilspitze auf der Linie kennzeichnet man den Verlauf der Linie vom magnetischen Nord- zum magnetischen Südpol.

V1 Lege einen Stabmagneten auf ein Blatt Papier, zeichne seine Form nach und beschrifte die Magnetpole. Stelle einen Kompass irgendwo auf das Blatt und markiere die Nadelposition. Verschiebe den Kompass immer wieder in Richtung der Pfeilspitze und markiere erneut die Nadelposition bis du beim Südpol des Magneten angekommen bist. Verbinde die Markierungen zu einer Linie.

Merksatz

Magnetische Feldlinien verlaufen vom magnetischen Nordpol zum magnetischen Südpol. Sie zeigen an jeder Stelle die Richtung an, in welche der Nordpol einer Magnetnadel weist.

3. Die Feldlinien des Erdmagneten

Um die Feldlinien eines Stabmagneten sichtbar zu machen, verwendet man statt Kompassnadeln oft auch Eisenfeilspäne, die auf einer Plastikplatte ausgestreut werden. Sie werden vom Stabmagneten darunter magnetisiert. Wenn man sie durch leichte Erschütterung der Platte kurzzeitig in die Luft wirbelt, können sie sich leicht drehen. Jetzt richten sie sich genauso aus wie Kompassnadeln. Der Vorteil ist, dass der Verlauf der Feldlinien auf einen Blick im ganzen Umfeld des Magneten erkennbar ist. In → V2 wurde der Stabmagnet, der die Eisenspäne ausgerichtet hat, mit einem halben Ball bedeckt. Wenn wir uns diesen Ball als Erde vorstellen, erhalten wir ein modellhaftes Feldlinienbild unserer Erde.

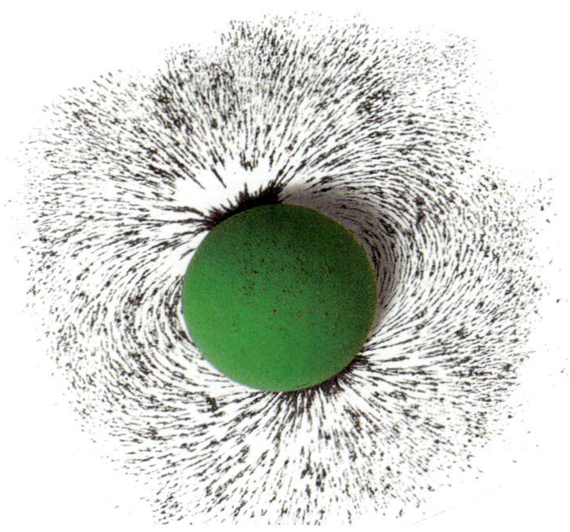

V2 In diesem Modell richtet ein Stabmagnet unter dem Ball Eisenspäne aus und zeigt so den Verlauf der Feldlinien an.

Lena erkennt, dass die Feldlinien vom Südpol der Erde aus weit in den Weltraum hinauslaufen und dann schließlich am Nordpol wieder ankommen. Allerdings fällt ihr auch eine Unstimmigkeit auf: „Dort, wo sich Deutschland befindet, kommen die Feldlinien schräg vom Himmel aus und laufen in die Erde hinein. Eine Kompassnadel sollte deshalb eigentlich schräg in den Boden zeigen.“

Ihre Überlegung ist richtig. Der normale Kompass ist so gebaut, dass sich die Nadel nur um eine vertikale (aufrecht stehende) Achse drehen kann. In → V3 sieht man eine so genannte Inklinationsnadel. Sie kann sich um eine horizontale (liegende) Achse drehen. Mit ihrer Hilfe erkennt man, dass die Feldlinien hier in Deutschland tatsächlich in nördlicher Richtung schräg in die Erde hineinlaufen.

V3 Eine Inklinationsnadel zeigt den Verlauf der Feldlinien an. In Deutschland verlaufen sie steil in den Erdboden hinein.

Vertiefung

Der magnetische Südpol im geografischen Norden

Sicher hast du schon einmal die Erde am Globus betrachtet. Wenn du dabei den Nordpol und den Südpol suchst, erkennst du, dass sie die Punkte sind, an denen der Globus drehbar gelagert ist. Zwischen ihnen verläuft die Achse, um die sich der Globus dreht, und hier laufen alle Längengrade zusammen. Man nennt diese Orte **geografischen** Nordpol bzw. geografischen Südpol. So lassen sie sich leicht von den magnetischen Polen der Erde unterscheiden.

Wenn du dir das Gebiet um den geografischen Nordpol etwas genauer ansiehst, z. B. in einem Atlas, dann entdeckst du etwas Merkwürdiges: Der magnetische Südpol liegt gar nicht genau am geografischen Nordpol, sondern auf dem Packeis des Nordpolarmeeres. Der Nordpol der Kompassnadel zeigt deshalb auch nicht genau zum geografischen Nordpol, sondern zum etwas abseits liegenden magnetischen Südpol. Diese Abweichung wird **Missweisung** genannt. Sie musste früher bei sehr genauen Kursberechnungen berücksichtigt werden.

In allen Regionen der Welt verwendet man heute Satelliten zur Orientierung (GPS: Global-Positioning-System). Der Magnetkompass hat in der Schifffahrt an Bedeutung verloren, in der Freizeit dient er gelegentlich noch als Orientierungshilfe.

magnetischer Pol
1960
1980
2000
geografischer Nordpol

Physik und Geschichte

Navigation

Wer hätte im Zeitalter der Kutschen geahnt, dass ein neu entwickelter Motor die Kutsche selbstbewegend (automobil) macht und damit eine Revolution in der Fortbewegung entstehen würde? Das „Auto" ist nur ein solches Beispiel in der Menschheitsgeschichte, die Brille, das Telefon, das Fernsehen, das Internet sind weitere.

Hält man einen kleinen Kompass in der Hand, kommt einem der Gedanke seiner Bedeutung vielleicht nicht. Möglicherweise ist sie aber größer als die Entwicklung des Autos. Um dies zu verstehen, müssen wir allerdings weit zurückblicken.

1. Handel als Motor von Wohlstand

Wohl schon immer haben die Menschen untereinander Handel betrieben, anfangs durch Tausch von Waren, später mittels verbrieften Gegenwerts – also mit Geld, heute sogar virtuell mit Kreditkarte und über das Internet. Handel ermöglicht es jeder Region der Welt, eigene Produkte zu verkaufen und dafür Produkte zu erstehen, die im eigenen Land nicht vorhanden sind. Händler übernehmen die Sichtung, die Wertermittlung, den Transport und Verkauf der Waren. Im Idealfall ist dies von Vorteil für alle und bedeutet Anreiz für Ideenreichtum, sinnvolle Arbeit und Steigerung des Wohlstands.

Die Hochkulturen der Antike im fernen Asien und um das Mittelmeer waren über wichtige Handelswege verbunden – in Asien weitgehend über Land, im Mittelmeerraum über See. Viele glauben, dass sich die Seefahrer in der Nähe der Küsten aufhielten, denn die Orientierung zu verlieren bedeutete häufig den Tod (vgl. die Irrfahrten des Odysseus). In Küstennähe drohten aber andere Gefahren, z.B. Untiefen, an denen Schiffe zerschellen konnten. Am Atlantik und in den nördlichen Meeren kamen die ausgeprägten Gezeiten und häufiger Nebel hinzu.

2. Die Entwicklung der Navigation

Der genau Ursprung vieler Geräte und Verfahren zu Navigation ist uns nicht bekannt. Ihre Nutzung aber wird uns durch viele Zeugnisse überliefert.

So weiß man aus den Berichten des Apostels Paulus, dass man die Annäherung an Land mit einem Bleilot gleichsam ertastete (heute macht man dies mit Ultraschall). Auch Vögel und Seetiere, wie z.B. Seeschlangen, gaben Orientierung. An den Küsten dienten natürliche Landmarken – Felsen, Vorsprünge, Bäume – als Wegweiser. Wo diese fehlten, baute man künstliche, z.B. Leuchttürme, die auch nachts zu sehen waren. Eines der sieben Weltwunder der Antike war der Große Leuchtturm von Alexandria, genauer auf einer kleinen vorgelagerten Insel Pharos, die schon HOMER in seiner Odyssee schilderte. Der Turm wurde um 300 v.Chr. 20 Jahre lang gebaut und soll weit über hundert Meter hoch gewesen sein.

3. Navigation nach dem Sternenhimmel

Ägyptische Seeleute befuhren das Rote Meer und das Mittelmeer längs der israelischen Küste oder parallel zur nordafrikanischen Küste. Da half ihnen, dass sie geübte Sternbeobachter waren. Schon im 3. Jahrtausend v.Chr. nutzten sie die Sterne zur Zeitmessung. Das Jahr des ägyptische Kalenders begann mit dem Aufgang des Sirius über dem Horizont und dauerte 365 Tage. Im dritten Jahrtausend v.Chr. geschah dies etwa zeitgleich mit dem Beginn der alljährlichen Nilflut. Auf den langen Fahrten über den Nil von Nord nach Süd konnten die Schiffer nicht übersehen, dass sich die Höhe der Gestirne über dem Horizont änderte. Genauso sah man, dass es einen Stern gab, der seine Position im Norden im Laufe der Nacht nicht änderte. So kannten sie die Nordrichtung und die geographische Breite, dies half vor allem bei Fahrten auf offener See.

ERATOSTHENES VON KYRENE (ca. 250 v.Chr.), ein griechischer Gelehrter und Leiter der großen Bibliothek von Alexandria, der bedeutendsten Bibliothek der Antike, war auch Astronom und Mathematiker. Er bestimmte u.a. den Umfang der Erde mit geometrischen Mitteln. Von ihm stammt angeblich auch eine Windrose mit acht Richtungen. Als Astronom entwickelte er die Armillarsphäre, mit der man die Bewegung der Himmelskörper darstellen kann.

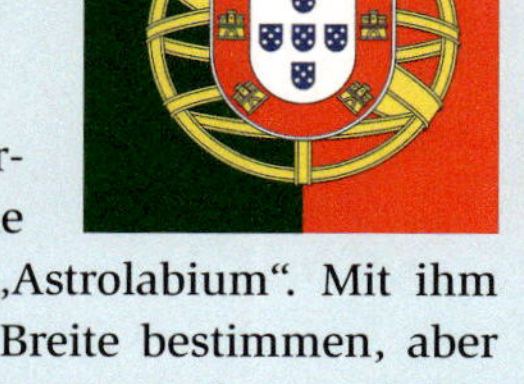

Für die portugiesische Seefahrt war das Instrument so bedeutend, das es noch heute in der Nationalflagge zu finden ist.

In griechisch römischer Zeit wurde die Darstellung in eine Ebene projeziert, so erhielt man das „Astrolabium". Mit ihm konnte man die geographische Breite bestimmen, aber auch Himmelsrichtung und Ortszeit. Es konnte leicht auch auf einem Schiff verwendet werden und erweiterte die Möglichkeiten der Navigation.

Trotz dieser schon sehr hoch entwickelten, von Physik und Mathematik geprägten Techniken war an Fahrten über große Meere wie die Ozeane noch nicht zu denken. Erst der Kompass schuf die Möglichkeit, zu jeder Jahreszeit und bei jedem Wetter über weite Entfernungen zu navigieren und vom explodierenden weltweiten Handel zu profitieren.

4. Mit dem Kompass wird der Globus erobert

Die Vorgeschichte des Kompasses ist noch viel länger und auch nicht in allen Einzelheiten bekannt. Aber gehen wir dennoch einigen Stationen nach.

Der Geburtsort des Kompasses liegt aller Wahrscheinlichkeit nach in China. Die Eigenschaften von Magnetit, Eisen anziehen zu können, ist möglicherweise schon seit dem 3. Jahrtausend v. Chr. bekannt. Im 8. Jahrhundert ersetzen aus Eisen gefertigte Nadeln die bis dahin gängigen Knochennadeln – vielleicht hat man da schon um die Eigenschaft gewusst, dass sich Magnetnadeln in Nord-Süd-Richtung drehen können.

Die altchinesische Literatur verweist an vielen Stellen auf Löffel aus Magnetit. Sie waren ausbalanciert und drehten sich mit dem Stil nach Süden.

Dies wurde als Himmelsrichtung der Macht des Kaisers angesehen. In Texten über Kaiser WANG MANG (9–23 n. Chr.) findet man astrologische Ratschläge zur Verwendung dieses magnetischen Richtungsweisers. Die Kompasse dienten also weniger zur Navigation (möglicherweise nur mit geheimgehaltenen Wissen), sondern nahezu ausschließlich zu ritualen Zwecken. 1 000 Jahre später wird ein schwimmender Eisenfisch beschrieben. Ein dünnes Blech wird flüssig in eine Fischform gegossen und noch vor dem Erkalten in N-S-Richtung gebracht, so wurde der Fisch magnetisiert.

Kam der Kompass, wie oft behauptet wird, von China nach Europa?

5. Der Kompass im Mittelmeer

Schon im 7. Jahrhundert v. Chr. beschreibt THALES VON MILET den Magneten, benannt nach der thessalischen Landschaft Magnesia, in der Magnetstein gefunden wurde. Er schreibt ihm eine innewohnende Seele zu, mit der er Eisen anziehen kann. Zur Navigation schildert Thales die Orientierung nach dem Nordstern, der Kompass ist noch nicht bekannt. Erst sehr viel später wird er vom Augustinermönch Alexander NECKAM 1187 im Buch „De Naturis Rerum" beschrieben. Da er weitgereist ist, weiß man nicht, wo er ihn zum ersten Mal gesehen hat. 1296 beschreibt Pierre DE MARICOURTS in dem grundlegenden Werk „Epistola de Magnete" sowohl einen Trockenkompass wie auch einen Schwimmkompass – beide noch ohne Windrose.

Auch die Windrose hat ihre eigene Geschichte. Bei den Griechen spiegelte sie von der Antike bis zum Mittelalter die 12 bedeutenden Windrichtungen im Mittelmeer wieder. Möglicherweise geht die spätere Einteilung in 16 Richtungen auf das Richtungssystem der Etrusker zurück, so wie es in römischen Quellen beschrieben wird. Etwa ab 1300 findet man Kompasse mit der neuen Windrose vereint.

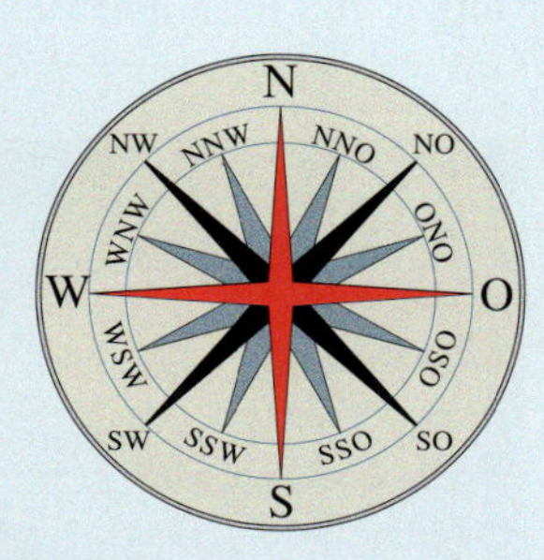

6. Marco POLO aus Venedig
Es stimmt nicht, dass der venezianische Kaufmannssohn Marco POLO den Kompass von seiner ausgedehnten und gut dokumentierten Chinareise mitgebracht hat, denn der Kompasses wurde schon 1187 von Alexander NECKAM erwähnt, 70 Jahre vor Marco POLOs Reise. Die Bedeutung des Kompasses hängt dennoch mit dem Geburtsort Polos zusammen.

Venedig war seit dem 9. Jahrhundert zu einer führenden Macht aufgestiegen. Zwischen Ost und West liegend entwickelte sich ein blühender Handel. Die Beteiligung an Kreuzzügen verlangte nach Flotten, der Handel nach großen Schiffen. Nach 1 100 waren etwa 16 000 Menschen in den großen Werften Venedigs als Schiffsbauer beschäftigt. Um das Jahr 1300 wurden die Schiffe mit einem Kompass ausgerüstet. Diese großen Schiffe fuhren das ganze Jahr über das Mittelmeer. Der Kompass, der Venedig zu großem Wohlstand führte, sollte aber auch seinen Untergang einläuten. Denn es begann das Zeitalter der weltumspannenden Entdeckungen und damit der Erschließung großer Märkte außerhalb des Mittelmeeres.

7. Die Entdeckung Amerikas
Christoph KOLUMBUS, ein Seefahrer aus Genua, hatte die Vision, Indien auf dem Seeweg nach Westen finden zu können. Er verließ sich auf die Theorie des ARISTOTELES und der griechischen Astronomen, dass die Erde eine Kugel und keine Scheibe sei.

Am 3. August 1492 stach KOLUMBUS mit seinem Schiff Santa Maria sowie zwei weiteren Schiffen in See. Über die Kanarischen Inseln ging es ziemlich genau nach Westen – immer dem Kompass nach. Die Geschwindigkeit maß man mit einem Log, einem langen Seil mit einem Brett am Ende. Das Brett wurde ins Wasser geworfen und nach einer bestimmter Zeit wurde gemessen, wieviel Seil von der Rolle abgewickelt war.

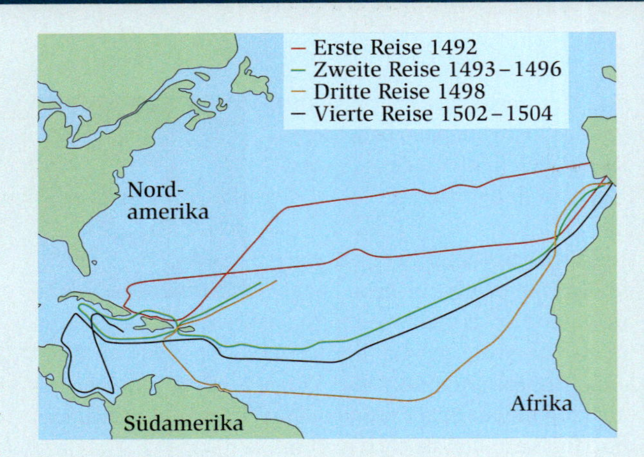

Aus Geschwindigkeit und Zeit kannte man dann den zurückgelegten Weg. Auf Richtung und Weg verließ sich KOLUMBUS, als Astronom soll er nicht sehr geschickt gewesen sein. Viele Wochen vergingen, die Vorräte wurden knapp und das Vertrauen der Mannschaft in den Kapitän schwand. Endlich am 12. Oktober 1492 war „Land in Sicht". KOLUMBUS war auf einer Insel der heutigen Bahamas gelandet.

8. Die Wege nach Indien
Ein anderer berühmter Entdecker wurde vom portugiesischen König 1497 beauftragt, den Seeweg nach Indien um Südafrika zu erkunden, nachdem man die Kanarischen Inseln und einen Teil der Küsten Afrikas schon kannte – sogar das Kap der guten Hoffnung war schon entdeckt. Das Ziel war, die arabischen Länder zu umfahren, um ungehindert zu den reichen Handelszentren des Orients zu gelangen.

Der beauftragte Kapitän war Vasco DA GAMA, er sollte endlich den ungehinderten Weg zu den Gewürzmärkten am indischen Ozean finden. Vasco DA GAMA beherrschte die Mathematik und war vertraut mit der neuesten Kompassnavigation und mit der Himmelsbeobachtung. Mit robusten und bewaffneten Schiffen stach er in See. Zunächst trieb die Flotte im dichten Nebel auseinander, traf sich aber wieder bei den Kapverdischen Inseln. Ab Sierra Leone traf DA GAMA eine mutige Entscheidung: Er verließ den beschriebenen Weg längs der Küste und nahm Kurs auf Süd-West bis 24 Grad West. Ab da nutzte er den Süd-Ost-Passat. Nach drei Monaten auf offener See landete die Flotte am Horn von Afrika – schneller als alle anderen Schiffe zuvor. Drei Monate ohne Landsicht, das hatte es noch nicht gegeben. Nur mit kundiger Nutzung der Kompassnavigation war es möglich geworden.

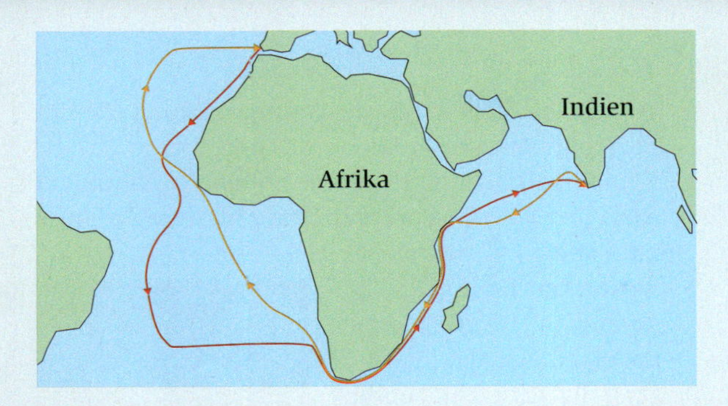

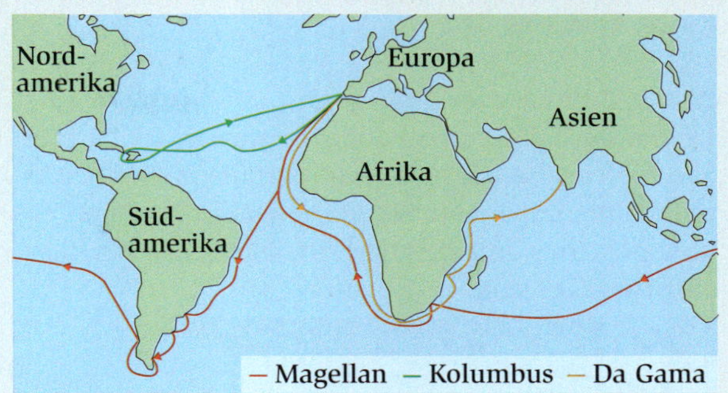

Von da ging es weiter um das Kap der guten Hoffnung (November 1497) und dann nach Norden. Nach mehreren Sationen an der Ostküste Afrikas, die auch von Kämpfen mit Arabern begleitet waren, fuhren die Schiffe unter der Begleitung eines arabischen Lotsen über den **indischen Ozean.** Am 18. Mai 1498 stieß man wieder auf Festland, auf den Ort Calicut (heute Kozhikode), damals die reichste Hafenstadt Indiens. In den Lagerhäusern der Stadt lagen unvorstellbare Mengen begehrter Waren, Edelsteine, chinesisches Porzellan, Seide und die erhofften Gewürze Pfeffer, Ingwer und Nelken. Das Ziel war erreicht, der für Europa bedeutende Seewg nach Indien gefunden, das Handelsmonopol arabischer Händler gebrochen.

Die Rückfahrt entwickelte sich dann zu einer Tragödie. Verheerende Stürme verlängerten die Reise, Entbehrungen an Wasser und frischen Nahrungsmitteln führten schließlich zum Tod vieler Seeleute. Ein Schiff musste aufgegeben werden. Erst September 1499 erreicht DA GAMA wieder Portugal. Nur 55 der ursprünglich 160 Seeleute überlebten die Reise. Aber für lange Zeit war die Seeherrschaft Portugals auf den Meeren gefestigt. Mit der revolutionären Entdeckung DA GAMAs war aber die Erkundung der Weltmeere noch nicht abgeschlossen.

Die erste **Weltumsegelung** in westlicher Richtung unternahm Ferdinand MAGELLAN 1519. Seine Fahrt wurde berühmt auch durch beispiellose Navigation mit Aufzeichnungen des südlichen Sternenhimmels. So entdeckte er u.a. auch zwei kleine Galaxien (kleine und große „Magellansche Wolke"). Er umrundete Südamerika („Magellanstraße") und erreichte den pazifischen Ozean Ende November 1520, den er mit Salut begrüßte. Erst rund vier Monate später erreichten die Schiffe die Philippinen. Von seiner Flotte erreichte am Ende nur ein Schiff auf dem Weg um Afrika die Heimat – mit nur 18 Seeleuten von anfangs 237.

Die erste Weltumseglung war nach knapp drei Jahren beendet. Die Kugelgestalt der Erde war damit endgültig bestätigt.

In den folgenden Jahrhunderten entwickelte sich der Gewürzhandel so gewinnbringend, dass viele Geschäftsleute aus ganz Europa in den Handel einstiegen. Als niederländische Kartographen in Europa führend wurden – sie hatten das bislang geheimgehaltene Wissen der Portugiesen mit der Zeit übernommen und ausgebaut, entstand die Niederländische Ostindien-Kompanie. Diese mit Handelsmonopolen ausgestattete machtvolle Gesellschaft gab als erstes Unternehmen der Welt **Aktien** heraus, um das benötigte Kapital für die teuren Unternehmungen zu beschaffen. Die Aktionäre waren später am Gewinn beteiligt, trugen aber – wie auch noch heute – das Risiko mit.

9. Geschichte wiederholt sich

Es hat sich gezeigt, dass ein technisches Gerät den richtigen Zeitpunkt benötigt, um Spuren in der Welt zu hinterlassen.
Der Kompass allein reichte nicht aus. Es musste den Drang geben, die Navigation zu verbessern – wie in Italien für den Handel im Mittelmeer. Später kamen dann die großen Entdeckungsreisen von Portugal und Spanien hinzu. Auch dabei ging es um wirtschaftliche und politische Macht.

Arbeitsaufträge:

1 Erkundige dich nach den Fahrten des Christoph COLUMBUS. Arbeite die Routen aus und halte darüber einen Vortrag oder fertige ein Plakat an.

2 MAGELLAN kehrte nicht mehr in seine Heimat zurück. Recherchiere, wo und warum er starb.

3 Der Kompass veränderte die Welt. Nenne ein modernes Gerät von ähnlicher Bedeutung. Erläutere den Werdegang und die durch dieses Gerät entstandene Veränderung in der Welt in einem Vortrag.

Interessantes

Karte, Kompass, GPS

A. Der Kompass als Sportgerät

Kennst du die auf den Piktogrammen (links im Bild) abgebildeten Sportarten? Beim *Orientierungslauf* müssen Sportlerinnen und Sportler zwischen Start und Ziel Kontrollstellen anlaufen, die auf einer speziellen *Karte* eingezeichnet sind.

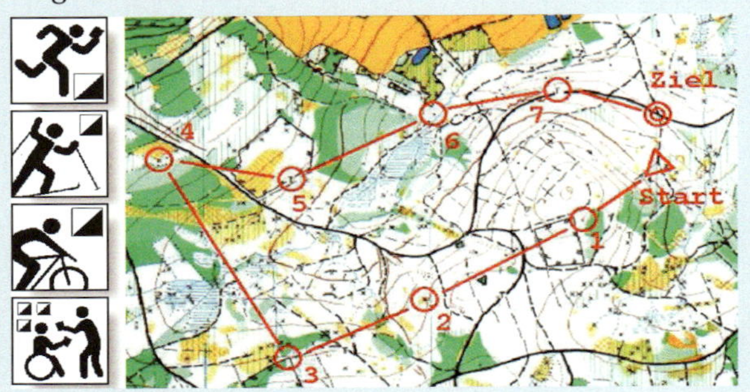

Der *Kompass* ist beim Orientierungslauf ein ständiger Begleiter der Sportlerinnen und Sportler. Mit ihm bestimmt man die Richtung zum nächsten Kontrollposten und mit ihm kontrolliert man unterwegs, ob man nicht von der Route abgekommen ist. Man will ja in der kürzesten Zeit und ohne unnötige Umwege zum Ziel kommen. Den richtigen Umgang mit Karte und Kompass müssen auch andere *Outdoor-Sportler* und *Pfadfinder,* aber auch Wanderer und Abenteuer-Touristen lernen, damit sie ans Ziel kommen, wenn Wegweiser und Straßenschilder für die Orientierung fehlen.

Darauf kommt es an:

Die Karte einnorden

Eine Landkarte ist ein verkleinertes und vereinfachtes Bild der Erdoberfläche. Wenn sie uns bei der Orientierung helfen soll, dann müssen wir Orte und Richtungen auf der Karte mit der Landschaft vergleichen.

Dazu ist es zweckmäßig, die Karte so zu halten, dass Norden auf der Karte und Norden in der Wirklichkeit die gleiche Richtung haben. Der Kompass mit drehbarer Teilscheibe hilft uns dabei:

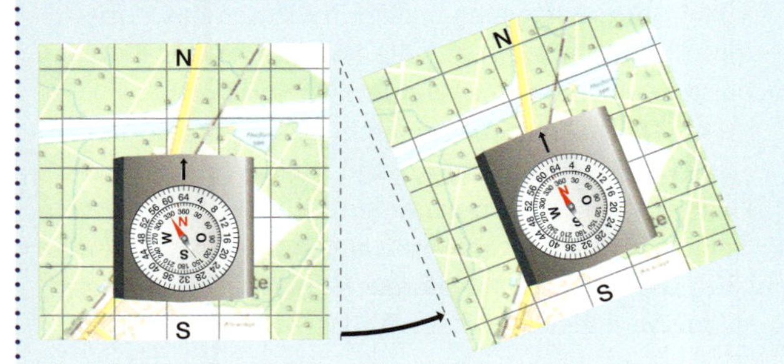

- Teilscheibe drehen, bis die Nordmarkierung (N) mit der Ablesemarke (↑) übereinstimmt.
- Kompass mit der Anlegekante an eine Gitterlinie in Nord-Süd-Richtung anlegen. Die Ablesemarke muss zum oberen Kartenrand zeigen.
- Karte samt Kompass solange drehen, bis die Magnetnadel auf N zeigt.

Jetzt ist die Karte eingenordet.

Die Richtung zum Ziel finden

Die Teilscheibe des Kompasses ist wie ein Winkelmesser in Grad eingeteilt, rundherum sind es 360°. Jeder Richtung kann ein Winkel in Grad zugeordnet und auf der Karte mit einem Winkelmesser gemessen werden, von der Nordrichtung aus im Uhrzeigersinn.

In der Landschaft kann man mit dem Winkelmesser nicht viel anfangen, auch hier hilft der Kompass:

- Den Kompass so halten, dass die Ablesemarke zum Ziel zeigt (das Ziel *anpeilen*).
- Die Teilscheibe drehen, bis die Nordmarke (N) mit der Kompassnadel übereinstimmt.
- An der Ablesemarke den Winkel ablesen.

Die Richtung zum Ziel kontrollieren

Vielleicht führt der Weg durch einen Wald. Man kann das Ziel eine Weile nicht sehen. Wie prüft man, ob man nicht von der Richtung abgekommen ist?

Wenn man die Teilscheibe nicht verdreht hat, muss man nur den Kompass so ausrichten, dass Kompassnadel und Nordmarke übereinstimmen. Die Ablesemarke des Kompasses zeigt die Richtung zum Ziel.

Orientierungsläufer benutzen den abgebildeten *Daumenkompass*. Der Daumen dient als Ablesemarke, die Winkelbereiche von 0° bis 360° sind in 30°-Schritten durch Farben und Punkte unterschieden. So kann man auch in vollem Lauf die Richtung zum nächsten Kontrollposten kontrollieren.

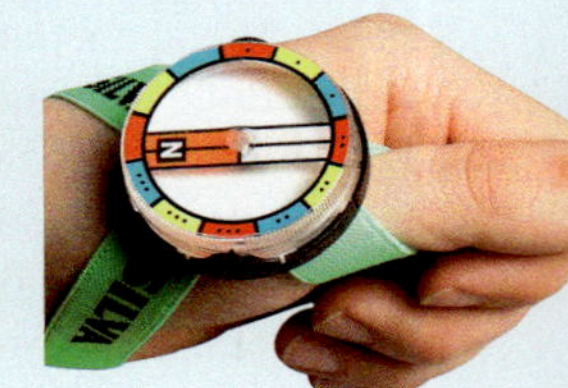

B. GPS – Satelliten sagen dir, wo du bist

Vielleicht hast du schon einmal eine Straße auf einem Stadtplan gesucht. „E7“ stand im Straßenverzeichnis und hat ein ganzes Planquadrat bezeichnet. Mit den Gitterlinien auf Landkarten kann man Orte genauer bezeichnen. Wie in einem Koordinatensystem gibt man Rechtswert und Hochwert an. Wo aber bekommt man die Koordinaten her, wenn man nicht weiß, wo man sich befindet?

Stell dir vor, du irrst in einer Stadt umher und hast drei Freunde, die dir je eine SMS schicken können:
„Ich bin am Ort X und Y km von dir entfernt“. Ob deine Mathematikkenntnisse wohl ausreichen, um daraus deinen Standort zu berechnen?

Mit dem Zirkel und deinen Geometriekenntnissen schaffst du es wahrscheinlich.

Bei **GPS** *(Global Positioning System)*, dem erdumspannenden System zur Positionsbestimmung, sind es mehrere Satelliten, die ständig Signale über ihren Standort zusammen mit sehr genauer Zeitangabe aussenden. Das GPS-Gerät berechnet mit Physik und viel Mathematik den Standort, zeigt ihn an und kann sie auch in eine elektronische Landkarte eintragen.

Beim *tracking* wird auf dieser Landkarte die Spur einer Bewegung eingetragen. Daraus lassen sich Bewegungsrichtung und Geschwindigkeit berechnen. Das macht alles blitzschnell der Computer im GPS-Gerät. Für Outdoor-Sportler und -Sportlerinnen gibt es solche Geräte auch mit einer Kompass-Anzeige.

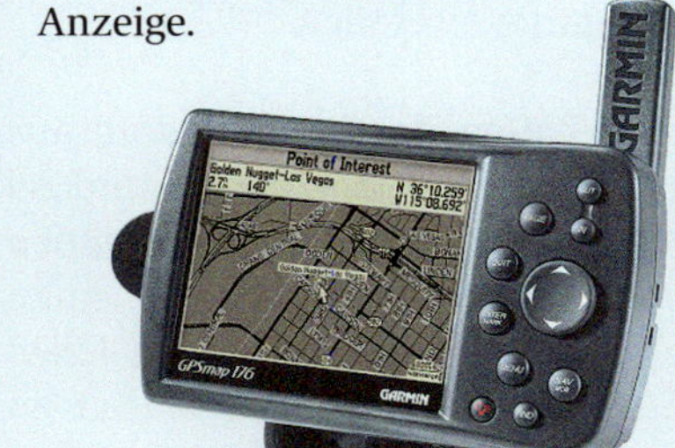

C. Suche nach dem Magnetpol der Erde

Vielleicht hast du schon von den norwegischen Entdeckern Fridtjof NANSEN und Roald AMUNDSEN gehört. Sie gehörten zu den Ersten, die Forschungsreisen in die Arktis und Antarktis durchführten. Sie ließen sich Schiffe bauen, die bei solchen Fahrten mit Überwinterung im Eis nicht vom Packeis zermalmt wurden. Diese Schiffe hatten einen Kompass, wie man ihn auch heute noch auf historischen Segelschiffen sehen kann.

Die Seefahrer wussten damals schon, dass die Kompassnadel nicht genau nach Norden zeigt. Sie kannten für bekannte Fahrtgebiete die Größe der **Missweisung,** den Winkel zwischen magnetisch Nord und geografisch Nord. Man wusste um 1900 aber noch nicht, wo im eisigen Norden der magnetische Südpol der Erde liegt. Die Polargebiete waren noch unerforschte Regionen der Erde.

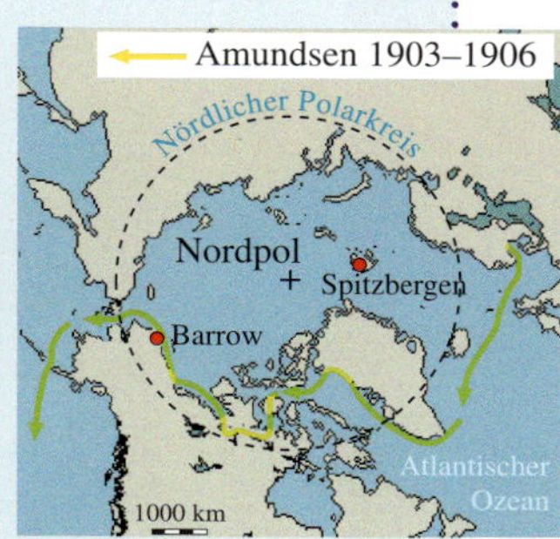

Von 1903 bis 1906 reiste Roald AMUNDSEN ins Polarmeer, um als Erster die Nordwest-Passage vom Atlantik zum Pazifik zu befahren. Sein erstes Ziel war dabei die Lokalisierung des magnetischen Südpols. Um die dafür nötigen Messungen zu machen, hatte er sich in Deutschland speziell ausbilden lassen. Sein Schiff Gjöa war eine kleine Jacht, die er mit einem Eisgürtel und einem ca. 10 kW starken Motor ausgerüstet hatte.

Über den Magnetismus selbst wusste man zu AMUNDSENS Zeiten schon mehr als über den Erdmagnetismus. Wenn sich auf einem Schiff viel Eisen befindet (der Motor auf AMUNDSENS Holzschiff), dann wird die Magnetnadel abgelenkt, sie zeigt nicht mehr die Richtung der magnetischen Feldlinien an. Der Seemann spricht von *Ablenkung*. Diese Ablenkung der Kompassnadel verschwindet, wenn man zusätzliches Eisen in der Nähe des Kompasses so anbringt, dass es die Wirkung des Motors oder anderen Eisens auf dem Schiff kompensiert. Die braunen Eisenkugeln rechts und links am Kompass im Bild haben genau diese Aufgabe.

Heute haben Schiffe GPS und elektronische Seekarten, aber immer noch einen Magnetkompass – aus Sicherheitsgründen. Bei ihnen besteht auch der Rumpf aus Eisen, die Kompensation der magnetischen Ablenkung ist noch wichtiger als bei den Holzrümpfen der Segelschiffzeit.

Elektromagnete – Magnete zum Abschalten

B1 Ein starker Hebemagnet auf dem Schrottplatz

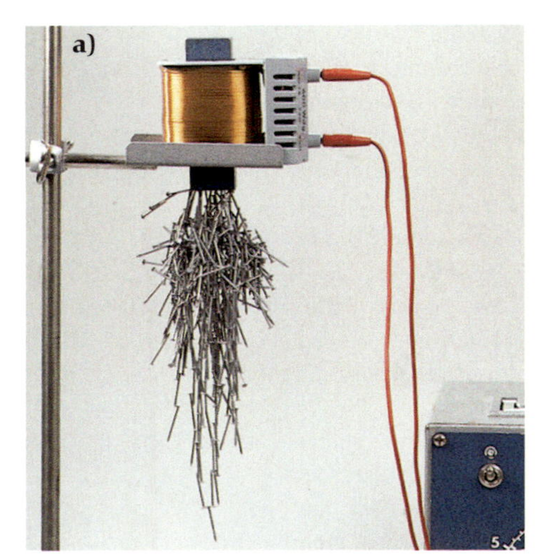

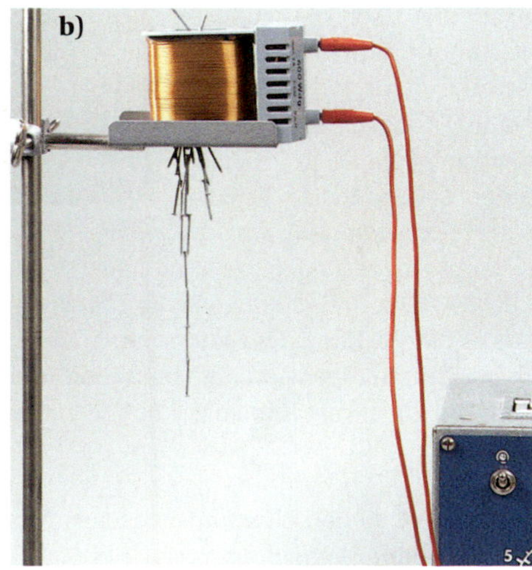

V1 **a)** Ein Elektromagnet mit Eisenkern im Labor. Je stärker der Strom ist, desto mehr Nägel bleiben hängen.
b) Auch ohne Eisenkern bleiben einige Nägel an der Spule hängen.

1. Magnete zum Abschalten – wichtig für Maschinen

Auf einem Schrottplatz arbeiten Kräne mit Hebemagneten. Da dort viele Gegenstände aus Eisen transportiert werden sollen, bietet sich ein starker Magnet zum Heben der Eisenteile geradezu an ➜ B1. Außerdem kann ein Magnet Eisenteile von Aluminium- oder Messingstücken trennen, da Aluminium und Messing von Magneten nicht angezogen werden.

Beim Abladen müssen die Eisenteile wieder vom Magneten gelöst werden. Zu diesem Zweck wird der Magnet abgeschaltet. „In einem Schrottkran kann sich kein normaler Dauermagnet befinden", stellt Jana fest, „denn dann ließen sich die am Magneten hängenden Eisenteile kaum wieder lösen."

2. Magnetismus – allein mit Spule und Strom

Jana hat Recht, hier wird ein **Elektromagnet** verwendet. Dieser lässt sich nämlich abschalten und schon fallen die Schrottteile wieder zu Boden. Baut man einen Elektromagneten aus einem der vielen elektrischen Geräte aus, fällt auf, dass er nur aus einer Spule mit einem Eisenkern besteht. Eine Spule ist ein dünner, mit einem durchsichtigen Lack isolierter Kupferdraht, der in vielen Windungen um eine Kunststoffröhre gewickelt ist und an eine Stromquelle angeschlossen wird. Eisenkern heißt das Eisenstück im Inneren der Spule, an dem beim Schließen des Stromkreises Gegenstände aus Eisen hängen bleiben.

Die Stärke dieses Magneten lässt sich über die Stromstärke regeln ➜ V1a. Bei kleiner Stromstärke bleiben nur einzelne Nägel am Eisenkern hängen. Je stärker der Strom, desto größer wird das Nagelbüschel, das am Magneten hängen bleibt. Man kann den Magneten also nicht nur ein- und ausschalten, sondern auch noch in seiner Stärke einstellen.

Jana denkt nach: „Beim Einschalten des Stromes wird aus dem Eisenkern auf einmal ein Magnet, der die Eisennägel anzieht. Also wird das Eisenstück von der Strom führenden Spule magnetisiert." Sie stellt sich die Spule vor wie einen „unsichtbaren Magneten", der einen Gegenstand aus Eisen magnetisieren kann, ohne selber dauerhaft magnetisch zu sein. „Ob dieser unsichtbare Magnet auch ohne den Eisenkern funktioniert?", fragt sie sich. ➜ V1b schafft Klarheit: Die Spule selbst ist schon ein Elektromagnet. Aber richtig stark wird der Magnet erst mithilfe eines von der Spule magnetisierten Eisenkerns.

Merksatz

Eine Strom führende Spule ist ein Elektromagnet. Man kann ihn über die Stromstärke regeln und man kann ihn abschalten. Ein Eisenkern verstärkt die magnetische Wirkung der Spule.

Methode – Experten kooperieren

Bau einer Alarmanlage

Wählt zwei Expertenteams. Team 1 löst Aufgabe 1, Team 2 löst Aufgabe 2.
Ist dies gelungen, setzen beide Teams gemeinsam aus den beiden Geräten der Aufgaben 1 und 2 eine Alarmanlage zusammen. Jedes Team hält zunächst über seine Arbeit ein Referat mit Erläuterung und Vorführung des Experimentes. Nach Zusammenbau der beiden Versuchsteile erläutert ein gewähltes Teammitglied das gemeinsame Produkt.

Team 1

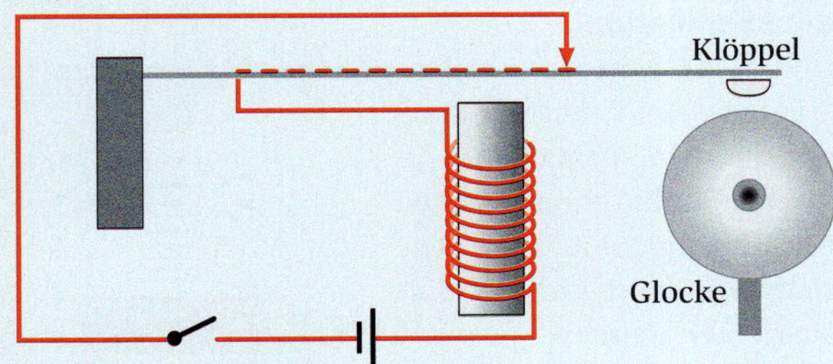

Team 1 baut mit Bauteilen aus der Physiksammlung ein Modell einer Klingel auf. Der Klöppel ist links befestigt, rechts kann er auf- und abschwingen. Wenn alles funktioniert, wird das Schaltbild auf eine Folie für den Tageslichtschreiber übertragen. Die Funktionsweise wird in verständlichen Sätzen für den Vortrag notiert. Zum Schluss wird eine „richtige" Klingel (z. B. wie im Foto) aufgebaut

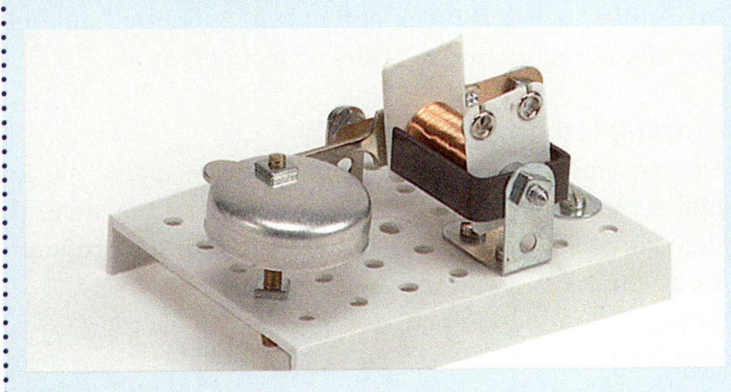

Team 2

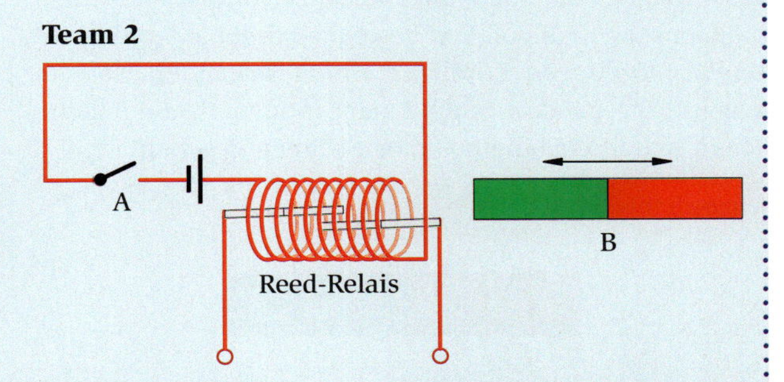

Team 2 baut ein Modell eines Reed-Relais. Zwei Stahlblattfedern (beim echten Reed-Relais im Glasröhrchen, siehe Foto unten) werden im Magnetfeld magnetisiert und berühren sich dann. Dies geschieht, wenn (A) der Spulenstromkreis geschlossen wird, oder wenn (B) sich ein Dauermagnet nähert.
Fall (A) könnte das Betreten einer Fußmatte sein,
Fall (B) das Öffnen eine Fensters (siehe Grafik rechts)

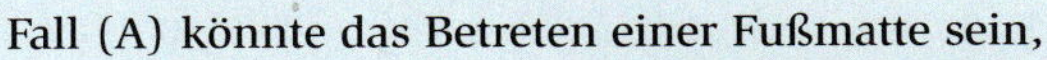

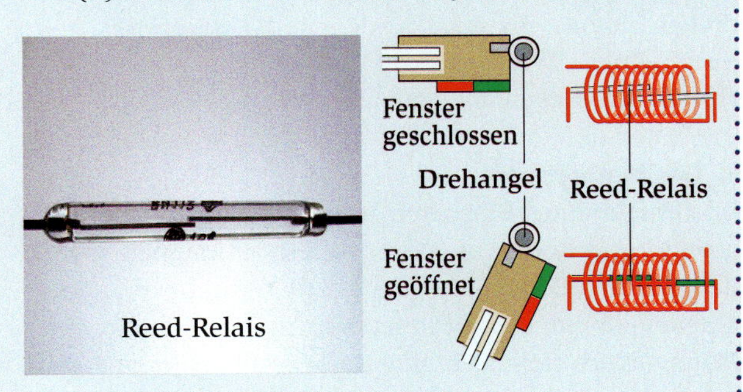

Mach's selbst

A1 Nenne die Bestandteile eines Elektromagneten. Erkläre ihre jeweilige Bedeutung.

A2 Ein Eisenstab und ein zylindrischer Stabmagnet sehen völlig gleich aus. **a)** Finde durch ein Experiment heraus, welcher Stab der Dauermagnet ist. Du darfst außer den beiden Gegenständen keine weiteren benutzen. **b)** Bestimme den Südpol des Dauermagneten. **c)** Magnetisiere den Eisenstab so, dass sein magnetischer Südpol zu deinem Partner weist.

A3 Plane eine elektromagnetische Sicherung. Zur Verfügung stehen dir Kabel, Lampe und Batterie, zwei Kohlestäbe, eine Stahlstricknadel und ein Elektromagnet. Erkläre deinen Plan und baue (falls möglich) die Sicherung auf.

A4 Hat dein Fahrrad einen Tacho? Ein Kabel führt von ihm zum Sensor an der Vorderradgabel. Bringe einen Magneten in die Nähe des Sensors und beschreibe deine Wahrnehmung (es muss dabei sehr leise sein). Wiederhole den Vorgang schnell und beobachte die Tachoanzeige. Erkläre, wie der Tacho von der Geschwindigkeit des Fahrrades erfährt.

Das ist wichtig

1. Magnete
Ein Magnet zieht Gegenstände aus Eisen, Nickel oder Kobalt an. An seinen Enden ist diese anziehende Wirkung besonders stark. Man nennt diese Enden die Pole des Magneten.

2. Die Magnetpole
Jeder Magnet hat einen magnetischen Nordpol und einen magnetischen Südpol. Frei beweglich dreht jeder Magnet seinen Nordpol in nördliche Himmelsrichtung, seinen gegenüberliegenden Südpol nach Süden. Diese Eigenschaft hat den Magnetpolen den Namen gegeben.

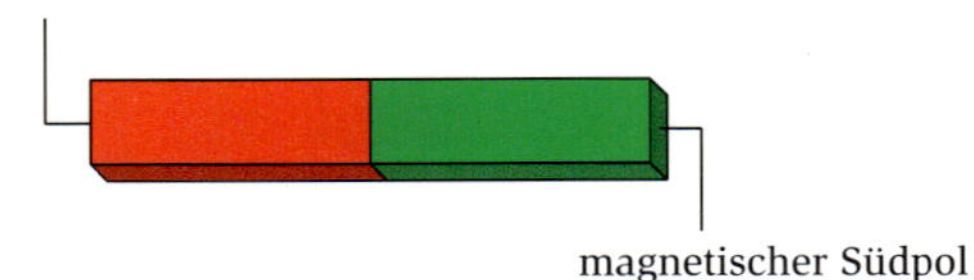

3. Der Kompass
Die Eigenschaft der Nord-Südausrichtung nutzt man beim Kompass aus. Er ist ein kleiner stabförmiger Magnet, der sich in einem Gehäuse auf einer Nadelspitze frei drehen kann. So kann er über einer Windrose die Himmelsrichtugen anzeigen.

4. Das Magnetfeld
Im Umfeld eines Magneten werden Kompassnadeln abgelenkt und Körper aus Eisen selbst zu Magneten. Man nennt diesen Bereich, in dem es zur Wirkung auf andere Magnete kommt, ein Magnetfeld. An jedem Punkt eines Magnetfeldes stellt sich eine Kompassnadel in eine ganz bestimmte Richtung. So bekommt das Magnetfeld ein wiedererkennbares Muster, eine „Struktur".

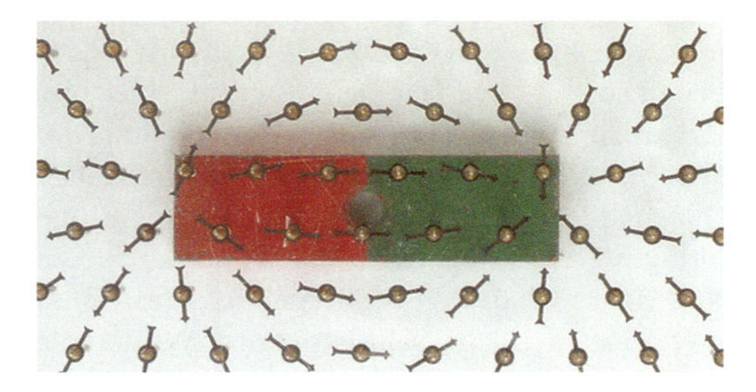

Auch die Erde ist von einem Magnetfeld umgeben. Der magnetische Südpol der Erde liegt in der Nähe des geografischen Nordpols

Darauf kommt es an

Erkenntnisgewinnung
Magnete ziehen Gegenstände aus Eisen, Kobalt und Nickel an - und dies auch schon über einige Entfernung an jedem Ort innerhalb eines Magnetfeldes. Mit gleichnamigen Polen stoßen sich Magnete gegenseitig ab. Mit ungleichnamigen Polen ziehen sie sich gegenseitig an.

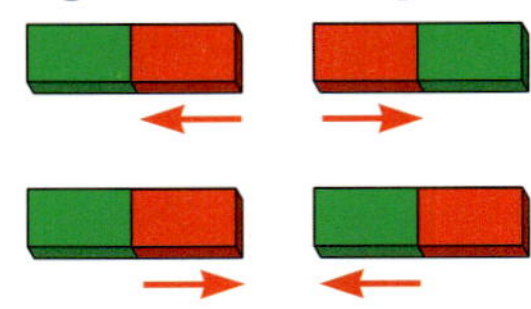

Kommunikation
Ohne viele Worte lässt sich ein Magnetfeld besonders gut durch das Zeichnen von Magnetfeldlinien darstellen. An jedem Punkt einer solchen Feldlinie erkennt man, wie sich eine Kompassnadel dort ausrichten würde:
Sie liegt in Richtung der Feldllinie, ihr Nordpol folgt der eingezeichneten Pfeilspitze.

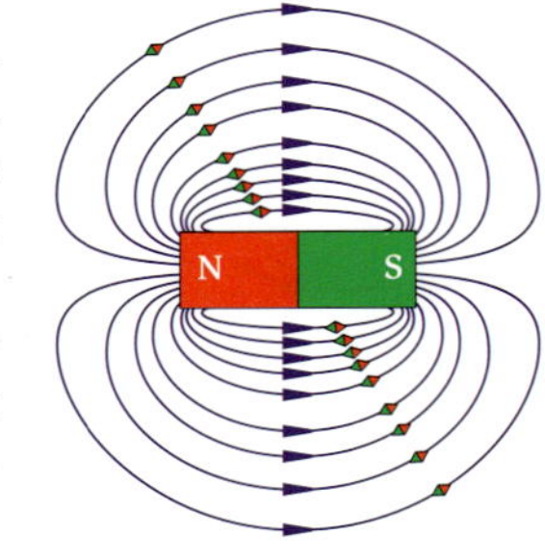

Bewertung
Magnetische Erscheinungen haben die Menschheit schon im Altertum fasziniert. Über Jahrhunderte hinweg wurden mithilfe wachsender Erkenntnis wichtige Werkzeuge für die zivilisierte Welt entwickelt. So kennt heute jeder den Kompass und den Elektromagneten.

Nutzung fachlicher Konzepte
Die anziehende Eigenschaft der Magnete macht sie zu einem wichtigen Helfer im Alltag, als Haftmagnete an der Pinwand, als dicht schließende Türdichtung am Kühlschrank, als magnetisierter Schraubendreher, der keine Schraube verliert.
Das Denkmodell der Elementarmagnete kann genutzt werden, um magnetische Erscheinungen bei Eisenkörpern vorherzusagen und zu verstehen.

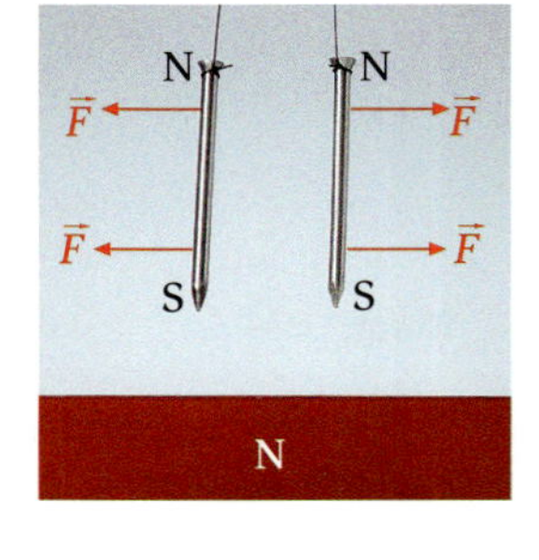

So versteht man sofort, dass sich zwei vom Nordpol eines Magneten angezogene Eisennägel gegenseitig abstoßen: Ihre Elementarmagnete richten sich gleichermaßen aus. So entsteht jeweils unten ein Südpol und oben ein Nordpol – die Nägel stoßen sich ab.

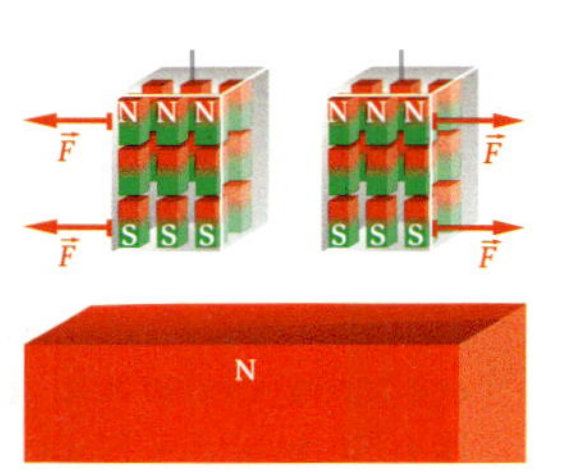

Das kannst du schon

Die Fachsprache benutzen

Du verwechselst nicht die Plus- und Minuspole einer Spannungsquelle mit den Nord- oder Südpole eines Magneten.
Diesen wiederum kannst du vom geografischen Nordpol und geografischen Südpol der Erde unterscheiden.

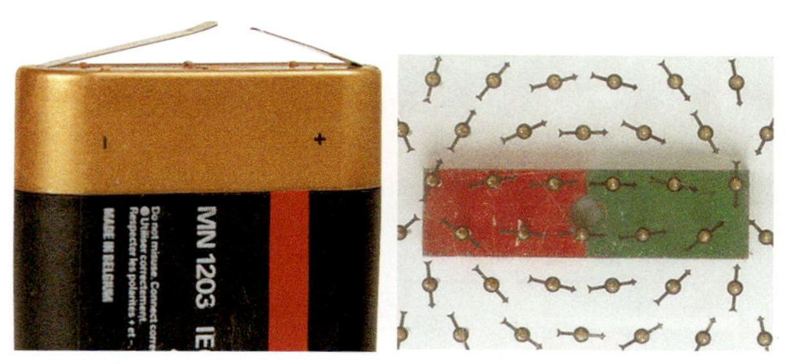

Unterschiedliche Pole

Mit Je – desto-Sätzen argumentieren

Du hast im Experiment erfahren, dass die Wirkung zwischen den Polen von Magneten von verschiedenen Gegebenheiten abhängt wie z. B.:
Je mehr Magnete man zu einem größeren Magneten zusammenfügt, desto stärker ist die Wirkung auf den Pol eines weiteren Magneten.

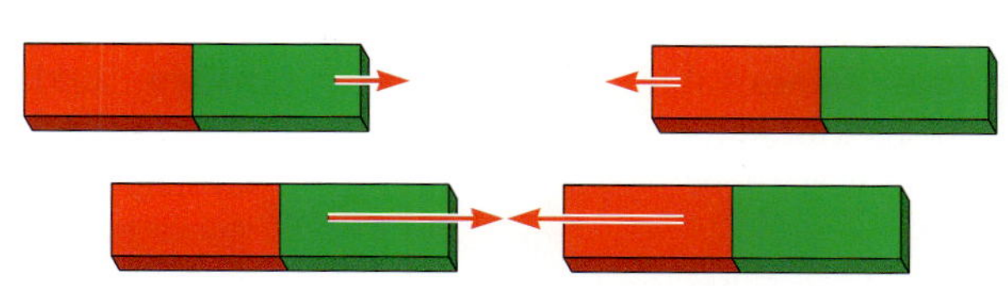

Je kleiner der Abstand zwischen den Magnetpolen, *desto größer* ist die Anziehungskraft.

Physik im Alltag entdecken

Bei alltäglichen Geräten oder Vorrichtungen erkennst du schnell, dass die Ursache dafür magnetische Erscheinungen sind. Du kannst sie dann auch deinen Mitmenschen erklären.

Halten Sie einen ausreichenden Sicherheitsabstand zu allem, was durch Magnetismus beschädigt werden kann: Kredit- und EC-Karten, Disketten und andere magnetische Datenträger, Videokassetten, Röhrenmonitore, mechanische Uhren, Hörgeräte und insbesondere Herzschrittmacher.

Warnhinweise wegen drohender Magnetisierung

Versuchsaufbauten durchschauen

Die Verbindung von elektrischem Strom und Magnetismus hast du selbst im Experiment erforscht. Deshalb erkennst du an diesem Versuchsaufbau, welchem Zweck er dient.
Den physikalischen Zusammenhang verstehst du und kannst ihn auch deinen Mitschülerinnen und Mitschülern erklären.

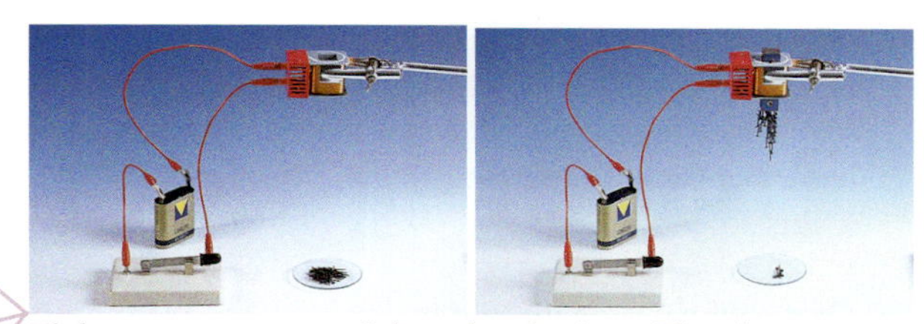

Elektromagnete verstärken durch einen Eisenkern

Mit Modellen verstehen

Bei magnetischen Eigenschaften kann dir das Modell der Elementarmagnete helfen.
Mit ihnen deutest du alle bisherigen Versuchsergebnisse, aber auch neue Erscheinungen und Versuchsergebnisse:

Zwei Stricknadeln hängen nach dem Magnetisieren aneinander. Wirft man sie auf den Boden gelingt der Versuch nicht mehr.

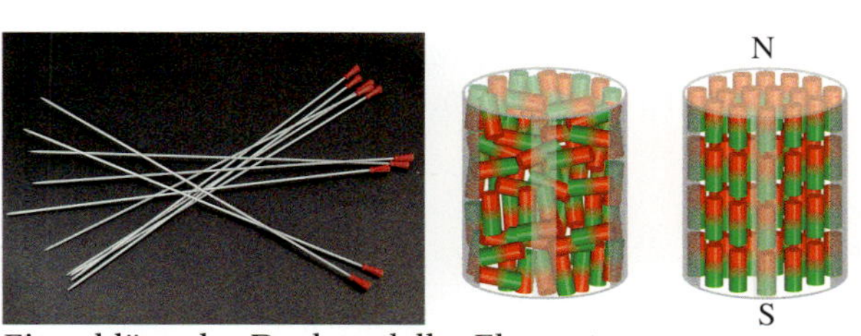

Ein erklärendes Denkmodell – Elementarmagnete

Mit Partnern arbeiten

Bei der Partner- oder Gruppenarbeit sprichst du mit den anderen ab, wie ihr die Arbeit aufteilt. So kommt ihr schneller zu eurem selbst gesteckten Ziel.
Euer Produkt könnt ihr z. B. mit einem gemeinsamen Bericht oder einer selbstgefertigten Mindmap präsentieren.

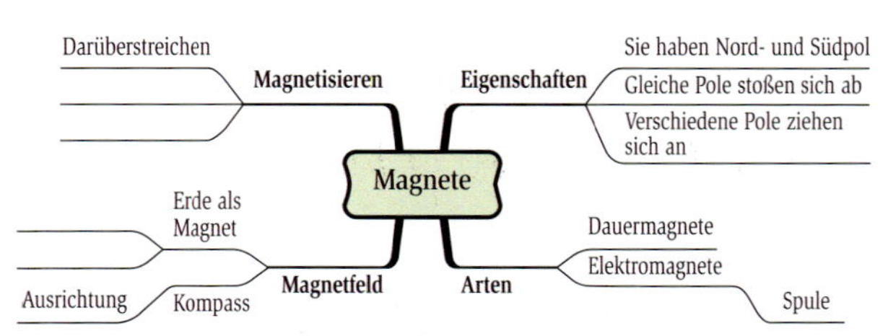

Unvollendete Mindmap auf einem Lernplakat

Kennst du dich aus?

A1 Übertrage die Zeichnung in dein Heft. Färbe anschließend den rechten Magneten richtig ein. Begründe deine Wahl.

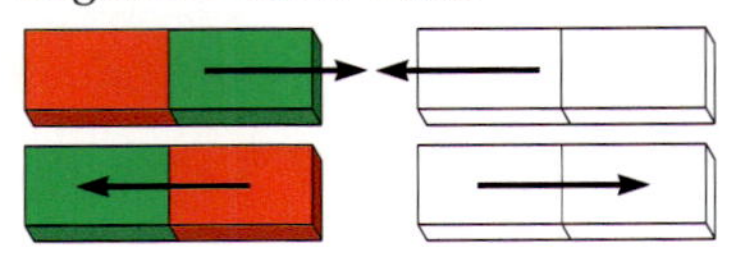

A2 Finde heraus, ob der Rahmen deines Fahrrades aus Eisen oder Aluminium ist. Beschreibe dein Verfahren.

A3 Eine Schraube ist hinter die Werkbank gerutscht. Mit der Hand kann Lukas sie nicht erreichen. Beschreibe, wie er sie mithilfe eines Eisendrahtes und eines Magneten wieder hervorholen kann.

A4 Lege einen Lautsprecher auf eine Küchenwaage. Nähere dem Magneten an der Rückseite einen weiteren Magneten – zunächst mit dessen Nordpol, anschließend mit dessen Südpol. Notiere deine Beobachtungen und deine Schlussfolgerung.

A5 Schaue dir die im Bild dargestellten Versuche genau an. Übertrage sie dann in dein Heft und markiere die Pole der Magneten mit den richtigen Farben.

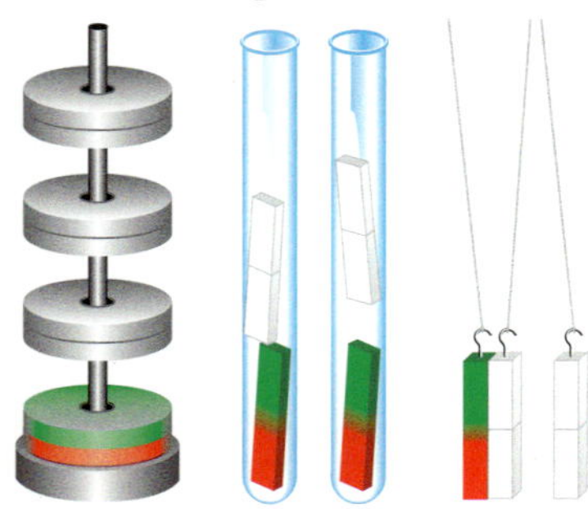

A6 Wie kannst du herausfinden, welcher Pol der Südpol eines Magneten ist? Nenne verschiedene Möglichkeiten.

A7 Eine Stahlnadel wurde durch mehrfaches Überstreichen mit dem Nordpol eines Stabmagneten magnetisiert.
Nähert man sie – wie im Bild – dem Südpol eines Stabmagneten, so wird sie abgestoßen.
Kommt man ihr zu nahe, so schwingt sie plötzlich zum Südpol des Magneten und bleibt dort haften. Erkläre diese Beobachtung mit dem Modell der Elementarmagnete.

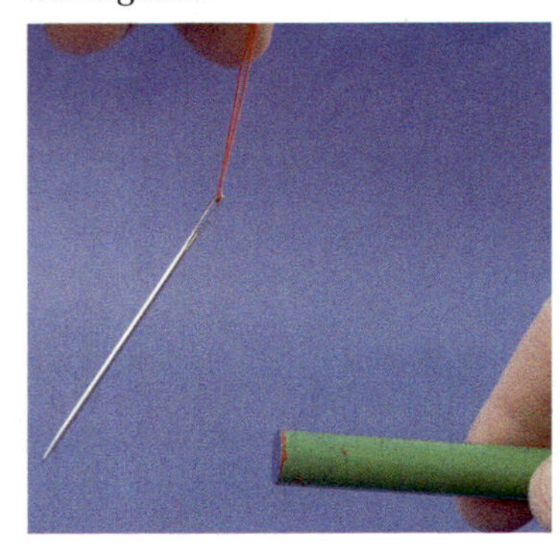

A8 Führt einen Wettbewerb durch: „Wer baut den besten Kompass".
Die Bilder sollen eine Anregung für euch sein. Als Kompassnadeln könnt ihr einen dünnen Eisennagel, eine Stahlnadel (Nähnadel) bzw. eine Büroklammer wählen. Prüft, welcher Gegenstand sich am besten eignet.

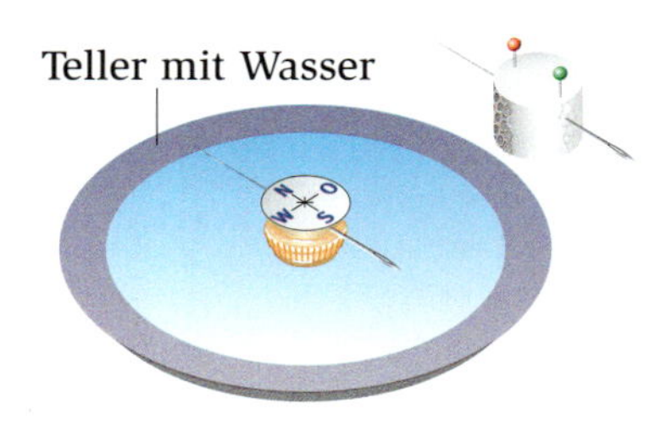

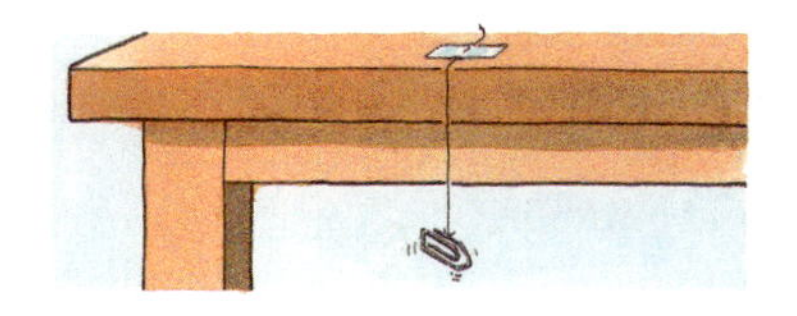

A9 Erkläre, warum das Gehäuse eines Kompasses nicht aus Eisen sein darf.

A10 Eine der beiden Magnetnadeln wird langsam in eine Drehbewegung versetzt. Schildere, was passieren wird und begründe deine Vermutung.

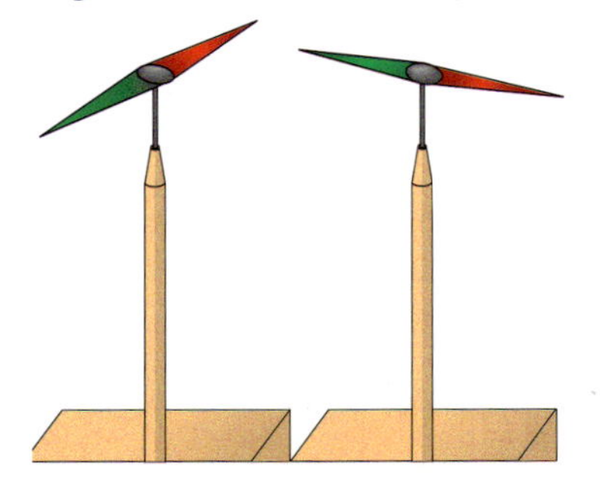

A11 Ein frei beweglicher Magnet dreht das mit „magnetischer Nordpol" markierte Ende nach Norden. Erkläre, was man daraus schließen muss.

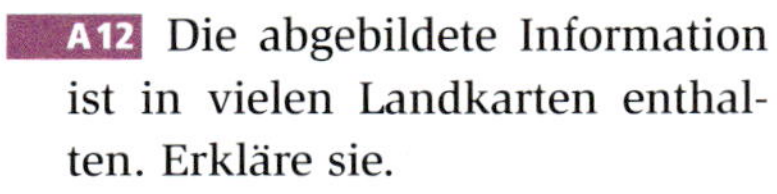

A12 Die abgebildete Information ist in vielen Landkarten enthalten. Erkläre sie.

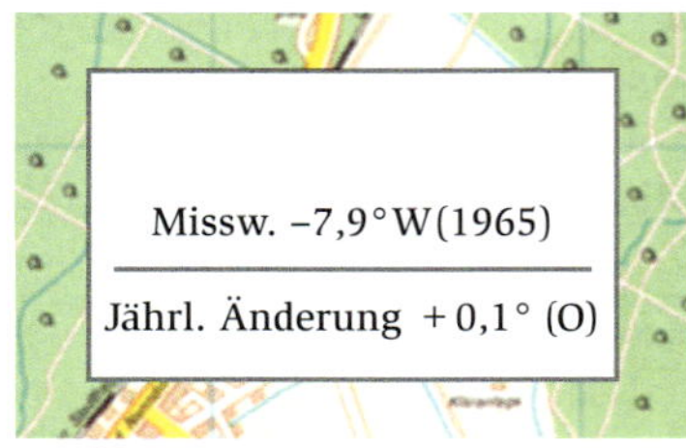

A13 Der Magnet ist zerbrochen. Argumentiere und bewerte mit dem Elementarmagnetmodell.

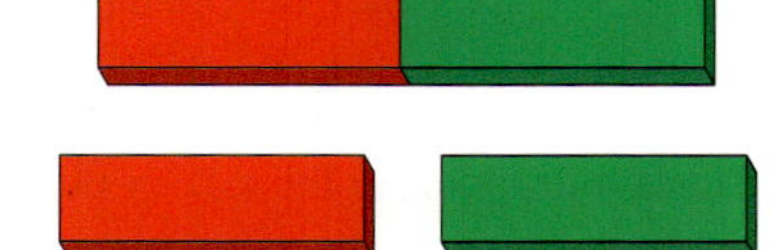

A14 Diesen Auftrag solltest du im Team ausführen: Plant und baut einen elektrisch betriebenen Kompass. Er soll auf einer Styroporplatte in einer Schüssel schwimmen. Überlegt, wie ihr die nördliche Himmelsrichtung findet.

A15 **a)** Beschreibe, was du im Bild siehst und was außerhalb des Bildes sein muss.
b) Einiges passiert in dem dargestellten Versuch, was man nicht sehen kann. Erläutere dies.

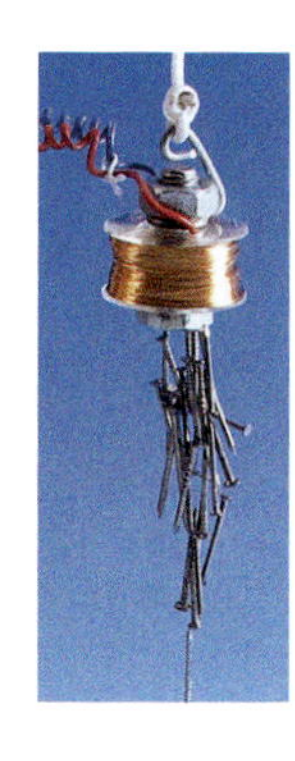

A16 Auf dem Bild ist eine Rohstofftrennungsanlage vereinfacht dargestellt.
a) Beschreibe die Arbeitsweise der Maschine.
b) Nenne beispielhaft Stoffe, die auf diese Weise zurückgewonnen werden können und erläutere das Verfahren.

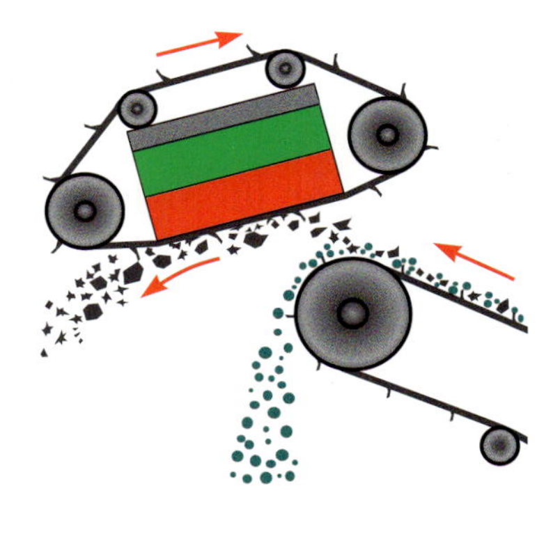

A17 Entnimm dem folgenden Zeitungsartikel wichtige Informationen, deute sie physikalisch und nimm anschließend Stellung dazu:

Köln – Eltern sollten beim Kauf von Magnetspielzeug besondere Vorsicht walten lassen. Gerade bei kleinen Kindern sind etwa mit Magneten versehene Tierchen, die auf vielen Flächen haften, besonders beliebt. Die dabei verwendeten Magnete sind aber oft so stark, dass sie beim Verschlucken gefährlich werden können.
Werden zwei starke Magnete oder ein starker Magnet und ein magnetisierbarer Gegenstand von Kindern verschluckt, so ziehen sich die Teile im Magen-Darm-Trakt an. Dies kann nach Angaben der Behörde durch Druck und Reibung zu inneren Verletzungen führen. In der Vergangenheit gab es demnach bereits Unfälle mit Magneten, bei denen Kinder nur durch schwere Operationen gerettet werden konnten.

Projekt

Die Küche wird zum Magnetlabor

Ihr habt sicherlich schon gefühlt, dass die abstoßende Kraft zwischen zwei gleichnamigen Polen um so größer ist, je näher die Pole aneinanderrücken. Mit einer kleinen elektronischen Waage könnt ihr zu Hause diesen Zusammenhang in einer Versuchsreihe genauer untersuchen. Ihr benötigt

- eine elektronische Waage,
- vier kurze Rund- oder Scheibenmagnete,
- eine verstellbare Halterung für einen Magneten,
- Lineal mit mm-Einteilung, Papier und Schreibstift.

Zu Beginn einer Messung stellt ihr den oder die benötigten Magnete auf die Waage. Vor der eigentlichen Messreihe müsst ihr die Anzeige im Display auf Null stellen, denn ihr sollt ja nicht das Gewicht des Magneten ermitteln. Achtet darauf, dass kein Magnet umfällt oder auf andere stößt.

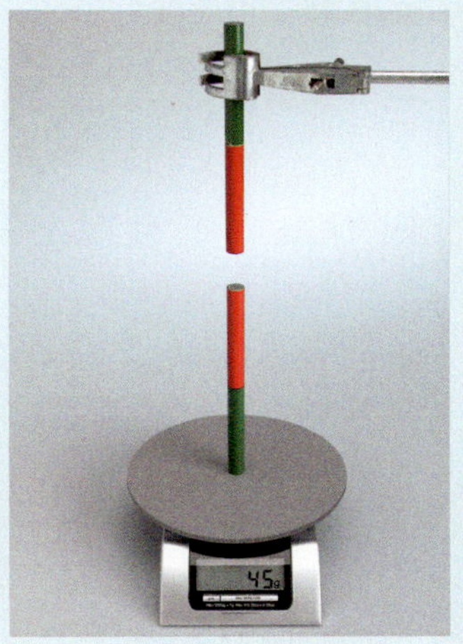

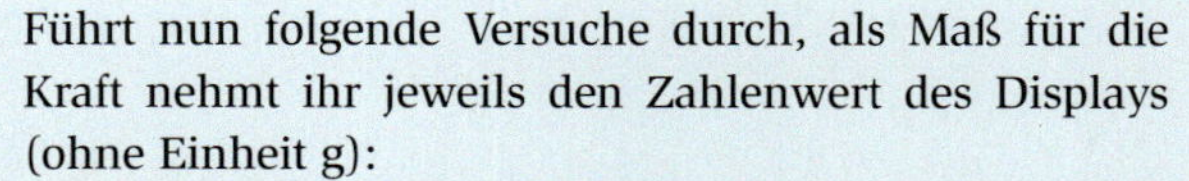

Führt nun folgende Versuche durch, als Maß für die Kraft nehmt ihr jeweils den Zahlenwert des Displays (ohne Einheit g):

1 Untersucht die Größe der abstoßenden Kraft zwischen gleichnamigen Polen bei unterschiedlichen Abständen – z. B. 12 cm, 10 cm, 8 cm bis etwa 2 cm.

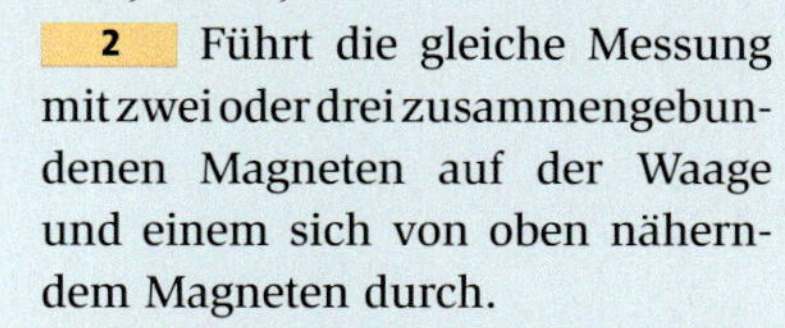

2 Führt die gleiche Messung mit zwei oder drei zusammengebundenen Magneten auf der Waage und einem sich von oben nähernden Magneten durch.

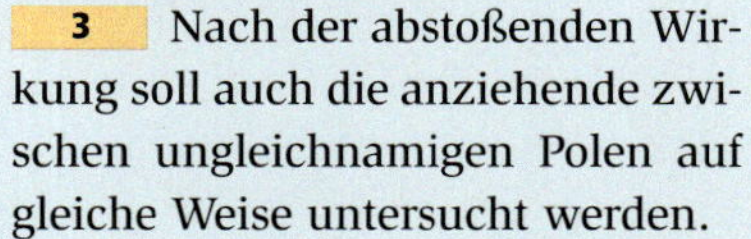

3 Nach der abstoßenden Wirkung soll auch die anziehende zwischen ungleichnamigen Polen auf gleiche Weise untersucht werden.

Sammelt die Messergebnisse in einer Tabelle und stellt die Ergebnisse in einem Diagramm dar. Versucht es gerne auch mit einem Computerprogramm.

Wettererscheinungen und Klima

Das kannst du in diesem Kapitel erreichen:

- Du wirst Temperaturen messen können.
- Du wirst erklären können, wie feste, flüssige, gasförmige Körper auf Änderung der Temperatur reagieren.
- Du wirst lernen, dass bei Änderung des Aggregatzustands Energie zugeführt oder freigesetzt wird.
- Du wirst die Anomalie des Wassers und ihre Bedeutung für die Natur kennen.
- Du wirst wissen, dass in einem zusammengepressten Gas Druck herrscht und du wirst dies mit einem einfachen Modell der Materie erklären können.
- Du wirst erkennen, dass die Sonne der Antrieb für die Klimaprozesse ist und du wirst die Entstehung der Wettererscheinungen erklären können.

Temperaturerhöhung und die Folgen

B1 Der Heißluftballon ist das älteste Luftfahrzeug des Menschen. Er steigt aber nur hoch, wenn er lange genügend mit heißer Luft gefüllt wird. Was unterscheidet heiße Luft von kalter? Was verändert sich bei Stoffen, deren Temperatur steigt?

A1 Vielleicht habt ihr es schon einmal beobachtet: Mit einem großen Gasbrenner wird die Luft im Heißluftballon erhitzt. Dann steigt der Ballon in die Höhe → B1. Führt eine Umfrage durch: *Warum steigt ein Heißluftballon in die Höhe?* Sortiert die Antworten und fertigt eine Liste der gehörten Erklärungen an.

A2 Auf einen Teller mit etwas Seifenwasser wird ein erhitzter Becher mit der Öffnung nach unten gestellt. Zunächst bilden sich an seinem äußeren Rand Bläschen, später am inneren Rand. Erkläre diese Beobachtung.

A3 Physik im Kindergarten: In der blauen Kiste ist Eiswasser, in der roten Kiste heißes Wasser. Eine leere Flasche steht im kalten Wasser. Ein Luftballon wird auf die Flasche gezogen. Dann wird die Flasche ins heiße Wasser gestellt.

Führe den Versuch durch und schreibe ein Versuchsprotokoll. Erkläre die Beobachtungen.

A4 Findet heraus und beschreibt, wie große Hitze Gleise verbiegen kann.

Zug entgleist

Bei einem Zugunglück auf der norwegischen Dovrebahn ist am 26. 06. 2006 ein Güterzug entgleist. Ursache war eine Gleisverwerfung, verursacht durch die anhaltend große Hitze.

A5 Manchmal kann man es gut sehen: Jede große Brücke kann sich an mindestens einem Ende verschieben.

Suche Experten, die du nach den Gründen hierfür befragst. Schreibe ihre Erklärung mit eigenen Worten auf.

Was sich mit der Temperatur ändert

B1 Die Autobahnbrücke über den Tarn in Frankreich ist 2460 m lang. Bei den Temperaturunterschieden während des Jahres ändert sich ihre Länge um über 1 m.

1. Längenänderung durch Temperaturänderung

Am Thermometer kann man erkennen, dass Flüssigkeiten sich beim Erhitzen ausdehnen. Gilt das auch für feste Körper? Wird etwa ein Metallstab bei Temperaturerhöhung länger? Im Alltag merkt man nichts davon. Aber vielleicht ist die Änderung so klein, dass man sie nur mit einer „Vergrößerung“ nachweisen kann.

Der im → V1 benutzte Apparat sorgt für eine solche Vergrößerung: Wenn die Metallstange über Kerzen erhitzt wird, wandert die Zeigerspitze auf großem Bogen über die Skala. So kann man *messbar* machen, was sonst nicht messbar ist. Mit zwei Bleistiften wird im → B2 dargestellt, wie ein solcher Zeigervergrößerungstrick funktionieren kann.

Wenn man die Kerzen im Versuch auspustet, kühlt der Stab langsam ab, der Ausschlag geht zurück. Längen*änderung* findet also auch bei Abkühlung statt – als Verkürzung.

V1 Eine Metallstange ist rechts fest eingespannt und stößt links gegen einen beweglichen Hebel, an dessen langem Ende sich ein Zeiger befindet. Nach Anzünden der Kerzen wandert der Zeiger über die Skala. Der Stab wird also länger.

2. Ein Gedankenversuch

Was bedeutet die winzige Längenänderung in → V1 für eine viele hundert Meter lange Brücke? Daniel überlegt so: Er denkt sich einen Metallstab von 1 m Länge so stark erhitzt, dass er um 1 mm länger wird. Jetzt überlegt er, wie stark sich ein 2 m langer, ein 100 m langer oder gar ein kilometerlanger Stab verlängern würde:

- Legt man zwei 1 m-Stäbe hintereinander, so werden beide zusammen um 2 mm länger.
- Legt man nun 2460 solcher Stäbe hintereinander, so wird die Reihe um 2460 mm länger – also schon fast um 2,5 m!

Je länger ein Stab ist, desto mehr ändert sich seine Länge – bei gleicher Temperaturänderung.

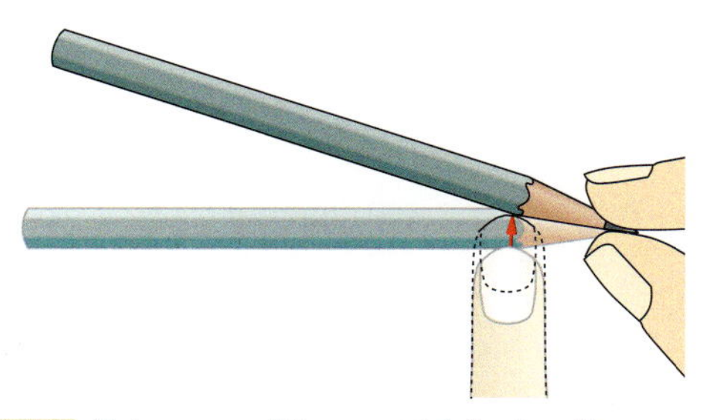

B2 Zeigervergrößerungstrick: An dieser Zeichnung verstehst du den Trick, wie aus einer kleinen Bewegung ein großer Zeigerausschlag wird.

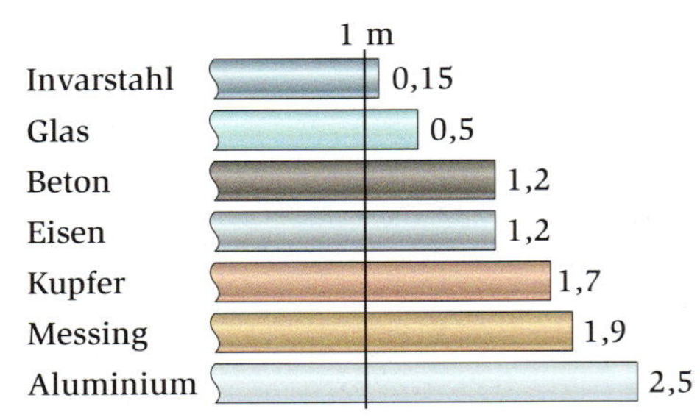

B1 Um so viele mm dehnen sich 1 m lange Stäbe beim Erhitzen um 100 Grad aus.

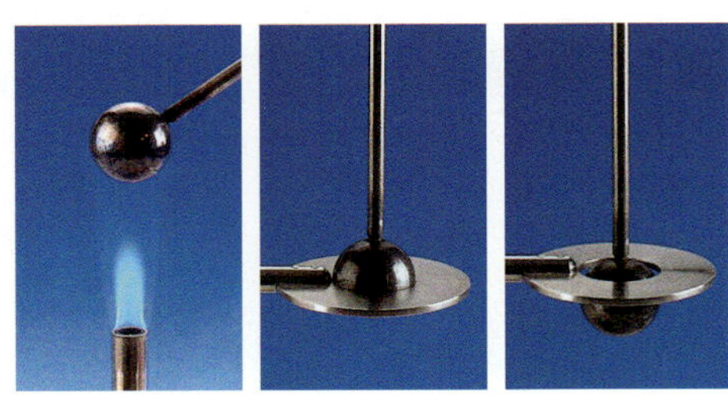

V1 Die Eisenkugel gleitet in kaltem Zustand gerade noch durch den Ring. **a)** Die Kugel wird mit einer starken Flamme erhitzt. **b)** Die heiße Kugel passt nicht mehr durch den kalten Ring. Sie hat sich nach allen Seiten ausgedehnt. **c)** Wenn wir auch den Ring erhitzen, fällt die heiße Kugel durch die Öffnung.

Kompetenz – Zusammenhänge beschreiben

Wenn wir untersuchen, wie die Länge eines Metallstabes bei Temperaturerhöhung größer oder bei Abkühlung kleiner wird, dann *beobachten* wir zwei *messbare* Eigenschaften des Stabes: seine Temperatur und seine Länge.
Aus den Beobachtungen ergeben sich *Zusammenhänge*, die wir als „**Wenn-dann**"-**Sätze** oder als „**Je-desto**"-**Sätze** mitteilen:

- **Wenn** die Temperatur steigt, **dann** nimmt seine die Länge zu.
- **Je** größer die Temperaturerhöhung, **desto** größer ist die Längenänderung.

„Wenn-dann" sagt man in der Physik, wenn man den Zusammenhang *immer* erwartet: *Immer, wenn* die Temperatur eines Stabes erhöht wird, *dann* nimmt seine Länge zu.
Ein „Je-desto"-Satz erfordert mehrere Beobachtungen für Temperaturerhöhung und Längenänderung.

3. Wovon hängt die Längenänderung ab?

Anna verallgemeinert das Ergebnis ihres Gedankenversuchs: „Je länger ein Stab, desto größer die Längenänderung." Daniel ergänzt: „Wenn außer der Länge nichts anderes geändert wird." Was könnte man denn außer der Länge in einem Experiment noch ändern? So stellt sich Daniel zwei Fragen:
1. Spielt es eine Rolle, wie stark sich die Temperatur erhöht?
2. Dehnen sich verschiedene Metalle gleich stark aus?

Die erste Frage wird beantwortet, wenn man den Versuch genau beobachtet hat: Man konnte sehen, dass beim Erhitzen des Stabes der Zeiger langsam über die Skala wandert und dass er beim Abkühlen langsam an den Ausgangspunkt zurückkehrt. Das kann nur bedeuten: Solange die Temperatur des Steges sich ändert, ändert sich auch seine Länge. *Je* höher die Temperatur, *desto* länger der Stab. Oder: *Je* größer die Temperaturänderung, *desto* größer die Längenänderung.

Die Antwort auf die zweite Frage finden wir, wenn wir Stangen aus verschiedenen Stoffen erhitzen: Die Verlängerung ist bei Zink, Aluminium und Messing etwa doppelt so groß wie bei Eisen **→ B1**. Invarstahl, eine teure Eisen-Nickel-Legierung, dehnt sich dagegen kaum aus.

Merksatz
Feste Gegenstände dehnen sich bei Temperaturerhöhung aus. Die Längenänderung eines Stabes hängt ab von
- der Temperaturänderung,
- der Anfangslänge des Stabes,
- und vom Material des Stabes.

Je größer die Temperaturänderung, desto größer ist die Längenänderung. Je länger der Stab, desto größer ist (bei gleicher Temperaturänderung) die Längenänderung.

Wie man die hier gestellten Fragen sehr genau untersucht und wie man dabei auf die Werte in **→ B1** kommt, kannst du in der **→ Vertiefung** nachlesen oder mit den Geräten aus der Physiksammlung deiner Schule selbst nachmessen.

4. Ausdehnung nach allen Seiten

Wenn ein Stab von 1000 mm Länge und 10 mm Breite beim Erhitzen 1 mm länger wird, dann müsste er doch auch um 1/100 mm breiter werden! Kann man eine so kleine Änderung nachweisen?
Im **→ V1** gehen wir dieser Vermutung nach. Mit der erhitzten Kugel wird bewiesen, dass sich Metallkörper beim Erhitzen in alle Richtungen ausdehnen. **→ V1c** zeigt danach, dass dabei auch ein Loch in einem Metallstück größer wird. – Es ist so, als hätte man Ringe auf einen Gummiballon aufgemalt. Auch dort werden ja alle Kreise größer, wenn man ihn weiter aufbläst.

Vertiefung

Ausdehnung beim Erhitzen genau messen

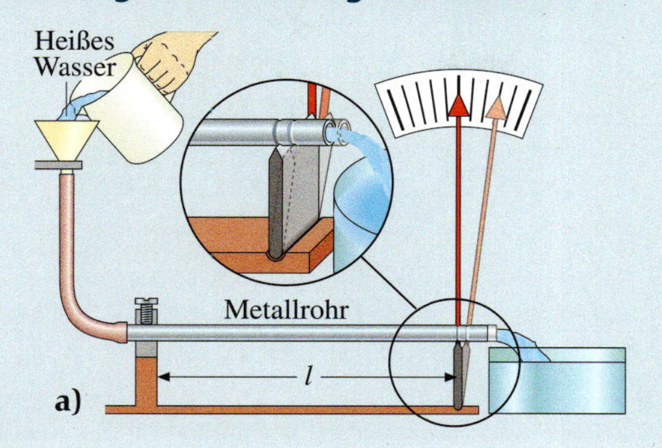

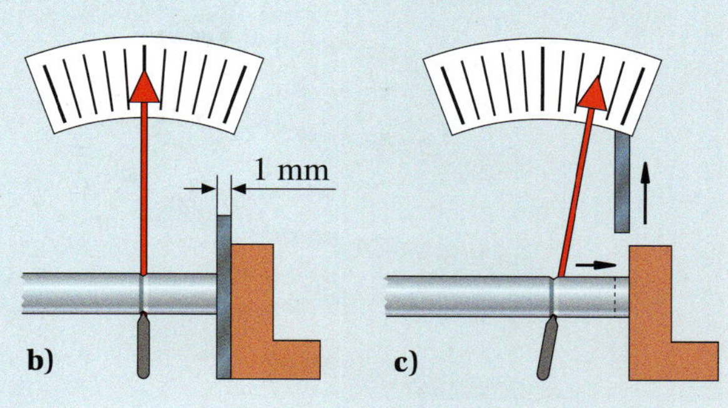

B2 **a)** Mit diesem Gerät kann man die Längenänderung eines Metallrohres für Temperaturänderungen zwischen 0 und 100 °C messen. **b), c)** Mit einer Metallplatte bekannter Dicke kann man die Skala „eichen".

Anna und Daniel sollen mit einer Apparatur aus der Physiksammlung die Längenänderung eines Metallrohres bei Temperaturerhöhung genauer untersuchen.

Das Prinzip **→ B2a** haben sie schnell verstanden: Wasser wird in den Trichter gegossen und fließt durch das Metallrohr. Am Ausfluss wird die Temperatur des Wassers gemessen. Nach einiger Zeit (solange muss der Wasservorrat reichen) hat das Rohr die Temperatur des Wassers angenommen.

Die Längenänderung wird vom Zeiger vergrößert angezeigt. Das kennen wir schon. Wie aber kann man aus der Anzeige auf der Skala die Längenänderung des Rohres bestimmen? **→ B2b/c** zeigen es: Mit einem genau 1 mm dicken Blech stellt man fest, um wie viel vergrößert der Zeiger eine Längenänderung anzeigt.

Anna und Daniel schreiben ihre Messwerte während der praktischen Arbeit in eine Wertetabelle und zeichnen ein Diagramm:

Temperatur in °C	0	27	51	62	90
Zeiger weiter in mm	0	9,5	18,5	21,5	32
Rohr länger in mm	0,0	0,3	0,6	0,7	1,1

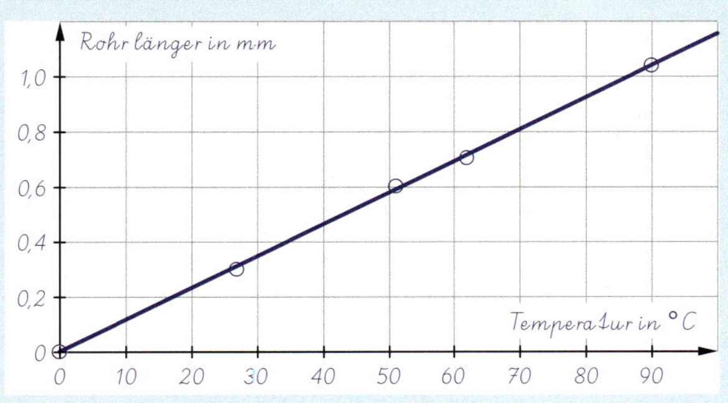

Sie schreiben auch ein Protokoll. Nach den Abschnitten *Ziel, Material, Vorbereitung* geht es so weiter:

Durchführung: Zuerst muss die Skala geeicht werden, dann wird das Rohr auf verschiedene Temperaturen gebracht und die Verlängerung wird abgelesen.

Beobachtung: Wir stellen rechts vor das Rohr einen festen Anschlag. Zwischen Rohr und Anschlag schieben wir ein 1 mm dickes Blech. Dann nehmen wir das Blech weg und schieben das ganze Rohr nach rechts bis zum Anschlag. Der Zeiger bewegt sich vor der Skala um 30 mm. Er zeigt die Verschiebung des rechten Rohrendes 30fach vergrößert an.

Wir befestigen das linke Rohrende, entfernen den Anschlag und gießen durch das Rohr Eiswasser von 0 °C. Die Zeigerspitze rückt ein wenig nach links. Wir markieren die Zeigerstellung als Null.

Dann gießen wir siedendes Wasser durch das Rohr. Am Ausfluss steigt die Temperatur auf 90 °C. Der Zeiger wandert um 32 mm nach rechts.

Wir wiederholen das Experiment mit verschiedenen Wassertemperaturen und schreiben die Messergebnisse als Wertetabelle auf.

Auswertung: Die Zeigerwerte müssen wir durch 30 teilen. So erhalten wir zu jeder untersuchten Temperatur die Verlängerung des Rohres. Auch diese Zahlen schreiben wir in die Wertetabelle. Jetzt können wir das Temperatur-Verlängerungs-Diagramm zeichnen.

Vor dem Versuch habe wir mit dem Zentimetermaß die Länge des Rohres zwischen den Kerben am Rohr gemessen. Es sind genau 100 cm. Das Rohr ist aus Eisen.

Ergebnis: Die Messpunkte im Diagramm liegen ziemlich gut auf einer Geraden. Von 0 °C bis 90 °C wird die Längenänderung gleichmäßig immer größer. Bei 100 °C kann man an der Geraden 1,2 mm Verlängerung ablesen – wie es in der Tabelle für Eisen angegeben ist.

B1 Ob Brücken oder Eisenbahnschienen, eine Temperaturänderung kann Folgen haben. **a)** Damit Brücken keine Schäden anrichten, werden Dehnungsfugen eingeplant. **b)** Bei großer Hitze können sich Schienen verbiegen.

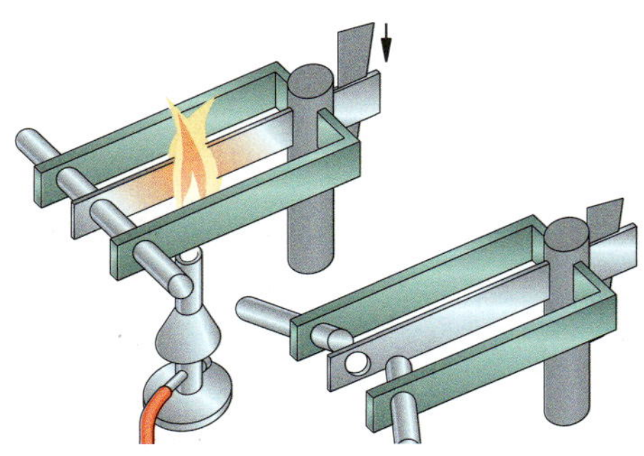

V1 Beim Abkühlen zieht sich der mittlere Eisenstab zusammen. Mit riesiger Kraft zerbricht er einen Eisenbolzen. (Vorsicht vor wegfliegenden Bruchstücken!)

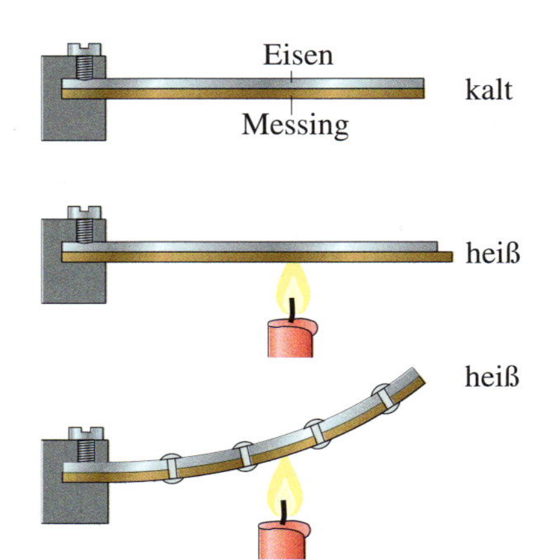

V2 Ein Bimetallstreifen krümmt sich, wenn er erhitzt wird. Beim Abkühlen wird er wieder gerade. Damit die beiden Streifen nicht wie im mittleren Bild aneinander vorbeirutschen können, sind sie miteinander vernietet.

1. Kleine Längenänderung – große Kraft

Brücken sind im Laufe des Jahres großen Temperaturschwankungen unterworfen. Dadurch ändert sich ihre Länge. Wäre eine Brücke an ihren Enden fest mit den Widerlagern am Erddamm verbunden, träten sehr große Kräfte auf, die die Brücke oder das Widerlager beschädigen könnten. Man lagert die Brücke daher beweglich auf Rollenlagern aus Stahl. Die Dehnungsfugen werden überdeckt → B1a.
Bei älteren Eisenbahngleisen gibt es auch Dehnungsfugen. Manchmal, bei großer Hitze, reicht das nicht, die Schienen schieben wie in → B1b die Schwellen mit großer Kraft zur Seite. Heute sind die Gleise mit dicken Schrauben an Betonschwellen geschraubt.

In → V1 erkennt man die Größe der Kraft auch beim Abkühlen. Man sieht einen U-förmigen eisernen Rahmen. Der Eisenstab in der Mitte ist zwischen dem Bolzen links und dem Keil rechts eingespannt. Wenn man den Eisenstab stark erhitzt, wird er länger; deshalb kann man den Keil weiter hineintreiben. Kühlt sich dann der Stab ab, so zieht er sich wieder zusammen. Der sich kürzende Stab zerbricht den dicken Bolzen.

2. Erhitzen krümmt Bimetallstreifen

Die unterschiedliche Ausdehnung verschiedener Stoffe wird im Bimetallstreifen genutzt (Bi bedeutet zwei). In → V2 sind ein Streifen aus Eisenblech und einer aus Messingblech in ihrer ganzen Länge miteinander vernietet. Erhitzt man dieses Gebilde aus zwei Metallstreifen, so krümmt sich der Streifen.

Um dies zu verstehen, denkt Anna an die Laufbahnen in der Kurve eines Stadions: Der Messingstreifen auf der „äußeren Bahn" ist länger als der Eisenstreifen auf der „inneren Bahn".

Physik und Technik

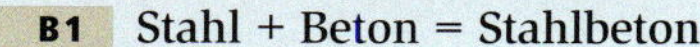

B1 Stahl + Beton = Stahlbeton

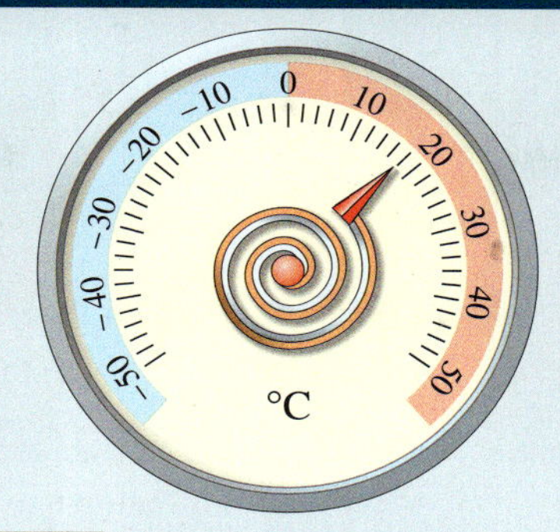

B2 Bimetallthermometer

B3 Spannvorrichtung für Oberleitungen

A. Gleiche Ausdehnung bei Stahl und Beton

Bei **Stahlbeton** wird ein Gerüst aus Eisenstäben in eine Betonwand „einbetoniert" ➜ B1. Es hält die Wand fest zusammen – im Sommer wie im Winter.
Das funktioniert nur, weil Eisen- und Betonteile ihre Länge mit der Temperatur gleich stark ändern. Risse sind also nicht zu befürchten. Der französische Gärtner Jaques MONIER hat als erster mit Stahlbeton experimentiert. Die Fachleute sprechen ihm zu Ehren heute noch von Moniereisen.

B. Verschiedene Ausdehnung bei Alu und Glas

Glas und Aluminium dagegen dehnen sich bei gleicher Temperaturänderung verschieden stark aus. Wenn nun Fensterscheiben in Aluminiumrahmen eingebaut werden, drohen Risse, weil große Kräfte auftreten, wenn die Längenausdehnung behindert wird. Man trennt deshalb Glasscheiben und Aluminiumrahmen durch eine elastische Gummidichtung, die eine unterschiedliche Ausdehnung ausgleicht.

C. Gar keine Ausdehnung bei Ceran®

Kochfelder aus Ceran® (Glaskeramik) dehnen sich bei Erhitzen praktisch überhaupt nicht aus. Wenn etwas Kaltes auf die aufgeheizte Kochplatte fällt, gibt es an dieser Stelle keine Längenänderung, es treten im Material keine Spannungen auf.

D. Bimetallthermometer

Bimetallstreifen zeigen Temperaturänderungen durch mehr oder weniger Krümmung an. Bei langen Bimetallstreifen machen sich auch kleine Temperaturänderung deutlich bemerkbar. Zu einer Spirale aufgewickelt nimmt auch ein langer Bimetallstreifen nicht viel Platz ein. Bei dem abgebildeten Thermometer ist ein Ende der Bimetallspirale am Gehäuse befestigt. Das andere Ende trägt einen Zeiger ➜ B2.
So ein Bimetallthermometer wird gerne im Haus verwendet – zur Messung der Lufttemperatur. Ähnlich funktioniert ein Bratenthermometer, bei dem ein Bimetallthermometer eine Achse dreht, an deren Ende der Zeiger befestigt ist.

E. Spannvorrichtung bei Bahnen

Die Oberleitungen von Straßenbahnen und Zügen müssen stets gleich gespannt sein. Wären sie fest montiert, würden sie im Sommer durchhängen. Im Winter könnten sie reißen. Für immer gleiche Spannkraft sorgt ein Betonblock, der über eine Rolle die Oberleitung stramm zieht ➜ B3.

Mach's selbst

A1 Der 300 m hohe Eiffelturm in Paris ist aus Eisen zusammengenietet. Bestimme den Höhenunterschied des Turms zwischen einem kalten Wintertag (−20 °C) und einem heißen Sommertag (30 °C).

A2 Jemand soll einen Bimetallstreifen herstellen und hat die Wahl zwischen Kupfer/Messing und Eisen/Aluminium. Welchen begründeten Rat gibst du ihm für die Wahl der Metallkombination?

A3 Du hast vielleicht schon einmal ältere Heißwasserleitungen für eine Fernheizung gesehen: Finde eine Erklärung für die auffälligen „Dehnungsbögen".

B1 Anna erhitzt Luft.

B2 Heißluftballons unterwegs

V1 **a)** Anna erhitzt Luft im Kolben → B1. Das aufgesetzte Glasrohr endet im gefärbten Wasser. An seiner Spitze steigen ständig Luftblasen auf.
b) Gießt sie kaltes Wasser über den Kolben, so dringt Wasser ins Glasrohr ein. Die Luft zieht sich wieder zusammen.
c) Bei einem größeren Kolben steigen mehr Luftblasen auf. Also ist die Zunahme des Volumens auch von der Menge der Luft abhängig.

V2 Aus einer Kreisscheibe kann man eine Papierspirale herstellen, die drehbar auf einer Spitze balanciert. Über eine brennende Kerze oder einen heißen Heizkörper gehalten, beginnt sie sich zu drehen. Sie zeigt: Erhitzte Luft bewegt sich in kalter Umgebung nach oben.

1. Auch Luft nimmt nach dem Erhitzen mehr Raum ein

Anna führt den Versuch → V1a durch. Solange sie einen Glaskolben über der Flamme erhitzt, treten an der Spitze des Glasrohres Luftblasen aus und steigen nach oben.
So erklärt Anna die Beobachtung: Wenn die Luft im Kolben erhitzt wird, dehnt sie sich aus, braucht also mehr Volumen. Die überschüssige Luft verlässt den Kolben durch die Spitze des Glasrohres. Luftblasen steigen nach oben.
„Und wenn ich den Kolben abkühle?“, fragt sich Anna und vermutet, dass sich die Luft genau so verhält wie Thermometerflüssigkeit oder Metallstangen. Also muss das Volumen der Luft im Kolben beim Abkühlen wieder abnehmen. → V1b zeigt, dass Anna Recht hat: Die Luft zieht sich zusammen, Wasser dringt ins Glasrohr ein.
Anna treibt den Vergleich noch weiter: „Eine längere Metallstange dehnt sich bei gleicher Temperaturerhöhung mehr aus als eine kürzere. Ich vermute, dass die Größe des Kolbens bestimmt, wie viel Luft beim Erhitzen ins Wasser entweicht.“
→ V1c zeigt, dass Anna richtig vermutet hat.

Merksatz
Luft dehnt sich beim Erhitzen aus – wenn ihr Raum dafür gegeben wird. Je höher die Temperatur einer Luftmenge ist, desto größer ist ihr Volumen. Die Zunahme des Volumens hängt auch von der Menge der Luft ab. Beim Abkühlen nimmt das Volumen ab.

2. Ballon fahren mit heißer Luft

Anna interessiert sich für Heißluftballons → B2. Sie hat gesehen, dass mit einem Gasbrenner die Luft in der Ballonhülle erhitzt wird, um den Ballon zum Aufsteigen zu bringen.
Sie weiß jetzt: Die Luft in der Ballonhülle dehnt sich aus und passt nicht mehr in den Ballon. Die Ballonhülle ist unten offen, so kann die überschüssige Luft den Ballon verlassen.
Anna ist noch nicht zufrieden: „Das verstehe ich alles. Aber was hebt den Ballon nach oben, wenn ein Teil der Luft herausgedrängt worden ist?“, fragt sie sich.

Daniel erinnert sich an die drehende Papierspirale, die sich über der Kerze in Bewegung setzt. → V2 „Daran siehst du doch, dass heiße Luft nach oben steigt.“ „Das sehe ich auch am Heißluftballon, dort trägt sie sogar noch Passagiere und Ausrüstung“, erwidert Anna. „Aber warum steigt heiße Luft nach oben?“

Eine Erklärung liefert ein Versuch mit Wasser, das sich wie Luft bei Temperaturerhöhung ausdehnt. In → V3 wird durch Erhitzen an einer Stelle ein Wasserkreislauf in Gang gesetzt. An der roten Spur erkennt man die Bewegung.

Mit → B3 versteht man, warum das Wasser in Bewegung gerät: Die im linken Rohr markierten roten Abschnitte enthalten jeweils die gleiche Wasserportion (z. B. 5 g) wie die im rechten Rohr markierten blauen Abschnitte. Die linken Abschnitte sind größer, weil das erhitzte Wasser mehr Volumen in Anspruch nimmt als das kalte Wasser.

Fünf Wasserportionen in der linken Säule sind leichter als sechs Wasserportionen in der rechten Säule. Wie bei einer Balkenwaage schiebt die schwerere rechte Wassersäule die leichtere auf der linken Seite nach oben. Der Wasserkreislauf setzt sich in Bewegung und bleibt in Bewegung, solange das Wasser links geheizt und rechts gekühlt wird.

Solche Kreisläufe treten auch ohne das Rechteckrohr auf, wenn z. B. Luft an einer Stelle eines Raumes mehr geheizt wird als an anderer Stellen – durch einen Heizkörper oder eine Kerze.
Auch der mit heißer Luft gefüllte Ballon wird von der umgebenden kalten Luft gehoben und getragen – samt Ballonhülle, Korb und Passagieren.

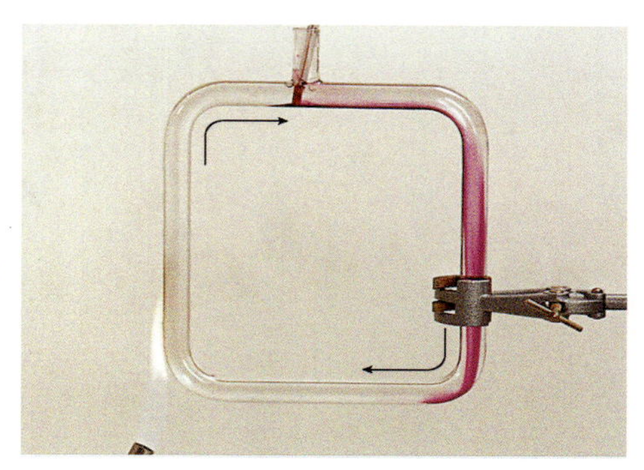

V3 Das Rechteckrohr ist mit kaltem Wasser gefüllt, in der Öffnung steckt ein Thermometer. Farbkörnchen färben das Wasser. Das Rohr wird links mit einer Flamme erhitzt. An der roten Spur erkennt man: Das Wasser setzt sich in Bewegung. Oben steigt bald die Temperatur.

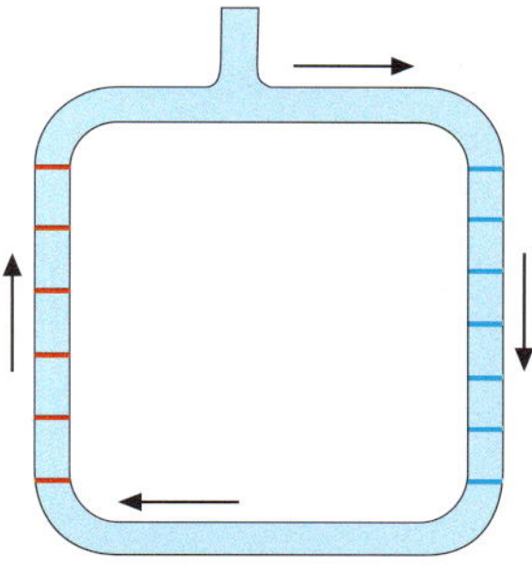

B3 Links haben sich die Wasserportionen beim Erhitzen ausgedehnt. Nur noch fünf Portionen (rot) passen in die Säule. Rechts sind es immer noch sechs Portionen (blau).

Kompetenz – Vernetzen von Sachverhalten

- **Erklären durch Vergleichen**
  Anna hat in einem Kolben mit Stopfen und Rohr Luft erhitzt – und erklärt die austretenden Luftblasen als Ausdehnung. Sie kommt auf diese Idee, weil sie sich an das mit Flüssigkeit gefüllte Thermometermodell erinnert. Dort sah man die Volumenvergrößerung am Anstieg der Flüssigkeitssäule.
- **Vergleichen führt zu Vermutungen**
  Anna hat die Ausdehnung von Luft mit der Ausdehnung fester Körper verglichen und eine neue Vermutung gefunden: Die Ausdehnung ist bei gleicher Temperaturerhöhung größer, wenn das Anfangsvolumen größer ist.
- **Kontrolle durch neue Versuche**
  Anna weiß, dass die Erklärung der austretenden Luftblasen als „Ausdehnung bei Temperaturerhöhung“ nur brauchbar ist, wenn der Raumbedarf der Luft bei Temperaturerniedrigung wieder abnimmt. Ein Versuch bestätigt dies.

Mach's selbst

A1 Blase zwei Luftballons gleich groß auf und sperre den einen in den Kühlschrank. Mache Vorhersagen, vergleiche mit der Beobachtung und erkläre.

A2 Befeuchte die Öffnung einer leeren Flasche und lege ein 10-Cent-Stück drauf. Lege die Hände um die Flasche, beschreibe und erkläre deine Beobachtung.

A3 Ein eingestochenes Ei lässt sich kochen, ohne dass es platzt. Lege so ein Ei mit dem Löffel in siedendes Wasser (Vorsicht!). Beschreibe und erkläre, was du beobachtest!

A4 Nimm ein Glas aus dem heißen Spülwasser und stelle es (leer!) kopfüber auf eine glatte Fläche. Erkläre deine Beobachtung begründet.

Ausdehnung von Flüssigkeiten

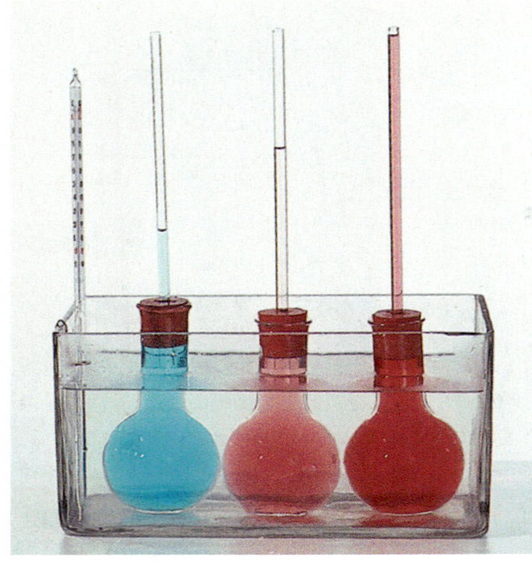

V1 Wir füllen drei gleich große, gleich geformte Kolben fast randvoll mit jeweils einer anderen Flüssigkeit gleicher Temperatur (Wasser, Glykol, Alkohol) und verschließen jeden Kolben mit einem Gummistopfen mit Steigrohr. Die Flüssigkeiten stehen in den Steigrohren nun gleich hoch. Dann stellen wir die Glaskolben gleichzeitig in heißes Wasser: Der Alkohol steigt nun sehr hoch, Wasser steigt am wenigsten hoch.

V2 Gleiche Flüssigkeit in verschieden großen Glaskolben, aber mit gleichen Steigröhrchen. Je größer der Glaskolben, desto größer ist die Höhenänderung im Steigrohr.

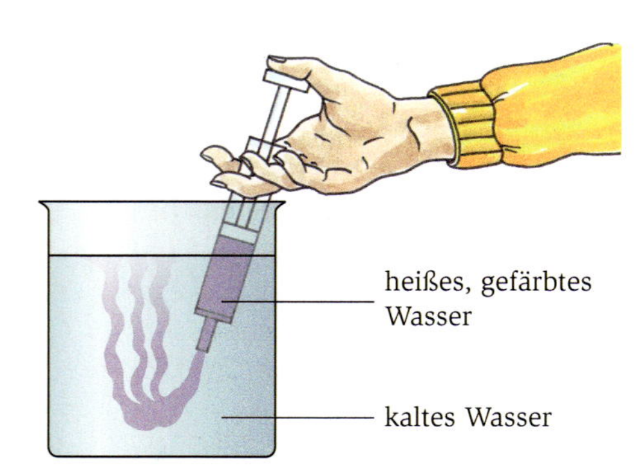

V3 Die farbigen Schlieren zeigen an, dass das heiße Wasser im kalten Wasser nach oben strömt.

1. Flüssigkeiten genauer untersucht

Bei Luft (einem Gas), bei Öl (einer Flüssigkeit) und unterschiedlichen Metallrohren (festen Körpern) haben wir Experimente durchgeführt und die Ausdehnung nachgewiesen. Im Alltag fällt sie bei Flüssigkeiten und festen Körpern selten auf. Im Experiment mussten wir deshalb geschickt sein: Bei einem Metallrohr sorgte ein langer Zeiger für einen deutlichen Ausschlag. Bei der Ausdehnung von Flüssigkeiten half eine dünnes Steigröhrchen. Damit konnten wir auch die Idee von CELSIUS nutzen, um mit der Ausdehnung bei Erwärmung von Flüssigkeiten Temperaturen objektiv zu messen.

Wir fanden auch heraus: Bei festen Körpern hängt die Ausdehnung vom Material ab. Für Flüssigkeiten leiten wir daraus ein neue Frage ab: Dehnen sich verschiedene Flüssigkeiten unterschiedlich aus?
Diese *Frage an die Natur* lässt sich mit einem Experiment beantworten. In → V1 enthalten gleich große Glaskolben gleiche Mengen verschiedener Flüssigkeiten. Gleiche Steigröhrchen sorgen für vergleichbare Anzeigen, wenn wir die Gefäße im selben Wasserbad erhitzen. Das Ergebnis des Versuches ist eindeutig: Alkohol dehnt sich stärker aus als Glykol (ein Frostschutzmittel) und Glykol stärker als Wasser.

Für Stäbe aus gleichem Material haben wir festgestellt: Je länger der Stab, desto größer ist bei gleicher Temperaturerhöhung seine Längenänderung. → V2 zeigt: Je mehr Flüssigkeit, desto mehr ändert sich das Volumen.

Merksatz

Auch für Flüssigkeiten gilt:
- Bei Erhöhung der Temperatur wird das Volumen größer, bei Temperaturabnahme wird es kleiner.
- Je größer die Temperaturänderung ist, desto größer ist die Volumenänderung.
- Je größer das Anfangsvolumen ist, desto mehr ändert sich das Volumen (bei gleicher Temperaturänderung).

Die Änderung des Volumens hängt außerdem von der verwendeten Flüssigkeit ab.

In → V3 untersuchen wir Wasser. Kaltes Wasser im Becherglas wird mit einer Spritze mit gefärbtem heißen Wasser „geimpft". Das heiße Wasser bewegt sich in farbigen Schlieren nach oben. Den Aufstieg von Heißluftballons haben wir damit erklärt, dass die schwerere kältere Luft die leichtere heiße Luft nach oben drückt. Auch Wasserportionen nehmen bei niedriger Temperatur weniger Raum ein. Das heiße Wasser wird also vom kalten Wasser nach oben gedrückt.

Du siehst auch an diesem Beispiel: Versuche durchführen, Beobachten, Vergleichen und Erklären sind in der Physik immer eng miteinander verbunden.

Mach's selbst

A1 Baue eine Weihnachtspyramide aus einer Pappscheibe (etwa 12 cm Durchmesser), einer Stricknadel und zwei Teelichtern. Warum dreht sie sich? Nenne Beispiele aus dem Alltag und der Natur, bei denen dieser Sachverhalt wichtig ist.

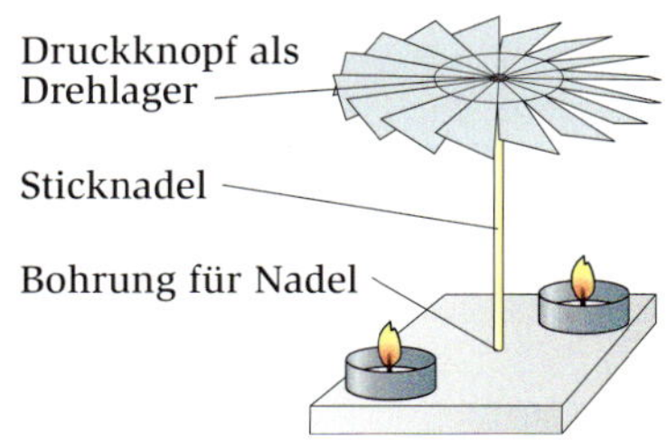

A2 In zwei Räumen stehen die Heizkörper an verschiedenen Stellen. Übertrage die Skizzen in dein Heft und zeichne mit rotem bzw. blauem Stift die Luftströmungen ein. Welche Anordnung ist günstiger? Begründe deine Wahl ausführlich.

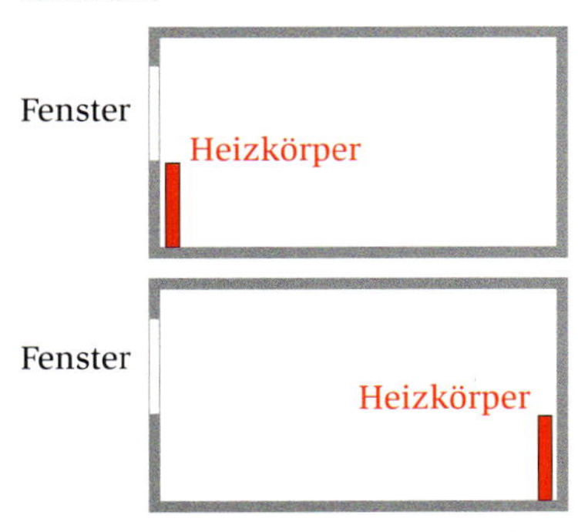

A3 Erkläre, warum sich Styropor wärmer anfühlt als Metall. Begründe, weshalb ein Fußboden aus Holz „fußwärmer“ ist als ein Steinboden.

A4 Nenne Eigenschaften von Körpern, die man zur Temperaturmessung verwenden kann. Erläutere den jeweiligen Aufbau des Thermometers.

A5 Erhitzt man ein Flüssigkeitsthermometer, so dehnt sich auch das Glas aus, in dem sich die Thermometerflüssigkeit befindet. Begründe, warum das Thermometer trotzdem funktioniert.

A6 In Sonnenkollektoren wird Wasser durch die Sonneneinstrahlung erhitzt. Die meisten Anlagen bestehen aus zwei Wasserkreisläufen. Das Wasser des oberen Kreislaufs wird im Kollektor erhitzt und strömt mithilfe einer Pumpe zum Wärmetauscher im Keller. Dort gibt es seine Energie an das Wasser des Boilers ab. Dieses so erhitzte Wasser wird z.B. als Duschwasser verwendet.

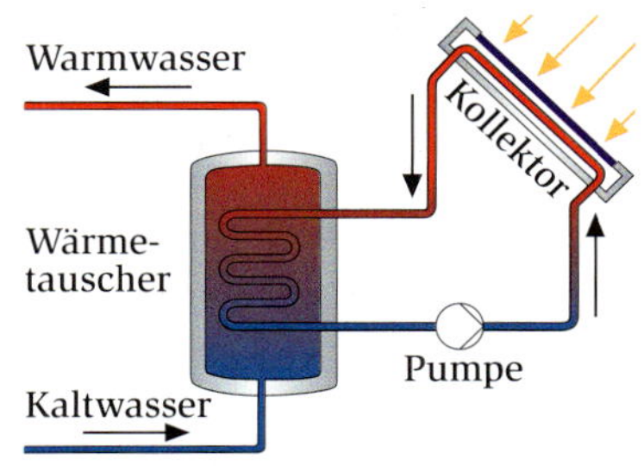

a) Weshalb ist die Pumpe nötig?

b) Auf Dächern in südlichen Ländern sieht man Sonnenkollektoren, die ohne elektrische Energie auskommen. Erläutere, wie diese aufgebaut sein müssen.

A7 Beim Überfahren von Autobahnbrücken spürt man am Anfang und am Ende der Brücke eine kleine Unebenheit. Nenne den Grund.

A8 Der Metalldeckel eines Marmeladenglases sitzt fest. Deine Mutter rät dir, heißes Wasser über das Glas zu gießen. Begründe, weshalb sie Recht hat.

A9 Aus einem Schlauchboot sollte man etwas Luft ablassen, ehe man es zum Trocknen in die Sonne legt. Begründe, warum das sinnvoll ist.

A10 Miss an einem Tag von 8 Uhr bis 18 Uhr stündlich an einem Außenthermometer die Temperatur. Achte darauf, dass das Thermometer im Schatten hängt.

a) Trage die Messwerte in eine Tabelle ein.

b) Stelle die Werte in einem Zeit-Temperatur-Diagramm dar.

c) Interpretiere das Diagramm. Wann ist die Temperatur am höchsten?

A11 Im Internet findest du Interessantes zur Geschichte der Temperaturmessung. Bereite ein Referat zu diesem Thema vor (ca. 10 Minuten, mit Bildern).

A12 Fülle Wasser von etwa 50 °C in einen Becher. Miss alle fünf Minuten die Temperatur und trage die Werte in eine Tabelle ein. Zeichne ein Zeit-Temperatur-Diagramm. Beschreibe seinen Verlauf. Erläutere, warum der Kurvenverlauf diese Form hat.

A13 Die Krümmung eines Bimetallstreifens hängt von der Temperatur ab. Daher kann man ihn in Kühlschränken oder Heizgeräten zur Temperaturregelung verwenden. Erkläre die Funktionsweise anhand des Bügeleisens.

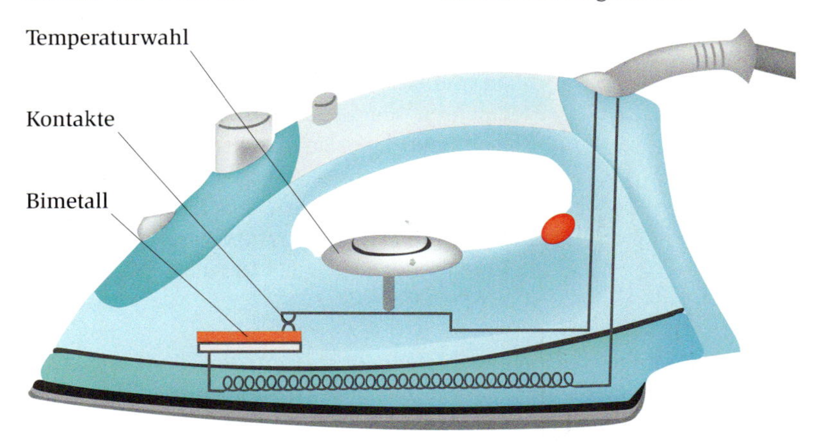

Anomalie des Wassers

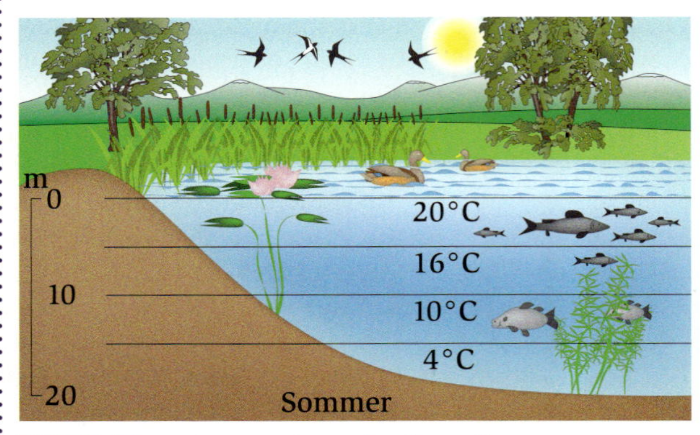

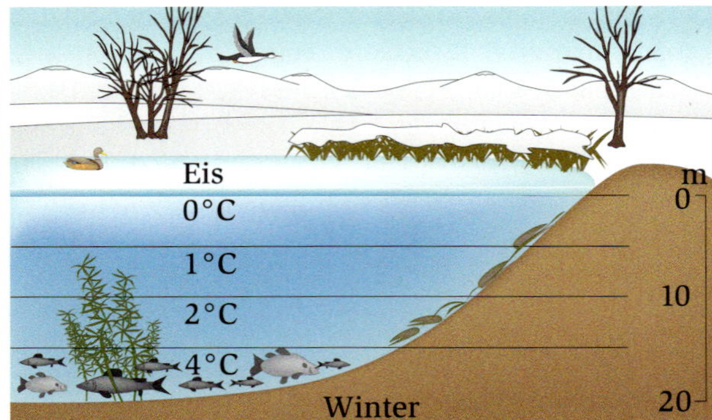

B1 Wassertemperaturen in einem See

A. Wasser ist etwas Besonderes ...

Vielleicht hast du dir auch schon einmal die Frage gestellt, wie Fische überleben, wenn ein See bei strengem Frost zufriert. Biologen finden bei ihren Untersuchungen immer wieder Temperaturen in einem See, wie sie → **B1** zeigt: Wenn oben schon eine Eisschicht auf dem See liegt, hat das Wasser unten im See noch 4 °C.

„Gut für die Fische!“, sagt Anna, „aber wie passt das zur Physik? Wasser mit höherer Temperatur benötigt mehr Raum als Wasser mit niedrigerer Temperatur und müsste nach oben steigen – wie in → **B1** im Sommer!“

Das Verhalten des Wassers zwischen 4 °C und 0 °C nennen Naturforscher die **Anomalie des Wassers**: Beim Abkühlen unter 4 °C nimmt das Volumen von Wasser wieder zu – ganz anders als erwartet.

Ein Versuch kann bestätigen, dass Wasser bei 4 °C am wenigsten Raum einnimmt und deshalb in einem Gewässer nach unten sinkt: In einem Thermogefäß wird fein zerstoßenes Eis in kaltes Wasser getan. Es schwimmt oben und schmilzt bei 0 °C. Die Temperatur am Boden des Gefäßes nimmt langsam ab. Wenn 4 °C erreicht sind, rührt man um und wartet eine Minute. Danach hat sich die alte Temperaturverteilung wieder eingestellt: Unten 4 °C, oben 0 °C.

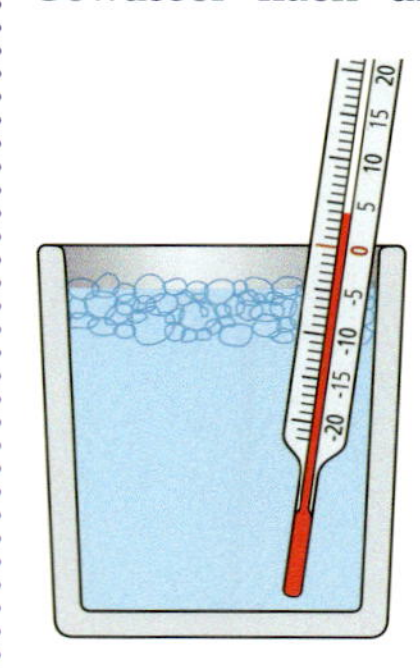

Man kann dieses wichtige Verhalten von Wasser näher untersuchen. Dazu wird Wasser in einen Glaskolben mit Steigrohr gefüllt und die Höhe der Wassersäule beobachtet, wenn die Temperatur langsam steigt.

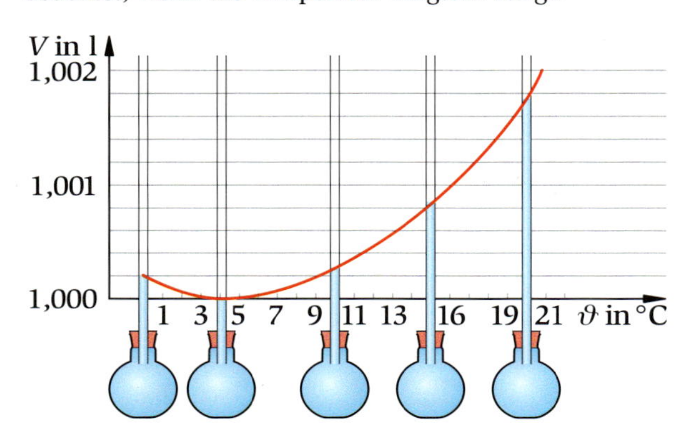

Man kann deutlich sehen, dass Wasser bei 4 °C den kleinsten Raum einnimmt.

Wie läuft ein solcher Vorgang in der Natur ab?
Wenn im Winter kalte Luft über den See streicht, kühlt die oberste Wasserschicht ab und sinkt zu Boden. Dadurch wird das Tiefenwasser nach oben gedrückt. Am Boden sammelt sich Wasser von 4 °C an. Diese Schicht kann bei weiterer Abkühlung (Eisbildung an der Oberfläche) nicht mehr verdrängt werden.
Fische und andere Wassertiere können in ihr in Winterstarre überleben.

Arbeitsaufträge:

A1 Bei der Anlage von Gartenteichen wird eine Mindestwassertiefe von 80 cm empfohlen. Begründe dies.

A2 Erkläre, warum Wasser als Thermometerflüssigkeit nicht geeignet ist.

B2 Nach dem Erstarren: Wachs-„Tal“ und Eis-„Berg“

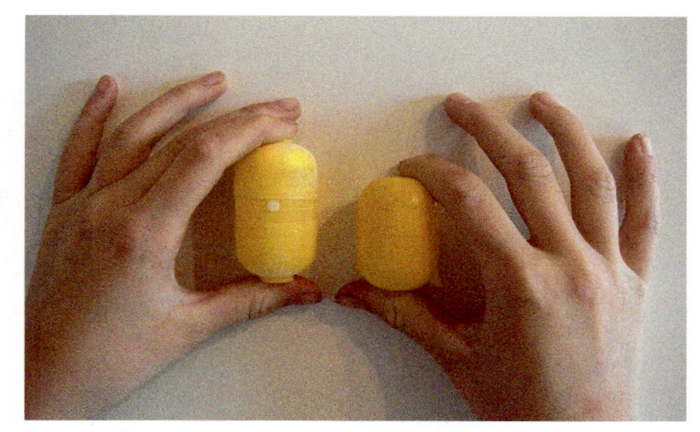

B3 Überraschungseier vor und nach dem Einfrieren

B. Die Anomalie hat Sprengwirkung ...

In → **B2** sehen wir, wie in randvoll gefüllten Gefäßen Wachs und Wasser erstarrt sind. Bei flüssigem Wachs nimmt der Raumbedarf beim Abkühlen bis zum Erstarren ab, ganz normal. An der Oberfläche entsteht ein „Tal“. Bei Wasser ist das Verhalten unnormal, bei 4 °C ist sein Volumen am kleinsten, unter 4 °C nimmt es wieder zu. Beim Erstarren zu Eis wächst das Volumen nochmals. An der Oberfläche entsteht ein „Berg“.

Feste Körper üben bei Temperaturänderung sehr große Kräfte aus, wenn ihre Längenänderung behindert wird. Das haben wir schon untersucht. Bei zu Eis erstarrendem Wasser gilt das Gleiche. Gefrierendes Wasser hat Sprengwirkung. Eine randvoll gefüllte Wasserflasche kann platzen, wenn ihr Inhalt (etwa im Gefrierfach) zu Eis erstarrt. Und wenn im Frühjahr der Straßenbelag neue Schlaglöcher hat, dann sind das Frostaufbrüche:

Regen

Regenwasser gelangt durch kleine Risse unter die Fahrbahn ...

Frost

Beim Gefrieren braucht das Wasser mehr Platz, die Straßendecke wird aufgewölbt ...

Tauwetter

Nach dem Schmelzen benötigt das Wasser weniger Platz, ein Hohlraum entsteht und die Straße sackt zusammen.

... auch in der Natur

Wasser bildet auch beim Gefrieren eine Ausnahme, was für die Natur sehr wichtig ist: Wenn Wasser zu Eis gefriert, nimmt sein Volumen um 9 % zu. Das ist für die **Verwitterung** von Gesteinen wesentlich:

Wenn sich feine Risse im Gestein mit Wasser füllen und dieses gefriert, nimmt das entstehende Eis mehr Raum ein. Mit großer Kraft stemmt es sich gegen das Gestein und sprengt es auseinander. Dadurch verbreitern sich die Risse: Es entstehen Spalten.

Der Wechsel von Gefrieren und Wiederauftauen (bei Nacht, bei Tag) lockert allmählich das Gestein. Es zerfällt zu Trümmern, die sich zu Füßen der Berge als Schutthalden ansammeln. Geographen sprechen von *Frostsprengungsverwitterung*. Auch an Gebäuden kann die Frostsprengung große Schäden hervorrufen. Im Außenbereich sollten deshalb keine Risse sein, die sich mit Wasser füllen können.

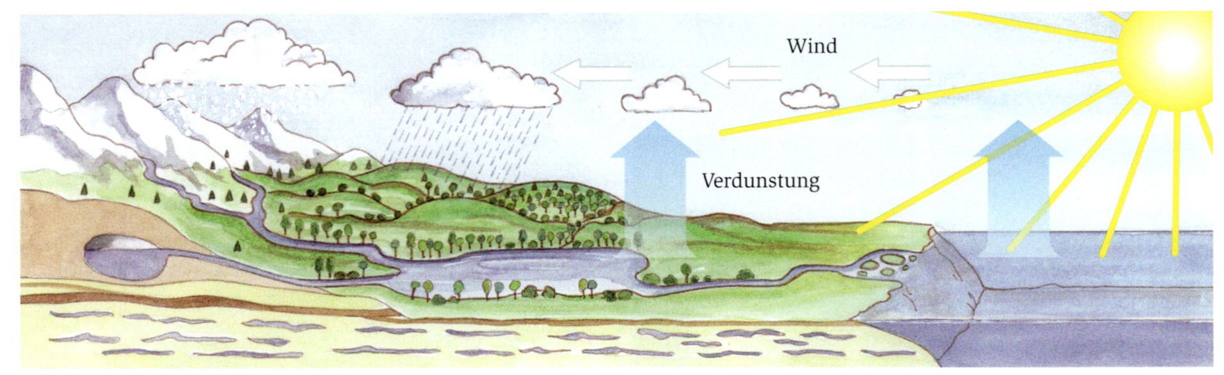

B1 Kreislauf des Wassers, angetrieben mit Sonnenenergie – wie viel davon sehen wir, was ist dazu gedacht?

V1 Im Teekessel siedet Wasser, aus der Tülle entweicht Wasserdampf, der im kalten Becherglas zu Wasser kondensiert. Das Wasser tropft ins Gefäß und wird dann wieder in den Teekessel gegossen.

B2 Wenn Wasserdampf an der kalten Scheibe kondensiert, wird sie undurchsichtig. Die Autofahrerin muss die Wassertröpfchen abwischen.

1. Wasser ändert seinen Zustand

„Das ist ein komisches Bild", sagt Daniel beim Betrachten von → B1, „das meiste darin lässt sich tatsächlich beobachten, anderes hat sich der Zeichner ausgedacht." Tatsächlich sieht es so aus, als würde das Wasser aus Fluss und See wie von Geisterhand in die Wolken aufsteigen. Aber aus der Fantasie des Zeichners stammt das Bild nicht. Es zeigt, was Physik über den Kreislauf des Wassers herausgefunden hat.

Wenn Wasser wie in → V1 in einem Gefäß mit kleiner Öffnung siedet, dann entsteht ein Dampfstrahl. Wer genau hinschaut, sieht auf dem ersten Stück hinter der Öffnung gar nichts und erst einige Zentimeter weiter den **Nebel.** Dieser bildet sich, wenn **Wasserdampf** abkühlt und in kleinen Tröpfchen kondensiert. Dass es wirklich Wasser ist, was in einem gasförmigen und unsichtbaren Zustand unterwegs ist, sieht man besonders deutlich am kalten Becherglas: Dort kondensiert der Wasserdampf zu großen Wassertropfen.
Schon bei Temperaturen unter dem Siedepunkt verschwindet Wasser als unsichtbarer Wasserdampf in der umgebenden Luft. Wo kämen sonst die Wassertropfen her, die sich in → B2 an der kalten Windschutzscheibe bilden?

Wasser kommt also als **festes** Eis, als **flüssiges** Wasser und als **gasförmiger** Wasserdampf vor, wir sagen in drei **Aggregatzuständen**. Dies gilt auch für andere Stoffe.

Für den Übergang von einem Aggregatzustand in einen anderen benutzen wir in der Alltagsprache und in der Fachsprache Wörter, die du sicher schon kennst. In der folgenden Grafik sind sie zusammengestellt:

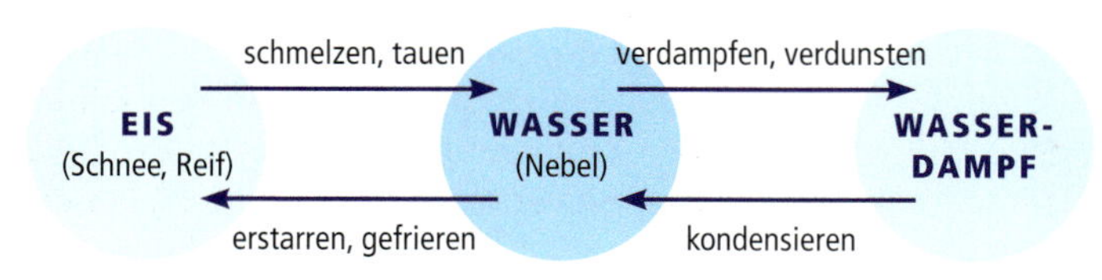

2. Bei Zustandsänderung ist Energie im Spiel

Was in → V1 die Kochplatte bewirkt, leistet im großen Kreislauf des Wassers in der Natur die Sonne. Sie liefert der Erdoberfläche Energie, mit der das Wasser erhitzt wird, damit es verdampft oder verdunstet. Sie sorgt auch dafür, dass im Sommer der Schnee auf den Bergen schmilzt.

Schmelzen und Verdampfen, das wissen wir auch aus dem Alltag, hat etwas mit Energiezufuhr zu tun. → V2 zeigt dies deutlich: Die zu Anfang gefrorene Wasserprobe befindet sich ständig in einer heißen Umgebung. Ihr wird also ständig Energie zugeführt. Wie erwartet steigt die Temperatur des Eises im Reagenzglas gleichmäßig von –20 °C auf 0 °C. Dann aber geschieht Überraschendes: Obwohl weiter Energie von Heiß nach Kalt fließt, bleibt die Temperatur der Probe bei 0 °C. Erst wenn das Eis im Reagenzglas restlos geschmolzen ist, steigt sie weiter.

Unser Grundsatz *Energiezufuhr bedeutet Temperaturerhöhung* bekommt durch diesen Versuch eine wichtige Erweiterung: … *oder Änderung des Aggregatzustandes.*

Wird Wasser Energie zugeführt, so steigt seine Temperatur bis zur Siedetemperatur 100 °C – nicht höher. Die weiter zugeführte Energie wird zum Verdampfen des Wassers benötigt. Sie steckt danach im (unsichtbaren) Wasserdampf. Kondensiert der Dampf, wird die Energie wieder frei.
Deshalb: *Achtung vor Verbrühungen durch Wasserdampf!*

Die zum Verdampfen von Wasser benötigte Energie ist etwa fünfmal so groß wie die zum Erhitzen der gleichen Wassermenge von 0 °C auf 100 °C. Diese große Menge der im Wasserdampf verborgenen Energie nutzt man z. B. zum schnellen Erhitzen von Wasser → B3. Auch moderne Brennwertkessel holen sich auf diese Weise Energie aus den Abgasen zurück.

Merksatz
Fest, flüssig und gasförmig sind Aggregatzustände von Stoffen, die sich beim Schmelzen und Erstarren sowie beim Verdampfen und Kondensieren ändern. Ohne Temperaturänderung wird dabei Energie aufgenommen oder abgegeben.

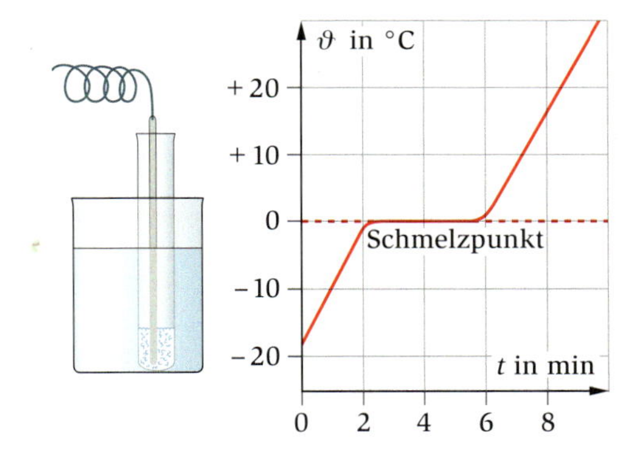

V2 Eine kleine Portion Wasser wurde in einem Reagenzglas in das Gefrierfach gestellt – mit dem Fühler eines Digitalthermometers, das jetzt die Temperatur im Inneren des Eises anzeigt.
Das Reagenzglas wird in einem Gefäß mit heißem Wasser geschwenkt, die Temperatur fortlaufend abgelesen.

B3 In wenigen Sekunden wird das kalte Teewasser durch den Wasserdampf zum Sieden gebracht. Die Energie dazu lieferte der Wasserdampf.

Mach's selbst

A1 Hast du schon einmal gespürt, wie ein Tropfen flüssigen Kerzenwachses auf deinem Finger erstarrt?
Er fühlt sich heißer an als ein Tropfen heißen Wassers. Begründe den Unterschied.

A2 Erkläre, warum ein Raum, in dem Wäsche getrocknet wird, gut gelüftet sein soll.

A3 Menschen schwitzen, Hunde hecheln. Bereitet einen Kurzvortrag über Temperaturregelung bei Mensch und Hund vor.

A4 Jeder weiß es: Eiswürfel kühlen Getränke. Und du kannst dies erklären! Wie kalt kann das Getränk werden? Erkläre.

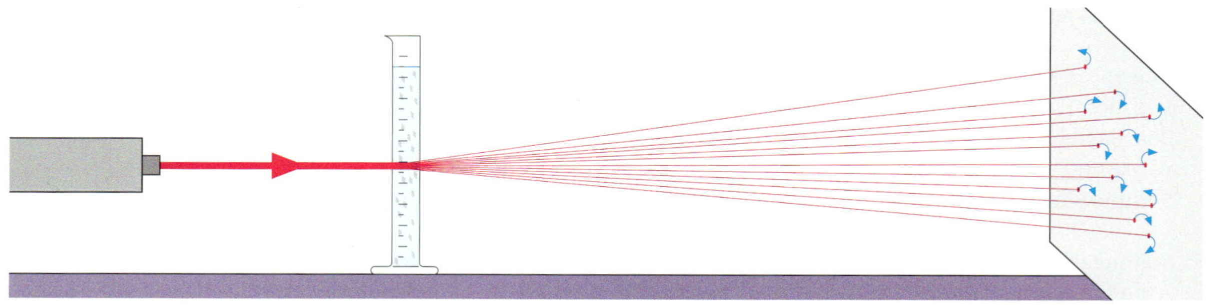

B1 Teilchenbewegung

V1 **a)** (Lehrerversuch) Ein Standzylinder mit in Spiritus fein verteiltem Aluminiumstaub (Alubronze) wird direkt in den Laserstrahl gestellt → B1. An der Wand bewegen sich viele kleine Lichtflecke in ständiger Zitterbewegung hin und her.
b) Der Standzylinder wird für kurze Zeit in sehr heißes Wasser eingetaucht und wieder in den Strahl gehalten. Jetzt ist die Zitterbewegung heftiger.

B2 Bällchenbad in der Spielecke

Vertiefung

Teilchenbewegung und Ameisen

Der Biologe R. BROWN hat als erster die Teilchenbewegung vermutet. Der berühmte Physiker Albert EINSTEIN hat die Modellvorstellung von den ständig herumzitternden Teilchen, die wir nicht sehen können, mit einem Ameisenhaufen verglichen: *„Streut man auf einen Ameisenhaufen Papierschnipsel, so können diese in größerer Entfernung in Bewegung gesehen werden, ohne dass eine einzelne Ameise zu erkennen ist."*

1. Eine Modellflüssigkeit

Geben wir etwas Kochsalz in eine Suppe, so schmeckt die *ganze* Suppe salziger als vorher. Das Kochsalz muss sich ganz fein in der Suppe verteilt haben. Wir können nicht sehen, wie die Stoffe sich verbreiten. Wir suchen nach einer *Modellvorstellung*.

„Wie bei einer Flüssigkeit", denkt Daniel, als er seiner jüngeren Schwester im ‚Bällebad' einer Spielecke → B2 zuschaut. „Es gibt eine fast ebene Oberfläche, schwere Körper tauchen ein und man könnte die Bälle aus einem großen Gefäß in ein anderes umgießen."

„Und ein paar rote ‚Salzbälle' würden sich fein verteilen, wenn man gut umrührt" ergänzt Anna. „Aber wenn ich lange genug warte, verteilt sich das Salz in der Suppe auch ohne Umrühren", sagt sie, „im Bällebad bewegen sich die ‚Salzbälle' dagegen nicht von der Stelle."

Das Bällchenbad ist also noch kein gutes Modell für eine Flüssigkeit. Es fehlt noch etwas.

→ V1 liefert einen wichtigen Hinweis: Glitzernde Aluminium-Staubkörner, die in Spiritus schweben, erzeugen an der Wand zitternde Lichtflecke. Sie zittern hin und her, als nähmen sie an einem Tanzwettbewerb teil. Eine Flüssigkeit, so haben wir gesagt, beseht aus kleinsten Teilchen. → V1 legt nun nahe: Diese Teilchen sind ständig in Bewegung und schubsen sich mit den Aluminium-Staubkörnern herum.
Das Teilchenmodell unterscheidet sich also in zwei Punkten vom Bällchenbad: Die Teilchen sind anders als die Bällchen in ständiger Zitterbewegung und sie sind so klein, dass wir sie auch mit einer Lupe oder einem Mikroskop nicht sehen können!

Merksatz

Für die Teilchen einer Flüssigkeit gilt:
- Sie sind in ständiger und unregelmäßiger Zitterbewegung.
- Sie lassen sich leicht verschieben.
- Sie bilden eine glatte, waagerechte Oberfläche.

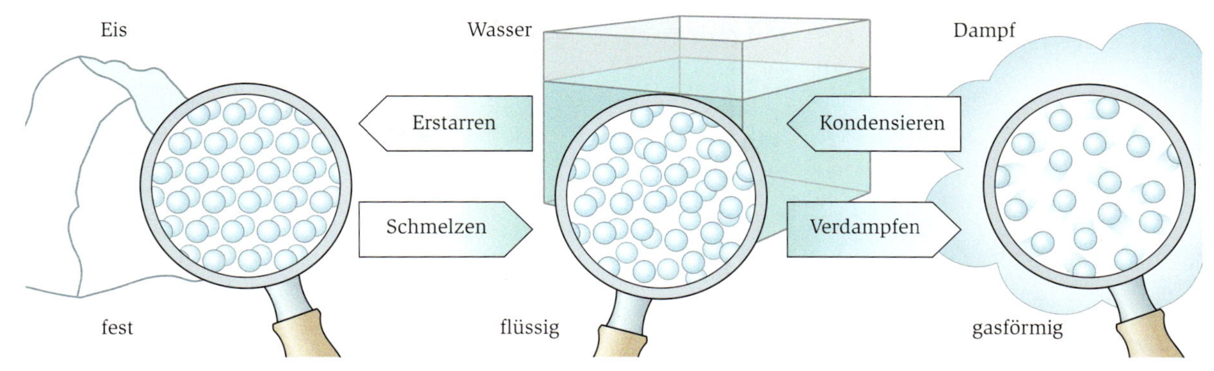

B3 Fest, flüssig, gasförmig im Teilchenmodell

2. Erhitzen und Verdampfen im Teilchenmodell

Nach dem Erhitzen des Spiritus in → V1b tanzen die Aluminiumkörner heftiger hin und her. Wir deuten dies so: Auch die winzigen Spiritusteilchen sind jetzt schneller. Das leuchtet uns ein, denn Temperaturerhöhung bedeutet Energiezufuhr. Die Bewegungsenergie der Teilchen hat zugenommen. Wenn in jedem Gas so ein Tanz der Teilchen stattfindet, dann verstehen wir, warum man Deo oder Haarspray kurz nach Gebrauch im ganzen Raum riechen kann.

Aber es ist noch nicht alles erklärt. Zum Verdampfen, also für die Umwandlung von Flüssigkeit in Gas, ist Energie erforderlich. Unser Teilchenmodell muss ergänzt werden: *Flüssigkeitsteilchen werden durch Anziehungskräfte zusammengehalten*. Energie ist nötig, um sie zu trennen. Dann können sie sich als Gasteilchen überall hin bewegen. Wenn jetzt immer noch Energie zugeführt wird, werden die Teilchen schneller, die Temperatur des Gases steigt.

Merksatz

Gasteilchen sind ständig in schneller Bewegung. Sie haben so große Abstände voneinander, dass Anziehungskräfte zwischen ihnen keine Rolle spielen.
Durch Energiezufuhr werden die Teilchen schneller.

3. Gefrieren und Erstarren im Teilchenmodell

Ist Wasser zu Eis gefroren, kann man seine Form nicht mehr wie bei Wasser verändern. Offenbar haften die Teilchen fest aneinander. Das Bild einer Schneeflocke → B4 zeigt, dass sich die Teilchen nach einem Muster anordnen. Sie haben einen festen Platz, an dem sie Zitterbewegungen ausüben – mehr oder weniger heftig, je nach Temperatur.

Merksatz

In Festkörpern haben die kleinsten Teilchen einen festen Platz, um den sie eine Zitterbewegung ausführen.

B4 In einer Schneeflocke ordnen sich die Teilchen nach einem Muster. Sie haben einen festen Platz

Nicht alles in der Natur können wir mit unseren Sinnen beobachten. Auch nicht mithilfe von Fernrohr oder Mikroskop.
Deshalb gebraucht man in der Physik die Phantasie und denkt sich Modelle aus. Gute Modelle liefern Erklärungen für Beobachtungen in der Natur und in Versuchen.
Mit der Vorstellung, dass jeder Körper aus kleinsten Teilchen besteht, die ständig in Bewegung sind und als Gas überall herumwimmeln, erklären wir die Beobachtungen mit den drei Aggregatzuständen → B3:

Körper	Volumen	Form
fest	unveränderlich	unveränderlich
flüssig	unveränderlich	veränderlich
gasförmig	veränderlich	veränderlich

Wir erklären damit auch die Rolle der Energie bei Temperaturänderung und bei Umwandlungen des Aggregatzustandes.

B1 Antonia pumpt ihren Fahrradreifen härter auf.

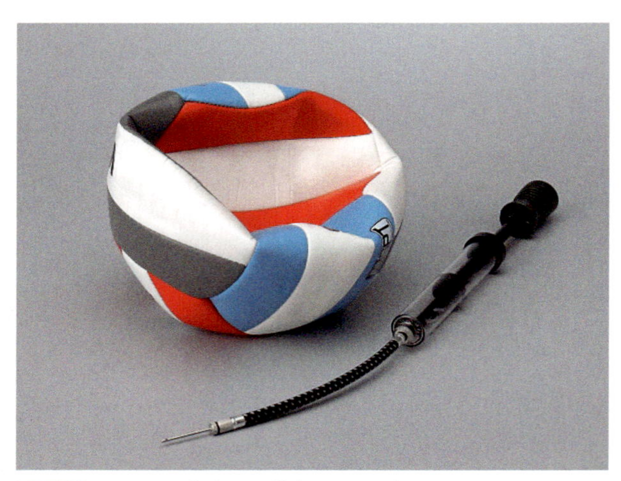

B2 Der Druck im Ball ist zu gering.

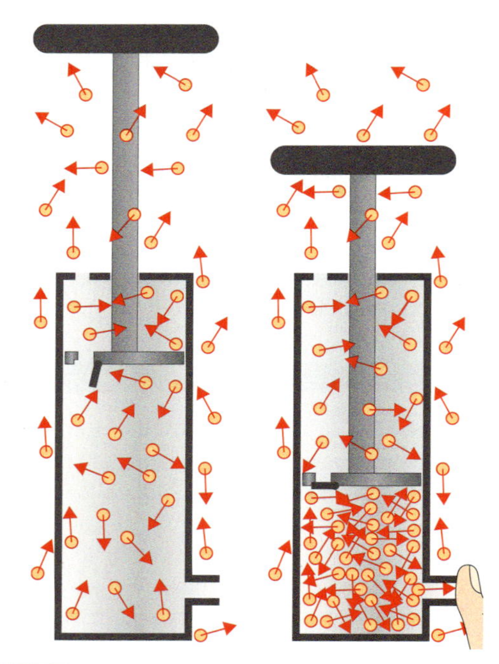

B3 **a)** Die Pumpe vor dem Zusammenpressen der Luft. Innen und außen ist Luft. Das bedeutet, es bewegen sich überall Luftteilchen, die gegeneinander und gegen den Pumpenstempel prallen. Von innen und außen prallen gleich viele Teilchen auf den Stempel. Er bewegt sich nicht. Man sagt, innen und außen herrscht der gleiche Druck. Von diesem allgegenwärtigen Luftdruck merken wir im Alltag nichts.
b) Nach dem Zusammenpressen prallen von innen mehr Teilchen je Sekunde auf den Stempel. Antonia muss kräftig halten, damit der Stempel nicht zurückschnellt.

1. Luft lässt sich zusammenpressen

Wenn du einen Radreifen aufpumpst, wird er härter, er lässt sich nicht mehr leicht eindrücken. Wie kann man das erklären?
Im vorhergehenden Kapitel hast du das Teilchenmodell kennen gelernt. Mit ihm können wir den Vorgang verstehen: Die Luftteilchen fliegen wirr durcheinander, prallen gegeneinander und auf die Innenseite des Schlauchs. Durch das Pumpen wird die Anzahl der Luftteilchen im Reifen größer. Je mehr Teilchen im Schlauch sind, desto häufiger erfolgen die Zusammenstöße. Man sagt, die Luft wurde gepresst.

Durch die häufigeren Stöße gegen die Innenseite des Reifens fühlt sich dieser härter an. Das stärkere **Gepresstsein** zeigt das Messinstrument an der Pumpe als größeren **Druck** an.

Auch die Luft um uns besteht aus Teilchen, die wirr durcheinander schwirren. Sie prallen zusammen, aber auch auf unseren Körper. Sie erzeugen einen Druck, den Luftdruck. Von ihm werden wir nicht wie der Ball in → B2 zusammengepresst, da in unserem Körper ein gleich großer Druck besteht, wie bei dem Stempel in → B3a.

Auch andere Gase lassen sich zusammenpressen. Aus dem Alltag kennst du Beispiele, in denen man diese Eigenschaft nutzt: Pressluftflaschen, in denen die Atemluft von Tauchern gespeichert ist, Gasflaschen, in denen Erdgas oder ein anderes Gas unter hohem Druck transportiert werden. Auf diese Weise kann man auf kleinem Raum viel Gas transportieren.

Im Alltag meint man mit „unter Druck stehen“ oft anderes als in der Physik: Vor einer Klassenarbeit fühlst du dich unter Druck, deine Eltern üben manchmal Druck aus, damit du mehr lernst.

Den Druck misst man mit **Manometern** (→ B4). In der Physik gibt man den Druck in der Einheit Pascal (Pa) an. An Tankstellen oder Fahrradpumpen wird der Druck in Bar angezeigt. Da 1 Pa ein sehr kleiner Druck ist, benutzt man oft die Einheiten Millibar (mbar) oder Bar (bar).

Es gilt: 1 bar = 100 000 Pa
1 mbar = 100 Pa = 1 hPa.

B4 Manometer

2. Der Luftdruck

Wenn ein Flugzeug beim Landeanflug Höhe verliert, spürst du einen Druck in den Ohren. Während des Fluges herrscht in der Kabine ein verminderter Luftdruck. Die Ohren haben sich darauf eingestellt. Das bedeutet, im Innenohr besteht der gleiche Druck wie außen. Weil auch im Innern unseres Körpers der gleiche Druck herrscht wie um uns, spüren wir auch im Übrigen nichts von dem äußeren Druck.

Am Boden herrscht ein höherer Druck, das Trommelfell wird dadurch nach innen gedrückt. Dies schmerzt. Das Trommelfell wirkt wie ein Manometer, es zeigt den Druckunterschied zwischen innen und außen an. Mit dem Teilchenmodell kannst du das verstehen: Beim Landen trommeln von außen mehr Teilchen gegen das Trommelfell als von innen.

Die Luft, in der wir leben, steht unter Druck – dem **Luftdruck.** Im Flugzeug erlebten wir, dass der Luftdruck von der Höhe abhängt. In 5 500 m ist er auf die Hälfte gesunken → B5. Mit zunehmender Entfernung von der Erde sinkt er allmählich auf Null. In Meereshöhe beträgt der Luftdruck etwa 1 bar (genau 1013 mbar).

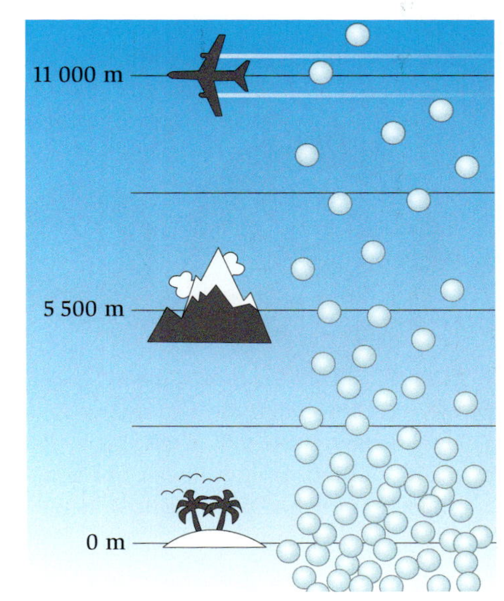

B5 Je größer die Höhe, desto kleiner der Luftdruck

Der Luftdruck schwankt auch mit dem Wetter. Bei schönem Wetter ist er etwas höher als bei Regenwetter. Für die Wettervorhersage ist es daher wichtig, den genauen Wert des Luftdrucks zu kennen.

Der Landeanflug eines Flugzeugs in Luft entspricht dem Tauchen in Wasser. Du hast sicher schon einen wachsenden Schmerz in den Ohren gespürt, je tiefer du tauchtest. Du verstehst jetzt weshalb: Der Druck des Wassers nimmt mit der Tiefe rasch zu. Dadurch wird das Trommelfell nach innen gedrückt – es schmerzt.

Merksatz
Beim Zusammenpressen von Luft steigt der Druck.
Auch unsere Umgebungsluft steht unter Druck.
Dieser Luftdruck beträgt 1 bar.

Messgeräte für den Luftdruck heißen **Barometer** → B6. Sie sind so gebaut, dass sie Druckwerte zwischen 950 mbar und 1050 mbar genau anzeigen.

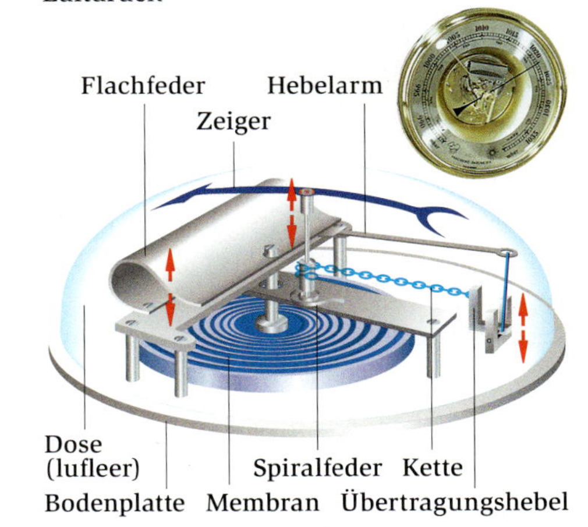

B6 So sieht ein Barometer aus. Es besteht aus einer geschlossenen Blechdose mit leicht verformbarem Boden. Bei steigendem Druck wird der Boden eingedrückt, bei Druckabfall wölbt er sich nach außen. Diese Verformung des Bodens wird auf einen Zeiger übertragen.

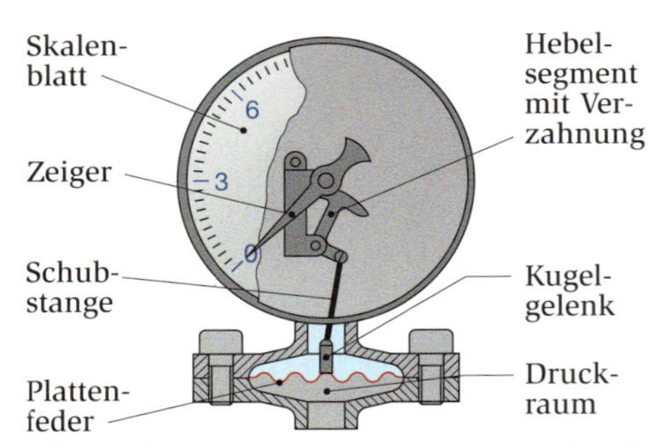

B1 Aufbau eines Manometers an Tankstellen. Der Reifendruck verformt eine Membran, die mit einem Zeiger verbunden ist.

V1 Wir verbinden die Ventile der Reifen. Unabhängig von der Größe des Rades strömt die Luft in den Reifen mit dem geringeren Druck. Das Flügelrad zeigt die Strömungsrichtung an.

B2 Wachsende Schokoküsse

3. Überdruck und Unterdruck

Öffnet man das Ventil eines Reifens, so strömt aus seinem Innern solange Luft nach außen, bis innen und außen der gleiche Druck herrscht, also 1 bar. Ein Tankstellenmanometer zeigt aber 0 bar an.
Manometer an Tankstellen → B1 und Radpumpen zeigen den *Überdruck* zum normalen Luftdruck an. 2 bar bedeutet bei diesen Geräten, dass der Druck im Reifen 2 bar größer ist als außen. Absolut ist er 3 bar. Wenn in der Betriebsanleitung eines Mountainbikes 3 bar, eines Rennrades 8 bar empfohlen wird, bedeutet das, dass der Gesamtdruck 4 bzw. 9 bar sein sollte.
Von *Unterdruck* spricht man, wenn der Druck kleiner ist als der äußere Luftdruck. Saugnäpfe im Bad werden wegen des äußeren Luftdrucks an die Wand gedrückt, da unter ihrer Haube ein Unterdruck erzeugt wurde.

4. Strömungen durch Druckunterschied

In → V1 sind zwei Reifen miteinander verbunden. Vom Reifen mit höherem Druck strömt solange Luft in den anderen, bis in beiden der gleiche Druck herrscht.

Ein Druckunterschied kann Antrieb von Strömungen sein.

Beim Aufpumpen eines Rades erhöht man den Druck in der Pumpe solange, bis er höher ist als der Druck im Reifen. Nun strömt Luft aus der Pumpe in den Reifen. Das Ventil sorgt dafür, dass die Luft nur in dieser Richtung strömen kann.
Auch bei Flüssigkeiten sind Druckunterschiede die Ursache von Strömungen: Die Umwälzpumpe in der Heizanlage eines Hauses sorgt unter Energieaufwand für eine Druckerhöhung vor ihr, hinter ihr entsteht Unterdruck. Also strömt das Heizungswasser von der Zone erhöhten Drucks durch die Heizungsrohre zum Bereich mit niedrigem Druck.
Wenn in Süddeutschland ein Hochdruckgebiet besteht und über Norddeutschland ein Tiefdruckgebiet liegt, so strömt Luft von Süden nach Norden, es entsteht ein Wind. Da Luftmassen leicht beweglich sind, genügen kleine Druckunterschiede für Luftbewegungen.
Je höher der Druckunterschied, desto kräftiger weht der Wind. Orkane entstehen bei großen Druckunterschieden.

Mach's selbst

A1 Du fährst mit einer Seilbahn auf einen Berg. Wölben sich deine Trommelfelle nach innen oder außen? Begründe deine Antwort.

A2 Stellt man Schokoküsse unter die Absaugglocke einer Pumpe → B2, so wachsen sie erheblich. Erkläre das Wachsen.

A3 Ingo meint, dass bei → V1 so lange Luft strömt, bis in beiden Reifen gleich viel Luft ist. Richtig?

A4 Oft hilft ein Trick, um festsitzende Deckel auf Konservengläsern zu öffnen. Begründe, warum das bekannte Vorgehen funktioniert.

Physik im Alltag

Vakuum

V1 Eine Packung Kaffee bei normalem und sehr kleinem Luftdruck

B1 „Vakuumverpackte" Lebensmittel halten länger frisch.

In der Werbung kannst du lesen, dass „vakuumverpackte" Lebensmittel länger haltbar sind. Sie sollen ihren Geschmack und ihren Duft lange behalten. Wie kommt das?

Zunächst wollen wir uns klar machen, was **Vakuum** bedeutet: Wenn man aus einem geschlossenen Behälter mit einer Pumpe die Luft absaugt, sind in ihm immer weniger Luftteilchen vorhanden.
In Gedanken lassen wir die Pumpe so lange laufen, bis sich kein Luftteilchen mehr in diesem Behälter befindet. Er ist dann völlig leer. Luftdruck kann es nicht mehr geben – kein Teilchen pocht mehr an die Wand. Man sagt, in dem Behälter sei **Vakuum.** Der Luftdruck in ihm wäre dann Null. Tatsächlich gibt es keine Pumpe, die *alle* Teilchen abpumpen kann. Aber gute Pumpen schaffen einen sehr kleinen Druck.

Im Weltraum, zwischen den Sternen, gibt es keine Luft. Dort besteht praktisch ein Vakuum, es schwirren nur noch extrem wenige Teilchen umher. Wir erkennen es daran, dass das Licht sehr entfernter Sterne zu uns gelangt – es gibt nichts, was seine Ausbreitung verhindert.

Wir wollen nun überprüfen, ob die Lebensmittelindustrie echte Vakuumpumpen hat:

Eine vakuumverpackte Packung Kaffee sieht wie ein Backstein aus, fühlt sich auch so hart an → V1. Wir stellen sie unter eine Glasglocke, die mit einer Pumpe verbunden ist und lassen die Pumpe arbeiten. Zu unserem Erstaunen bläht sich die Packung nach kurzer Zeit auf und beult aus. In der Packung war offenbar doch noch Luft, wenn auch unter kleinem Druck. Bei Normaldruck presst die äußere Luft von außen viel stärker auf die Metallfolie als der kleine Rest der Luft, die innen verblieb. Fällt der äußere Druck weg, so trommeln von außen kaum noch Luftteilchen gegen die Folie. Jetzt gelingt es auch den vergleichsweise wenigen Luftteilchen im Inneren, die Packung aufzublähen.
Der Werbespruch „vakuumverpackt" ist also falsch. Trotzdem nützt das Abpumpen fast aller Luft. Denn nun ist nur noch sehr wenig Sauerstoff um die Lebensmittel, es gibt daher kaum geschmacksschädigende chemische Reaktionen. Die Anzahl gefährlicher Keime ist ebenfall sehr gering. Daher werden leicht verderbliche Lebensmittel „vakuumverpackt".

Mach's selbst

A1 Bei einer Bergtour trinkst du deine Wasserflasche bei der Gipfelrast leer und verschließt sie. Bei der Ankunft im Tal sieht die Plastikflasche verändert aus. Beschreibe ihr Aussehen und erkläre die Veränderung.

A2 Gase wie Sauerstoff oder Stickstoff werden in dickwandigen Stahlflaschen geliefert. Begründe diese „Verpackung".

A3 Erkläre mit Hilfe des Teilchenmodells das obige Experiment mit der Kaffeepackung.

A4 Die Reisehöhe von Flugzeugen beträgt meist 11 000 m. Der äußere Luftdruck beträgt dort ein Viertel des Normaldrucks. Begründe, weshalb man in der Flugzeugkabine den Druck auf den Luftdruck in 2000 m einstellt.

Wettererscheinungen

B1 Die Donau bei Hochwasser

A. Beobachten und beschreiben

Heiß oder kalt?
Trocken oder nass?
Sonne oder Wolken?

Das Wetter ist für unser Leben wichtig.
Wir wollen verstehen, wie man es beschreiben kann, wie Winde, Wolken, Niederschläge entstehen.

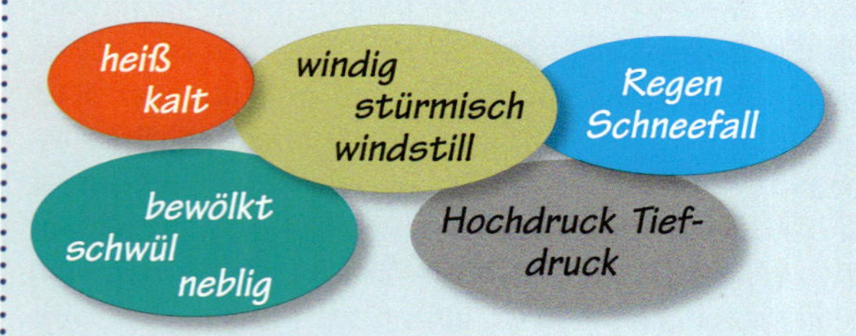

Jan und Inga haben in der Familie und in der Nachbarschaft Interviews durchgeführt: *„Wie beschreibt man das Wetter?“* In einem Poster haben sie dargestellt, welche Wörter häufig genannt wurden.

1 Wiederholt die Befragung, ordnet die Antworten und ergänzt das Poster.

Ingas Opa hat seine Antwort gleich mit einer Erklärung versehen: *„Für das Wetter auf der Erde sorgen gemeinsam die Lufthülle der Erde, das Wasser auf der Erde und die Sonneneinstrahlung.“*

2 Zeigt an den Interviewergebnissen, dass Wetter mit Luft, Wasser und Sonnenstrahlung zu tun hat.

Physiker begnügen sich nicht mit wortreichen Beschreibungen, sie wollen einen Sachverhalt möglichst auf physikalische Gesetze zurückführen, ihn dadurch verstehen, exakt durch Zahlen erfassen und vorhersagen.

B. Beobachten heißt messen

In Zeitungen findet man regelmäßig Wetterkarten.

3 Sammelt Wetterkarten aus verschiedenen Zeitungen und vergleicht sie. Stellt eine Liste der in den Wetterkarten enthaltenen Informationen auf.

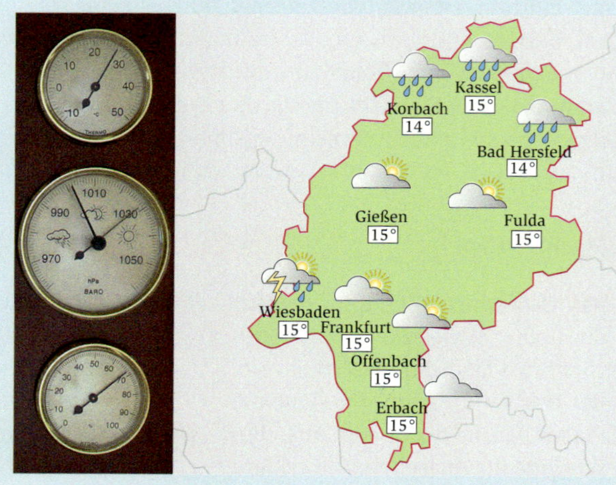

Die hier abgebildete Wetterkarte enthält nur wenige Zahlenangaben.
Bei anderen Wetterkarten findet man deutlich mehr Zahlen. Ob dies Messwerte für verschiedene Messgrößen sind?

Auf diese Idee kommt man, weil Wetterstationen wie hier im Bild oft mehrere Messgeräte haben.

4 Prüft und entscheidet für die abgebildete Wetterkarte und für die von euch gesammelten Wetterkarten, welche Messwerte sie enthalten.
Nennt die Messgeräte, die in Wetterstationen eingebaut sind.

In vielen Gärten steht ein Regenmessgerät. An ihm kann man die Regenmenge so ablesen, wie sie der Wetterdienst meldet: *in Millimetern*.
Findet heraus, was es genau bedeutet, wenn man sagt, es gab 12 mm Regen. Überlegt, wie ein Messgerät diese Angabe liefern könnte.

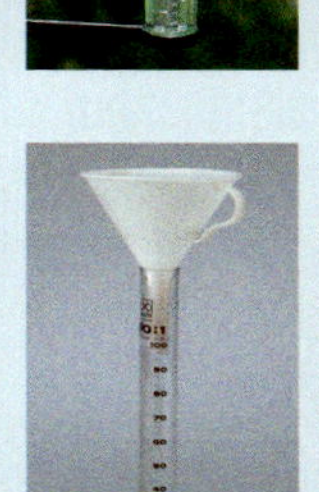

5 Baut aus einem Trichter und einem Messzylinder einen Regenmesser.
Stellt euren Regenmesser ins Freie und lest den Wasserstand eine Woche lang täglich zur gleichen Zeit ab. Zeichnet ein Säulendiagramm.

C. Die Sonne setzt die Luft in Bewegung

Erinnerst du dich noch an den Versuch mit dem Wasserkreislauf, der durch Erhitzen an einer Stelle des Rechteckrohres in Gang kam?

Das Wetter auf unserer Erde ist durch viele solcher Kreisläufe bestimmt. Die Sonne treibt sie an, weil sie verschiedene Orte auf der Erde verschieden stark erhitzt.
Auch die Luft über diesen Orten wird unterschiedlich stark erhitzt und dehnt sich verschieden stark aus. Wo die Luftportionen mehr Raum einnehmen, lastet weniger Luft auf dem Erdboden. Genau dies wird mit dem Barometer gemessen. In Tiefdruckgebieten „T" wird weniger Luftdruck gemessen, in Hochdruckgebieten „H" ist er höher.

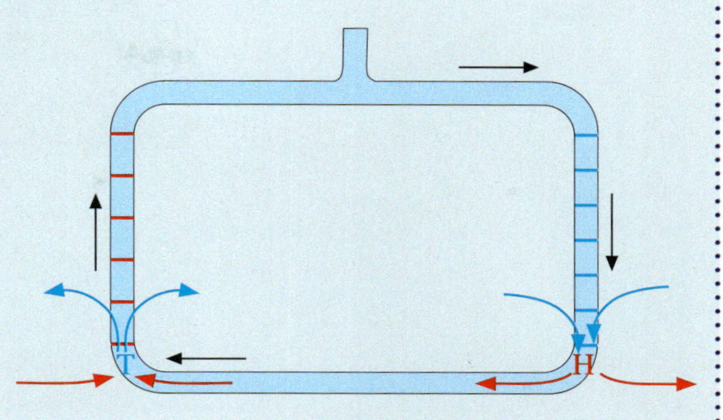

Links unten wird das Wasser durch eine Flamme erhitzt. Es dehnt sich aus und steigt dadurch nach oben, denn im linken, warmen Steigrohr haben nun weniger Wasserportionen Platz als im rechten kühlen Rohr. Der Druck am Fuß des linken Rohrs ist daher kleiner als beim rechten. Der Druckunterschied bewirkt eine Strömung von kalt nach warm.

Wie das Wasser im Rechteckrohr so strömt die Luft am Boden vom Hoch zum Tief. Wir spüren dies als Wind.

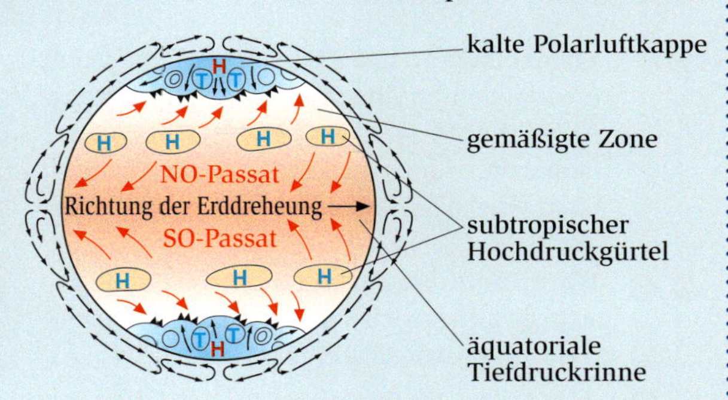

In den Tropen treffen die Sonnenstrahlen fast senkrecht auf die Erdoberfläche.
Durch die starke Einstrahlung von Energie erhöht sich die Temperatur von Boden und Luft. In dieser Region steigt die erwärmte Luft auf, der Luftdruck sinkt – es entsteht dort ein **Tiefdruckgebiet**, kurz Tief genannt. Auf der Nordhalbkugel strömt die Luft dann in großer Höhe nach Norden. Über der Sahara sinkt sie wieder nach unten und bewirkt damit eine Erhöhung des dortigen Luftdrucks – ein **Hochdruckgebiet**, kurz Hoch, entsteht.
Von diesem Hoch weht der Wind in Bodennähe zunächst nach Süden zum Tief über dem Äquator.
Aufgrund der Erdrotation wird der Wind nach rechts abgelenkt. Aus dem Nord-Wind wird ein Nord-Ost-Wind – der **Nord-Ost Passat.**

Projekt

B1 Wettersatellitenbild von Europa

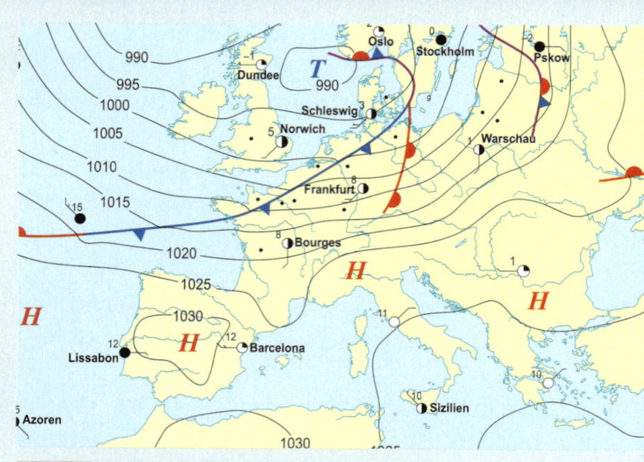

B2 Wetterkarte von Europa

D. Wie liest man Wetterkarten

Viele Bodenstationen messen messen laufend Temperatur und Druck. Aus den Daten fertigen Meteorologen Wetterkarten. Dabei werden folgende Symbole verwendet:

H **Hochdruckzentrum** – Kern eines Gebiets mit höherem Luftdruck als in der Umgebung

T **Tiefdruckzentrum** – Kern eines Gebiets mit niedrigerem Luftdruck als in der Umgebung

–990– **Isobaren** – Linien gleichen Luftdrucks in mbar oder hPa (1mbar = 1 hPa)

Warmfront – wärmere Luftmassen nähern sich, es bilden sich Wolken, anhaltender Landregen wahrscheinlich.

Kaltfront – kältere Luftmassen nähern sich, kurze, schauerartige Niederschläge wahrscheinlich.

6 Sucht Wetterkarten, in denen wie in der obigen Europa-Wetterkarte auch Hochdruck und Tiefdruckgebiete sowie Windrichtungen eingetragen sind. Beschreibt den Weg der Luft am Boden. Überprüft den Zusammenhang „H“ – Sonne, „T“ – Wolken.

7 Lest vierzehn Tage lang an einem Barometer täglich den Luftdruck ab und zeichnet ein Luftdruckdiagramm. Protokolliert ebenfalls täglich die Wettermerkmale. Beschreibt die Bewölkung. Sucht nach Zusammenhängen zwischen Messung und Beobachtung.

E. Wann regnet es?

Luft kann umso mehr Wasserdampf (unsichtbar!) aufnehmen, je höher ihre Temperatur ist. Sinkt die Temperatur, so kondensiert der überschüssige Wasserdampf als kleine Tröpfchen aus, wir sehen Wolken oder Nebel.

1. Da sich aufsteigende Luft abkühlt, bilden sich über Tiefdruckgebieten Wolken, es beginnt meist zu regnen. Umgekehrt erwärmt sich absteigende Luft. Ihre Aufnahmefähigkeit für Wasserdampf nimmt zu, Wolken lösen sich auf, der Himmel wird klar.
Über Hochdruckgebieten hat es meist klaren Himmel. Am Boden bleibt es trocken, wir sehen Schönwetterwolken.

Das wissen wir schon: Die Sonne liefert Energie und treibt Kreisläufe an. Beim Wetter sind es immer Kreisläufe mit Luft und Wasser. Die Fotos, die Astronauten von unserem „blauen Planeten“ machen, zeigen Luftströmungen nur dort, wo Wasser in Form von Wolken sichtbar wird. Wo keine Wolken sind, ist die Lufthülle der Erde durchsichtig, die Astronauten sehen Erdboden und Wasserflächen.

B3 Wenn feuchte Luftmassen an Berghängen aufsteigen müssen, fallen ergiebige Steigungsregen.

2. Wenn Luft an einem Gebirge aufsteigen muss, kühlt sie sich ab. Du kannst diese Beobachtung mit dem Teilchenmodell verstehen:
Stelle dir eine Fahrradpumpe vor. Mit dem Kolben presst du die Luft stark zusammen. Wenn du den Kolben loslässt, sinken Druck und Temperatur der eingesperrten Luft. Die Luftteilchen werden vom zurückweichenden Kolben reflektiert, sie werden dabei langsamer – wie beim Stoppball. Du erinnerst dich: die Geschwindigkeit der Luftteilchen bestimmt die Temperatur der Luft.
Entsprechendes geschieht bei aufsteigender, sich ausdehnender Luft: Die umher schwirrenden Luftteilchen werden langsamer, die Temperatur sinkt.
Umgekehrt steigt die Temperatur absteigender Luft. Denke an den Versuch mit der Luftpumpe: Beim Zusammenpressen der Luft mit dem Kolben steigt ihre Temperatur (bei der Reflexion mit dem herannahenden Kolben werden die Teilchen schneller).

Wenn feuchte Luft am Gebirge aufsteigen muss, kondensiert ein Teil ihres Wasserdampfs, es bilden sich Wassertröpfchen und damit Wolken. **Steigungsregen** setzt ein.

F. Föhn

Wer in der Nähe der Alpen wohnt, kennt den *Föhn*. Es herrscht warmes und sehr trockenes Wetter.
Auf den Höhen weht ein starker Sturm aus Süden. Auf der Südseite, in Norditalien, steigt feuchte Luft auf und kühlt sich dabei ab. Es kommt dort zu Steigungsregen. Durch die Kondensation des Wasserdampfs zu Wasser wird Energie frei. Daher sinkt die Temperatur der aufsteigenden Luft nicht so stark wie bei trockener Luft.
Nun folgt der Abstieg. Die Luft wird wieder zusammengedrückt, die Luftteilchen werden schneller, die Temperatur steigt.
Die Wolken lösen sich nach Überqueren des Alpenkamms auf – es sieht so aus, als blieben sie stehen. Die jetzt trockene Luft hat, wenn sie auf der ursprünglichen Höhe angekommen ist, eine höhere Temperatur als am Ausgangspunkt vor dem Aufstieg.
Der Föhn beeinflusst das Wohlbefinden mancher Menschen. Sie bekommen Kopfweh, sind gereizt.

8 Beschreibt und sortiert Wettererscheinungen, bei denen es am Boden nicht trocken bleibt. Sucht nach Regeln. Denkt auch an das „Wasser im festen Aggregatzustand“. Fertigt ein Poster an zum Thema „Wasser im Wetter“.

9 Ermittle die Jahresniederschläge vom Vogelsberg, von Gießen, Frankfurt und deinem Heimatort. Erkläre die Unterschiede.

10 Wer am frühen Morgen durchs Gras geht, stellt fest, dass es nass ist, ohne dass es geregnet hat. Erkläre diese Beobachtung.

11 Nimm Stellung zu dem Ausdruck „Wasser wird verbraucht“. Vergleiche mit „Energieverbrauch“.

Das ist wichtig

1. Temperaturänderung – Längenänderung
Bei Erhöhung der Temperatur nimmt die Länge fester Körper in jeder Richtung zu. Die Längenzunahme ist der Temperaturzunahme proportional. Wird der Körper an der Ausdehnung gehindert, treten große Kräfte auf. Auch Flüssigkeiten und Gase dehnen sich bei Temperaturerhöhung aus. Auch für sie gilt: Die Volumenzunahme ist der Temperaturzunahme proportional.

2. Anomalie des Wassers

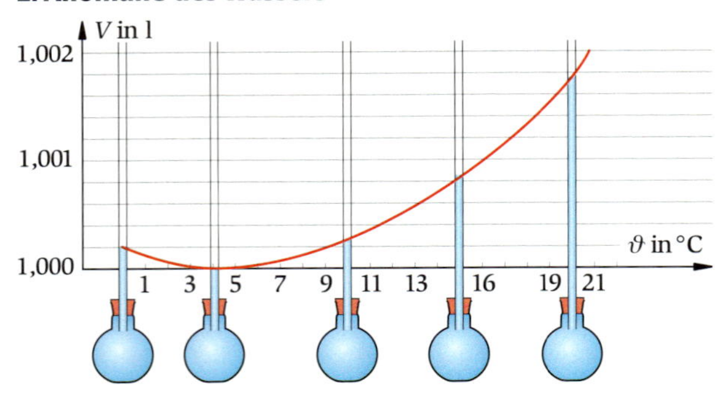

Wasser hat bei 4 °C seine größte Dichte. Dadurch unterscheidet es sich von den übrigen Flüssigkeiten.

3. Aggregatzustände
Alle Stoffe können in festem, flüssigem oder gasförmigem Zustand – ihren Aggregatzuständen vorkommen. Zum Schmelzen und Verdampfen wird Energie benötigt. Beim Gefrieren und Kondensieren wird Energie an die Umgebung abgegeben.

4. Teilchenmodell
Schon vor 2500 Jahren lehrte der griechische Philosoph Demokrit, dass alle Materie aus kleinsten Teilchen zusammengesetzt ist. Er nannte diese nicht weiter teilbaren Teilchen Atome. Aristoteles behauptete zur gleichen Zeit, dass man Materie immer weiter teilen kann. Bei Streitfragen entscheidet in der Physik das Experiment. Dadurch wissen wir heute, dass Demokrit Recht hatte.

5. Druck
Das Gepresstsein von Materie beschreibt man in der Physik mit der Größe Druck. Im Wasser nimmt der Druck mit der Tiefe zu. Am Grunde des Luftmeeres, wo wir leben, herrscht der Luftdruck.

6. Wetter
Das Wettergeschehen wird von der Sonne angetrieben. Die Erdoberfläche wird unterschiedlich erhitzt. Dadurch werden Luftmassen in Bewegung gesetzt, die Feuchtigkeit vom Meer zum Land transportieren.

Darauf kommt es an

Erkenntnisgewinnung
Durch Experimente hast du untersucht, wie ein Körper auf Energiezufuhr reagiert. Du hast erkannt, dass dabei seine Temperatur steigt. Aus dieser Beobachtung hast du geschlossen, dass die innere Energie eines Körpers bei steigender Temperatur zunimmt.

Diese Schlussfolgerung hast du mit dem Teilchenmodell veranschaulicht: Bei höherer Temperatur bewegen sich die Teilchen heftiger, sie haben also eine größere Bewegungsenergie.

Ebenso ist Energiezufuhr bei Änderung des Aggregatzustands nötig. 1 kg Wasser von 0 °C hat eine größere Energie als 1 kg Eis von 0 °C. Entsprechendes gilt für Wasser und Wasserdampf.

Kommunikation
In einem Experiment hast du herausgefunden, wie tief gefrorenes Eis auf stetige Energiezufuhr reagiert. Aus der Messkurve hast du erkannt, dass zum Schmelzen von Eis erhebliche Energie erforderlich ist.

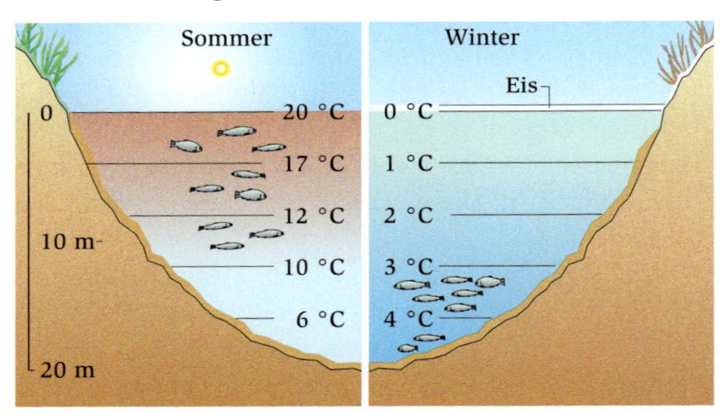

Bewertung
Die Anomalie des Wassers ist wichtig für die Natur: Teiche gefrieren nicht bis zum Grund, da sich im tiefen Bereich „warmes“ Wasser von 4 °C ansammelt. Dort können Fische überleben.

Nutzung fachlicher Konzepte
Mit dem Teilchenmodell kannst du das Verhalten der Materie bei Temperaturerhöhung und bei Änderung des Aggregatzustands veranschaulichen.

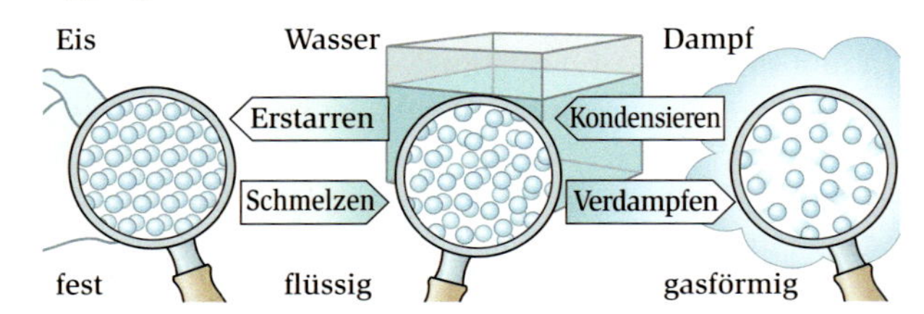

Das kannst du schon

Beobachten

Du hast gelernt, genau hinzuschauen und auf Einzelheiten zu achten.
Beim Wandern in den Bergen achtest du auf Geröllhalden und erklärst sie durch Frostsprengung.

Schutthalden an der Bergflanke

Beschreiben

Du kannst die Auswirkungen der Anomalie des Wassers auf das Überleben von Lebewesen in Teichen beschreiben.

Überraschungseier mit Wasser gefüllt - das rechte war im Gefrierschrank.

Vergleichen

Du kannst die Zunahme des Volumens beim Gefrieren von Wasser mit dem Verhalten anderer Flüssigkeiten vergleichen.

Erklären

Du kannst erklären, weshalb Eis auf dem Wasser schwimmt

Am Boden können Frösche überleben.

Experimente planen

Du kannst ein Experiment planen, mit dem du die Volumenzunahme einer Flüssigkeitsmenge bei Temperaturerhöhung untersuchen kannst.

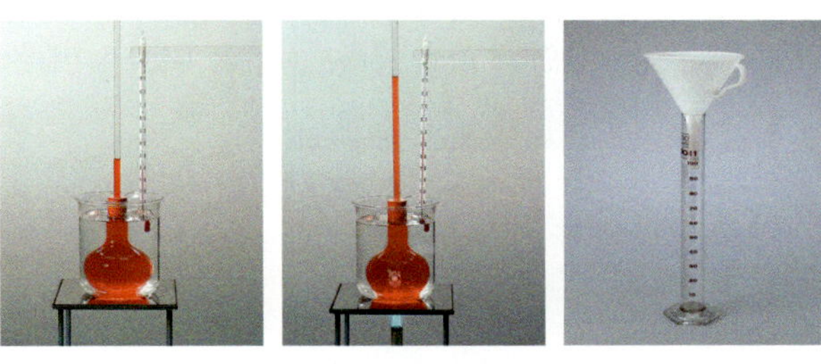

Volumenänderung und Niederschläge werden gemessen und ausgewertet.

Diagramme zeichnen und lesen

Du überträgst Wertetabellen in Diagramme und kannst Diagramme lesen.

Zusammenhänge erkennen

Du beobachtest, dass du beim Landeanflug eines Flugzeugs Schmerz in den Ohren spürst und kannst das durch die Zunahme des Luftdrucks erklären. Auch Erscheinungen in der Natur führst du auf physikalische Gegebenheiten zurück.

Druck in den Ohren beim Landen

Auswerten

Du kannst eine Wetterkarte auswerten und daraus den Wetterzustand beschreiben und das zukünftige Wetter vorhersagen.

Ausschnitt einer Wetterkarte von Hessen

Interpretieren

Du kannst Tabellen über Wetterdaten (Temperatur, Niederschlag) interpretieren und damit Aussagen über das Klima der betroffenen Gegend machen.

Kennst du dich aus?

A1 Fülle zwei gleiche Becher mit gleich viel Wasser. Verschließe einen davon mit einem Deckel und stelle beide einen Tag lang auf die Heizung oder im Sommer auf eine sonnenbeschienene Fensterbank. Was erwartest du in den kommenden Tagen? Formuliere und begründe deine Vorhersage.

A2 In einem randvoll gefüllten Becher schwimmen einige Eiswürfel in kaltem Wasser. Die Eiswürfel ragen über den Becherrand hinaus. Beurteile, wie groß die Gefahr ist, dass beim Auftauen der Eiswürfel überlaufendes Wasser die Unterlage nass macht. Schreibe ein Gutachten.

A3 Unwetterschäden an einem Pkw:

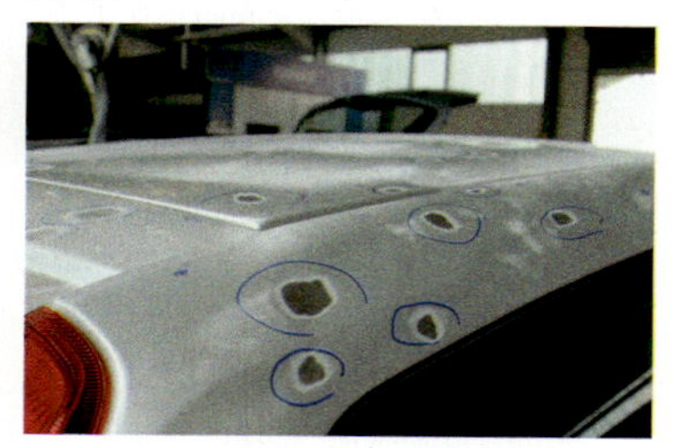

Erkläre, woher Hagelkörner die Energie haben, um Autodächer zu verbeulen.

A4 Bei Wetterverschlechterung riechen die Gullys an den Straßen häufig unangenehm. Suche eine Erklärung hierfür.

A5 Auf ein „Einkoch"-Glas wird ein Dichtungsring gelegt, darauf der Glasdeckel. Er wird von einer Stahlfeder gehalten.
a) Während des Kochvorgangs entweicht Luft aus dem Glas. Erkläre dies. Nutze dazu auch das Teilchenmodell.
b) Nach dem Abkühlen sitzt der Deckel fest auf dem Glas. Begründe auch dies mit dem Teilchenmodell.

A6 Wenn ein Bergsteiger sein heißes Teewasser aus frischem Schnee zubereitet, dauert dies mit dem gleichen Kocher länger als mit Wasser aus einer Quelle. Begründe!

A7 **a)** Wenn du heißes Wasser in ein Glas schüttest, kann es zerspringen. Begründe genau, warum das geschehen kann.
b) Bei einem Becher aus Jenaer Glas besteht die Gefahr des Zerspringens nicht. Was folgt daraus für die Längenänderung bei Temperaturzunahme für dieses Spezialglas? Begründe, weshalb im Labor fast alle Glasgeräte aus Jenaer Glas sind.

A8 Bei einer Pendeluhr bestimmt die Länge des Pendels, wie schnell sie „tickt". Wenn die Temperatur steigt, wird das Pendel länger, die Uhr tickt langsamer, sie geht also mehr und mehr nach. Wenn die Temperatur sinkt, ist es umgekehrt.

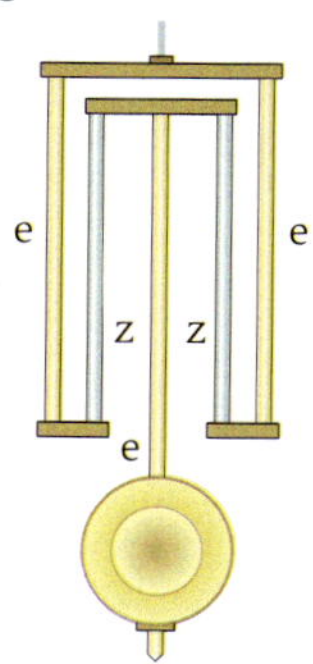

Eine Zeichnung aus *Meyers Konversationslexikon* zeigt, wie man früher den Temperatureffekt reguliert hat. **e** und **z** bezeichnen Stangen aus verschiedenen Metallen. Sie dehnen sich unterschiedlich aus und sorgen dafür, dass die Gesamtlänge des Pendels immer die gleiche bleibt.
Schreibe eine zusammenhängende Erklärung für diesen Mechanismus auf.

A9 **a)** Lies das Diagramm und beschreibe den Verlauf der Außentemperatur (mittleres Diagramm) von April bis März für das dargestellte Jahr.
b) Gib den Inhalt der beiden anderen Diagramme mit Worten wieder und vergleiche den Verlauf der beiden Körpertemperaturen.
c) Das Bild stammt aus einem Biologiebuch und erklärt dort die Unterschiede zwischen Winterruhe (oberes Diagramm) und Winterschlaf (unteres Diagramm). Benenne den Unterschied.

Körpertemperatur (°C)

Außentemperatur (°C)

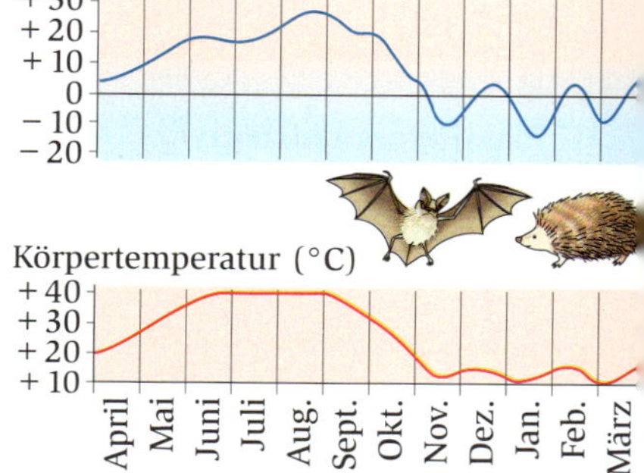

A10 Hoch im Norden ist ein halbes Jahr lang Nacht und ein halbes Jahr lang Tag. Erkläre dies mit der „schief stehenden" Erdachse.

A11 Am Himmel über Frankfurt sind häufig Kondensstreifen zu sehen. Die Luft ist dort −40 °C kalt. Überlege, wie die Kondensstreifen entstehen. Woraus bestehen sie?

A12 Fülle einen kleinen Joghurtbecher randvoll mit Wasser und stelle ihn vorsichtig in das Eisfach eines Kühlschranks. Beschreibe die Veränderung, die du am nächsten Tag beobachtest.

a) Erkläre die Veränderung.
b) Welche Bedeutung hat dieser Effekt in der Natur?

A13 Marlene behauptet: „Wenn man einem Körper Energie zuführt, steigt immer seine Temperatur".
Hat Marlene recht? Falls nicht, nenne Gegenbeispiele.

A14 Nenne einige Änderungen des Aggregatzustands im Haushalt. Erläutere sie unter Verwendung des Energiebegriffs.

A15 Nimm einen Eiswürfel in die Hand. Was geschieht mit dem Eis, was mit der Hand? Beschreibe den Vorgang physikalisch.

A16 Das Licht von Glühlampen wird umso „weißer", je höher die Temperatur des Glühfadens ist. Die Betriebstemperatur ist 2500 °C.
a) Begründe die Herstellung der Glühfäden aus Wolfram.

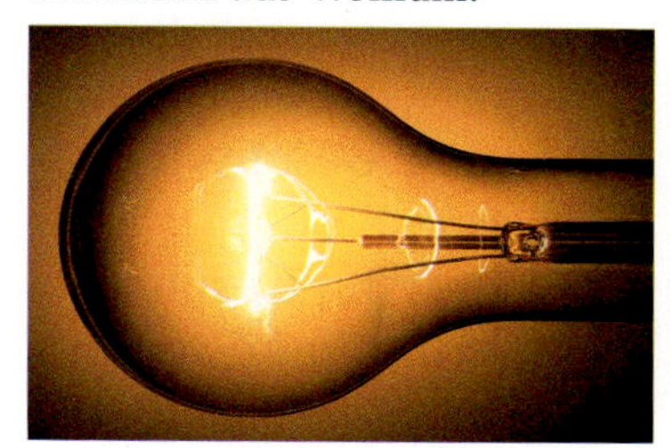

b) Die Sonne hat eine Oberflächentemperatur von über 6000 °C. Überlege, weshalb man Glühlampen nicht bei wesentlich höheren Temperaturen als 2500 °C betreibt.

Projekt

Ein berühmtes historisches Experiment – Magdeburger Halbkugeln

1650 ließ der Bürgermeister von Magdeburg, Otto von GUERICKE, zwei große, kupferne Halbkugeln anfertigen. Er setzte sie luftdicht zusammen und pumpte den Innenraum leer. Zur Verblüffung der Zuschauer konnten erst zweimal acht Pferde die Halbkugeln auseinanderreißen. GUERICKE interessierte sich für den unbegrenzten Raum jenseits unserer Lufthülle, durch den die Sterne widerstandslos wandern können. „Kann es überhaupt einen von Materie freien Raum geben?" fragten sich die Gelehrten. GUERICKE zeigte durch sein Experiment, dass dies möglich ist.

1 Erkundigt euch nach der Person des Otto von Guericke und haltet über ihn ein Referat.

2 Fragt eure Physiklehrerin bzw. euren Physiklehrer, ob eure Schule einen Modellversuch zu diesem historischen Experiment besitzt. Lasst euch gegebenenfalls beraten, baut das Experiment auf und führt es unter Aufsicht eurer Klasse vor (seit dabei vorsichtig!).

3 Es gibt sogenannte Saughaken – meist gedacht für Küche oder Bad. Führt einen Testversuch mit ihnen an einer glatten Fläche durch (Tafel oder Fliese). Erklärt ihre Funktionsweise.

Fortbewegung und Mobilität

Das kannst du in diesem Kapitel erreichen:

- Du wirst erläutern können, was man in der Physik unter Geschwindigkeit versteht.
- Du wirst Geschwindigkeiten experimentell ermitteln können.
- Du wirst Bewegungen mithilfe von Diagrammen darstellen können.
- Du wirst mithilfe des Zusammenhangs zwischen Weg, Zeit und Geschwindigkeit verschiedene Bewegungen beschreiben können.

Überall Bewegung

A1 Der Autoskooter auf dem Foto wurde mehrmals nacheinander in gleichen Zeitabständen fotografiert. Beschreibe die Bewegung, die er ausgeführt hat.

A2 Lasse ein Spielzeugauto mit Elektromotor entlang einer geraden Strecke fahren. Markiere während der Bewegung jede Sekunde den jeweiligen Ort des Fahrzeugs. Als Hilfsmittel kannst du eine hörbar tickende Uhr verwenden – z. B. einen Wecker. Beschreibe deine Beobachtung. Überlege, was die Punkte über die Bewegung des Autos aussagen.

A3 Die Abbildung zeigt den Fahrplan des ICE-2003 zwischen Koblenz und Frankfurt. Erläutere, auf welchen Streckenabschnitten der ICE am schnellsten und auf welchen er am langsamsten ist. Stelle dies in einem Schaubild dar.

km	Bahnhof	Uhrzeit
0	Koblenz Hbf	12.40
60	Bingen (Rhein)	13.21
	Bingen (Rhein) Hbf	13.23
90	Mainz Hbf	13.41
	Mainz Hbf	13.43
120	Frankfurt (M) Flughafen	14.02
130	Frankfurt (M) Hbf	14.27

A4 Fahrradcomputer zeigen neben Fahrzeit und Fahrstrecke auch an, wie schnell man gefahren ist. Informiere dich über die unterschiedlichen Funktionsweisen von Fahrradcomputern. Überlege, wie ein solcher Computer die Geschwindigkeitsangabe errechnet. Bei manchen Computern muss die Reifengröße bekannt sein, um einen korrekten Wert zu erhalten. Finde die Ursache hierfür.

Diagramme beschreiben Bewegungen

1. Eine Trainingsfahrt im *t*-*s*-Diagramm

Tim ist begeisterter Radsportler. Während seiner Trainingsfahrten benutzt er einen Fahrradcomputer, an dem er zu jedem Zeitpunkt ablesen kann, welchen Weg er vom Startpunkt aus gerechnet zurückgelegt hat. Hierzu ermittelt sein Computer über Satellit in kurzen Zeitabständen den Ort, an dem sich sein Fahrrad gerade befindet. Den Weg berechnet der Computer jeweils aus der Differenz zweier gemessener Ortswerte. Die Summe aller Teilwege ist dann der insgesamt zurückgelegte Weg.

Der Computer speichert diese Messwerte in Abständen von z. B. zwei Minuten ab. → T1 zeigt die Werte, die Tim zu Beginn seiner Fahrt auf einer geraden Straße gespeichert hat. An einem anderen Tag hat er die Fahrt wiederholt.
Um einen besseren Überblick über die Messwerte zu bekommen, stellt er sie in einem sogenannten Zeit-Ort-Diagramm dar → B1 , kurz ***t*-*s*-Diagramm** genannt. Jeder Messpunkt des *t*-*s*-Diagramms gibt an, zu welcher **Zeit *t*** sich Tim an welchem **Ort *s*** jeweils während der Fahrt befand. Den Startpunkt zur „Zeit null" kann man als „Kilometer null" verstehen. Der vierte Messpunkt des oberen Diagramms in → B1a bedeutet dann beispielsweise, dass Tim zum Zeitpunkt 6 min am Ort 3,0 km war, denn er hatte ja zu diesem Zeitpunkt vom Start aus gemessen einen Weg von 3,0 km zurückgelegt.

2. Schnell und langsam

Tim fällt auf, dass in beiden Diagrammen die Messpunkte nahezu auf Ursprungsgeraden liegen, im oberen vom 25. Mai → B1a verläuft die *t*-*s*-Gerade allerdings steiler.

Am letzten Messpunkt des ersten Diagramms kann Tim erkennen, dass er sich bei dieser Fahrt zum Zeitpunkt 10 min am Ort 5,1 km befand. Er hatte also in den ersten 10 Minuten einen Weg von 5,1 km zurückgelegt. Im unteren Diagramm → B1b in dem die Gerade flacher verläuft, kann er in gleicher Zeit nicht so weit gekommen sein. Tatsächlich sind es in 10 min nur 3,9 km. Tim glaubt auch den Grund zu kennen: Er erinnert sich, dass er bei der zweiten Fahrt mit Gegenwind zu kämpfen hatte. Deshalb fuhr er langsamer und konnte so in der gleichen Zeit nur einen kürzeren Weg zurücklegen.

Schneller sein bedeutet also, in der gleichen Zeit den längeren Weg zurückzulegen. Im *t*-*s*-Diagramm erkennt man die schnellere Bewegung am steileren Anstieg der Geraden.

Merksatz

Im *t*-*s*-Diagramm gibt die Steilheit der Geraden die Schnelligkeit der Bewegung an.
Je steiler die Gerade bei gleicher Einteilung der Koordinatenachsen verläuft, desto schneller ist die Bewegung.

Trainingsfahrt vom 25. Mai						
Zeit *t* in min	0	2	4	6	8	10
Weg *s* in km	0	1,0	2,1	3,0	3,9	5,1
Trainingsfahrt vom 27. Mai						
Zeit *t* in min	0	2	4	6	8	10
Weg *s* in km	0	0,8	1,5	2,4	3,1	3,9

T1 Die Tabelle zeigt einige der Messwerte von Tims Radfahrten am 25. Mai und am 27. Mai.

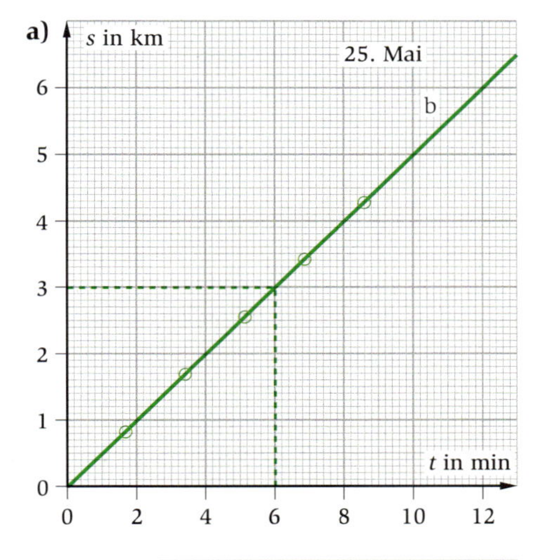

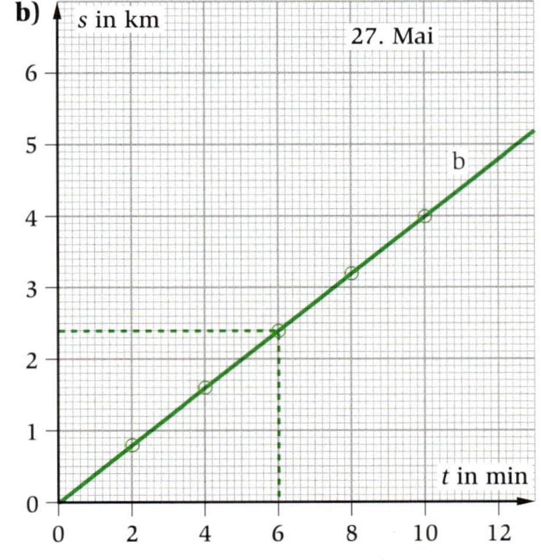

B1 Tims Trainingsfahrten, dargestellt im *t*-*s*-Diagramm am **a)** 25. Mai, **b)** 27. Mai. Jeder Messpunkt des Diagramms gibt an, an welchem Ort sich Tim zum jeweiligen Zeitpunkt befand.

B1 **a)** Der Marathonläufer benötigt für 42,195 km zwei Stunden und vier Minuten. **b)** Der Radfahrer schafft seine 18 km lange Radtour in 58 Minuten. Wer ist der Schnellere?

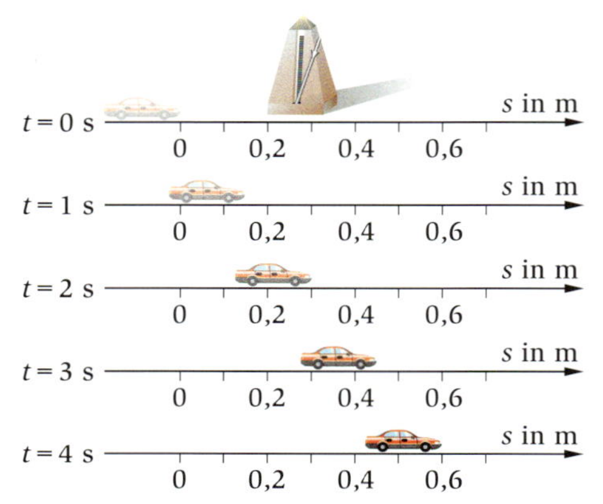

V1 **a)** Während ein Modellauto über einen Tisch fährt, gibt ein Metronom Taktschläge in Sekundenabständen. Zu jedem Schlag wird der jeweilige Ort des Modellautos markiert. Für die Auswertung bleiben die ersten Ortsmarken in der Startphase, so lange das Auto noch schneller wird, unberücksichtigt.

b) Der Versuch wird wiederholt. Das Modellauto fährt dabei langsamer. Wieder werden jede Sekunde die Orte markiert.

	Zeit t in s	0	1	2	3	4
a)	Ort s in m	0	0,16	0,30	0,44	0,61
	s/t in m/s	–	0,16	0,15	0,15	0,15
b)	Ort s in m	0	0,09	0,20	0,32	0,39
	s/t in m/s	–	0,09	0,10	0,11	0,10

T1 Messwerte zu → V1a und → V1b

1. Gleichförmige Bewegung

Wer ist in → B1 schneller, Marathonläufer oder Radfahrer? Da die unterschiedlichen Wege auch noch in verschiedenen Zeiten zurückgelegt wurden, können wir die Frage nicht sofort beantworten. Um eine Definition für die „Schnelligkeit" zu finden, gehen wir ins Labor und untersuchen dort ähnliche Bewegungen.
In → V1 lassen wir ein Modellauto entlang einer Ortsachse fahren und halten die Orte fest, die das Modellauto in Sekundenabständen erreicht. Wir legen eine Markierung als Ortsmarke „Null" fest und beginnen ab hier mit der Zeit- und Ortsmessung.

Die → T1 (2. Zeile) zeigt die Orte, an denen sich der Wagen zu den Zeitpunkten 1 s, 2 s, 3 s befand. Die Differenz zwischen zwei Orten nannten wir „Weg". Im ersten Teil des Versuches sehen wir, dass der vom Modellauto in jeweils 1 s zurückgelegte Weg jeweils ca. 15 cm beträgt. Im zweiten Teil des Versuches sind es jeweils etwa 10 cm. In solchen Fällen sagen wir, das Modellauto führt eine **gleichförmige Bewegung** aus.

In unserem Sonderfall – die Messung beginnt zur Zeit 0 s am Ort 0 cm – gilt zudem: In 2 s hat sich der Weg verdoppelt, in 3 s verdreifacht. Die vom Startort zurückgelegten Wege s sind den benötigten Zeiten t proportional. Das t-s-Diagramm muss dann eine Ursprungsgerade sein. Dies bestätigt → B2 (hellgrüne Gerade). Außerdem müssen die Quotienten s/t konstant sein. Dies zeigt → T1 (3. Zeile).

Merksatz

Wenn eine Bewegung folgende Merkmale zeigt, dann handelt es sich um eine gleichförmige Bewegung:
- In der doppelten (dreifachen, ...) Zeit t wird der doppelte (dreifache, ...) Weg s zurückgelegt.
- Das t-s-Diagramm liefert eine Ursprungsgerade.

2. Die Geschwindigkeit

In → V1b fährt das Modellauto im zweiten Durchgang langsamer als im ersten. Die Bewegung ist im Diagramm durch die dunkelgrüne Ursprungsgerade dargestellt → B2. Sie verläuft weniger steil als die hellgrüne Gerade, die zu → V1a gehört.
Unterschiedlich sind auch die zu den beiden Bewegungen gehörenden Quotienten s/t (3. Zeile und 6. Zeile in → T1). Bei der schnelleren Fahrt ergibt sich ein größerer Quotient als bei der langsameren. Somit ist der Quotient s/t ein Maß dafür, wie schnell das Auto fährt. Diese Erkenntnis wird zur sinnvollen Definition: Der konstante Quotient s/t dieser gleichförmigen Bewegung ist die **Geschwindigkeit v** (v von lat.: velocitas = „Geschwindigkeit").

Merksatz

Bei einer gleichförmigen Bewegung (mit $s = 0$ m bei $t = 0$ s) nennen wir den Quotienten aus zurückgelegtem Weg s und der dazu benötigten Zeit t die Geschwindigkeit v:

$$v = \frac{s}{t}.$$

Als Einheit für die Geschwindigkeit erhalten wir 1 m/s.

Nun können wir die zu Beginn gestellte Frage beantworten: Der Marathonläufer legte 42 195 m in 124 min zurück. Gehen wir vereinfacht von einer gleichförmigen Bewegung aus, so ergibt sich:

$$v = 42\,195 \text{ m}/(124 \text{ min}) \approx 340{,}3 \text{ m/min} \approx 5{,}8 \text{ m/s}.$$

Für den Radfahrer erhalten wir

$$v = 18\,000 \text{ m}/(58 \text{ min}) \approx 310{,}3 \text{ m/min} \approx 5{,}2 \text{ m/s}.$$

Der Marathonläufer wäre dem Radfahrer also davongelaufen.

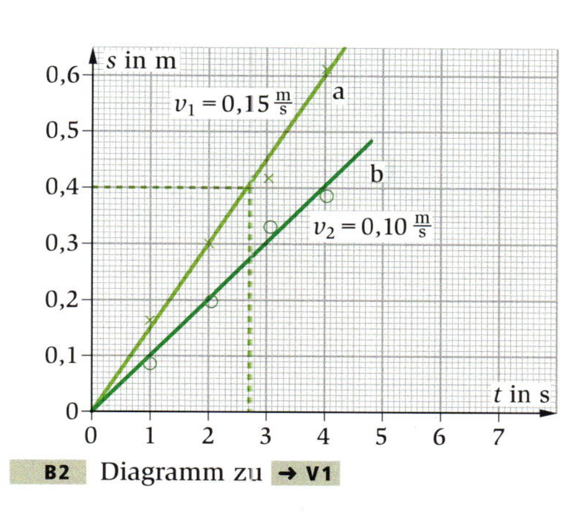

B2 Diagramm zu → V1

Mach's selbst

A1 In einem weiteren Versuch mit dem Modellauto ergeben sich folgende Messwerte.

Zeit t in s	0	2	4	6	8
Ort s in m	0	0,45	0,86	1,34	1,82

a) Zeichne die Messpunkte in ein t-s-Diagramm ein und zeichne die zugehörige Ausgleichsgerade.
b) Berechne den jeweiligen Quotienten s/t. Ermittle die Geschwindigkeit des Autos mithilfe der Ausgleichsgeraden.
c) Gib die Orte an, an denen sich das Auto nach 3 s, 5 s und 10 s befindet.
d) Gib den Zeitpunkt an, zu dem das Auto den Ort 1,1 m; 1,5 m erreicht.

Interessantes

Auswerten von Messreihen

In → B2 sind die Messwerte in einem t-s-Diagramm dargestellt. Wie wir sehen, liegen die Punkte nicht wie erwartet genau auf einer Geraden. Die kleinen Abweichungen kommen daher, dass eine völlig fehlerfreie Messung leider grundsätzlich nicht möglich ist. So ist es beispielsweise denkbar, dass das Markieren des Ortes nicht genau zeitgleich mit den Schlägen des Metronoms erfolgte und somit die gemessenen Orte des Autos von den tatsächlichen etwas abweichen.
Wir berücksichtigen dies, indem wir eine Ursprungsgerade so einzeichnen, dass alle Messpunkte möglichst dicht an der Geraden liegen → B2. Man spricht von einer Ausgleichsgeraden.

Diese Ausgleichsgerade beschreibt die tatsächliche Bewegung unseres Autos dann genauer als jeder einzelne Messpunkt. Die Geschwindigkeit des Autos bestimmen wir daher sinnvollerweise auch mithilfe der Ausgleichsgeraden und nicht mit einem einzelnen Messpunkt. Der Wert für die ermittelte Geschwindigkeit ist umso besser, je mehr Messpunkte wir zur Verfügung haben.
Für die dunkelgrüne Ausgleichsgerade können wir zum Zeitpunkt $t = 4$ s den Ort $s = 0{,}40$ m ablesen. Wir erhalten somit für die Geschwindigkeit:

$$v = \frac{s}{t} = \frac{0{,}4 \text{ m}}{4 \text{ s}} = 0{,}1\,\frac{\text{m}}{\text{s}}.$$

V1 Geschwindigkeitsmessung auf der 50 m-Bahn

Lea	***t* in s**	0	4,1	7,8	12,2	15,9	20,0
	***s* in m**	0	10	20	30	40	50
Jan	***t* in s**	0	6,2	12,1	17,7	23,8	30,2
	***s* in m**	0	10	20	30	40	50

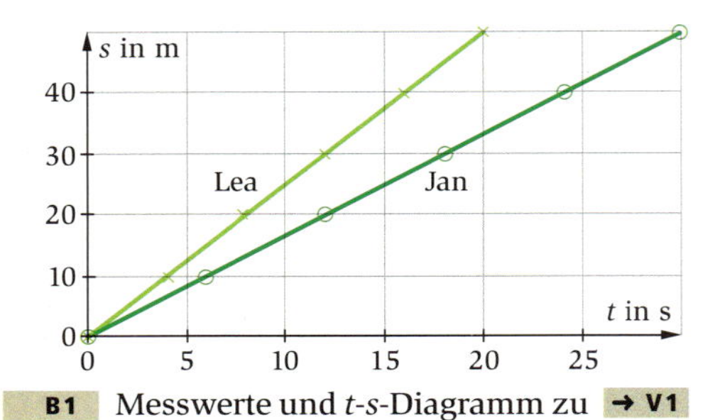

B1 Messwerte und *t*-*s*-Diagramm zu **→ V1**

3. Geschwindigkeitsmessung mit Ortsmarken

Bei der Untersuchung der Bewegung des Modellautos haben wir zu vorgegebenen Zeitpunkten eine Ortsmessung durchgeführt. Oft ist es jedoch einfacher die Ortsmarken vorzugeben und den Zeitpunkt zu bestimmen, an dem diese Marke passiert wird.

Untersuchen wir beispielsweise die Bewegung von Lea und Jan beim gleichmäßigen Gehen auf der 50 m-Bahn. Mithilfe eines Maßbandes markieren wir Ortsmarken im Abstand von 10 m. An jeder Marke wird ein Streckenposten mit Stoppuhr postiert. Auf ein Startsignal läuft Lea vom Start – bei Ortsmarke null – los, während gleichzeitig alle Streckenposten ihre Stoppuhren starten. Jeder Streckenposten liest den Zeitpunkt, zu dem Lea seine Ortsmarke passiert, an seiner Stoppuhr ab. In einem zweiten Durchgang, in dem Jan die Strecke durchläuft, wiederholen wir die Messung. Die Messwerte werden protokolliert und in ein *t*-*s*-Diagramm übertragen **→ B1**. Für Lea ergibt sich aus der Ausgleichsgeraden eine Geschwindigkeit von

$$v = \frac{s}{t} = \frac{50\ \text{m}}{20\ \text{s}} = 2{,}5\ \frac{\text{m}}{\text{s}}\ .$$

Für Jan erhalten wir

$$v = \frac{s}{t} = \frac{50\ \text{m}}{30\ \text{s}} = 1{,}7\ \frac{\text{m}}{\text{s}}\ .$$

Interessantes

Der Bewegungsmesswandler

Eine Spielzeuglokomotive wäre zu schnell, um die Messmethode aus **→ V1** zu verwenden. Die Lokomotive hätte schon nach wenigen Sekunden das Ende der Strecke erreicht. Hier hilft ein sogenannter Bewegungsmesswandler. Er übernimmt das Messen von Ort und Zeit für uns. Am Rand eines Rades befinden sich kleine Löcher im Abstand von z. B. einem Millimeter. Über dieses „Lochrad" legt man einen dünnen Faden, der mit der Lokomotive verbunden ist. Bewegt sie sich, so dreht sich das Rad. Dabei wird der Strahl einer Lichtschranke (LS 1) durch die Stege zwischen den Löchern immer wieder unterbrochen. Dies registriert ein Computer und ermittelt aus der Zahl der Unterbrechungen den erreichten Ort *s*. Der Ortsnullpunkt kann dabei beliebig gewählt werden.

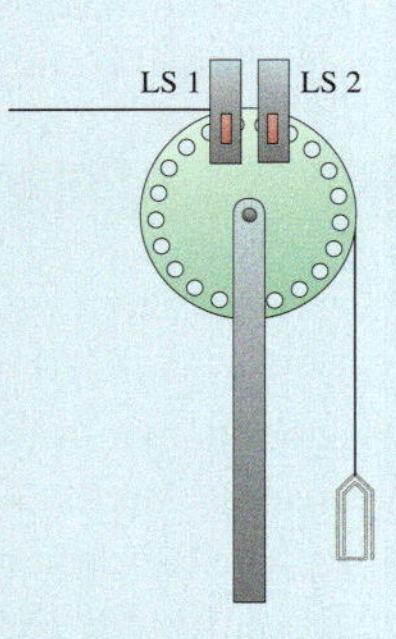

Man schiebt die Lok nun an die gewünschte Stelle und setzt den Zähler dann auf null. Zeitgleich mit der Ortsmessung speichert der Computer auch die jeweilige Zeit.
Das Ergebnis zweier Fahrten ist im *t*-*s*-Diagramm dargestellt. Wie erwartet ergibt sich jeweils eine Ursprungsgerade. Die Geschwindigkeit für die schnellere Fahrt lesen wir aus der steileren Geraden zu $v = 0{,}4$ m/s ab. Für die langsamere Fahrt ergibt sich $v = 0{,}2$ m/s.

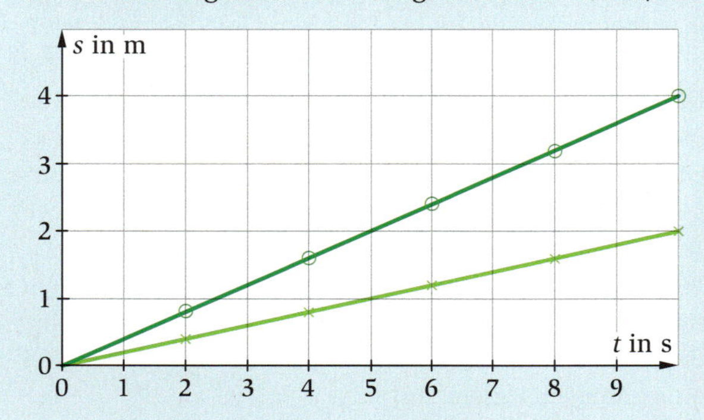

4. Wenn sich die Geschwindigkeit ändert …

Die Geschwindigkeit der Modelleisenbahn in → V2 lässt sich mithilfe eines Trafos steuern. Während der Fahrt verringern wir plötzlich die Geschwindigkeit. Mithilfe eines Bewegungsmesswandlers (→ **Interessantes**) können wir auf dem Computer ein *t-s*-Diagramm dieser beiden Bewegungen darstellen. Wie lassen sich daraus nun die Geschwindigkeiten der Eisenbahn ermitteln?

Das *t-s*-Diagramm → B2 besteht aus zwei unterschiedlich steilen Geradenabschnitten. Die Bewegung, die durch die hellgrüne Ursprungsgerade beschrieben wird, beginnt zum Zeitpunkt $t = 0$ s am Ort $s = 0$ m. Es gilt die bekannte Proportionalität zwischen s und t. Wir erhalten daher wie bisher die Geschwindigkeit mithilfe des Quotienten aus dem vom Startort $s = 0$ m zurückgelegten Weg s_1 und der dafür benötigten Zeit t_1. Dies ist für den Zeitpunkt $t_1 = 4$ s verdeutlicht. Wir erhalten:

$$v_2 = \frac{20\text{ cm}}{4\text{ s}} = 5\ \frac{\text{cm}}{\text{s}}.$$

Im dunkelgrünen Abschnitt von t_1 bis t_2 liegen die Messpunkte auch auf einer Geraden, allerdings geht sie nicht durch den Ursprung, s ist hier nicht proportional zu t. Also ist der Quotient s/t nicht konstant, sondern liefert für verschiedene Zeitpunkte unterschiedliche Ergebnisse. Wie lässt sich hier die Geschwindigkeit ermitteln? Diese Bewegung beginnt erst zum Zeitpunkt $t_1 = 4$ s am Startort $s_1 = 20$ cm. Wieder müssen wir den Quotienten aus dem vom neuen Startort $s_1 = 20$ cm zurückgelegten Weg und der dafür benötigten Zeit berechnen. Dies ist für den Zeitabschnitt von $t_1 = 4$ s bis $t_2 = 8$ s in → B2 verdeutlicht. Der vom neuen Startort zurückgelegte Weg ergibt sich aus der Differenz $s_2 - s_1 = 30\text{ cm} - 20\text{ cm} = 10$ cm. Die dafür benötigte Zeit ist $t_2 - t_1 = 8\text{ s} - 4\text{ s} = 4$ s. Für die Geschwindigkeit erhalten wir: $v_2 = (s_2 - s_1)/(t_2 - t_1)$. Mit den entsprechenden Werten folgt:

$$v_2 = \frac{30\text{ cm} - 20\text{ cm}}{8\text{ s} - 4\text{ s}} = \frac{10\text{ cm}}{4\text{ s}} = 2{,}5\ \frac{\text{cm}}{\text{s}}.$$

Berechnen wir diesen Quotienten für einen beliebigen anderen Zeitabschnitt, beispielsweise von $t = 4$ s bis $t = 12$ s kommen wir zum gleichen Ergebnis → B2. Die Bewegung im zweiten Abschnitt wird deshalb sinnvollerweise ebenfalls gleichförmig genannt, denn auch hier wird in der doppelten (dreifachen,…) Zeit der doppelte (dreifache,…) Weg zurückgelegt.

Merksatz

Bei einer gleichförmigen Bewegung ergibt sich die Geschwindigkeit als Quotient aus der Differenz zweier Orte und der Differenz der zugehörigen Zeiten:

$$v = \frac{s_2 - s_1}{t_2 - t_1}.$$

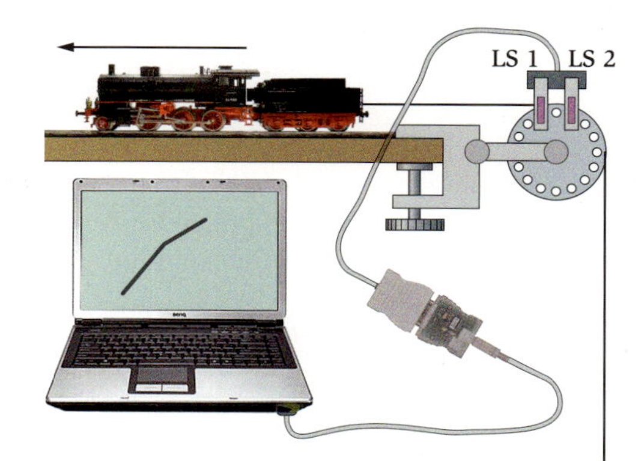

V2 Eine Modelleisenbahn bewegt sich gleichförmig. Während der Fahrt wird die Geschwindigkeit plötzlich verringert. Danach bewegt sie sich wieder gleichförmig. Mithilfe eines Bewegungsmesswandlers → **Interessantes** stellen wir beide gleichförmigen Bewegungen auf dem Computer dar.

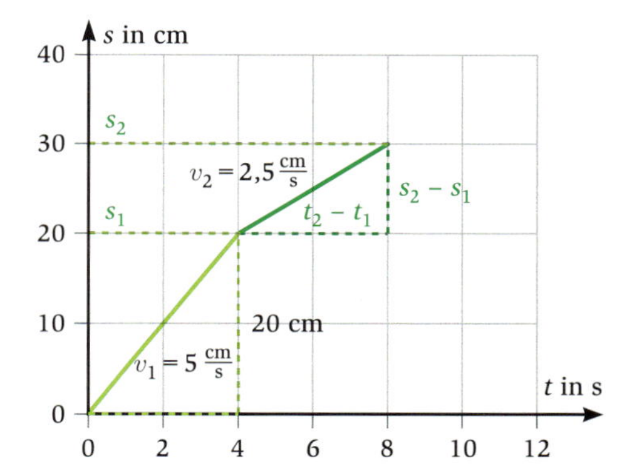

B2 Die Abbildung zeigt ein idealisiertes *t-s*-Diagramm der Bewegung der Modelleisenbahn. Die Geschwindigkeit für den hellgrünen Abschnitt ergibt sich aus der Steigung der Ursprungsgeraden bis zum Zeitpunkt $t_1 = 4$ s, also aus $v_1 = s/t$. Es gilt hier:

$$v_1 = \frac{20\text{ cm}}{4\text{ s}} = 5\ \frac{\text{cm}}{\text{s}}.$$

Im dunkelgrünen Abschnitt zwischen t_1 und t_2, also im Zeitintervall

$$t_2 - t_1 = 8\text{ s} - 4\text{ s} = 4\text{ s},$$

ist der zurückgelegte Weg

$$s_2 - s_1 = 30\text{ cm} - 20\text{ cm} = 10\text{ cm}.$$

So kann man jetzt im Steigungsdreieck die Geschwindigkeit berechnen: Für v_2 ergibt sich so der Quotient:

$$v_2 = \frac{10\text{ cm}}{4\text{s}} = 2{,}5\ \frac{\text{cm}}{\text{s}}.$$

Die Geschwindigkeit hat eine Richtung

t in s	0	4,1	7,8	12,2	15,9	20
s in m	50	40	30	20	10	0

T1 Leas Durchgangszeiten bei ihrem Lauf mit umgekehrter Richtung vom Ziel zum Start. Da Lea bei der 50 m-Marke ihren Lauf beginnt, werden die Ortswerte mit zunehmender Zeit kleiner.

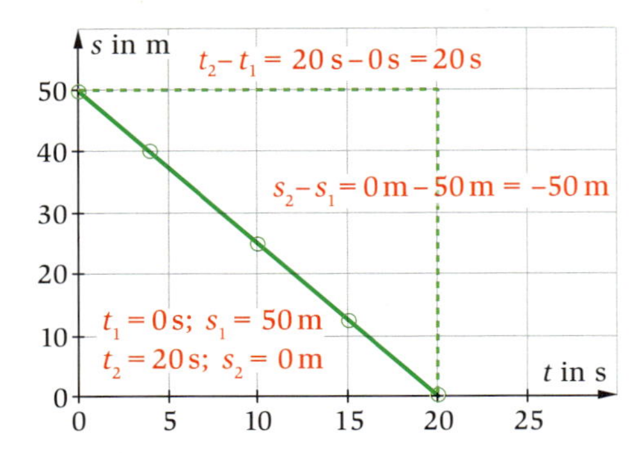

B1 *t-s*-Diagramm von Leas Lauf mit umgekehrter Laufrichtung. Da Lea mit ihrem Lauf nicht bei $s = 0$ m beginnt, liegen die Messpunkte nicht auf einer Ursprungsgeraden. Die Gerade geht durch den Punkt P (0 s|50 m). Die Gerade fällt, denn die Ortswerte werden immer kleiner. Da $s_2 < s_1$ ist, ergibt sich beim Berechnen der Ortsdifferenz ein negatives Vorzeichen. Die Zeitdifferenz bleibt positiv. Somit wird der Geschwindigkeitswert negativ.

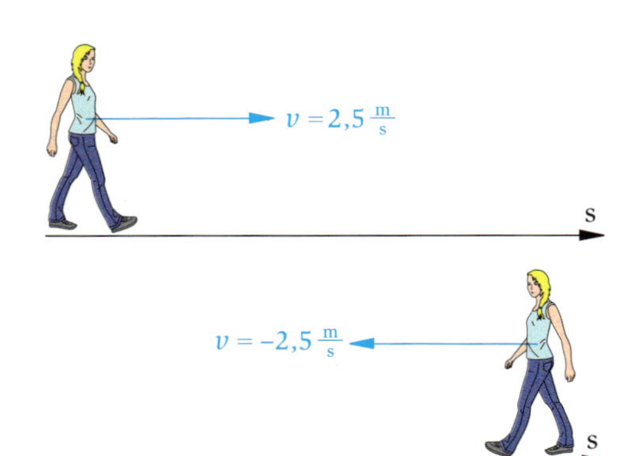

B2 Lea läuft in zwei unterschiedliche Richtungen. Läuft sie in Richtung der Ortsachse, werden die Ortswerte mit zunehmender Zeit größer, der Geschwindigkeitswert ist positiv. Läuft sie entgegen der Ortsachse, werden die Ortswerte mit zunehmender Zeit kleiner, der Geschwindigkeitswert ist negativ.

1. Vorwärts und rückwärts

Lea will noch einmal ihre Geschwindigkeit auf der 50 m-Bahn messen. Diesmal beschließt sie aber, in umgekehrter Richtung zu laufen. Sie startet also zum Zeitpunkt $t = 0$ s bei der 50 m-Marke und läuft in Richtung der 0 m-Marke. Wie bisher postieren wir alle 10 m einen Streckenposten, der Leas Durchgangszeit misst. Die Messwerte sind in → T1 eingetragen.

In → B1 sind die Messwerte im *t-s*-Diagramm dargestellt. – Hier stellen wir zwei Besonderheiten fest:

- Die Punkte liegen zwar immer noch auf einer Geraden, allerdings handelt es sich jetzt nicht mehr um eine Ursprungsgerade. Dies kennen wir schon, denn auch hier beginnt die Bewegung zum Zeitpunkt $t = 0$ s nicht am Ort $s = 0$ m. Lea startet ja zum Zeitpunkt $t = 0$ s an der 50 m-Marke.
- Aber noch etwas fällt auf: Die Gerade verläuft nicht wie bisher steigend, sondern sie fällt, d. h. mit zunehmender Zeit werden die Werte für den Ort *s* kleiner. Dies liegt daran, dass Lea ja diesmal von der 50 m-Marke auf die Ortsmarke 0 m zuläuft. Natürlich möchte Lea auch diesmal wieder ihre Geschwindigkeit ermitteln.

Wir wissen bereits, dass sich die Geschwindigkeit als Quotient aus den Differenzen von Orten und Zeiten ergibt. Wir berechnen diesen Quotienten also wie gewohnt für die Zeitpunkte $t_1 = 0$ s und $t_2 = 20$ s. Die zugehörigen Ortswerte lesen wir aus der Ausgleichsgeraden zu $s_1 = 50$ m und $s_2 = 0$ m ab. Wir erhalten:

$$v_2 = \frac{s_2 - s_1}{t_2 - t_1} = \frac{0\text{ m} - 50\text{ m}}{20\text{ s} - 0\text{ s}} = -2{,}5\,\frac{\text{m}}{\text{s}}\,.$$

Der Geschwindigkeitswert kann offensichtlich auch negativ sein! Lea hat in jeder Sekunde 2,5 m zurückgelegt. Das Minuszeichen zeigt uns, dass Lea entgegen der Ortsachse gelaufen ist. Für die Geschwindigkeit ist also nicht nur von Bedeutung, wie schnell man ist, sondern auch die Richtung der Bewegung spielt eine wichtige Rolle.

2. Bewegung in beliebige Richtung

Lea kann auf der 50 m-Bahn in zwei unterschiedliche Richtungen laufen. Dies ist in → B2 durch einen Geschwindigkeitspfeil veranschaulicht. Zeigt er in Richtung der Ortsachse, ist der Geschwindigkeitswert positiv, ist er entgegen der Ortsachse gerichtet, ist der Geschwindigkeitswert negativ.
Im Allgemeinen sind noch viel mehr Richtungen bei einer Bewegung möglich. Hier können wir mit den bisherigen Mitteln keine Geschwindigkeit berechnen. Immer lässt sich die Geschwindigkeit jedoch durch einen Geschwindigkeitspfeil beschreiben.

Betrachten wir hierzu die Bewegung eines Autos während einer Kurvenfahrt. In jedem Moment ändert sich die Richtung der Bewegung und damit auch die Geschwindigkeit, selbst wenn das Auto die Kurve gleich schnell durchfährt! Dies ist in → B3 durch Geschwindigkeitspfeile veranschaulicht.

- Die Länge des Pfeils gibt an, wie schnell sich das Auto bewegt. Man nennt diese Angabe auch den Betrag der Geschwindigkeit. Ihn können wir beispielsweise am Tachometer des Fahrzeugs ablesen.
- Die Richtung des Pfeils gibt an, in welche Richtung sich das Auto bewegt.

Wenn man also in der Umgangssprache sagt, das Auto hat eine Geschwindigkeit von 100 km/h, gibt man eigentlich nur den Betrag der Geschwindigkeit an, denn über die Richtung sagt diese Angabe ja nichts aus. Sprechen wir in einem physikalischen Zusammenhang von der Geschwindigkeit, müssen wir den Betrag und die Richtung angeben.

Merksatz

Die Geschwindigkeit ist durch Betrag und Richtung festgelegt. Beides wird durch einen Pfeil veranschaulicht.

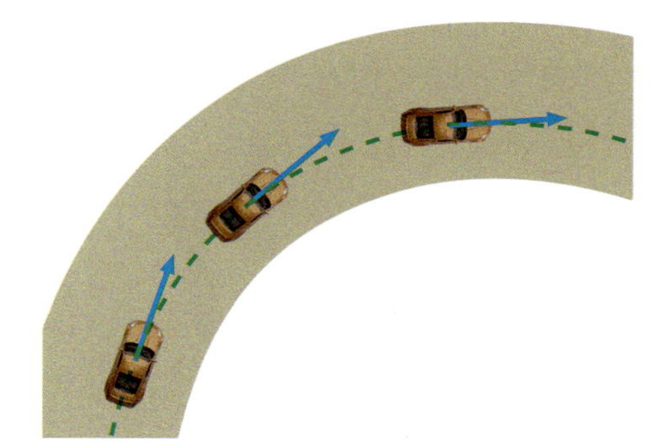

B3 Während der Kurvenfahrt ändert sich ständig die Richtung der Geschwindigkeit. Dies veranschaulicht der Geschwindigkeitspfeil. Da der Betrag der Geschwindigkeit hier konstant ist, hat der Pfeil immer die gleiche Länge.

Beispiel

Umrechnung von m/s in km/h

Wenn wir beim Autofahren unpräzise von „Tempo 30“ sprechen, bedeutet es 30 km/h. Wie rechnet man diese Geschwindigkeit in m/s um?
Wir schreiben: 1 km = 1000 m und 1 h = 3600 s. Bei „Tempo 30“ hat ein Auto die Geschwindigkeit

$$v = 30\,\frac{\text{km}}{\text{h}} = \frac{30 \cdot 1000\ \text{m}}{3600\ \text{s}} = 8{,}3\,\frac{\text{m}}{\text{s}}\,.$$

Lea legt in einer Sekunde ca 2,5 m zurück. Der Betrag ihrer Geschwindigkeit war also $v = 2{,}5$ m/s. Welche Geschwindigkeit hatte sie in km/h? Wir ersetzen 1 m durch 1/1000 km und 1 s durch 1/3600 h:

$$v = 2{,}5\,\frac{\text{m}}{\text{s}} = \frac{2{,}5\ \text{m}}{1\ \text{s}} = \frac{2{,}5 \cdot \frac{1}{1000}\ \text{km}}{\frac{1}{3600}\ \text{h}}$$

$$= 2{,}5 \cdot 3{,}6\,\frac{\text{km}}{\text{h}} = 9{,}0\,\frac{\text{km}}{\text{h}}.$$

Die Berechnung der Geschwindigkeit

Ein Auto durchfährt den Weg $s = 200$ m in der Zeit $t = 5$ s gleichförmig.
Gegeben: $s = 200$ m, $t = 5$ s Gesucht: v
v beträgt 40 m/s oder:

$$v = \frac{s}{t} = \frac{200\ \text{m}}{5\ \text{s}} = \frac{200 \cdot \frac{1}{1000}\ \text{km}}{5 \cdot \frac{1}{3600}\ \text{h}} = 40 \cdot 3{,}6\,\frac{\text{km}}{\text{h}} = 144\,\frac{\text{km}}{\text{h}}.$$

Die Berechnung des Weges

Bestimme den Weg s, den eine Radfahrerin in der Zeit $t = 20$ min mit der konstanten Geschwindigkeit $v = 20$ km/h zurücklegt.
Gegeben: $t = 20$ min, $v = 20$ km/h Gesucht: s

Zum Berechnen von s haben wir noch keine Gleichung. Wir können aber auf $v = s/t$ die Regeln der Mathematik anwenden.
Wir multiplizieren die Gleichung $v = s/t$ auf beiden Seiten mit t und erhalten: $s = v \cdot t$.
Als Rechnung ergibt sich:

$$s = v \cdot t = 20\,\frac{\text{km}}{\text{h}} \cdot \frac{1}{3}\,\text{h} \approx 6{,}67\ \text{km}.$$

Die Berechnung der Zeit

Bestimme die Zeit t, die ein Flugzeug ($v = 600$ km/h) für den Weg $s = 1000$ km benötigt.
Gegeben: $s = 1000$ km, $v = 600$ km/h Gesucht: t

Um t zu erhalten, dividieren wir die Gleichung $s = v \cdot t$ auf beiden Seiten durch v und erhalten die neue Gleichung $s/v = t$. Diese wenden wir an:

$$t = \frac{s}{v} = \frac{1000\ \text{km}}{600\,\frac{\text{km}}{\text{h}}} \approx 1{,}67\ \text{h} \approx 1\ \text{h}\ 40\ \text{min}.$$

Das ist wichtig

1. Das *t-s*-Diagramm

t-s-Diagramme können Bewegungen veranschaulichen. Im *t-s*-Diagramm kann man ablesen, an welchem Ort sich ein Körper zu einem bestimmten Zeitpunkt befindet. In der Abbildung findet man beispielsweise für die Zeit t = 6 min den Ort s = 3 km.

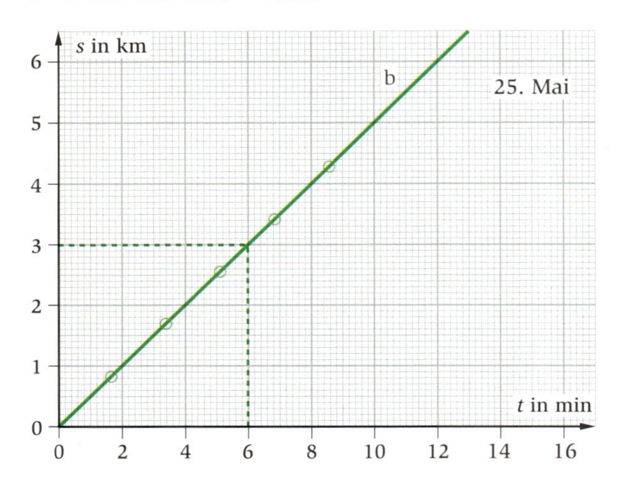

2. Gleichförmige Bewegung

Bewegt sich ein Körper gleichförmig, so legt er in der doppelten (dreifachen, …) Zeit t den doppelten (dreifachen, …) Weg s zurück. Der Weg ist die Differenz zweier Ortswerte. Durchläuft das Fahrzeug zum Zeitpunkt t = 0 s den Ort s = 0 m, so ergibt das *t-s*-Diagramm eine Ursprungsgerade.

3. Geschwindigkeit

Die Geschwindigkeit v einer gleichförmigen Bewegung wird definiert durch den Quotienten aus Ortsdifferenz (zurückgelegter Weg) und zugehöriger Zeitdifferenz:

$$v = \frac{s_2 - s_1}{t_2 - t_1}.$$

Zur genauen Beschreibung der Geschwindigkeit gehört außerdem die Richtung der Bewegung. Sie kann man durch Geschwindigkeitspfeile veranschaulichen. Die Geschwindigkeitsrichtung kann sich ändern, auch wenn der Betrag gleich bleibt, beispielsweise beim Durchfahren einer Kurve mit konstanter Schnelligkeit.
Gängige Einheiten für die Geschwindigkeit sind 1 m/s oder 1 km/h.

Beginnt eine gleichförmige Bewegung zum Zeitpunkt t = 0 s am Ort s = 0 m, so gilt in diesem Sonderfall für die Geschwindigkeit

$$v = s/t.$$

Darauf kommt es an

Erkenntnisgewinnung

Du kannst die Geschwindigkeit eines gleichförmig bewegten Gegenstandes experimentell ermitteln. Du kannst entscheiden, welche der unten abgebildeten Gegenstände du hierzu benötigst und weißt, wie du anschließend vorgehst.

Kommunikation

Du kannst gleichförmige Bewegungen im *t-s*-Diagramm darstellen.
In einem gegebenen *t-s*-Diagramm einer gleichförmigen Bewegung kannst du erkennen, wie schnell und in welche Richtung die Bewegung verläuft.

Nutzung fachlicher Konzepte

Du kannst gleichförmige Bewegungen im Alltag erkennen, so z. B. eine Fahrt auf der Autobahn mit gleichbleibender Tachoanzeige. Mithilfe einer Stoppuhr kannst du die Geschwindigkeit eures Autos bestimmen. Dazu misst du die Zeit, die das Fahrzeug für den Weg zwischen zwei 50 m entfernten Leitpfosten benötigt, und errechnest daraus die Geschwindigkeit.
Ebenso kannst du, wenn du den Betrag der Geschwindigkeit am Tachometer abliest, berechnen, wie lange eure Fahrt für den verbleibenden Fahrweg noch dauern wird.

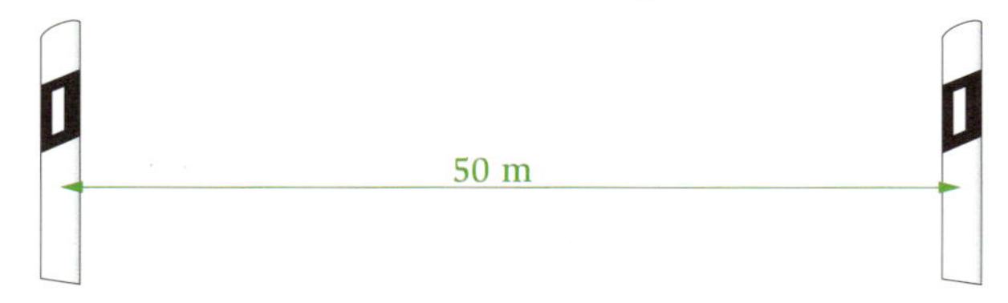

Bewertung

Durch den mathematischen Zusammenhang von Geschwindigkeit, Ort und Zeit kannst du unterschiedliche Fortbewegungsmittel vergleichen und Vorteile erkennen. Beispielsweise kannst du die Zeitersparnis berechnen, die sich bei einer Fahrt mit der Bahn im Vergleich zu einer Fahrt mit dem Auto ergibt.

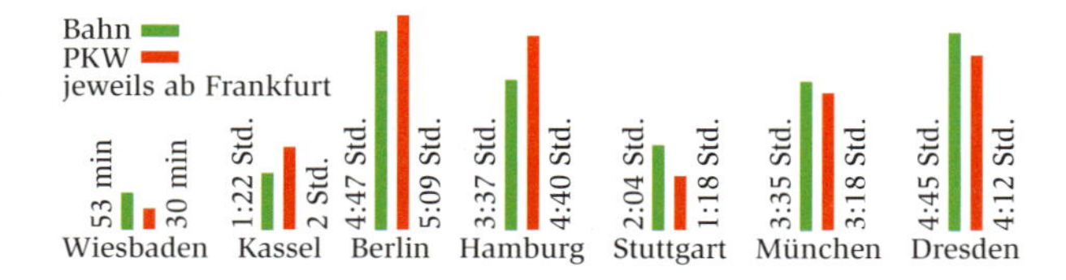

Das kannst du schon

Diagramme lesen und anfertigen

Aus dem nebenstehenden Diagramm kannst du die zugehörige Bewegung erkennen und beispielsweise eine dazu passende Geschichte erfinden. Sollte auf einer Teilstrecke eine Geschwindigkeitsbegrenzung von vielleicht 50 km/h vorliegen, kannst du mit Berechnungen herausfinden, ob sie eingehalten wurde.

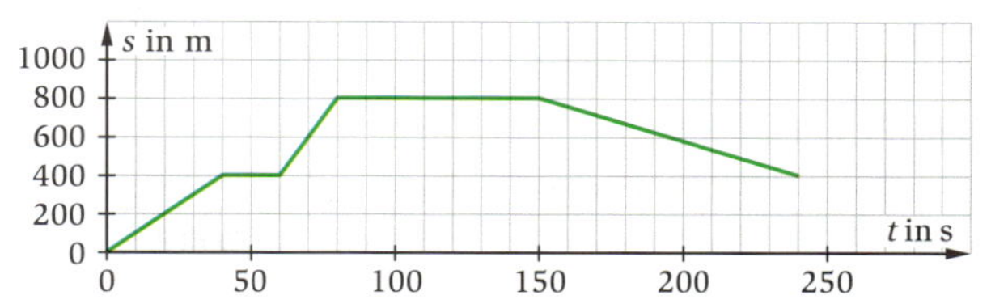

Ein *t*-*s*-Diagramm erzählt eine Geschichte.

Messergebnisse auswerten

Messwerte, die man aus Experimenten gewonnen hat, sind mit Fehlern behaftet. Willst du beispielsweise die Messwerte auswerten, die du bei der Beobachtung einer gleichförmigen Bewegung erhalten hast, trägst du die Werte in ein *t*-*s*-Diagramm ein.

Um die Messfehler auszugleichen, zeichnest du eine Ausgleichsgerade. Die Geschwindigkeit der Bewegung ermittelst du dann aus der Ausgleichsgeraden.

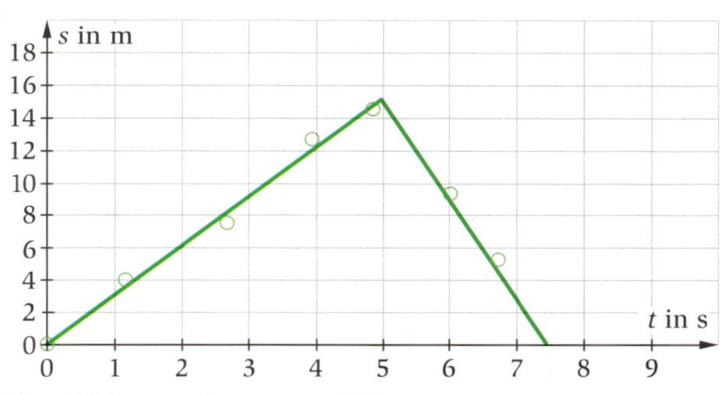

Messfehler werden ausgeglichen.

Einheiten umrechnen

Die gängigen Einheiten der Geschwindigkeit sind

$$1\,\frac{\text{m}}{\text{s}} \text{ und } 1\,\frac{\text{km}}{\text{h}}.$$

Du kannst Geschwindigkeitsangaben von der einen in die andere Einheit umrechnen.

Manchmal erkennt man die Geschwindigkeitsangabe nicht sofort.

Bewegungen mathematisch beschreiben

Du kennst den mathematischen Zusammenhang zwischen Ort, Zeit und Geschwindigkeit bei einer gleichförmigen Bewegung und kannst damit einzelne Größen berechnen.

$s = v \cdot t$	s	5 m		100 m
$v = s/t$	v		36 km/h	4,5 m/s
$t = s/v$	t	2 s	10 s	

Zwei Größen ergeben eine dritte Größe.

Zwischen Betrag und Richtung unterscheiden

Die Geschwindigkeit besitzt Betrag und Richtung. Man kann dies durch einen Pfeil veranschaulichen. Die Länge des Pfeils gibt den Betrag an. Die Richtung des Pfeils gibt an, in welche Richtung man sich bewegt.

Bei einer Karussellfahrt ändert sich ständig die Richtung der Geschwindigkeit. Dreht sich das Karussell immer gleich schnell, ist der Betrag der Geschwindigkeit eines Mitfahrers konstant.

Alltagsprache und Fachsprache trennen

Geschwindigkeit, Ort, Zeit und *t*-*s*-Diagramm sind für dich physikalische Fachbegriffe, deren Bedeutung du kennst. Du kannst zwischen der umgangssprachlichen und der physikalischen Bedeutung des Wortes Geschwindigkeit unterscheiden.

Wenn man sagt: „Die Geschwindigkeit beträgt 100 kmh“, meint man eigentlich nur den Betrag. „Tempo 100“ bedeutet eigentlich v = 100 km/h.

Kennst du dich aus?

A1 Ein Auto soll mit einer konstanten Geschwindigkeit vom Betrag v = 0,30 m/s fahren.

a) Berechne die Wege für t = 0 s, 1 s, 2 s, 3 s, 4 s und zeichne ein t-s-Diagramm für diese Bewegung.

b) Berechne den Weg s, den das Auto in 2,5 s zurücklegt, und die Zeit t, die es für 0,5 m braucht. Bestätige die Ergebnisse anhand des Diagramms.

A2 Die Leitpfosten an der Autobahn haben einen Abstand von 50 m. Gib an, wie du damit die Anzeige des Tachometers bei 100 km/h überprüfen kannst.

A3 Bestimme die Fahrzeit eines PKWs für die Strecke von Frankfurt nach Berlin (s = 550 km), wenn er mit einer annähernd konstanten Geschwindigkeit von v = 120 km/h fährt.

Berechne die Zeit, die er für die 50 m lange Strecke zwischen zwei Leitpfosten benötigt.

A4 Das Licht legt in einer Sekunde einen Weg von etwa 300 000 km zurück.

Berechne die Laufzeit des Lichts von der Sonne zur Erde (150 Mio. km).

A5 Eine Geschwindigkeitsbegrenzung ist mit „Tempo 30" in vielen Wohngebieten vorgeschrieben.

Der reine Bremsweg bis zum Stillstand eines Autos ist bei 50 km/h etwa 20 m und bei 30 km/h etwa 7 m lang.

Wird nun ein Autofahrer zu einer Vollbremsung gezwungen, so reagiert er erst nach einer „Schrecksekunde" von ca. 0,5 s.

Berechne den gesamten Weg bis zum Stillstand für die beiden Geschwindigkeiten.

A6 Die Entfernung von Frankfurt nach Kassel beträgt rund 200 km. Wenn eine Autofahrerin diesen Weg in zwei Stunden und 30 Minuten zurücklegt, dann hat sie eine mittlere Geschwindigkeit von 200 km / (2,5 h) = 80 km/h erreicht. Während der Fahrt ist sie teils schneller, teils langsamer gefahren. Vereinfachend nehmen wir an, sie sei gleichförmig mit 80 km/h gefahren.

a) Bestimme die Entfernung von Frankfurt nach einer Fahrtzeit von 3 Stunden 45 Minuten.

b) Gib die Zeit an, nach der die Fahrerin 100 km vor Kassel war.

A7 Ein Radfahrer legt auf einer Radtour die ersten 12 km in 30 Minuten zurück. Anschließend geht es etwas bergauf, sodass er für die nächsten 6 km 18 Minuten benötigt. Von dort aus fährt er in 40 Minuten zum Ausgangspunkt zurück.

a) Zeichne ein t-s-Diagramm der Bewegung.

b) Ermittle die Geschwindigkeiten auf den verschiedenen Teilabschnitten.

c) Gib an, wann er eine 15 km entfernte Ortschaft erreicht. Du kannst von einer gleichförmigen Bewegung ausgehen.

A8 Das Foto oben zeigt den 100-Meter-Läufer Usain Bolt bei seinem Weltrekordlauf während der Leichtathletik-Weltmeisterschaft in Berlin 2009. Während des Rennens wurden in Abständen von 10 m die Zwischenzeiten gemessen. Diese kannst du in der Tabelle ablesen.

t in s	s in m	t in s	s in m
1,89	10	6,31	60
2,89	20	7,12	70
3,79	30	7,92	80
4,64	40	8,75	90
5,47	50	9,58	100

a) Stelle die Messwerte aus der Tabelle in einem t-s-Diagramm dar. Diskutiere, ob es sich um eine gleichförmige Bewegung handelt. Begründe ein sinnvolles Verfahren, die Punkte zu verbinden.

b) Überlege, wie sich näherungsweise die Geschwindigkeit des Läufers zwischen zwei Messpunkten errechnen lässt. Stelle die Geschwindigkeiten in einer Tabelle und in einem Diagramm dar.

c) Beschreibe mithilfe deiner gewonnenen Erkenntnisse den Rennverlauf möglichst genau.

d) Präsentiere die Ergebnisse deinen Mitschülern.

A9 Das Diagramm zeigt die Entfernung zwischen Wohnung und Arbeitsstätte von Berufspendlern in den Jahren 1996 und 2008.

a) Beschreibe die Veränderungen, die sich zwischen 1996 und 2008 ergeben haben.

b) Nenne Gründe, die zu diesen Veränderungen geführt haben könnten.

c) Nenne Auswirkungen, die Veränderungen – beispielsweise in Bezug auf die Verkehrsdichte oder die Nutzung öffentlicher Verkehrsmittel – haben könnten.

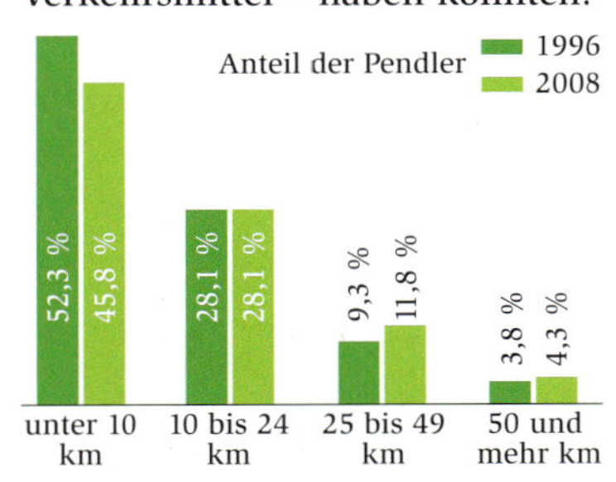

A10 Ein Berufspendler benötigt für seinen 4 Kilometer entfernten Arbeitsplatz 20 Minuten. Ein anderer gibt als benötigte Zeit 25 Minuten bei einer Entfernung von 20 km an.

a) Nenne mögliche Erklärungen für den geringen Zeitunterschied trotz der sehr unterschiedlichen Entfernungen.

b) Berechne die mittleren Geschwindigkeiten von beiden.

c) Stelle Vermutungen über den Wohnort der beiden Pendler an. Begründe deine Vermutung (vgl. Diagramnn zu Aufgabe A9).

A11 **a)** Erkläre die Bedeutung der Größe *s* auf der vertikalen Achse im Diagramm.

b) Beschreibe die Bewegung des Fahrzeugs in den vier verschiedenen Zeitabschnitten qualitativ. Begründe jeweils.

c) Ermittle jeweils die Geschwindigkeit in den ersten beiden Zeitabschnitten.

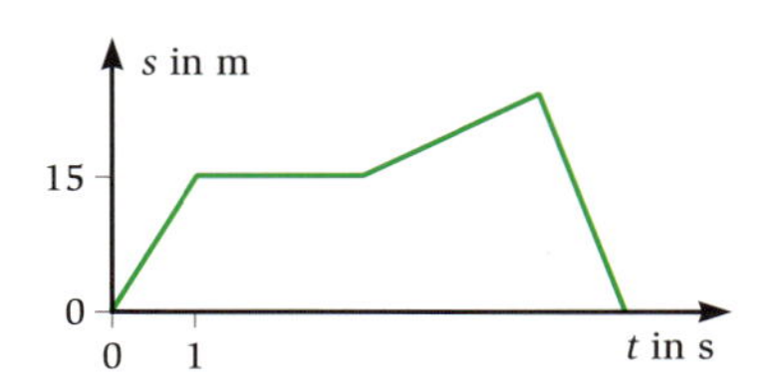

A12 Berechne die Zeitersparnis eines TGV gegenüber einem ICE (jeweils im Regelbetrieb) auf der Strecke Frankfurt-Berlin (ca. 550 km).

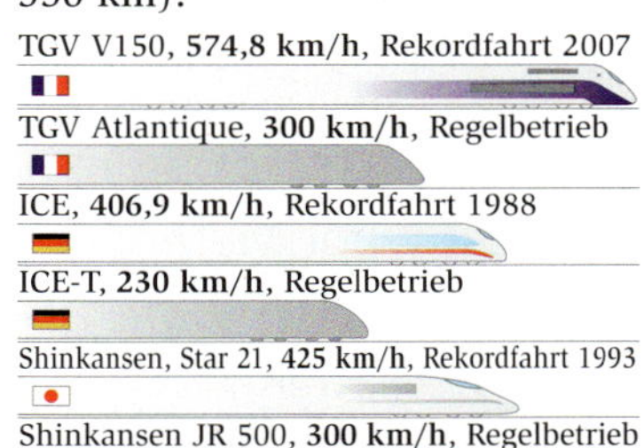

Projekt

Ampelschaltung im Zeit-Ort-Diagramm

Dieses Bild zeigt die Grünphasen (grüne Striche) der einzelnen Ampelanlagen in einer 1500 Meter langen Straße. Auf der horizontalen Achse ist die Zeit angetragen. Auf der vertikalen Achse können die Abstände der Ampelanlagen abgelesen werden. Beispielsweise hat die von der Lernsenstraße 1100 Meter entfernte Esmarchstraße ihre erste Grünphase von $t_1 = 5\,\text{s}$ bis $t_2 = 35\,\text{s}$.

Bearbeitet in Gruppen folgende **Arbeitsaufträge:**

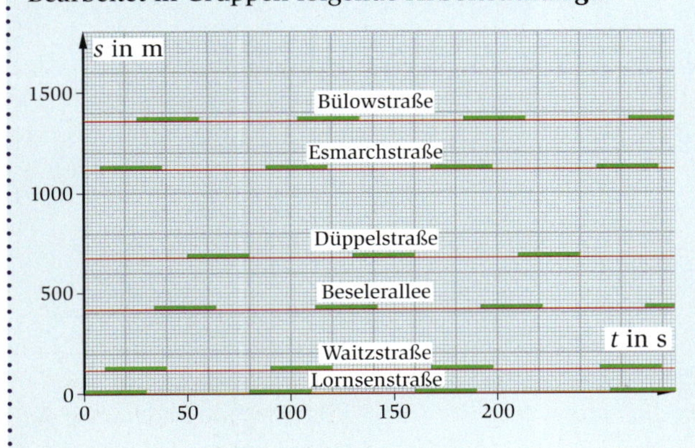

1 Übertragt das Diagramm in euer Heft. Lest aus dem Diagramm die Grünphasen der Düppelstraße ab.

2 Ein Autofahrer fährt mit konstanter Geschwindigkeit und kommt bei jeder Ampel genau dann an, wenn sie auf Grün schaltet. Zeichnet das entsprechende *t-s*-Diagramm ein. Bestimmt die Geschwindigkeit, mit der das Auto fahren muss.

3 Ein Fahrzeug passiert die erste Ampel, als diese gerade auf Grün springt. Es soll die letzte Ampel gerade noch bei Grün erreichen. Ermittelt die erforderliche (konstante) Geschwindigkeit.

4 Gebt die Anzahl der Autos an, die bei einer Geschwindigkeit von 50 km/h während einer Grünphase die Ampel passieren können (bei einer Autolänge von ca. 5 m und einem Fahrzeugabstand von ca. 15 m).

5 Nennt Probleme hinsichtlich der grünen Welle, die bei sehr dichtem Verkehr auftreten können.

6 Informiert euch über die Grünphasen der Ampelanlagen einer Straße in eurer Stadt und erstellt ein ähnliches Diagramm wie in der Abbildung. Stellt vergleichbare Überlegungen an wie in der Aufgabe.

Zukunftssichere Energieversorgung – Physik in der Verantwortung

Das kannst du in diesem Kapitel erreichen:

- Du wirst zwischen regenerativen und erschöpfbaren Energien unterscheiden können.
- Du wirst deine Verhaltensweisen vor dem Hintergrund begrenzter Energievorräte bewerten können.
- Du wirst erkennen, dass fast alle Energie, die wir nutzen, von der Sonne kommt.
- Du wirst Methoden kennen, die Energie der Sonne einzufangen und sinnvoll zu nutzen.
- Du wirst dein Wissen über Energieleitung nutzen können, um die Heizkosten eines Hauses zu verringern.
- Du wirst erkennen, dass wir aus Verantwortung gegenüber der Umwelt mit Energie sparsam umgehen müssen.

Die Sonne – unser Energielieferant

A1 Der Schlauch für den Rasensprenger oben im Bild hat an einem wolkenlosen Sommertag auf dem Rasen gelegen. Schreibe Vermutungen auf, warum zuerst heißes Wasser aus dem Rasensprenger kommt. Erkläre auch, dass die Erfrischung noch stattfinden wird.

A2 Suche und beschreibe andere Situationen, in denen Sonnenschein Ursache für Temperaturanstieg ist.

A3 Nenne Gründe für und gegen das Heizen mit Holz.

A4 Kochen, nur mit der Sonne – wie kann das funktionieren?

Recherchiere im Internet und finde heraus, worauf es ankommt, damit die Speisen gar werden.

A5 Führe Interviews durch mit der Frage: Wie kann man die Energie der Sonne nutzen?

A6 Der Innenraum in der Sonne parkender Autos heizt sich oft stark auf. Erkläre, warum dies geschieht und wie man das vermeiden kann.

A7 Der Besitzer des Hauses oben im Bild rechts behauptet, er nutze Sonnenenergie auf zwei Wegen. Versuche, das zu erläutern.

A8 Schreibt alle Hinweise dafür auf, dass folgendes Bild im Winter entstanden ist:

Der Aasee, aufgenommen um 15:30 Uhr

Fast alle Energie kommt von der Sonne

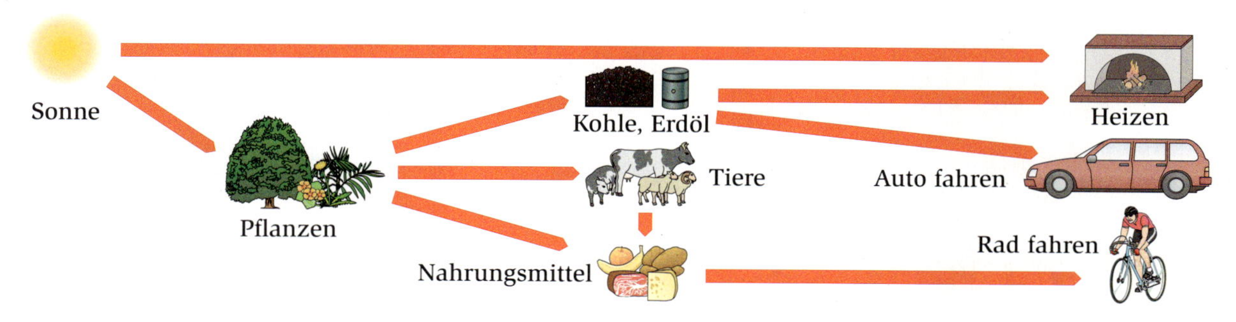

B1 Wir alle benötigen Energie – zum Heizen, zum Autofahren, zum Radfahren. Wo kommt sie her?

1. Wo kommt die Energie her, die wir nutzen?

In → B1 findest du rechts Bespiele für die alltägliche Nutzung von Energie: Heizen, Auto fahren, Rad fahren. Nichts davon geht ohne Energiezufuhr. Wo kommt die Energie her? Die Blockpfeile in → B1 geben Hinweise:

Menschen benötigen **Nahrungsmittel** und **Brennstoffe** zur Deckung ihres Energiebedarfs. Als Nahrung dienten ihnen früher Früchte und erlegtes Wild. Später legten sie Felder an und züchteten Tiere.
Ihre Energievorräte wuchsen immer wieder nach.

Erst mit Beginn der *Industrialisierung* vor etwa 150 Jahren reichte der „nachwachsende Rohstoff" Holz nicht mehr aus. Die Fabriken brauchten große Mengen Brennstoff, die Wälder waren bald abgeholzt. Also deckte man den angewachsenen Energiebedarf durch Kohle.

Die chemische Industrie produzierte neue Artikel aus Kunststoff („Plastik"), zu deren Herstellung man Erdöl benötigt. Die stark angewachsene Bevölkerung konnte ohne Düngung der Felder mit Kunstdünger nicht mehr ernährt werden. Auch zum Herstellen von Kunstdünger braucht man große Energiemengen.

Woher aber haben Erdöl, Kohle und Holz oder Kartoffeln, Nudeln, Zucker, Hamburger und Fischstäbchen ihre Energie?

Alle Brennstoffe stammen von Pflanzen, die sich ohne die Energie der Sonnenstrahlung nicht entwickeln können. Das gleiche gilt für alle unsere Nahrungsmittel, für Gemüse und Obst, aber auch für Fleisch und Fisch. Bei welcher Energienutzung man immer beginnt, jede dieser Energie-Übertragungsketten fängt bei der Sonne an.

Merksatz

Vollständige Energie-Übertragungsketten beginnen fast immer bei der Sonne.

Interessantes

B2 Ein Thermalbad bei Schnee und Eis

Keine Stadt kann es sich leisten, im Winter ein beheiztes Freibad zu betreiben. Ständig wird Energie vom heißen Wasser an die kalte Luft übertragen, ständig müsste viel teures Gas oder Öl verbrannt werden, um dem Badewasser Energie zuzuführen.
Nur dort, wo heißes Wasser gratis aus der Erde sprudelt, gibt es Thermalbäder, die im Winter Badespaß ermöglichen.
Die Energie von Thermalwasser kommt nicht von der Sonne, sie kommt aus dem Erdinnern.

Mach's selbst

A1 An Stellen, wo heißes Wasser aus dem Boden tritt, entstehen meist Thermalbäder mit Kureinrichtungen. Nenne drei Beispiele aus Hessen.

A2 Aus deinem Physikunterricht kennst du einige Gründe, weshalb der Betrieb von Freibädern im Winter besonders energieaufwändig ist. Zähle sie mit Erläuterung auf.

B1 Erdöl wird aus der Tiefe gepumpt.

B2 Die Energie des Windes wird gewandelt.

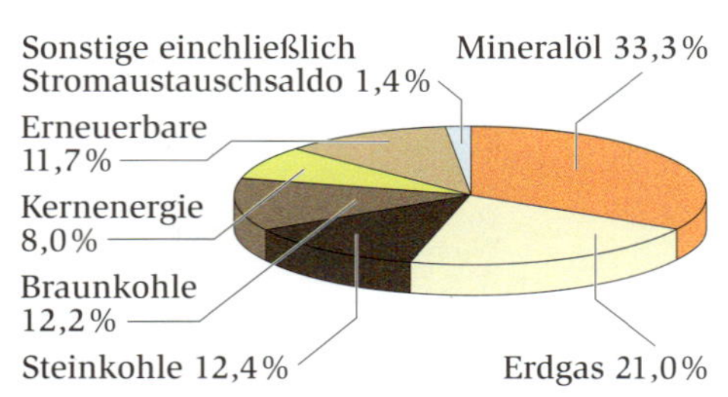

B3 Deckung des Primärenergiebedarfs in Deutschland 2007

2. Nicht erneuerbare und erneuerbare Energien

Für unser Leben benötigen wir viel Energie: zum Heizen der Häuser, für Autos und Bahnen, zum Kochen, Waschen, zum Fernsehen, für Computer, zum Bau von Häusern und Straßen und schließlich für die Industrie, die die Dinge herstellt, die wir täglich gebrauchen.

Wie → B3 zeigt, kommt der größte Teil der von uns genutzten Energie aus Kohle, Erdöl und Erdgas. Diese Energie steht am Anfang einer Energiekette, man nennt sie daher **Primärenergie.** Aus ihr gewinnt man die **Nutzenergie.** Beispiel: Die Energie der Kohle wird in elektrische Energie gewandelt.

In Kohle, Erdöl → B1, Erdgas ist Sonnenenergie gespeichert. Die drei Energieträger entstanden unter besonderen Klimabedingungen vor etwa 500 Mio. Jahren. Ihr Vorrat ist begrenzt und ist **nicht erneuerbar.** Man spricht von **fossiler** Energie.

Die Energie des Wassers im Stausee, des Windes → B2, der Sonnenstrahlung selbst wird durch die Sonne erneuert. Man spricht in diesem Fall von **erneuerbarer** oder **regenerativer** Energie.
Im Brennholz steckt erneuerbare Energie. Bäume wachsen nach. Naturvölker nutzen nur erneuerbare Energien → B4, wir plündern die fossilen Energien, die einmal aufgebraucht sein werden.

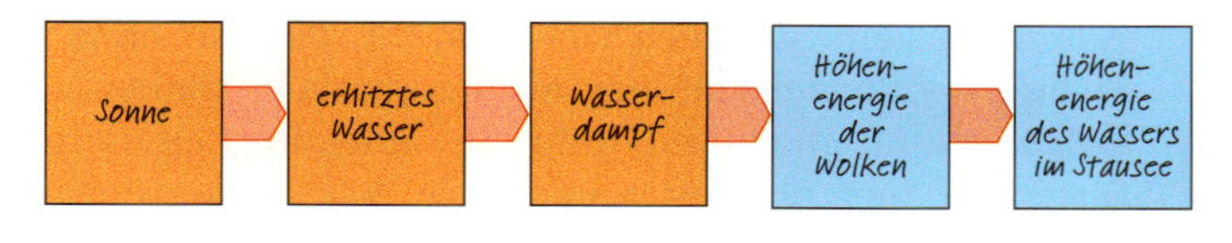

B4 Wir benötigen zum Kochen Strom und Gas, Naturvölker kommen mit Holz aus.

Merksatz

Unter fossiler Energie versteht man die Energie, die in nicht mehr erneuerbaren Energieträgern steckt (z. B. Kohle).
Der Vorrat an erneuerbarer Energie wird durch die Sonne stets wieder aufgefüllt (Wind, fließendes Wasser).

Vertiefung

Woher stammt die Energie von Kohle, Öl und Gas?

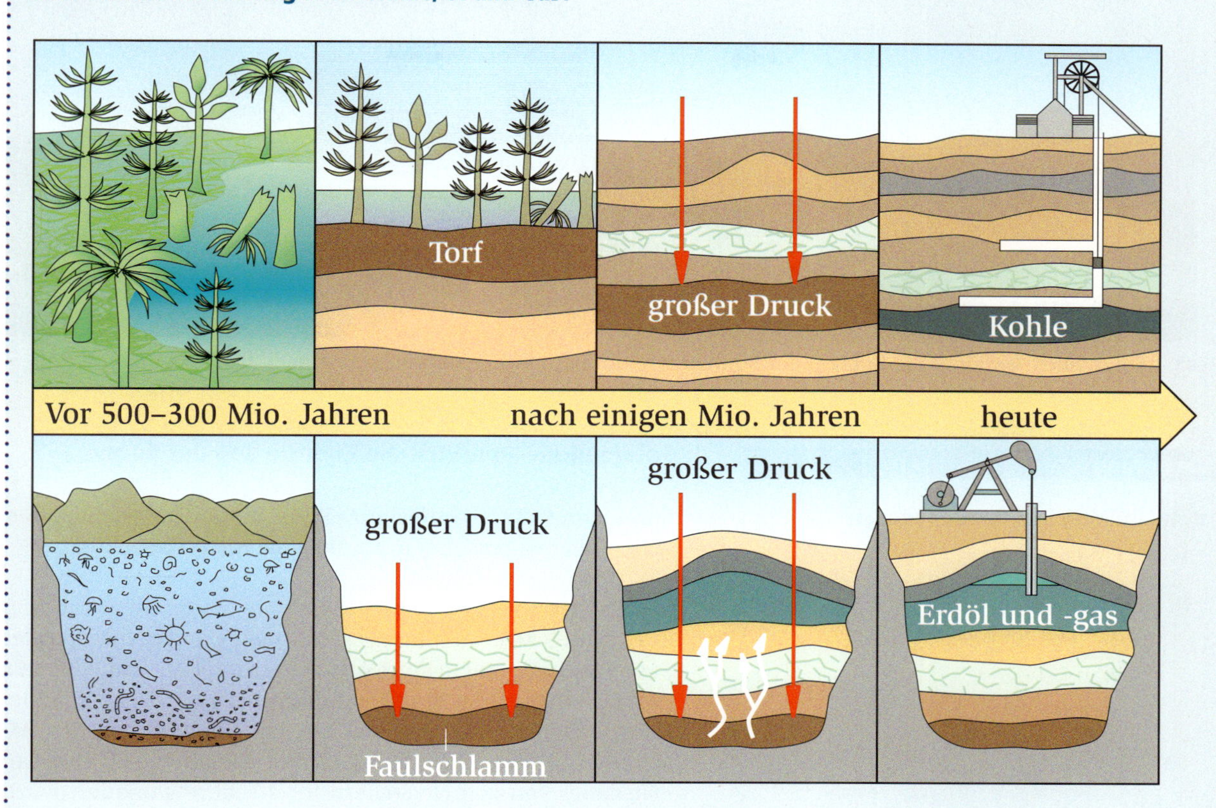

In Kraftwerken und in Hausheizungen werden Kohle, Erdöl und Erdgas verbrannt.

Die Energie dieser Brennstoffe kam von der Sonne, sie enthalten „gespeicherte" Sonnenenergie:

Vor Millionen von Jahren sind im Licht der Sonne und damit mit Sonnenenergie Pflanzen und Kleinlebewesen gewachsen, aus denen die Brennstoffe wurden, die wir heute aus der Tiefe der Erde fördern.

Kohle entstand aus üppigen Wäldern, die in einem warm-feuchten Klima wuchsen. Die Pflanzen versanken in Sümpfen und bildeten Torfschichten. Diese konnten wegen des bestehenden Sauerstoffmangels nicht verfaulen.
Aus der Mächtigkeit vieler Kohlelagerstätten muss man annehmen, dass sich das Sumpfgebiet über lange Zeitspannen absenkte. Schließlich kam es zur Ablagerung von Sand und Schlammschichten auf den Torf. Durch den Druck dieser Schichten verwandelte sich der Torf allmählich zu Kohle.

Erdöl und Erdgas entstanden aus Kleinlebewesen (tierisches und pflanzliches Plankton), die auf den Boden eines Meeres sanken und von Schlamm überdeckt wurden. Durch den so entstehenden Sauerstoffmangel konnte das organische Material nicht verwesen. Es entstand Faulschlamm. Mit Hilfe von Bakterien wandelten sich die Kohlehydrate, Eiweißstoffe und Fette des Planktons in Bitumen. Durch Anstieg von Druck und Temperatur entstanden Erdöl und Erdgas.

Seit kaum mehr als 150 Jahren werden diese **fossilen** Brennstoffe überall auf der Erde intensiv genutzt.

Kohle, Erdöl und Erdgas sind wichtige Energieträger. Sie sind auch wesentliche Grundstoffe für die chemische Industrie.
Kunststoffe („Plastik") und viele Medikamente werden aus Erdöl produziert.
Erdöl ist der Ausgangsstoff für Benzin und Diesel. Seine Vorräte werden knapp.

Die fossilen Energievorräte sind nicht erneuerbar.

Direkte Nutzung der Sonnenenergie

B1 Solarzellen wandeln die Energie der Sonnenstrahlung direkt in elektrische Energie.

Vertiefung

Umwandlung von Sonnenenergie

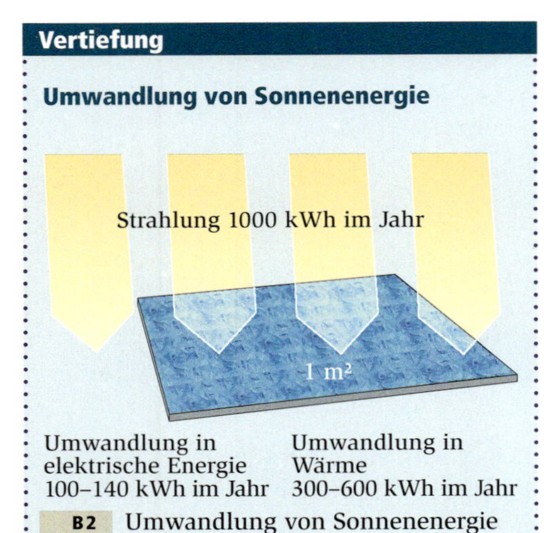

B2 Umwandlung von Sonnenenergie

In einem Jahr strahlt die Sonne in Deutschland im Mittel die Energie 1000 kWh pro Quadratmeter ein. Die jahreszeitlichen Schwankungen sind groß (bei klarem Himmel pro Tag im Sommer 5 kWh pro m^2, im Winter 1 kWh pro m^2).
Die *Energiedichte*, also die Energie, die auf einen Quadratmeter entfällt, ist klein. Man benötigt also große Flächen, um größere Energiemengen zu sammeln. Das macht die direkte Nutzung der Sonnenenergie teuer, der Geländebedarf ist groß.
Da die Sonne im Winter wenig und schwach, in der Nacht gar nicht scheint – genau in diesen Zeiten ist der Bedarf an elektrischer Energie groß – muss noch an Speichermöglichkeiten für elektrische Energie geforscht werden.

1. Solarzellen – elektrische Energie von der Sonne

Für uns ist die elektrische Energie besonders wichtig. Ein Leben, wie wir es führen, ist ohne sie nicht vorstellbar.

Solarzellen → B1 wandeln die Energie der Sonnenstrahlung direkt in elektrische Energie. Man nennt diese Nutzung der Sonnenenergie auch **Fotovoltaik.** Solarzellen wandeln zur Zeit bis zu 16 % der Sonnenstrahlung in elektrische Energie. Ihre Herstellung benötigt viel Energie. Sie wird von den Solarzellen in etwa drei Jahren wieder „geerntet". Da ihre Lebensdauer von den Herstellern für 20 Jahre garantiert wird, entsteht ein Energieüberschuss. Fotovoltaik ist daher in sonnenreichen Regionen rentabel.

Da eine Solarzelle nur Energie liefert, solange sie beschienen wird, muss man Speichermöglichkeiten haben. Für den kleinen Bedarf bei „Energieverbrauchern" wie Taschenrechnern ist das kein Problem. Große Anlagen liefern ihre Energie ins Netz, das die stoßweise gelieferte Energie aufnimmt. Wegen der fehlenden Speicher muss im gleichen Moment, in dem Solarzellen keine Energie liefern, z. B. ein Gaskraftwerk „hochgefahren" werden.

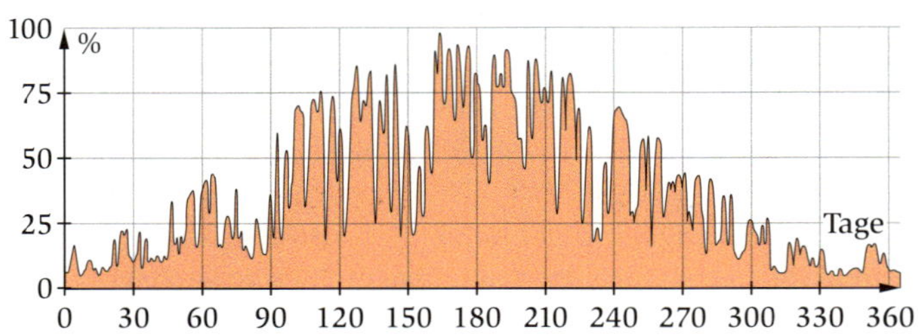

B3 Abgabe elektrischer Energie einer Fotovoltaikanlage in Freiburg. Freiburg gilt als die sonnenreichste Stadt im Süden Deutschlands. 100 % bedeutet, dass die Anlage ihre maximal mögliche Leistung, die Nennleistung abgibt.

2. Warmes Wasser durch die Sonne

Die Energie der Sonnenstrahlung kann in Sonnenkollektoren zum Erhitzen von Wasser genutzt werden → B4. Dabei wird eine Flüssigkeit (oft Wasser mit einem Frostschutzmittel), die in schwarzen Rohren zirkuliert, durch die Sonne erhitzt. Eine kleine Pumpe befördert die heiße Flüssigkeit durch einen großen Wassertank, in dem sie ihre Energie an das Brauchwasser abgibt und abgekühlt wieder zum Kollektor zurückfließt. Damit der Kollektor selbst möglichst wenig Energie an die Umgebung abgibt, ist er auf der Vorderseite mit einer Glasscheibe, auf der Rückseite mit Dämmmaterial geschützt.

Sonnenkollektoren nutzen die Sonnenenergie wesentlich besser als Solarzellen. Sie „ernten" bis zu 80 % der auftreffenden Strahlungsenergie – allerding weniger Stunden am Tag als Solarzellen.

Einige sonnenarme Tage kann man durch große Warmwasserspeicher überbrücken. Im Sommer Energie für den Winter zu speichern ist leider kaum möglich. Die Wassertanks müssten zu groß sein, die heutige Isolation kann die allmähliche Entwertung der gesammelten Energie nicht verhindern. Man erforscht zur Zeit aber bessere Speichermöglichkeiten.

Mit Sonnenkollektoren kann man die Umwelt wirksam schonen: Während des Sommerhalbjahres lässt sich das Brauchwasser für Bad und Küche auf die gewünschte Temperatur bringen – ohne Gas, ohne Strom.

Solarthermische Kraftwerke dienen der Erzeugung elektrischer Energie → B5. Parabolspiegel bündeln das Sonnenlicht auf ein Absorberrohr in ihren Brennlinien. In dem Rohr zirkuliert eine Flüssigkeit, die verdampft. Der Dampf treibt eine Turbine an. Im sonnenreichen Andalusien (Spanien) befindet sich das größte Solarkraftwerk Europas mit einer Spitzenleistung von 50 Megawatt. Dieses Kraftwerk versorgt etwa 200 000 Menschen mit elektrischer Energie.

B4 Sonnenkollektor zur Brauchwassererhitzung

B5 Solarthermisches Kraftwerk

Mach's selbst

A1 Auf einem Dach soll eine Fotovoltaikanlage installiert werden. Nenne die Größen, die den Ertrag bestimmen.

A2 Für Solaranlagen wird der Spitzenwert (z. B. in kWh/Tag) angegeben. Den erreicht die Anlage unter optimalen Bedingungen.
Nenne diese Bedingungen. Untersuche insbesondere den Einfluss der Jahreszeiten.

A3 Recherchiere im Internet, welche Regionen Deutschlands sich am ehesten für Fotovoltaik eignen.

A4 Ermittle, welche Einspeisungsvergütung dem Anlagenbetreiber je Kilowattstunde gezahlt wird. Vergleiche mit der Einspeisungsvergütung für Windenergie.

A5 Beschreibe und begründe die Energieabgabe der Fotovoltaikanlage nach dem Diagramm in → B3 im Verlauf des Jahres. Diskutiere, ob Energiebedarf und Energieabgabe im Jahresverlauf gut übereinstimmen.

B1 Wasserkraftwerke wandeln die Energie des Wassers in elektrische Energie.

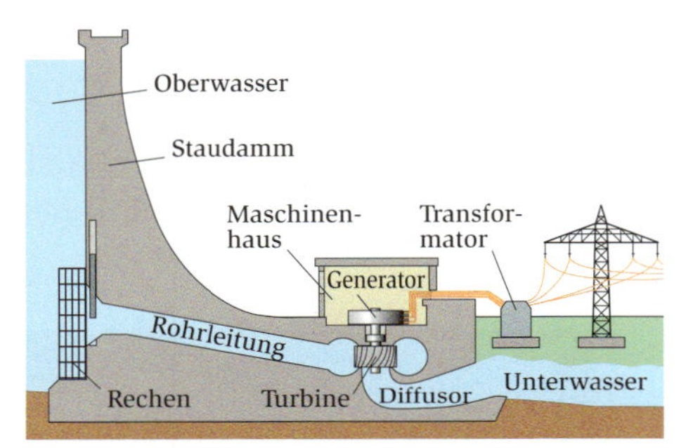

B2 Schnitt durch den Damm eines Flusskraftwerks. Am Fuß des Damms steht das aufgestaute Wasser unter hohem Druck. In einem Rohr wird es zur Turbine geleitet und spritzt aus einer Düse mit hoher Geschwindigkeit, also mit großer Energie auf die Schaufeln der Turbine. Die rotierende Turbine gibt die Energie an einen Generator ab, der sie in elektrische Energie wandelt. Diese wird mit Hochspannungsleitungen zu den Verbrauchern geleitet.

1. Auch Wasserkraftwerke nutzen Sonnenenergie

Ein wichtiger Teil der elektrischen Energie, die wir nutzen, kommt von Wasserkraftwerken → B1. Doch woher hat das Wasser seine Energie?

Wie du schon im Kapitel über das Wetter gelernt hast, erhöht die Energiestrahlung der Sonne die Temperatur der Meere, vor allem in den Tropen. Dadurch verdunsten große Mengen Wasser. Der Wasserdampf steigt hoch und kühlt sich dadurch ab. Er kondensiert, es entstehen Wolken. Wind treibt die Wolken zum Land, wo sie ihre Wasserfracht auch auf die Berge als Regen abgeben.

In → B2 siehst du einen Staudamm an einem Fluss. In einem solchen Wasserkraftwerk wird die Höhenenergie des Wassers in elektrische Energie gewandelt.
Bei Wasserkraftwerken kann die elektrische Energie jederzeit abgerufen werden – im Gegensatz zu Solarzellen, die nur dann Energie liefern, wenn die Sonne scheint, oder Windkraftwerken, die nur bei Wind Energie liefern können.

Interessantes

In China wurde 2006 das größte Bauprojekt der Menschheit fertig gestellt. Der Dreischluchtendamm staut den Yangzi zu einem 660 km langen See auf.

Durch den riesigen Damm (2300 m lang, 185 m hoch) will man
- Überschwemmungen vermeiden,
- elektrische Energie bereitstellen, um die Industrialisierung Zentralchinas zu ermöglichen.
- die Schiffbarkeit des Yangzi verbessern.

Die Ziele wurden erreicht. Jährlich werden $85 \cdot 10^9$ kWh elektrische Energie ohne Luftverschmutzung erzeugt.

Der Preis hierfür war hoch: 1,3 Mio. Menschen mussten umgesiedelt werden (zum Vergleich: Frankfurt 700 000 Einwohner). Dörfer, Städte, wertvolle Kulturgüter wie Tempel, Gräber, Felsmalereien versanken in den Fluten.

2. Windenergie aus Sonnenenergie

Wind ist bewegte Luft. Wenn der Wind dem Segelschiff ins Segel weht, wird die Luft gebremst oder umgelenkt. Dabei wird Energie des Windes auf das Boot übertragen. Die Fahrt beginnt → B3.

Doch was bewegt die Luft, woher bekommt sie ihre Energie? Die Sonne strahlt ständig Energie auf die Erdoberfläche. Manche Stellen verschlucken die Strahlung stärker und nehmen deshalb eine höhere Temperatur an als andere Flächen. Heiße Luft steigt auf, weil kältere Luft sie nach oben drückt. So entsteht ein Kreislauf bewegter Luft → B4.
Die am Erdboden strömende Luft nennen wir Wind.
Heiß und Kalt sorgen also für den Segelwind.

Die Erde ist in Äquatornähe von einem erdumspannenden Windsystem überzogen. Diese Passatwinde entstehen in den Zonen, auf die die Sonne senkrecht einstrahlt. Erde und Wasser werden dort besonders stark erhitzt. Dadurch steigt Luft auf und fließt in großer Höhe nach Norden. Über den Wendekreisen sinken die inzwischen abgekühlten Luftmassen wieder ab und wehen zum Äquator zurück. Durch die Erddrehung wird aus dem Nordwind ein NO-Wind, der NO-Passat (auf der Südhalbkugel der SO-Passat). Passatwinde wehen ständig, waren daher früher für Segelschiffe besonders wichtig.

An Land nutzte man schon im Altertum die Energie des Windes mit Windmühlen → B5. Schon damals wussten die „Windmüller“, wo sie ihre Windmühlen am besten bauen mussten: auf Hügeln oder an Küsten.

Merksatz

Die Sonne treibt die Windsysteme und das Wettergeschehen auf der Erde an. So werden die Bewegungsenergie des Windes und die Höhenenergie des Wassers ständig erneuert.

In modernen Windanlagen werden die riesigen Windräder automatisch gegen den Wind ausgerichtet. Da Wind von den Unebenheiten des Bodens abgebremst wird, montiert man sie auf hohe Masten. Sie sind mit einem Generator gekoppelt, der die Windenergie in elektrische Energie wandelt → B6.

Elektrische Energie muss in dem Moment erzeugt werden, in dem sie gebraucht wird. Für die Erzeugung elektrischer Energie aus Wind ist es daher wichtig, Orte mit stetigem Wind zu haben. Diese findet man am ehesten an oder vor der Küste in sogenannten Offshore-Anlagen.

Trotzdem ist es eine wichtige Aufgabe der Forschung, Speichermöglichkeiten für elektrische Energie zu entwickeln – für windarme Zeiten.

B3 Segelschiffe nutzen die Energie des Windes.

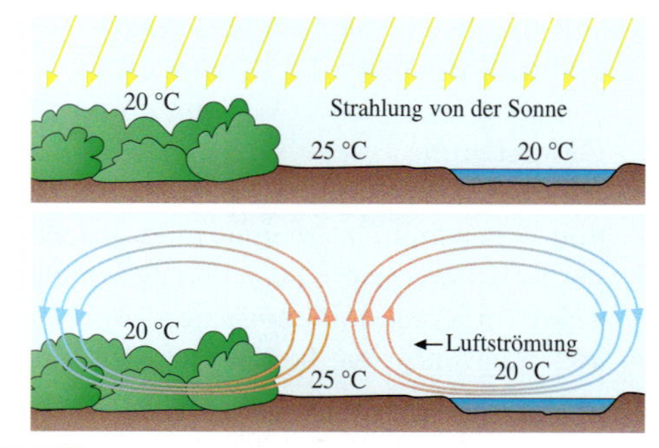

B4 Die Sonne lässt Wind entstehen.

B5 Die Energie von Windmühlen stammt vom Wind, also von der Sonne.

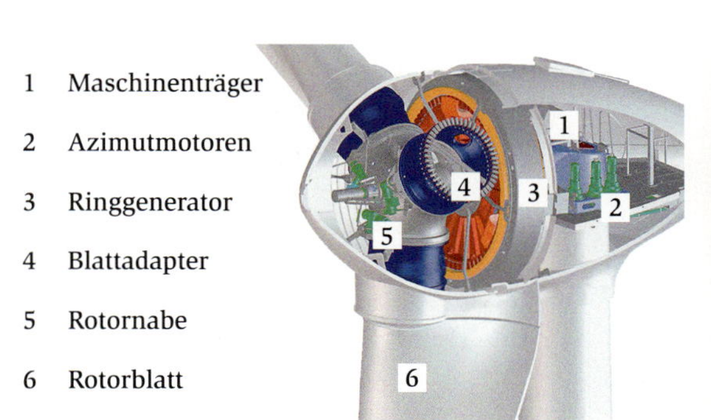

B6 Aufbau einer Windturbine

Mit Energie sorgsam umgehen

B1 Energiesparlampe

Mach's selbst

A1 Stelle eine Liste von Vorschlägen auf, wie du und deine Familie Energie sparen könnt. Gliedere die Vorschläge nach:
1. Leben im Haus, 2. Verkehr und 3. Freizeitgestaltung.

A2 Zur Herstellung und zum Transport von Lebensmitteln braucht man viel Energie. Erläutere, wie man – dies beachtend – beim Einkaufen Energie sparen kann.

A3 Begründe, weshalb man die Gewinnung von Energie mit Wasserkraftwerken in Deutschland kaum steigern kann.

A4 Erläutere, weshalb es sinnvoll ist, nachts die Rollläden herunter zu lassen

A5 Stelle eine Liste möglicher Energiesparmaßnahmen in deiner Schule auf.

A6 Verfasse eine Anleitung zur energiesparenden Benutzung von Herdplatten.

1. Warum Energie sparen?

Warum soll man das Licht ausschalten, wenn man den Raum verlässt? Warum soll man Energiesparlampen benutzen?
Beim Einschalten der Lampe setzt man eine Energie-Übertragungskette in Gang: Im Kraftwerk muss etwas mehr Kohle verbrannt werden, damit die Lampe leuchten kann.

Wir decken unseren Energiebedarf zum größten Teil aus fossilen Energien, die erschöpfbar sind, also unseren Nachkommen nicht mehr zur Verfügung stehen werden.

Die Menschheit wächst. Heute leben 7 Milliarden Menschen auf der Erde, bald werden es 8 Milliarden sein. Viele leben in Armut, sie wollen besser leben – ohne Hunger, in Häusern, wollen Autos haben. Sie wollen so gut leben wie wir.
Dazu braucht man sehr viel Energie.

Außerdem belasten wir bei der Förderung dieser Energien die Umwelt. Beim Verbrennen von Kohle, Öl und Gas verändern wir die Atmosphäre, es kommt zu einem Klimawandel mit ernsten Folgen („Treibhauseffekt").

Die Physik zeigt uns Möglichkeiten zum Energiesparen auf: Wärmedämmung von Gebäuden, energiesparende Heizungsarten (Wärmepumpen, Brennwertkessel). Auch durch unser Verhalten können wir viel Energie einsparen.

Merksatz

Je weniger Energie wir benötigen, desto weniger wird die Umwelt belastet, desto mehr Energievorräte bleiben für die nächsten Generationen.

Vertiefung

Energiebilanz fürs Haus

Ständig fließt Energie durchs Haus. Energie, die nach draußen fließt, muss ersetzt werden, sonst wird es kalt im Haus.

Hinein kommt Energie ...
- ... mit dem Brennstoff der Heizung,
- ... mit der Sonnenstrahlung,
- ... mit der elektrischen Energie.

Hinaus fließt Energie ...
- ... durch *Energieleitung*, weil durch Wände und Fensterglas Energie geleitet wird,
- ... durch *Energiemitführung* der heißen Abgase der Heizung. Auch beim Lüften und mit erhitzten Abwässern wird Energie nach außen geführt.

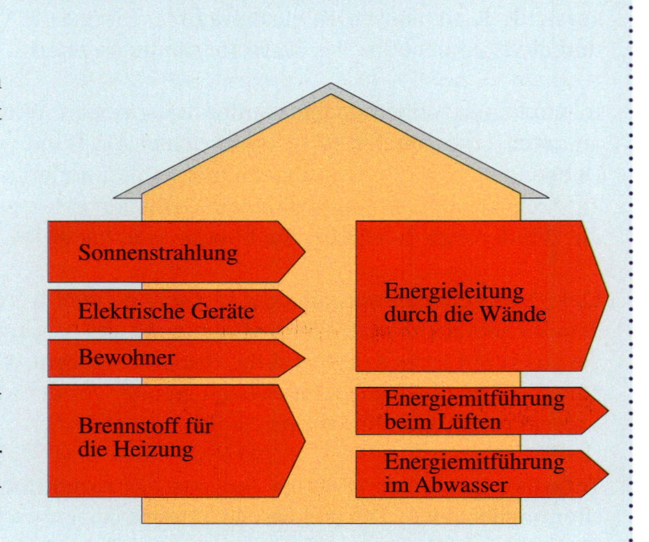

Vertiefung

Das Niedrigenergiehaus

Bei einem Niedrigenergiehaus wird der Energiebedarf für Heizung und Warmwasser durch die Sonne gedeckt. Die Nachheizung (im Winter) sollte durch erneuerbare Energieträger erfolgen.
Der Energiebedarf sollte weniger als die Hälfte eines gleich großen modernen Hauses betragen.

Solche Häuser werden heute schon angeboten.

Die Architekten erfüllen die anspruchsvollen Bedingungen durch gute Wärmedämmung von Wänden und Dach, durch Ausrichtung großer, gut isolierter Fenster nach Süden.
Die Sonnenenergie wird durch großflächige Sonnenkollektoren aufgefangen: In großen, sehr gut isolierten Tanks (≥ 30 m³) wird das erhitzte Wasser für die Heizung im Winter gespeichert. Damit kann man drei Wochen heizen. Für den Rest des Winters ist eine Holz (Pellet)-Heizung vorgesehen.

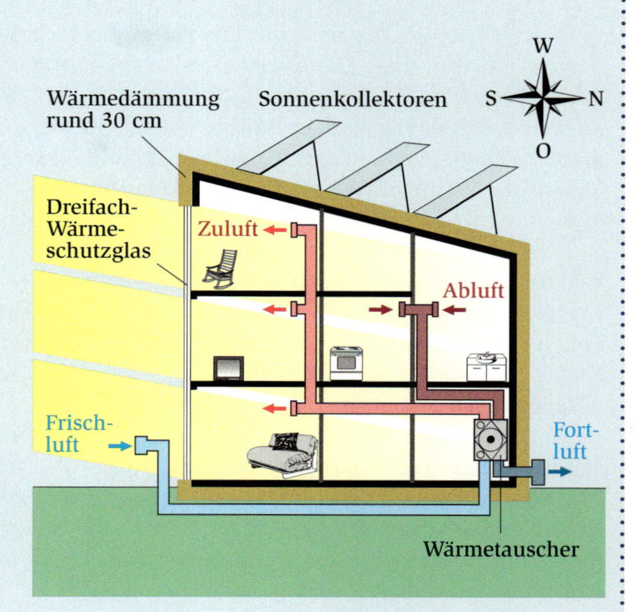

Forscherwerkstatt

Energiebilanz im Modellhaus

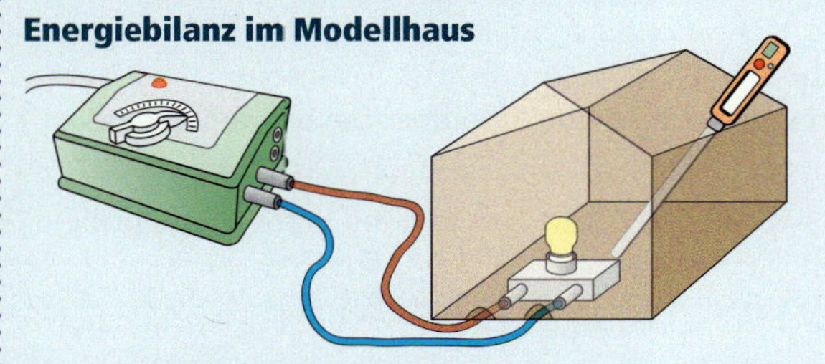

Das Modellhaus ist aus Wellpappe gebaut. Als Heizung dient eine Glühlampe, deren Heizleistung man verändern kann. Das durch das Dach gesteckte Digitalthermometer zeigt die Lufttemperatur im Haus an, ein anderes die Lufttemperatur in der Umgebung des Hauses.

1 Untersucht die Änderungen der Temperatur im Haus nach dem Einschalten der Heizung und später nach dem Ausschalten der Heizung.

2 Untersucht den Einfluss von Dämmmaterialien, mit denen ihr das Haus von außen isoliert.

3 Untersucht die Auswirkung einer „Tapete aus Alufolie“ auf die Energieverluste.

4 Erklärt eure Beobachtungen mit den im Unterricht gelernten physikalischen Grundlagen und stellt die Ergebnisse eurer Untersuchungen in einem Poster zusammen.

Kompetenz – Physik anwenden und nutzen

Wir haben die *Wege der Energie* untersucht und Unterschiede gefunden:

- Energie kommt als Strahlung von der Sonne zu uns,
- Energie kann mit bewegter Materie mitgeführt werden,
- Energie kann in Materie weitergeleitet werden.

Vorher wussten wir schon: Energie fließt von alleine immer nur von *Heiß nach Kalt*.

Wenn dich nur die physikalischen Grundlagen interessieren, könntest du dich damit zufrieden geben. Wenn du aber Dinge, die dir im Alltag begegnen, verbessern willst, kannst du das Wissen über die Wege der Energie *anwenden:*
Am Beispiel der Heizung mit Solarenergie haben wir die Wege der Energie gefunden. An Beispielen in der Natur und im Alltag haben wir gesehen, wie man den Weg der Energie in die Umgebung erschwert.

Wer sein Wissen über Physik klug nutzt, um Neues zu schaffen, darf sich *Erfinder* nennen.

Forscherwerkstatt

Die Brennstoffzelle

Bei Solarzellen passt der zeitliche Verlauf der erzeugten Energie oft nicht zum Energiebedarf. Man muss also Energie speichern.
Es besteht die Möglichkeit, elektrische Energie in chemische Energie zu wandeln, indem man mithilfe der Elektrolyse Wasser in Wasserstoff und Sauerstoff zerlegt.
In einer Brennstoffzelle kann man den Vorgang umkehren, also aus chemischer Energie wieder elektrische Energie gewinnen.
Füllt in ein Plastikgefäß konzentrierte Kaliumsulfatlösung.
Als Elektroden nehmt ihr 2 Putzschwämme aus Edelstahlspänen (aus dem Haushaltswarengeschäft) und verbindet diese mit einer Gleichstromquelle (2–4 V). Bald seht ihr Gasperlen aufsteigen – am Minuspol Wasserstoff und am Pluspol Sauerstoff.
Ihr habt mit elektrischer Energie Wasser in Wasserstoff und Sauerstoff zerlegt.
In der Industrie wird Wasserstoff aufgefangen und als Energieträger gespeichert.
Will man wieder elektrische Energie haben, so führt man das Wasserstoffgas einer Brennstoffzelle zu. In ihr verbindet sich der Wasserstoff mit dem Sauerstoff der Luft zu Wasser. Die Elektroden werden zum Minus und Pluspol einer Stromquelle.
Baut man eine solche Brennstoffzelle in ein Auto ein, so kommt aus dem Auspuff reines Wasser – keine Abgase.

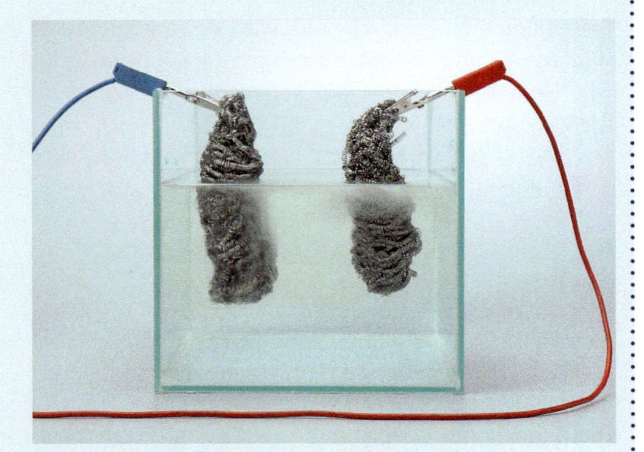

Unsere einfache Anordnung kann auch als Brennstoffzelle arbeiten:
Verbindet nun die Elektroden mit einem Spannungsmesser. Er zeigt etwa 1 V an. Ein angeschlossener Elektromotor surrt.
An den Stahlspänen (große Oberfläche!) blieben viele Gasperlen hängen, die nun zu Wasser rekombinieren. Dabei wird elektrische Energie frei.

In einer richtigen Brennstoffzelle wird die Energiewandlung durch Zufuhr von Wasserstoff und Sauerstoff gestartet – dann, wenn Strom gebraucht wird.

Arbeitet unter Aufsicht und mit einer Schutzbrille!

Vertiefung

Autofahren mit Wasserstoff

Bis 2020 sollen in Deutschland eine Millionen Autos abgasfrei, also mit Elektroantrieb fahren. Dabei bieten sich zwei Möglichkeiten an:

1. Die Autos führen die benötigte Energie in Akkus mit sich. Diese sind schwer, teuer, ihre Lebensdauer ist begrenzt, das Aufladen ist zeitaufwändig, die Reichweite liegt heute bei 200 km.
2. Man tankt Wasserstoffgas und betreibt eine Brennstoffzelle, die die elektrische Energie liefert. Reichweite heute 500 km. Nachteile: Der Wasserstoff muss beim Tanken unter hohen Druck (700 bar) in den Autotank gepresst werden, das Wasserstofftanknetz muss noch aufgebaut werden.

Tanken von Wasserstoff – in drei Minuten

Vertiefung

Problem: Speichern von Energie

Kohle-, Kern- und Wasserkraftwerke liefern Tag und Nacht elektrische Energie. Ihre Leistung kann dem Bedarf angepasst werden. Solarzellen und Windräder liefern nur bei Sonne, bei Wind. Wie deckt man den erhöhten Energiebedarf abends oder an windarmen Wintertagen? Du weißt, dass elektrische Energie zur gleichen Zeit erzeugt werden muss, in der sie gebraucht wird. Also muss man Verfahren entwickeln, um Energie zu speichern.

Pumpspeicherwerke können Energie speichern: Bei Überschuss an elektrischer Energie pumpt man Wasser aus einem tief gelegenen Becken in einen See, der möglichst hoch liegen sollte. Das Wasser hat nun Höhenenergie. Bei Bedarf lässt man es nach unten strömen und eine Turbine antreiben.

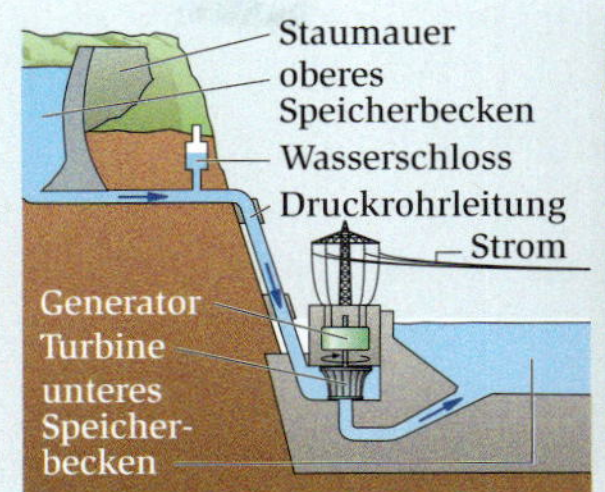

Pumpspeicherwerke sind bewährt, die Energieentwertung bei dieser Speicherung ist besonders gering (etwa 10 %).

Zum Bau von Pumpspeicherwerken benötigt man Gelände mit großen Höhenunterschieden, also Berg und Tal. Die Errichtung eines großen Staudamms und die Überflutung des betreffenden Tals ist problematisch und wird von der Bevölkerung meistens abgelehnt.

Projekt

Wissen nutzen

Du hast viel über Energie gelernt. Versuche dein Wissen zu nutzen, um eine Anleitung für möglichst energiesparendes Kochen von Speisen zu erstellen.

Einige Fakten, die du im Unterricht erlernt hast:
Wasser siedet bei 100 °C, heißer wird es bei Normaldruck nicht; bei Druckerhöhung steigt auch die Siedetemperatur (Dampfdruckkochtopf); Verdunsten, Verdampfen erfordert viel Energie; bei Kondensation des Dampfes wird diese wieder frei; in heißem Wasser steckt viel innere Energie; der Energiefluss Herdplatte-Topfboden hängt davon ab, wie gut der Boden Energie leitet.

Zeige deine Kochanleitung deinen Eltern und lasse dir Anregungen zur Verbesserung geben. Die beste Anleitung der Klasse wird kopiert und verteilt.

Vertiefung

Energieentwertung vermeiden

In einem Haushalt werden etwa 30 % der benötigten Energie für das Auto, 70 % für das Haus aufgewendet. Beim Auto kann man Energie sparen durch: Vermeidung unnötiger Fahrten, niedrige Geschwindigkeit, Ausschalten der Klimaanlage.

Im Haushalt werden drei Viertel der Energie zum Heizen eingesetzt. Hier besteht die größten Einsparmöglichkeit durch gute Wärmedämmung der Außenwände.

Auf einer Thermografie-Aufnahme kann man die Schwachstellen der Isolation erkennen.

Rot dargestellt sind Flächen hoher Temperatur – das sind die Bereiche schlechter Isolation.

Methode – Selbstständig beurteilen

A. Das Für und Wider von Windanlagen

Viele Menschen befürworten die von der Bundesregierung 2011 beschlossene Energiewende.
Kernenergie soll durch erneuerbare Energien ersetzt werden.
Fotovoltaik trug dank hoher Fördergelder 2011 schon mit 3 % zur Erzeugung elektrischer Energie bei.
Windenergie ist für Deutschland die ergiebigste Energiequelle (2011: 16 %).
Spitzenleistungen der Fotovoltaik von z. B. 20 000 MW sind beachtlich (2012), helfen aber ohne Speichermöglichkeiten noch nicht in der Nacht.

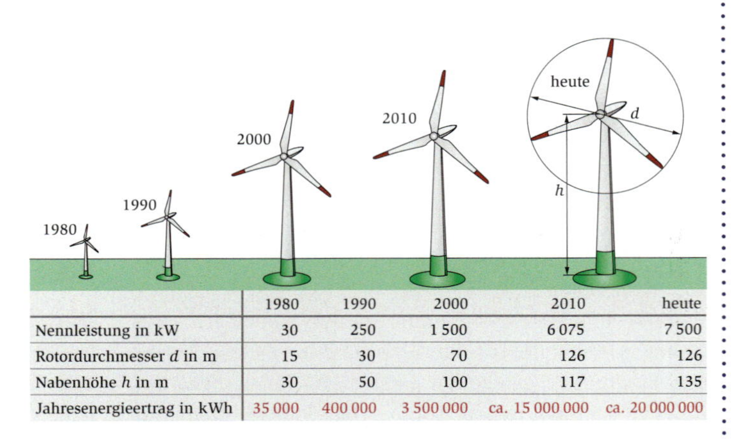

	1980	1990	2000	2010	heute
Nennleistung in kW	30	250	1 500	6 075	7 500
Rotordurchmesser *d* in m	15	30	70	126	126
Nabenhöhe *h* in m	30	50	100	117	135
Jahresenergieertrag in kWh	35 000	400 000	3 500 000	ca. 15 000 000	ca. 20 000 000

Für die Nutzung der Windenergie ist die Geschwindigkeit des Windes wesentlich. Je höher der Mast, desto größer die Ausbeute. Denn die Windgeschwindigkeit wird durch die Unebenheiten des Bodens vermindert.

Zitate aus der Presse:

Streit um neuen Windpark
Heftige Streitgespräche bei einer Bürgerversammlung im Rathaus. Befürworter des neuen Windparks verweisen auf den Klimaschutz, Gegner befürchten eine „Verspargelung" der Landschaft und Lärmbelästigung der Anwohner.

Besonders geeignete Standorte sind die Küste oder die offene See. Der Bau von *Offshore*-Windparks ist schwierig und daher teuer. Die dort gewonnene Energie muss in neuen Hochspannungsleitungen zu den Verbrauchern geleitet werden.

1 Diskutiert in der Klasse das Für und Wider der Aussagen. Sucht nach weiteren Argumenten, die für oder gegen einen Windpark sprechen.

2 Entwerft ein Plakat, auf dem übersichtlich die Gründe für und gegen Windanlagen zusammen gestellt sind.

B. Probleme mit Stauwehren

Die Nutzung der Wasserenergie bietet Vorteile, hat aber auch Nachteile.

Untersucht anhand einer Atlaskarte, in welchen Gebieten Deutschlands die Anlage von Stauwehren physikalisch sinnvoll ist.
Flusstäler sind besonders dicht besiedelt. Was folgt daraus für den Bau von Stauwehren?

Weitere Stichworte zum Thema:
- Schadstofffreie, kontinuierliche Gewinnung von elektrischer Energie,
- nicht von Wetter und Tageszeit abhängig,
- kostengünstig im Betrieb,
- Überflutung von Tälern, Geländebedarf,
- Behinderung von Fischwanderungen,
- Überflutung von Biotopen,
- Veränderung des Grundwasserspiegels mit Folgen für die Natur und die Besiedlung (feuchte Keller).

1 Diskutiert in Gruppen über den Bau von Stauwehren.

2 Fasst die Argumente für und gegen das Errichten von Stauwehren in einer Tabelle zusammen.

3 Fertigt ein Plakat mit der Einteilung:

WASSERKRAFT : PRO – CONTRA

Kompetenz – Verantwortung erkennen

B1 Elektrische Energie aus Kohle

B2 Ein Flugzeug verbrennt 14 t Kerosin je 1000 km.

Wir Deutschen leben sehr gut. Wir wohnen in komfortablen Häusern, benutzen Autos, auch für kurze Wege, wir fliegen in ferne Länder, kaufen Geräte und Nahrungsmittel aus allen Erdteilen, …
Für diesen Lebensstil benötigen wir viel Energie, die wir 2011 zu 89 % aus erschöpfbaren Vorräten nahmen. Dies ist verantwortungslos gegenüber zukünftigen Generationen.
Die Bundesregierung will daher Anlagen zur Nutzung regenerativer Energien stark ausbauen.
Da die Sonne je Quadratmeter nur wenig Energie einstrahlt, benötigt man große Solarzellenflächen, um große Energiemengen zu sammeln. Auf sehr vielen Häusern und Scheunen sieht man schon Solarzellen. Man benötigt noch mehr und vor allem Speicher.

Bei Windparks ist ein stetiger, kräftiger Wind nötig. Den gibt es vor den Küsten. Der Bau von Windrädern im Meer ist aufwändig und teuer. Die Stromtrassen für die Übertragung elektrischer Energie in das Landesinnere müssen noch gebaut werden. Die Bevölkerung muss dies verantwortungsvoll begleiten.

Die Möglichkeiten für Wasserkraftwerke sind bei uns nahezu erschöpft. Deshalb gilt vor allem:
Energiesparen hilft schon heute, die fossilen Energieträger zu schonen.

1 Ermittle den Verbrauch pro 100 km für verschieden Autotypen: Kleinwagen, Mittelklasseauto, schwere Limousinen, Geländewagen.

Kompetenz – Mit Energie sorgsam umgehen

Du weißt, dass die fossilen Energien endlich sind und dass erneuerbare Energien noch nicht im benötigten Umfang zur Verfügung stehen. Schreibe den Fragebogen ab, notiere, was für dich am ehesten zutrifft. Vergleiche mit den Antworten deiner Mitschülerinnen und Mitschüler.

Fragebogen: Ich spare Energie

a) Womit kommst du zur Schule?
1. zu Fuß 2. mit dem Bus
3. mit dem Auto 4. mit dem Fahrrad

b) Im Winter musst du lüften. Was machst du?
1. Fenster in Kippstellung bringen
2. 5 Minuten Fenster öffnen

c) Du willst dich waschen, was machst du?
1. duschen 2. ein Vollbad nehmen

d) Hast du in deinem Zimmer Energiesparlampen?
1. ja 2. nein

e) Dir ist in deinem Zimmer zu kühl. Was machst du?
1. Heizung höher stellen 2. Pullover anziehen

f) Was unternimmst du, wenn du dein Zimmer für mehr als eine Stunde verlässt?
1. alle Geräte eingeschaltet lassen
2. Licht aus, alle Geräte auf Stand-by
3. alle Geräte ausschalten

g) Wie viele Stunden am Tag benutzt du elektrische Geräte wie zum Beispiel Computer, Fernseher, Spielkonsole, Handy und so weiter?
1. 1–2 Stunden 2. 2–4 Stunden
3. 6–8 Stunden 4. mehr als 8 Stunden

Das ist wichtig

1. Der Energiebedarf der Menschheit

- Durch die Industrialisierung und die Fortschritte der Medizin nahm die Weltbevölkerung von einer Milliarden auf sieben Milliarden zu.
- Wir wohnen in klimatisierten Häusern und leisten uns eine stark gestiegene Mobilität (Autobenutzung, Ferienflüge usw.).

Beide Gründe führen zu einem erhöhten Energiebedarf. Diesen decken wir im Wesentlichen durch Kohle, Erdöl, Erdgas und Uran.

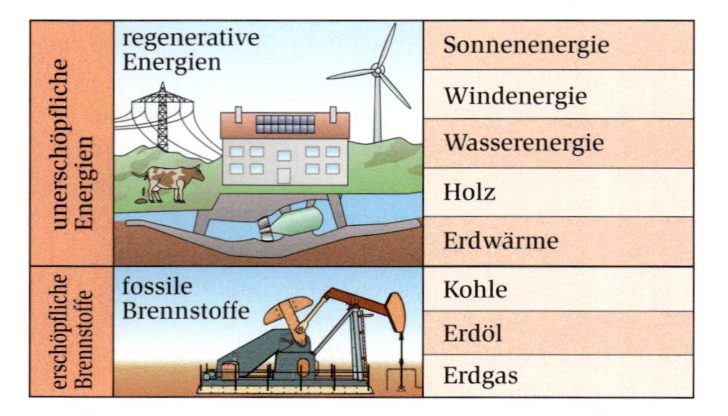

2. Erschöpfbare Energien

Kohle, Erdöl und Erdgas entstanden vor 500 Mio Jahren aus tropischen Sumpfwäldern. Der Vorrat an diesen Energieträgern ist begrenzt. Durch den starken Abbau wird er in wenigen Jahren erschöpft sein – bei Kohle in etwa 200 Jahren, bei Erdöl in etwa 40 bis 50 Jahren.

Da diese Energieträger auch die Grundlage für die chemische Industrie bilden, wäre es verantwortungslos gegenüber den nächsten Generationen, diese erschöpfbaren Energien zu verheizen (in Häusern, Fabriken, Automotoren und Elektrizitätswerken).

3. Erneuerbare Energien

Die Sonne liefert uns noch einige Milliarden Jahre große Energiemengen, die wir nutzen müssen.

Man kann die Energie der Sonnenstrahlung *direkt* zum Heizen von Brauchwasser (mit dem Sonnenkollektor) nutzen oder sie mithilfe von Solarzellen in elektrische Energie wandeln (Fotovoltaik).

Man kann die Energie der Sonnenstrahlung aber auch *indirekt* nutzen, indem man Wasserkraftwerke oder Windparks errichtet. Denn Wind und fließendes Wasser bekommen ihre Energie ebenfalls von der Sonne. Ihr Energievorrat wird deshalb immer wieder aufgefüllt.

Darauf kommt es an

Erkenntnisgewinnung

Du weißt, dass das Hantieren bei Spannungen über 24 V gefährlich ist. In diesem Kapitel hast du erfahren, dass das Experimentieren mit Laugen für Augen und Haut gefährlich sein kann – also dabei stets Schutzbrillen tragen und benetzte Hautteile gründlich abwaschen.

Kommunikation

Du hast im letzten Kapitel gelernt, Presseberichten das Wesentliche zu entnehmen und die Fakten gegeneinander abzuwägen (Erstellen einer Übersicht mit PRO und CONTRA zu einem gesellschaftlichen Problem wie der Nutzung regenerativer Energien).

Bewertung

Je mehr Menschen die Erde bevölkern und je besser sie leben wollen, desto mehr Energie benötigen sie.
Je größer der Energiebedarf, desto stärker fördern sie fossile Energieträger.
Je mehr gefördert wird, desto schneller schrumpfen die Vorräte an fossilen Energien.

Aus *Verantwortung* gegenüber den nachfolgenden Generationen müssen wir unsere Verhaltensweisen überdenken. Denn auch in Zukunft wird die chemische Industrie Erdöl und Kohle als Ausgangsstoffe für die Herstellung von Kunststoffen (Plastik, Textilien, ...) benötigen.
Wir müssen durch unser Verhalten unseren Energiebedarf mindern und möglichst umfassend durch erneuerbare Energien decken.

Nutzung fachlicher Konzepte

Im Haushalt wird der größte Teil der Energie umgesetzt. Etwa die Hälfte wird zum Heizen benötigt, also entwertet. Du hast gelernt, dass man die Energieausbreitung durch gute Wärmedämmung von Wänden, Dach und Fenstern vermindern kann.
Sparlampen helfen Energie sparen, mit „Off" statt „Standby" bei Fernsehern, Computern und anderen Elektrogeräten erreicht man das Gleiche – und vermeidet Kosten für Energie.

Das kannst du schon

Beobachten

Beim Beobachten schaust du bewusst hin und achtest auch auf Einzelheiten – im Gegensatz zum Hinsehen, bei dem dein Blick über die Dinge schweift, ohne etwas bewusst zu erfassen.

Alltagssprache von Fachsprache trennen

Du kannst Begriffe wie „Energieverbrauch“ richtig interpretieren. Du weißt, dass damit die Umwandlung von Nutzenergie in innere Energie der Umgebung gemeint ist, mit der man nichts mehr anfangen kann.
Du weißt, dass man in der Physik dafür den Fachbegriff „Entwerten von Energie“ benutzt.

Physikalisches Wissen anwenden

Du verstehst, wie man aus den Gesetzmäßigkeiten der Ausbreitung innerer Energie die Energieentwertung bei Häusern verkleinern kann – durch geeignete Wärmedämmung.
Du weißt auch, warum man nach Möglichkeiten zur Speicherung von Energie sucht.

Daten darstellen und veranschaulichen

Du kannst bei Diagrammen Zusammenhänge erkennen und interpretieren. Das heißt, du kannst aus den Daten Schlussfolgerungen ziehen.
So kannst du aus der Größe der Reserven fossiler Energien und der heutigen Förderung erkennen, wann diese aufgebraucht sein werden.

Aus Tatsachen richtige Schlüsse ziehen

Aus den begrenzten Reserven fossiler Energien kannst du folgern, dass die Menschheit sie sparsam nutzen muss.

Verantwortung tragen

Du weißt, dass fossile Energie sich nicht mehr erneuert, aber die zukünftigen Generationen auf ihre Nutzung angewiesen sind (z.B. für die Chemie). Also sorgst du für sparsame Nutzung fossiler Energie und für die Nutzung erneuerbarer Energien.

Behauptungen kritisch hinterfragen

Im Fernsehen, in der Presse, wird oft nur „die halbe Wahrheit“ veröffentlicht. Dein Wissen befähigt dich, weiter zu denken und Einschränkungen zu erkennen. Beispiel: Massiver Ausbau erneuerbarer Energiequellen. Du weißt um die beschränkte zeitliche Verfügbarkeit und um die Kosten.

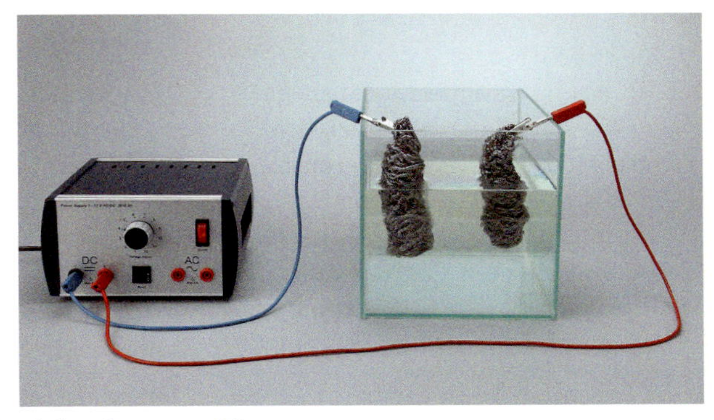

Elektrolyse von Wasser

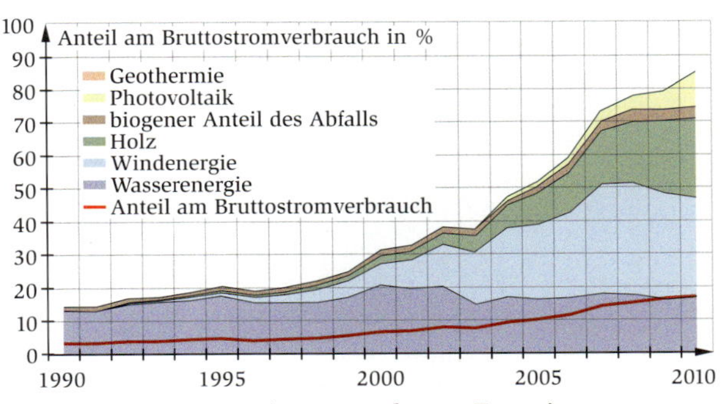

„Stromerzeugung“ mit erneuerbaren Energien

Verbrennen von Kohle

Energieabgabe eines Windparks an der Nordsee

Kennst du dich aus?

A1 Nenne Möglichkeiten, die Energie der Sonne zu nutzen. Unterscheide dabei zwischen direkter und indirekter Nutzung.
Diskutiere die Vor- und Nachteile beider Verfahren. Denke daran, wann die von der Sonne gesammelte Energie zur Verfügung steht.

A2 Welche Standorte sind für Windparks günstig? Begründe deine Aussage.

A3 Die von einem Windrad „geerntete" Energie wächst stark mit der Windgeschwindigkeit. Nenne Gründe, weshalb Windräder auf immer höheren Masten montiert werden.

A4 Erkundige dich im Internet nach Planungen für Offshore-Windparks in Nord- und Ostsee. Es wird häufig von Schwierigkeiten bei Bau und Inbetriebnahme berichtet. Nenne diese Schwierigkeiten und erläutere sie.

A5 In Nahrungsmitteln steckt Energie.

Beschreibe die Umwandlungen der Energie von der Sonne zu unseren Speisen.

A6 In einem Haushalt wird der größte Teil der Energie zum Heizen von Luft und Wasser verwendet. Das Energieflussdiagramm zeigt die Werte:

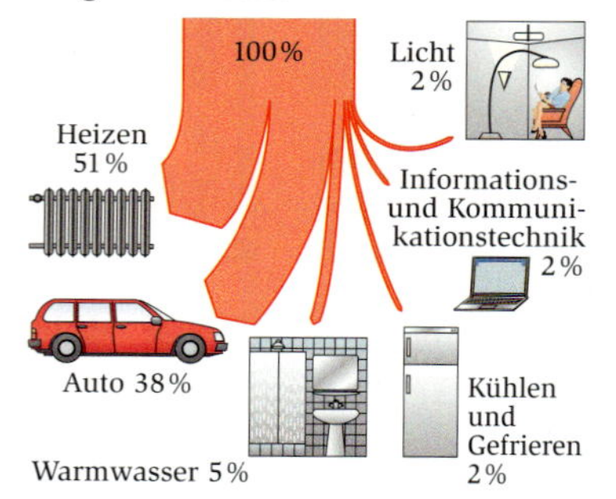

Da, wo viel Energie entwertet wird, lässt sich besonders viel Energie einsparen.
Mache Vorschläge zur wirksamen Energieeinsparung im Haushalt und erläutere sie.

A7 Erläutere den Bergriff „Energieentwertung". Nenne drei Beispiele.

A8 In der Physik wird behauptet, dass Energie nicht verschwindet. Warum muss man trotzdem Energie sparen? Entkräfte den scheinbaren Widerspruch.
Vergleiche die irreführenden Begriffe „Energieverbrauch" und „Wasserverbrauch". Was ist mit ihnen gemeint?

A9 Fossile Energien und Kernenergie werden in vielen Ländern gerne genutzt, weil die aus ihnen gewandelte elektrische Energie billig ist und jederzeit zur Verfügung steht.
Zähle Gründe auf, die gegen dieses Vorgehen genannt werden.

A10 Jemand sagt: „Nachhaltig ist, was im Prinzip unendlich weiter laufen kann."
Nenne Beispiele für nachhaltiges Handeln und begründe deine Meinung.

A11 Wenn in der Forstwirtschaft nur soviel Holz geschlagen wird wie nachwächst, nennt man das „nachhaltiges Wirtschaften". Der Waldbestand bleibt erhalten.
Zeige in einem kurzen Referat, dass auch in der Energieversorgung nachhaltiges Handeln möglich ist.

A12 Aus Raps und anderen Feldfrüchten kann man Treibstoffe für Automotoren herstellen.

Erläutere, dass Rapsöl ein regenerierbarer Energieträger ist.
Überlege, welche Folgen ein großflächiger Rapsanbau hätte.

A13 In der oberen Abbildung ist die Leistung eines Windparks an der Nordsee im Winter, unten im Sommer dargestellt.

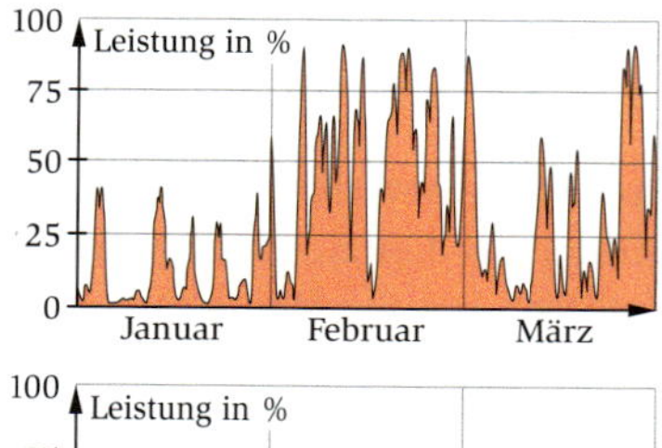

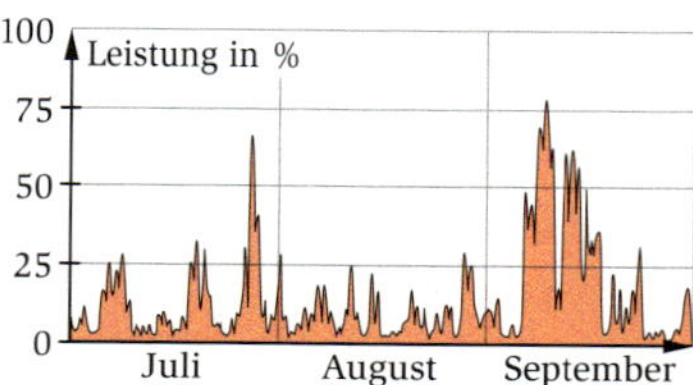

a) Was kannst du über die Windstärken im Winter bzw. Sommer aussagen?
b) 100 % bedeutet, dass die Nennleistung erreicht wird; das ist die von der Anlage maximal erreichbare Leistung. In welchen Monaten ist die abgegebene Energie besonders groß?

Projekt

Wie können wir Energie sparen?

„Energie sparen sollen die anderen, ich will bequem leben!“
So denken viele.
Eure Klasse denkt bestimmt anders.

Bildet fünf Arbeitsgruppen zu den Themen
1. Küche
2. Wohnen (Heizung, Warmwasser)
3. Nahrungsmittel, Konsumgüter (Verpackung, Herkunft)
4. Verkehr (Schulweg)
5. Internet (Energiebedarf von Großrechnern bei Nutzung von Google, Facebook, ...)

1 Jede Gruppe erarbeitet Vorschläge zur Energieeinsparung.

2 Die Vorschläge werden von den Gruppen vorgestellt. Die besten Vorschläge werden auf einem Plakat übersichtlich zusammengestellt.

Hier einige Stichworte:
- Warmwasserbereitung: Absenken der Temperatur
- Spar-Perlatoren an Wasserhähnen, Durchflussbegrenzer in der Dusche
- Waschmaschine: Schonwaschgang (60 °C) statt Kochwaschgang
- Spülmaschine: Sparprogramm (50 °C statt 60 °C) spart 25 %, Spülen nur bei voller Maschine
- Im Kühlschrank 7 °C statt 5 °C, im Gefrierschrank –18 C°, regelmäßiges Abtauen
- Elektroherd: Schnellkochtopf, Töpfe nicht kleiner als Kochfeld, Restwärme nutzen, Kochen mit Deckel
- Fernseher, Computer: Verzicht auf Stand-by
- Beleuchtung: Statt Glüh- Energiesparlampen
- Heizung: Wohnungstemperatur
- Nahrungsmittel: Kauf von Produkten aus der Region erspart Transportkosten, Früchte und Gemüse, die zur Jahreszeit passen (z. B. keine Trauben im Winter. Diese müssen um die halbe Erde geflogen werden).
- Aufwändige Verpackung wird meist aus Erdölprodukten hergestellt.
- Auto: Unnötige Fahrten vermeiden, Fahrgemeinschaften zur Schule, Radfahren statt Autofahren.

Es gibt noch weitere Möglichkeiten, Energie zu sparen. Findet sie und nehmt sie in eure Liste auf.

Bildquellenverzeichnis

Umschlag: elbe-drei Werbeagentur, Hamburg; 3.1, 10.1: Michael Fabian, Hannover; 3.2, 26.1: vario images, Bonn (Tetra Images); 4.1, 68.1: Getty Images, München (Jonathan Kantor); 4.2, 92.1: fotolia.com, New York (Bruno Passigatti); 5.1, 132.1: iStockphoto, Calgary (LdF); 5.2, 156.1: Corbis, Düsseldorf (Louise Murray/Visuals Unlimited); 6.1, 186.1: iStockphoto, Calgary (melhi); 6.2, 200.1: Getty Images, München (Grant Faint); 7.1: Michael Fabian, Hannover; 8.1: fotolia.com, New York (dipego); 8.2: Picture-Alliance, Frankfurt (dpa/Patrick Pleul); 8.3: Shutterstock Images, New York(OtnaYdur); 9.1: fotolia.com, New York (Udo Kroener); 9.2: mauritius images, Mittenwald (Photo Researchers); 9.3: F1online, Frankfurt (sodapix); 12.1: fotolia.com, New York (winni); 12.2: Michael Fabian, Hannover; 12.3: Kids and Science - www.kids-and-science.de, Dornstadt; 12.4: BASF, Ludwigshafen; 12.5-6: Michael Fabian, Hannover; 12.7: Werner Lüftner, Schlier; 12.8: Hans Tegen, Hambühren; 12.9: fotolia.com, New York (Friedberg); 12.10: Panther Media, München (Witold Kaszkin); 13.B1: Belle-Systems, Wörthsee; 13.B2: mauritius images, Mittenwald (Dinodia); 13.B3: iStockphoto, Calgary (Andrew Howe); 14.B1, 14.V1, 14.B2, 15.V2, 16.3, 16.B1, 16.B2, 17.V1, 17.V2: Michael Fabian, Hannover; 18.B1: Physikalisch-Technische Bundesanstalt, Braunschweig; 18.V1a-b: Michael Fabian, Hannover; 19.1: Bibliothèque Nationale et Universitaire de Strasbourg, Strasbourg; 19.3: Michael Fabian, Hannover; 20.B1a-d, 25.2a-d: Hans Tegen, Hambühren; 20.B2: Manfred Simper, Wennigsen; 21.1: allOver - galérie photo, Plourivo; 22.1: iStockphoto, Calgary (Ilka-Erika Szasz-Fabian); 23.B1, 24.1, 24.2, 25.1, 25.3: Michael Fabian, Hannover; 28.1: Visum Foto, Hamburg (Carsten Koall/buchcover.com); 28.2: Per Pedale, Frankfurt (Christine Huwer); 28.3: Tourist Information, Hermannsburg (Kathrin Zilke); 29.B1: Panther Media, München (Jonas Förster); 29.V1a: Druwe & Polastri, Cremlingen/Weddel; 29.V1b: iStockphoto, Calgary (Matt Craven); 29.V1c: adpic, Bonn (I. Mikhaylov); 30.B1: Minkus Images, Isernhagen; 30.V1: Hans Tegen, Hambühren; 31.B3: iStockphoto, Calgary (Nikki Bidgood); 31.B4: iStockphoto, Calgary (4FR); 32.B1: Michael Fabian, Hannover; 33.B3: iStockphoto, Calgary (hurricanehank); 34.1: Michael Fabian, Hannover; 36.1: Panther Media, München (Peter Pfändler); 36.2: Helga Lade, Frankfurt; 36.3: Michael Fabian, Hannover; 36.4: Studio Schmidt-Lohmann, Hannover; 37.B1: NASA, Houston/Texas; 37.V1: Michael Fabian, Hannover; 39.1: ESA/ESOC, Darmstadt; 39.2: NASA, Houston/Texas (John Rummel); 40.B1: © Tim Noble & Sue Webster. Image courtesy of the artists, London (Real Life Is Rubbish, 2002. Mixed media, light projector. Dimensions: variable); 40.B2: Hans Tegen, Hambühren; 41.B4: mauritius images, Mittenwald (Michael Zirn); 42.B2a, 42.B2b, 42.B3: Astrofoto, Sörth; 44.B1: Picture-Alliance, Frankfurt (united archives/WHA); 44.B2, 44.B3a, 44.B3b, 44.V1: Michael Fabian, Hannover; 45.B5: wikipedia.org (C-M/GNU-Lizenz); 45.B6: Agentur Focus, Hamburg (Steve Gschmeissner/SPL); 47.1: Prof. Josef Friedhuber, Ansfelden; 48.1, 65.2, 48.2, 48.3: Dietmar Fries, Nohfelden; 49.B1, 49.B2, 50.V1: Michael Fabian, Hannover; 51.A1: Thinkstock, Sandyford/Dublin 18 (Digital Vision); 51.V3, 52.B1, 52.B2: Michael Fabian, Hannover; 52.V1: Atelier tigercolor Tom Menzel, Klingberg; 52.V2, 56.B2: Hans Tegen, Hambühren; 53.V4: Dietmar Fries, Nohfelden; 53.B3, 54.B1, 64.1: Michael Fabian, Hannover; 55.B3: Dirk Wenderoth, Braunschweig; 55.B5: G. Staiger, Stuttgart; 56.B3: phaeno, Wolfsburg; 56.V1a, 56.V1b: Michael Fabian, Hannover; 57.1: mauritius images, Mittenwald (Aqua Images); 57.2: Dietmar Fries, Nohfelden; 57.3: Gebr Märklin & Cie, Göppingen; 58.1: Michael Fabian, Hannover; 58.2: Hans Tegen, Hambühren; 58.3: vario images, Bonn; 58.4: Dr. Bernhardt Brill, Hofgeismar; 59.1: Okapia, Frankfurt (Horst-Jürgen Schunk); 59.2: Wehrfritz, Bad Rodach; 60.B2: Hans Tegen, Hambühren; 61.B3: Deutsches Museum, München (IMAX, Forum der Technik); 62.1: mauritius images, Mittenwald (Nordic Photos); 62.2a-c: Dietmar Fries, Nohfelden; 63.1: fotolia.com, New York (Malena und Philipp K); 65.1a: European Southern Observatory (ESO), Garching bei München; 65.1b, 65.1d: António José Cidadão, Oeiras; 65.1c: NASA, Houston/Texas; 66.A11: Büdeler, Thalham; 66.A2: fotolia.com, New York (Igor Korionov); 66.A8: iStockphoto, Calgary (Ziutograf); 67.1: Astrofoto, Sörth; 70.1: Biosphoto, Berlin (Cavignaux Régis); 70.2: fotolia.com, New York (Petro Feketa); 70.3: Caro, Berlin (Ruffer); 70.A4: wikipedia.org (Kuerschner, gemeinfrei); 70.A5: Jahreszeiten Verlag, Hamburg (Michael Holz); 70.A6: Historisches Museum, Basel (HMB M. Babey (Inv.nr. 1877.61.)); 71.B1a: Hans Tegen, Hambühren; 71.B1b: LOOK-foto, München (Bernard van Dierendonck); 71.B1c: Okapia, Frankfurt (Gerd Müller); 71.2, 217.2: fotolia.com, New York (MaxWo); 72.B1: Stefanie Grabert; 73.V1: Hans Tegen, Hambühren; 74.B1: Andrzej Felczak - Argus Fahrradbüro, Wien; 75.1: Humboldt-Gymnasium Trier, Trier; 76.B1: Dipl.-Ing. Jochen Peschel, München; 76.V1: Hans Tegen, Hambühren; 77.1: WAZ FotoPool, Essen (Tom Thöne); 79.B4a-c: Michael Fabian, Hannover; 80.1: Werner Wegner, Lehrte; 81.V3: Michael Fabian, Hannover; 81.B1, 202.A3: Dr. Hagedorn, Ronnenberg; 84.B1: Visum, Hamburg (Photoshot); 84.B2: fotolia.com, New York (Blaz Kure); 85.B4: iStockphoto, Calgary (Andrew Howe); 85.B6: mauritius images, Mittenwald (Oxford Scientific); 85.B7: Picture-Alliance, Frankfurt (dpa/ZB); 85.B8: argus, Hamburg (Schroeder); 85.B9: iStockphoto, Calgary (rotofrank); 86.B1a-h: Michael Fabian, Hannover; 88.1: Fotex, Hamburg (Raimund); 89.1: Picture-Alliance, Frankfurt (ZB); 89.2: Thinkstock, Sandyford/Dublin (iStockphoto); 89.3: Corbis, Düsseldorf (the food passionates); 89.4: plainpicture, Hamburg (Ellen Bornkessel); 89.5: Wildlife, Hamburg; 90.A1: Caro, Berlin (Preuss); 90.A11: Mekruphy, Pfaffenhofen an der Ilm; 90.A12: fotolia.com, New York (contrastwerkstatt); 90.A3: mauritius images, Mittenwald (Andrea Marka); 90.A7a: Corbis, Düsseldorf (Randy Lincks); 90.A7b: Corbis, Düsseldorf (Jim Cummins); 91.A13: Picture-Alliance, Frankfurt; 91.A15: fotolia.com, New York (Art Photo Picture); 94.1, 105.4: Heinz-Werner Oberholz, Everswinkel; 94.2: Michael Fabian, Hannover; 94.A1, 94.A2: Heinz-Werner Oberholz, Everswinkel; 94.A3: Mathias Popko, Meine; 94.A5: Heinz-Werner Oberholz, Everswinkel; 95.1: Druwe & Polastri, Cremlingen/Weddel; 95.2: Varta Microbattery, Ellwangen; 95.3: Hans Tegen, Hambühren; 95.4: Conrad Electronic SE, Hirschau; 95.B1, 98.B2: Hans Tegen, Hambühren; 98.V1a, 98.V1b: Michael Fabian, Hannover; 99.A4: Quelle, Fürth; 99.B4a, 99.B4b: Hans Tegen, Hambühren; 99.B5: Uwe Wittenfeld, Mülheim an der Ruhr; 99.V2: Michael Fabian, Hannover; 100.B1: Verkehrswacht Medien & Service-Center, Bonn; 100.B2a-b: Deutscher Verkehrssicherheitsrat e.V., Bonn; 100.B3: Michael Fabian, Hannover; 101.B4: newVISION!, Bernhard A. Peter, Pattensen; 101.V1, 101.V2: Hans Tegen, Hambühren; 102.B1: Willi Gousé, Speyer; 104.1: Hans Tegen, Hambühren; 104.2: Michael Fabian, Hannover; 104.4: Heinz-Werner Oberholz, Everswinkel; 105.1: Michael Fabian, Hannover; 105.2: Conrad Electronic SE, Hirschau; 105.3, 129.3: Traudl Riess, Bindlach; 106.1: fotolia.com, New York (Christian Schwier); 106.A3: Mathias Popko, Meine; 108.B1: iStockphoto, Calgary (mike_expert); 108.B2a: Michael Fabian, Hannover; 108.B2b: Phywe Systeme, Göttingen; 108.V1, 109.1: Hans Tegen, Hambühren; 110.1: Panther Media, München (Ramona Heim); 111.1: Hans Tegen, Hambühren; 111.A1: Domke Grafik, Hannover; 112.B1a-c: Hans Tegen, Hambühren; 112.B2c: VARTA Microbattery, Ellwangen; 112.B2d: Varta Microbattery, Ellwangen; 112.V2a-b, 129.1: Manfred Simper, Wennigsen; 113.1: Michael Fabian, Hannover; 113.B3a-b: Hans Tegen, Hambühren; 114.B1a-b: Michael Fabian, Hannover; 116.1: Agentur Focus, Hamburg (AJ Photo/HOOP Americain/SPL); 116.B1b: Michael Fabian, Hannover; 118.A1: Heinz-Werner Oberholz, Everswinkel; 118.A2: fotolia.com, New York (Klaus Eppele); 119.1a-b: Michael Fabian, Hannover; 119.2: LD Didactic, Hürth; 120.1: iStockphoto, Calgary (9363349); 121.B2: Torsten Warmuth, Berlin; 124.V1: Michael Fabian, Hannover; 125.1: Deutsches Museum, München; 125.2: ENERCON GmbH, Aurich; 125.3: Traudl Riess, Bindlach; 125.4: Enercon, Aurich; 125.V2: Michael Fabian, Hannover; 126.B1: Alexander Schilling, Karlsruhe; 126.B2: wezet; 128.1: Hans Tegen, Hambühren; 129.2: iStockphoto, Calgary (winterling); 129.4-5: Hans Tegen, Hambühren; 129.6: iStockphoto, Calgary (Maria Toutoudaki); 130.A13, 130.A2: Hans Tegen, Hambühren; 131.1: Busch & Müller, Meinerzhagen; 131.2: Panasonic Industrial Europe, Hamburg; 131.A16: wikipedia.org (Stefan Baguette/CC-Lizenz 3.0); 134.A2: Mathias Popko, Meine; 134.A3a: Heinz-Werner Oberholz, Everswinkel; 134.A3b: Hans Tegen, Hambühren; 134.A4: van Eupen, Hemmingen; 134.A5: Heinz-Werner Oberholz, Everswinkel; 135.B2-3: Michael Fabian, Hannover; 136.B1-2: Hans Tegen, Hambühren; 136.V1: Fruhmann, Neutal; 137.B3: HTWM Hochschule Mittweida, Mittweida; 137.B4: Paul Lange & Co., Stuttgart; 138.B1a-b, 138.V1a-b: Dirk Faßbinder, Wenden; 139.B3a: Michael Fabian, Hannover; 139.V2a-c: Dirk Faßbinder, Wenden; 142.B1a: Hans Tegen, Hambühren; 142.V1: Michael Fabian, Hannover; 143.V2-3, 144.1: Hans Tegen, Hambühren; 144.2: wikipedia.org (gemeinfrei); 145.1: Zoonar.com, Hamburg (Peter Probst); 145.3: wikipedia.org (CC-Lizenz 3.0/Life of Riley); 146.1: wikipedia.org (Lokilech - CC-Lizenz 3.0 (self2|GFDL|cc-by-sa-2.5,2.0,1.0)); 148.1: Peter Güttler - Freier Redaktions-Dienst, Berlin; 148.2: Silva Schweden; 148.3: Lokomotiv, Essen (Thomas Willemsen); 148.4: Silva Schweden; 149.1-2: Gesellschaft für professionelle Satellitennavigation, Gräfelfing; 149.3: Werner Wegner, Lehrte; 150.B1: LBX Company, Maker of Link-Belt Excavators, Lexington; 150.V1a-b: Hans Tegen, Hambühren; 151.1: Traudl Riess, Bindlach; 151.2: Heinz-Werner Oberholz, Everswinkel; 152.1, 154.A9: fotolia.com, New York (Jörg Vollmer); 152.2, 153.2: Hans Tegen, Hambühren; 152.3: Michael Fabian, Hannover; 153.1: Dieter Rixe, Braunschweig; 153.3-4: Hans Tegen, Hambühren; 153.5: Stoklasa - http://www.e-stoklasa.de; 154.A11: Hans Tegen, Hambühren; 154.A7: Dirk Faßbinder, Wenden; 155.1: Michael Fabian, Hannover; 155.A15: Hans Tegen, Hambühren; 158.A2: Michael Fabian, Hannover; 158.A3: Kindergarten der Pfarre St. Georg-Kagran, Wien; 158.A5: fotolia.com, New York (Jörg Plagens); 158.B1: Panther Media, München (Rudolf Güldner); 159.B1: Bildagentur Huber, Garmisch-Partenkirchen; 160.V1a-c: Hans Tegen, Hambühren; 162.B1a: Okapia, Frankfurt (NAS/Spencer Grant); 162.B1b: Dipl.-Ing. Ulrich Rapp, Rümmingen; 163.1: Evonik Industries, Essen; 163.B1: Shutterstock Images, New York(zolwiks); 163.B3: Avenue Images, Hamburg (Fco. Javier Sobrino/agefotostock); 164.B1: Michael Fabian, Hannover; 164.B2: iStockphoto, Calgary (Sandra Layne); 164.V2: Michael Fabian, Hannover; 165.V3, 166.V1-2: Hans Tegen, Hambühren; 169.1: wikipedia.org (Till Niermann/CC-Lizenz 3.0); 169.B2a-b: Hans Tegen, Hambühren; 169.B3, 183.2: Melanie Schultalbers, Meinersen; 170.B2: Fraunhofer-Institut für Produktionstechnik und Automatisierung, Stuttgart; 170.V1, 171.A4: Hans Tegen, Hambühren; 171.B3: TopicMedia Service, Putzbrunn (TM/vario images); 172.B2: IKEA Deutschland, Hofheim-Wallau; 173.B4: Okapia, Frankfurt (Marion Stimup/Alaska Stock); 174.B1-2: Michael Fabian, Hannover; 175.B4: mediacolors, Zürich (Forkel); 176.1: Getty Images, München (Mel Yates); 176.B2, 176.V1: Michael Fabian, Hannover; 177.B1: TopicMedia Service, Putzbrunn (P. Scheler); 177.V1a-b: Michael Fabian, Hannover; 178.1: ddp images, Hamburg (Johannes Simon/dapd); 178.2: fotolia.com, New York (skaljac); 179.1: iStockphoto, Calgary (Mike Clarke); 179.2, 183.6: Michael Fabian, Hannover; 180.1: fotolia.com, New York (Christian Pedant); 180.B1-2: Peter Güttler - Freier Redaktions-Dienst, Berlin; 181.1: fotolia.com, New York (die gestalter); 183.1: Mathias Meinel, Hannover; 183.3: Rolf Wellinghorst, Quakenbrück; 183.7: iStockphoto, Calgary (Stephen Strathdee); 183.4-5: Hans Tegen, Hambühren; 184.A11: photoplexus, Dortmund (Julia Schmitz); 184.A3: Picture-Alliance, Frankfurt (dpa/Frank Rumpenhorst); 185.1: Deutsches Historisches Museum, Berlin; 185.A12: Michael Fabian, Hannover; 185.A16: creativ collection Verlag, Freiburg; 188.A1: Minkus Images, Isernhagen; 188.A2: Thinkstock, Sandyford/Dublin (Dorling Kindersley); 188.A4: TopicMedia Service, Putzbrunn (P. Scheler); 190.B1a: Corbis, Düsseldorf (Elizabeth Kreutz/NewSport); 190.B1b: fotolia.com, New York (Alexander Rochau); 196.1: iStockphoto, Calgary (Vlad Konstantinov); 196.2: iStockphoto, Calgary; 196.3: Picture-Alliance, Frankfurt (Bildagentur online/Klein); 196.4: fotolia.com, New York (Thongsee Muellek); 197.1: Uwe Schmid-Fotografie, Duisburg; 197.2: plainpicture, Hamburg (Muckenheim, F.); 198.1: Getty Images, München (Andy Lyons); 202.1: iStockphoto, Calgary (Kai Chiang); 202.2: Panther Media, München (Dieter Möbus); 202.A3: Joachim Dobers, Walsrode/Krelingen; 202.A6: Dietmar Fries, Nohfelden; 202.A8: neuebildanstalt, Hamburg (Andreas Till); 203.B2: Bildagentur Huber, Garmisch-Partenkirchen (R. Schmid); 204.B2: plainpicture, Hamburg (Arne Pastoor); 204.B4: Hans Tegen, Hambühren; 206.B1: fotolia.com, New York (chayal -); 207.A1: fotolia.com, New York (Elenathewise); 207.B4: TopicMedia Service, Putzbrunn (Fellow); 207.B5: laif, Köln (Langrock/Zenit); 208.1: Corbis, Düsseldorf (Imaginechina); 208.B1: Naturfoto-Online, Steinburg (Waldhäusl); 209.B3: mauritius images, Mittenwald; 209.B5: iStockphoto, Calgary (Mlenny Photography); 209.B6: Enercon, Aurich; 210.B1: Wildlife, Hamburg (D.Harms); 211.1: Dietmar Griese, Laatzen/Hannover; 212.1: Michael Fabian, Hannover; 212.2: Detlev Schilke, Berlin (detschilke.de); 213.1: Gerhard Launer WFL, Rottendorf; 213.2: Corbis, Düsseldorf (Tony Savino); 213.3: Johannes Deeters, Meppen; 214.1: Gerhard Kalden, Frankenberg; 215.B1: Vattenfall Europe (Holding), Berlin; 215.B2: Deutsche Lufthansa, Frankfurt (Andy Jacobs); 217.1: Michael Fabian, Hannover; 217.3: Blickwinkel, Witten (T. Mohr); 217.4: Blume Bild, Celle; 218.A12: Blickwinkel, Witten (K. Thomas); 218.A2: Illuscope digital solutions, Waidhofen an der Thaya (Wienersleid).

Es war nicht in allen Fällen möglich, die Inhaber der Bildrechte ausfindig zu machen und um Abdruckgenehmigung zu bitten. Berechtigte Ansprüche werden selbstverständlich im Rahmen der üblichen Konditionen abgegolten.

Stichwortverzeichnis

A

B

C

D

E

F

G

H

I

K

L

M

N

O

P

R

S